Gattung Breitflügelfledermäuse
(*Eptesicus*)

- mittelgroße bis große Tiere, Unterarm 37-69 mm
- kurze breite Ohren und kurzer abgerundeter Tragus
- Quartiere in Felsspalten und Gebäuden
- 4 Arten in Europa, weltweit ca. 30 Arten
- vom Mittelmeergebiet bis Nordeuropa vorkommend
- Echoortung mit mittellangen Lauten, am Anfang frequenzmoduliert, am Ende konstantfrequent

→ **ab Seite 306**

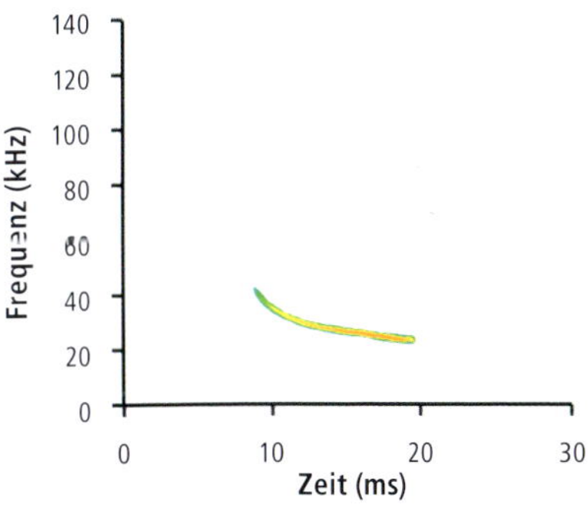

Gattung Zweifarbfledermäuse
(*Vespertilio*)

- mittelgroße Tiere, Unterarm 41–50 mm
- kurze breite Ohren und kurzer abgerundeter Tragus
- Quartiere in Felsspalten und Gebäuden
- 1 Art in Europa, weltweit 2 Arten
- vom Mittelmeergebiet bis Nordeuropa vorkommend
- Echoortung mit mittellangen Lauten, am Anfang frequenzmoduliert, am Ende konstantfrequent

→ **ab Seite 320**

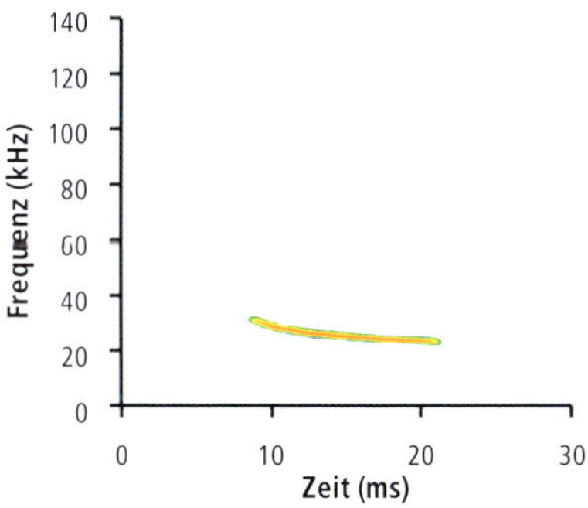

CHRISTIAN DIETZ
ANDREAS KIEFER

Die Fledermäuse Europas

KOSMOS

Für Isabel mit Florine und Leomir & Saskia mit Simon, Marlon und Mattis

Inhalt

Weitere Informationen zu den Fledermausarten und wichtige aktuelle Themen, sowie Erläuterungen zu einzelnen Grafiken und spezielle Literaturangaben zu den einzelnen Arten finden Sie unter kosmos.de/fledermaus-europa

Geleitwort

Mit Christian Dietz und Andreas Kiefer haben zwei erfahrene Fledermausforscher ein bemerkenswertes neues Bestimmungsbuch der Fledermäuse Europas verfasst.
Während die Ornithologie bereits eine sehr lange Tradition hat, fanden Säugetiere in der Vergangenheit deutlich weniger Beachtung als Vögel. Für die Fledertiere hat sich das in den letzten Jahrzehnten erfreulich geändert. In den Naturschutzverbänden haben sich Gruppen etabliert, die sich vorzugsweise mit Fledermausschutz befassen, und an wissenschaftlichen Einrichtungen gibt es Forschungsprogramme an Fledermäusen. Obwohl alle europäischen Fledermausarten unter Schutz stehen, kam es bei ihnen vor allem durch den Einsatz hoch toxischer Holzschutzmittel in der Vergangenheit zu einem starken Bestandsrückgang, der bis an den Rand des Aussterbens führte. Nach dem Verbot von DDT und anderer Pestizide hat sich der Bestand einer Reihe von Fledermausarten langsam etwas erholt. Allerdings tauchen nun neue Gefahren für sie auf. Fledermäuse werden häufig Opfer von Windkraftanlagen, werden im immer stärker werdenden Straßenverkehr getötet oder verlieren durch Abriss und Sanierungsarbeiten ihre Sommer- und Winterquartiere. Riesige Monokulturen in der Landwirtschaft führen zu einer Verarmung der Insektenfauna und somit ihrer Nahrung. Diese Aufzählung ließe sich fortsetzen. Hier zeigt sich, dass Fledermäuse auch empfindliche Indikatoren für die Qualität unserer Umwelt und unseres Umgangs mit der Natur sind.
Ein wirksamer Schutz bedrohter Tierarten setzt die Kenntnis der Arten und ihrer Lebensweise voraus. Daher haben gute Bestimmungsbücher, die auch interessierten Laien die entsprechenden Kenntnisse vermitteln, eine große Bedeutung. Seit dem Erscheinen der „Fledermäuse Europas" (Schober & Grimmberger 1987 & 1998) ist es zu einem erheblichen Kenntniszuwachs gekommen. In Europa wurden neue Fledermausarten entdeckt oder auf der Grundlage molekularbiologischer Methoden von bereits bekannten Arten abgetrennt. Ebenso haben sich die Kenntnisse der Lebensweise und Lebensansprüche von Fledermäusen deutlich erweitert. Es ist daher sehr zu begrüßen, dass die Autoren hier ein Buch vorlegen, das dem neuesten Stand der Forschung entspricht und auch dem Einsteiger eine unkomplizierte, sichere Bestimmung aller europäischen Arten ermöglicht. Die Ausstattung des Buches mit ausgezeichneten, auch ästhetisch ansprechenden Fotos ist sehr gut. Besonders hilfreich ist, dass die für die Bestimmung der Familien, Gattungen und Arten wichtigen Merkmale durch vergleichbare Detailfotos auf Tafeln übersichtlich zusammengestellt wurden. Diesem Buch von Dietz und Kiefer kann eine weite Verbreitung nicht nur gewünscht werden, sondern sie ist ihm sicher.

Steinfurth,
März 2014 Eckhard Grimmberger

Vorwort zur ersten Auflage

Mit diesem Buch erfüllen wir uns den Traum den Feldführer fortzuschreiben, mit dem wir beide zu den Fledermäusen gekommen und vor allem auch dabeigeblieben sind: Der „Schober & Grimmberger" von 1987 bzw. 1998 hat uns über zwei Jahrzehnte durch dick und dünn begleitet, in Stollen und auf Dachböden, bei Netzfängen und den ersten Versuchen Schädelreste aus Gewöllen zu bestimmen. In Gewässer versenkt, mit zahllosen Anmerkungen versehen und um eigene Skizzen und eingefügte Seiten ergänzt, haben uns die Bücher lange gedient. Mit der Entdeckung von immer mehr Arten in Europa und dem rasanten Wissenszuwachs hat sich die Nutzbarkeit aber nach und nach reduziert. So wollten wir bereits 2008 ein Nachfolgebuch gemeinsam mit Otto von Helversen angehen. Sein Tod hat die Planungen um Jahre zurückgeworfen.
Wir hoffen sehr, dass es uns nun gelungen ist, ein aktuelles und auf die Nutzung im Feld ausgerichtetes Buch zu schreiben und eine interessante Bebilderung auszuwählen. Dass viele Dinge nicht enthalten sind, die uns auch noch wichtig gewesen wären – Bestimmungsteile zu Schädeln oder Parasiten, umfangreichere Darstellungen von Schutzmaßnahmen und Forschungsmethoden oder schlichtweg mehr Details in den teilweise drastisch gekürzten Kapiteln, – bitten wir zu entschuldigen. Das Buch sollte noch einigermaßen handlich bleiben. Aus diesem Grund haben wir uns auch entschieden, bei Zusatzangaben und der uns so wichtigen Angabe von Zitaten zu kürzen: Sie werden vom Kosmos-Verlag digital zur Verfügung gestellt.
Es wäre schön, wenn mit dem Feldführer viele Nachwuchs-Fledermausforscher und -schützer groß werden würden. Wir hoffen, dass wir dabei helfen können die Freude an der Beschäftigung mit den für uns so faszinierenden Fledermäusen zu wecken. Gerade die Entdeckung neuer Arten und deren erst

ansatzweise geklärte Biologie, haben viele neue Fragen eröffnet, die zukünftige Forscher und Schützer bearbeiten können. Wir sind überzeugt, dass Fledermäuse die ideale Artengruppe sind, um viele für den Naturschutz so wichtige Ziele zu erreichen. Als hochgradig spezialisierte und meist großräumig aktive Tiere können sie helfen, Landschaften und Bewirtschaftungsformen zu erhalten, die auch ihre Nahrungsgrundlage erhält und damit gleichzeitig das Überleben von zahlreichen Vogel- und Reptilienarten und ganzer Ökosysteme.
Wir wünschen uns sehr, dass es auch nachfolgenden Generationen möglich sein wird die Fledermaus-Diversität in ihrer ganzen Fülle mit Phänomenen wie einen den ganzen Kontinent überspannenden Fledermauszug, Kolonieansammlungen zehntausender Höhlenfledermäuse oder die choreographisch anmutende Wartenjagd der Mehely-Hufeisennase zu erleben.

Haigerloch und Dünfus, März 2014
Christian Dietz & Andreas Kiefer

Vorwort zur zweiten Auflage

Der Erfolg der ersten Auflage hat uns überwältigt– nicht zuletzt weil dies zeigt, was für eine große und aktive Gemeinschaft an Fledermauskundlern und -schützern vorhanden ist und wie vielfältig deren Aktivitäten sind. Die große Nachfrage nach Übersetzungen hat uns zudem gezeigt, dass unser Buch eine wichtige Lücke im gesamten Bearbeitungsgebiet füllt. Da es uns ein großes Anliegen ist, zum Schutz der faszinierenden Fledermäuse beizutragen, freut uns die weite Verbreitung sehr.
Bei der zweiten Auflage handelt es sich um eine korrigierte und neu gesetzte Version. Soweit dies im Rahmen der Durchsicht möglich war, wurden kleinere Aktualisierungen mit aufgenommen. Einige zum Zeitpunkt der Fertigstellung nicht abschließend geklärte Fragen z.B. zum Artstatus zahlreicher genetischer Linien innerhalb der Fransenfledermaus-Gruppe wurden aufgegriffen aber nicht umfänglich dargestellt. Leider war es auch nicht möglich dem stetigen Wissenszuwachs im Hinblick auf zahllose Details der Fledermausbiologie Rechnung zu tragen – unser Ziel war und ist es, einen Überblick zu geben.
Die Korrekturen fiel in die Zeit der Covid-19-Pandemie und einer sich stetig erweiternden Informationslage hierzu. Leider erzielte die früh geäußerte Meldung, dass Fledermäuse die Infektionsquelle seien, insbesondere über die sozialen Medien eine weite Verbreitung. Dahingegen erhielten die differenzierten Fakten zur Herkunft und Übertragung des Virus nur ein geringes mediales Echo. Tatsächlich legen die aktuellen Daten nahe, dass sich das Virus über Jahrzehnte in einem anderen Organismus entwickelt haben dürfte und Fledermäuse allenfalls die ursprünglichen Träger der nächstverwandten Virenstämme sein dürften. Kernursachen des Überspringens auf den Menschen sind die Zerstörung natürlicher Ökosysteme, katastrophale Haltungs- und Schlachtungsbedingungen in Zuchtfarmen und auf Wildtiermärkten. Aktuell ist zu befürchten, dass das Image der Fledermäuse deutliche Schäden davongetragen hat. Die lokale Vernichtung von Populationen in Asien und Afrika ist eine der Folgen.
Die Bekämpfung der Covid-19-Pandemie hat im Augenblick für alle Regierungen höchste Priorität. Dabei darf nicht vergessen werden, dass der Erhalt der Biodiversität von mindestens vergleichbarer Wichtigkeit ist. Aktuelle Studien belegen einen Rückgang der terrestrischen Insektenabundanzen von knapp 9 % pro Jahrzehnt in Europa und Nordamerika, unter anderem wegen ungehemmtem Insektizideinsatz. Ohne ein entschiedenes Gegensteuern wird sich damit die Nahrungsgrundlage für alle insektivoren Arten weiter verringern. Es steht zu befürchten, dass wir damit am Anfang eines zweiten dramatischen Bestandsverlustes der Fledermäuse stehen.
Wir hoffen daher inständig, dass es der großen Gemeinschaft an Fledermausfreunden und ihren Partnern im Natur- und Artenschutz gelingt, den Fokus wieder auf den Erhalt der Biodiversität und der natürlichen Ressourcen zu bündeln – mittel- und langfristig eine der Kernvoraussetzungen für unser aller Zukunft.

Haigerloch und Dünfus, April 2020
Christian Dietz & Andreas Kiefer

Dank

Das vorliegende Buch wäre ohne die große Unterstützung zahlreicher Freunde und Kollegen nicht denkbar gewesen, und wir bedanken uns herzlichst bei allen, die uns über viele Jahre unterstützt haben. Insbesondere gilt dies für unsere Familien, die maßgeblichsten Anteil an unserer Arbeit haben und fortwährende Unterstützung bieten.

Unseren verstorbenen Kollegen und engen Freunden Otto von Helversen, Boyan Petrov und Björn Siemers, die uns über Jahre und Jahrzehnte an ihrer Arbeit teilhaben ließen und uns wesentlich geprägt und gefördert haben, gilt unser großer Dank und unser Andenken.

Zahlreiche Korrekturen, Anmerkungen und Ergänzungen zur ersten Auflage verdanken wir dem Engagement von Marie-Jo Dubourg-Savage (FR) und Peter Lina (NL) bei den hervorragenden Übersetzungen ins Französische, Englische und Holländische. Neben der eigentlichen Übersetzungstätigkeit haben beide ihre unglaubliche Erfahrung und ihr Fachwissen zu Fledermäusen eingebracht, herzlichen Dank hierfür!

Den Fotografen Yann le Bris (FR), Isabel Dietz, Dénes Dobrosi (HU), Teddy Dolstra (NL) Brock Fenton (CA), Christian Giese, Eckhard Grimmberger, Ursel Häussler, Otto von Helversen, Michael Kitzig, Rolf Klenk, Georg Knipfer, Martin Koch, Hans-Martin Kochanek, Karl Kugelschafter, Rudi Leitl, Luis Lorente (ES), Sven Möhring, Mauro Muccedda (I), Dietmar Nill, Boyan Petrov (BG), Torsten Pröhl, Antonin Reiter (CZ), Bernd Schittenhelm, Désirée Schwers, Anni Seibert, Domingo Trujillo (ES), Bob Vandendriessche (BE), Rollin Verlinde (BE) und Saskia Wöhl danken wir herzlich für die Bereitstellung ihrer Aufnahmen.

Die Teilkapitel zum Life-Projekt Große Hufeisennase und zur Haarbestimmung wurden dankenswerterweise von Rudi Leitl und Ursel Häussler erstellt.

Die Grafiken des Buches verdanken wir Wolfgang Lang und Saskia Wöhl. Ohne die Unterstützung durch den Kosmos Verlag, insbesondere von Monika Weymann, wäre das Buch nicht möglich gewesen, wofür wir ebenfalls herzlich danken.

Für die intensiven Diskussionen, Hilfe bei der Literaturbeschaffung und die Bereitstellung zahlloser, teilweise auch unveröffentlichter, Daten bedanken wir uns bei Ingmar Ahlen (SE), Juan Tomas Alcalde (ES), Benjamin Allegrini (FR), David Almenar (ES), Stephane Aulagnier (FR), Abiadh Awatef (TN), Hans Baagoe (DK), Ruben Barone (ES), Levente Barti (RO), Eric Bas (FR), Andriy Bashta (UA), Andres Beck (CH), Petr Benda (CZ), Martin Biedermann, Zoltan Bihari (HU), Torsten Blohm, Svetlana Bogdarina (RU), Thierry Bohnenstengel (CH), Josselin Boireau (FR), Sandor Boldogh (HU), Arjan Boonman (IL), Daniela Bordas (RO), John Borg (MT), Zihad Bouslama (DZ), Robert Brinkmann, Yann Le Bris (FR), Szilaard Bücs (RO), Viktor van Cakenberghe (NL), Emrah Coraman (TR), Istvan Csösz (HU), Gabor Csorba (HU), Annette Denzinger, Markus Dietz, Dénes Dobrosi (HU), Annamária Dóczy (RO), Teddy Dolstra (NL), Anca Dragu (RO), Marie-Jo Dubourg-Savage (FR), Heliana Dundarova (BG), Stefan Eisenbarth, Peter Estok (HU), Jakob Fahr, Nicolas Fasel (CH), Gaetano Fichera (IT), David Garcia (ES), Jose Antonio Garrido (ES), Suren Gazaryan, Astghik Ghazaryan (AM), Panagiotis Georgiakakis (GR), Urtzi Goiti (ES), Matthias Göttsche, Eckhard Grimmberger, Lena Godlevska (UA), René Güttinger (CH), Ursel Häussler, Matthias Hammer, Edmund Hensle, Roberto Hermida (ES), Silvio Hoch (LI), Richard Hoffmann (RO), Arnaud Le Houédec (FR), Lisa Hundt (GB), Carlos Ibanez (ES), Kjell Isaksen (NO), René Janssen (NL), Maria Jerabek (AT), Csaba Jére (RO), Javier Juste (ES), Ingrid Kaipf, Rauno Kalda (EE), Inken Karst, Branko Karapandza (RS), Detlev Kelm, Thierry Kervyn (BE), Jeroen van der Kooij (NO), Klemen Koselj (SI), Hubert Kraettli (CH), Kseniia Kravchenko (UA), Sergej Kruskop (RU), Karl

Kugelschafter, Alex Lefevre (BE), Anja Lehmann, Jochen Lehmann, Rudi Leitl, Meelis Leivitis (EE), Alberto Fijo Leon (ES), Eran Levin (IL), Adrià López-Baucells (ES), Luis Lorente (ES), Radek Lucan (CZ), Elena Migens Maqueda (ES), Georgiana Margineau (RO), Ferdia Marnell (IE), Matti Masing (EE), Frieder Mayer, Manuela Menn, Tine Meyer-Cords, Tore Michaelsen (NO), Neil Middleton (GB), Pascal Moeschler (CH), Miguel Angel Monsalve (ES), Mauro Mucedda (IT), Jasminko Mulaomerovic (BA), Alfred Nagel, Zoltan Nagy (RO), Haris Nicolaou (CY), Oskar Niederfriniger (IT), Jesus Nogueras (ES), Bernd Ohlendorf, Eleni Papadatou (GR), Igor Papov (RU), Igor Pavlinic (HR), Oscar de Paz (ES), Gunars Petersons (LV), Boyan Petrov (BG), Burkard Pfeiffer, Krzysztof Piksa (PL), Irina & Viorel Pocora (RO), Primož Presetnik (SI), Alona Prilutskaya (UA), Sébastien Puechmaille, Juan Quetglas (ES), Ana Rainho (PT), Hugo Rebelo (PT), Guido Reiter (AT), Marco Riccucci (IT), Niamh Roche (IE), Luisa Rodrigues (PT), Sebastien Roué (FR), Bernd-Ulrich Rudolph, Danilo Russo (IT), Jens Rydell (SE), Konrad Sachanowicz (PL), Dino Scaravelli (IT), Abigel & Farkas Szodoray-Paradi (RO), Horst Schauer-Weisshahn, Hans-Ulrich Schnitzler, Godfried Schreur (ES), Henry Schofield (GB), Wigbert Schorcht, Aliaksei Shpak (BY), Carla Silva (PT), Quentin Smits (BE), Claude Steck, Johannes Tress, Domingo Trujillo (ES), Asaf Tsoar (IL), Bob Vandendriessche (BE), Rollin Verlinde (BE), Henning Vierhaus, Anton Vlaschenko (UA), Stefan Vreugdenhil (NL), Maja Zagmaster (SI), Andreas Zahn, Igor Zagorodniuk (UA), Matthias Zizelmann und Terhi Wermundsen (FI).

Bei unseren Exkursionen und Forschungsaufenthalten waren uns viele Personen behilflich und wir möchten allen herzlich dafür danken, dass sie uns an ihrem Wissen teilhaben ließen, uns tolle Fledermausquartiere und Fangstellen gezeigt haben, bei der Beschaffung von Genehmigungen behilflich waren und uns auch sonst in vielfältigster Weise unterstützt haben, insbesondere bei: Kerstin Bach, Eberhard Bäuerle, Ruben Barone (ES), Gregory Beuneux (FR), Wolfram Blug, Ivailo Borissov (BG), Emek Celik (TR), Emrah Coraman (TR), Artemis Diez (GR), Marie-Jo Dubourg-Savage (FR), Heliana Dundarova (BG), Stephan Flechtner (KG), Astghik Ghazaryan (AM), Panagiotis Georgiakakis (GR), Ziemowit Gólski (PL), Ursel Häussler, Julia Hafner, Vanuhi Hambardzumyan (AM), Brigitte Heinz, Maria Jerabek (AT), Stoyan Goranov (BG), Christian Joulot (FR), Ingrid Kaipf, Shirin Karryeva (TM), Marion Kaspar, Rolf Klenk, Martin Koch, Hans König, Carmi Korine (IL), Klemen Koselj (SI), Friedo Kretzschmar, Reinhold Künstle, Rudi Leitl, Eran Levin (IL), Stefanie Mackensen, Adriano Martinoli (IT), Desislava Merdschanova (BG), Spartak Merdschanov (BG), Mauro Mucedda (IT), Ewald Müller, Alfred Nagel, Rainer Nagel, Dietmar Nill, Eleni Papadatou (GR/GB), George Papov (AM), Alenka Petrinjak (SI), Boyan Petrov (BG), Guido Pfalzer, Primoz Presetnik (SI), Kathrin Pröhl, Torsten Pröhl, Guido Reiter (AT), Luisa Rodrigues (PT), Tanya Rosen (US), Bernd-Ulrich Rudolph, Wolfram Schulze, Carla Silva (PT), Nikolaj Simov (BG), Claude Steck, Sergio Teixeira (PT), Niya Toshkova (BG), Domingo Trujillo (ES), Michael Veith, Hans-Martin Weisshap, Heinz Wissing, Rudolf Zahner und Maja Zagmajster (SI).

Den Naturschutzbehörden der Untersuchungsorte und den Verwaltungen der Schutzgebiete danken wir für ihr Vertrauen in unsere Arbeit, die gute und enge Zusammenarbeit und die vielfältige Unterstützung.

Die Fledermäuse stellen eine eigene, mit über 1400 Arten, sehr erfolg- und artenreiche Ordnung innerhalb der Säugetiere dar. Sie sind extrem vielgestaltig und haben mit Ausnahme der Antarktis alle Kontinente und fast alle Lebensräume der Erde besiedelt. Als typische Säugetiere besitzen sie ein Haarkleid und äußere Ohrmuscheln, sie haben ein Säugetiergebiss, sie sind gleichwarm, sie gebären lebende Junge und säugen diese. Aber sie sind auch durch einige Besonderheiten gekennzeichnet, die sie einzigartig unter den Säugern machen.

Sie können aktiv fliegen

Fledermäuse sind als einzige unter den Säugern zum aktiven Flug fähig, was sie von Gleitern wie Flughörnchen, Flugbeutlern und Riesengleitfliegern unterscheidet. Ihre verlängerten Finger- und Mittelhandknochen sind mit dem Körper durch Flughäute verbunden, weshalb sie auch den Namen Chiroptera – „Handflügler" erhalten haben.

Sie können sehr alt werden

Fledermäuse können in Bezug zu ihrer meist geringen Körpergröße sehr alt werden. Einige Arten erreichen über 30 Jahre. Dieses hohe Alter haben sie vermutlich einem geringen Feinddruck (nachts gibt es weniger Feinde) und damit einer vergleichsweise hohen Überlebensrate zu verdanken. Man vermutet aber auch, dass Fledermäuse Zellgifte, die für viele Alterungsprozesse verantwortlich sind, besser abbauen können. Ebenso wird ein Zusammenhang zwischen Winterschlaf und hohem Alter diskutiert. Ein weiterer Schlüssel ist ein noch nicht vollständig aufgeklärter Reparaturmechanismus der Telomere, den „Schutzkappen" der Chromosomen. Üblicherweise werden bei Säugern bei jeder Zellteilung die Telomere ein wenig kürzer, bis sie nicht mehr ausreichend lang genug sind, um ihre Schutzfunktion zu erfüllen. Die Zellen altern und sterben. Bei Fledermäusen hingegen findet man auch bei älteren Fledermäusen lange Telomere die ein Zellaltern verhindern.

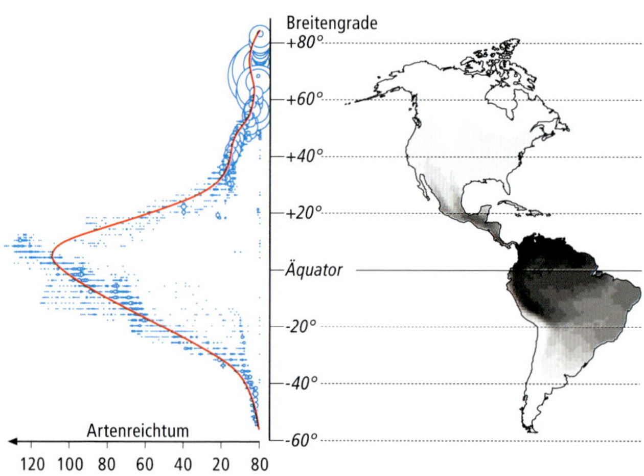

Verteilung der Fledermausarten innerhalb von 100 x 100 km großen Quadranten in Abhängigkeit von der geographischen Breite in der Neuen Welt. Die Größe der Kreise ist proportional zur Zahl der Zellen mit gleicher Artenzahl auf der geographischen Länge. Deutlich ist eine Zunahme der Artenvielfalt in Richtung der Tropen zu erkennen. Grafik W. Lang, nach Ramos Pereira & Palmeirim 2013, verändert.

Ausflug einer mehrere Millionen Individuen umfassenden Kolonie der Faltenlippenfledermaus und der Schwarzbärtigen Grabfledermaus aus einer vietnamesischen Höhle.

Ihre Spermien haben eine lange Lebensfähigkeit

In den gemäßigten Zonen halten die Fledermäuse Winterschlaf und haben hierzu auch Mechanismen entwickelt, die Spermien über mehrere Monate am Leben zu erhalten. Somit können sich Fledermäuse im Spätsommer und Herbst paaren, aber die eigentliche Befruchtung der Eizelle findet erst im Laufe des nächsten Frühjahrs statt, wenn die optimalen Bedingungen für Trächtigkeit und Geburt gegeben sind. Andere Winterschläfer, wie die Langflügelfledermäuse haben eine andere Strategie entwickelt. Sie verlängern die Entwicklung der befruchteten Eizelle. Auch in den Tropen passen Fledermäuse ihren Geburtszeitpunkt dem jeweils optimalen Zeitraum mit günstiger Nahrungsverfügbarkeit für die Aufzucht der Jungtiere an.

Sie sind sehr vielgestaltig

Keine andere Säugetiergruppe hat ihren Lebensraum so vielgestaltig erobert und eine solche Vielfalt an ökologischen Nischen besetzt. Neben den typischen und sicher ursprünglichen Insektenfressern gibt es Fleisch- und Früchtefresser. Manche haben sich auf Fischfang spezialisiert, andere ernähren sich von Blut und wieder andere nehmen kolibrigleich Nektar und Blütenpollen tropischer Pflanzen auf. Dabei nehmen Fledermäuse oftmals eine zentrale Rolle als „Schädlingsbekämpfer", Samenverbreiter und Blütenbestäuber in den jeweiligen Lebensräumen ein.

Sie nutzen die Echoortung zur Orientierung

Nicht zuletzt haben Fledermäuse (mit Ausnahme der Flughunde) ein unter den Landtieren einzigartiges Orientierungssystem entwickelt, die Ultraschall-Echoortung. Wir als Menschen sind Augentiere und mit unserem passiven Sehsinn vom Licht der Sonne abhängig. Fledermäuse konnten sich mit ihrem aktiven Orientierungssystem von dieser Abhängigkeit vom Tageslicht befreien und die Nacht als Nische erobern. Die Entdeckung der Echoortung durch Donald Griffin in den 1940er Jahren hat die für uns lange geheimnisvollen und mit einem sechsten Sinn in Verbindung gebrachten Flugmanöver der Fledermäuse erklärt. Vermutlich einer der Gründe, warum Fledermäuse in unseren Breiten lange einen schlechten Ruf hatten. Wenn wir etwas nicht erklären können, haben wir entweder Angst davor oder wir vergöttern es. Daher verwundert es nicht, dass in anderen Kulturen wie bei den Maya Fledermäuse auch als Gottheiten verehrt wurden, oder wie in China mit Glück gleichgesetzt werden. Sicher hat aber auch Bram Stoker, der Autor von DRACULA seinen Anteil am schlechten Ruf der Fledermäuse. Er hat sie erstmals und sehr erfolgreich mit den Vampiren in Verbindung gebracht. Heute haben Fledermäuse wieder einen besseren Ruf und der Ekel ist meist der Faszination gewichen.

Der in Südasien weit verbreitete Indische Falsche Vampir gehört zu den fleischfressenden Arten und jagt auch kleine Wirbeltiere.

Rekorde der Fledermäuse

KLEINSTE FLEDERMAUS
Hummelfledermaus, *Craseonycteris thonglongyia*, 29–34 mm Kopf-Rumpf-Länge, 12 cm Spannweite und 2 g Gewicht.

GRÖSSTES FLEDERTIER
Kalong (*Pteropus vampyrus*), mit bis zu 1,2 kg Gewicht und 1,5 – 1,7 m Spannweite; andere Flughunde wie *Pteropus medius* können bis zu 1,6 kg Gewicht aufweisen.

HÖCHSTALTER BEI EINER FLEDERMAUS
Brandtfledermaus aus Sibirien: 41 Jahre alt.

ÄLTESTES FLEDERMAUSFOSSIL
52,5 Millionen Jahre alt (*Onychonycteris finneyi*) aus der Green River Formation in Wyoming (USA).

HERZSCHLAG IM FLUG
1.000 Schläge / Minute.

HERZSCHLAG IM WINTERSCHLAF
12 Schläge / Minute.

SCHNELLSTER MUSKEL
Kehlkopfmuskel mit 200 Kontraktionen/s.

HÖCHSTE FREQUENZ DER ECHOORTUNG
212 kHz.

GRÖSSTE LAUTSTÄRKE DER RUFE
137 dB (beide *Noctilio*-Arten).

SCHNELLSTER FLIEGER
Tadarida brasiliensis: 65 km/h im Sturzflug bis zu 160 km/h.

HÖCHSTE FLUGHÖHE
Tadarida brasiliensis 3.300 m.

GRÖSSTE KOLONIE EINER SÄUGETIERART
Tadarida brasiliensis bis zu 40 Millionen Tiere (Bracken Cave, Texas).

Eine spektakuläre Symbiose stellt das Zusammenleben von Wollfledermäusen und Kannenpflanzen dar: die Pflanze bietet das Quartier und der Kot der Fledermäuse liefert wertvolle Mineralstoffe, vor allem Stickstoff. Foto: A. Seibert

Zum Fliegen gebaut

Der Körperbau der Fledermaus ist durch Leichtigkeit und Energieeffizienz bestimmt. Trotz vieler spezieller Anpassungen zum Flug erkennt man im Flügel noch immer den fünfstrahligen Bau der Säugetiergliedmaßen. Vor allem die Mittelhand- und Fingerknochen sind stark verlängert und dünn. Der ebenfalls lange Unterarm besteht aus der Speiche (Radius), die Elle (Ulna) fehlt. Der 2. Finger besteht aus nur einem Glied, der 3. aus drei Gliedern und der 4. und 5. Finger aus je zwei Gliedern. Nur der Daumen – bei den Flughunden auch der 2. Finger – trägt noch eine Kralle, die beim Klettern eingesetzt wird. Zwischen den Extremitäten, dem Körper und dem Schwanz ist eine Flughaut ausgebildet. Unter den europäischen Fledermäusen ist nur bei der Bulldoggfledermaus der Schwanz größtenteils frei. Bei allen anderen ist er in die Schwanzflughaut eingebunden. Die Flughaut ist mit Blutgefäßen, Nerven, Sinneszellen, Muskeln und elastischen Bändern durchzogen. Einige Venen im Flügel besitzen kontraktile Bereiche, die man als Nebenherzen bezeichnen kann. Sie sorgen dafür, dass ein ausreichender Blutdruck aufrechterhalten werden kann, auch wird ihnen eine Funktion beim Wärmehaushalt zugesprochen. Merkel-Zellen auf den Flughäuten, kleine Sinneshügel jeweils mit einem Haar ausgestattet, messen die Luftströmung und sorgen für einen stabilen Flug. Da die Flughaut nicht austrocknen darf, verbringen Fledermäuse viel Zeit damit, sie mit einem Sekret aus der Mundfalte einzureiben und geschmeidig zu halten. Am Fußgelenk sitzt ein die Schwanzflughaut versteifender

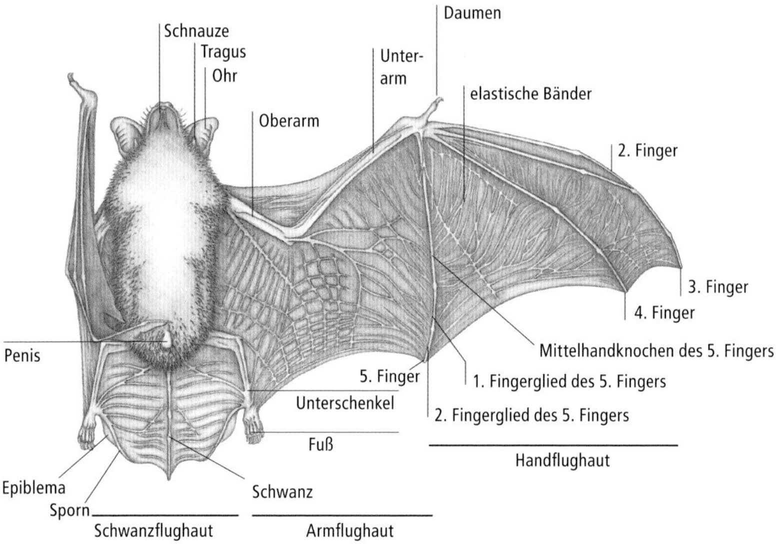

Bauplan einer Fledermaus und Benennung der einzelnen Körperteile. Zeichnung: R. Roesler

Die Bourret-Hufeisennase hat skurril wirkende Nasenaufsätze, die eine extreme Anpassung zum Aussenden der Ortungstöne darstellen.

Andersens Rundblattnase hat sehr große Ohren und jagt wendig inmitten tropischer Vegetation nach kleinen Fluginsekten.

Sporn, der Calcar, der manchmal noch einen Hautlappen, das Epiblema, trägt.
Das vergleichsweise geringe Gewicht ist eine Anpassung an die fliegende Fortbewegung. Selbst die größten Fledertiere, Flughunde der Gattung *Pteropus* sind mit 1,7 m Spannweite und ca. 1,5 kg Gewicht keine Riesen für ein Säugetier. Die Mehrzahl der Fledermäuse ist viel kleiner und mit der Hummelfledermaus *Craseonycteris thonglongyai* hat die Evolution das physiologisch kleinstmögliche Säugetier hervorgebracht. Kleine Tiere haben eine relativ große Oberfläche und verlieren darüber mehr Energie. Haare können diesen Energieverlust reduzieren, und so ist der Körper der Fledermäuse dicht behaart. Nur einige Wüstenfledermäuse haben Hautpartien. Teile des Gesichts, die Ohren und die Flughäute sind unbehaart. Das Haarkleid wird einmal im Jahr ab dem Spätsommer erneuert.

Kopfüber als Erfolgsprinzip

Fledermäuse hängen mit dem Kopf nach unten, dies ermöglicht unter anderem einen schnellen Abflug durch einfaches Fallenlassen. Viele Fledermäuse können auch liegen (bspw. in Geröllhalden im Winter) und sich bei der Jagd – wie das Mausohr – schnell und behände auf dem Boden fortbewegen und mit einem Sprung in die Luft auffliegen. Mit der hangenden Lebensweise und zur Kontrolle der Flugmembran ist eine Verdrehung der Füße nach hinten ermöglicht. Dies wird durch eine Drehung des Beines in Hüfte, Femur und Tibia nach oben und außen, einmalig unter den Säugetieren, ermöglicht. Die Krallen der Füße ermöglichen ein sicheres Abhängen und werden allein durch das Gewicht mittels eines besonderen Sperrmechanismus gekrümmt. Somit kann eine Fledermaus energiesparend im Winter und selbst bis

Der Höhlen-Langzungen-Flughund ernährt sich von Nektar. Noch viel längere Schnauzenformen sind bei neuweltlichen Blumenfledermäusen zu finden.

in den Tod hinein hängenbleiben. Die Beine spannen die Schwanzflughaut oder falten sie zusammen, bei Hufeisennasen zum Rücken bei Glattnasen zum Bauch. Bei weiblichen Fledermäusen liegen die Brustdrüsenseitlich im Bereich der Achselhöhlen. Die beiden Zitzen (bei der Zweifarbfledermaus zwei Paar Zitzen) sind bei laktierenden Weibchen gut zu erkennen. Hufeisennasen besitzen zusätzlich am Unterbauch ein Paar Haftzitzen. Der Penis männlicher Fledermäuse ist nicht zu übersehen. Er enthält einen kleinen arttypischen Penisknochen (Baculum). Auch die Hoden und Nebenhoden sind zumindest in der Paarungszeit gut zu erkennen. Fledermäuse haben einen relativ großen Magen und einen kurzen Darm, welcher eine schnelle Verdauung erlaubt.

Seltsame Gesichter und ein starkes Gebiss

Schon beim Blick ins Gesicht der Fledertiere fällt die vermeintliche Sonderstellung der Flughunde mit großen Augen und kleinen Ohren auf. Sie sind Augentiere wie wir Menschen und orientieren sich überwiegend optisch. Sie grenzen sich damit von allen anderen echoortenden Fledermäusen mit kleinen Augen und zumeist großen Ohren ab. Einige Flughundarten können aber mit ihren Flügeln Klicklaute erzeugen und nutzen deren Echo auch zur Raumorientierung.

„Keine andere Säugetiergruppe kann es mit der Vielfalt und Merkwürdigkeit der Gesichtsgestaltung mit den Fledermäusen aufnehmen."
—Martin Eisentraut 1968

Im Laufe der Evolution und Besiedelung neuer Habitate und Nahrungsquellen hat sich eine Vielzahl an Unterschieden im Bau der Ohren, der Größe der Augen oder auch in der Gesichtsform entwickelt. Oft ist sie geprägt durch bizarre Nasenaufsätze. Gerade die Ohren, aber auch die Mund- und Nasenregion sind dadurch gekennzeichnet als Empfänger (Ohren) oder Sender (Mund, Nasen) für die jeweilige Echoortung ausgeprägt zu sein. Die Ohren sind sehr beweglich und werden bei Hufeisennasen

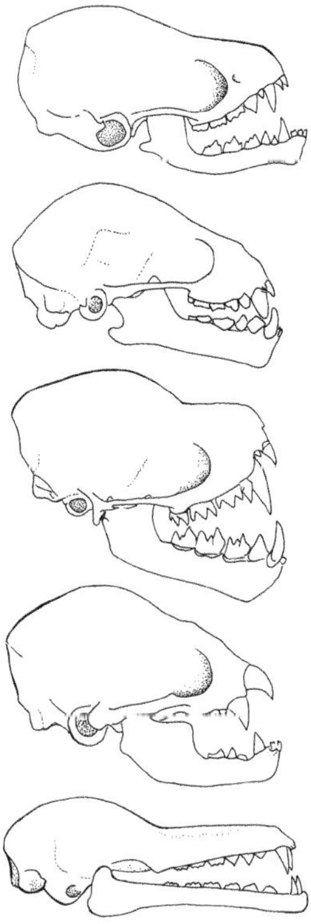

Der Schädelbau spiegelt die Ernährung der Arten wider. Zeichnung O. von Helversen.

ständig neu ausgerichtet. Längere Ohren können durch Querfalten gekrümmt und im Extremfall – bei den Langohrfledermäusen – sogar vollständig eingefaltet werden. Glattnasen besitzen in der Ohrmuschel noch einen vielgestaltigen Ohrdeckel (Tragus), der den Hufeisennasen fehlt. Die Nasen und Nasenlöcher können, wie bei den meisten Glattnasen klein und unauffällig sein, aber sie können auch extrem vergrößert und mit diversen Aufsätzen versehen sein. Auffällig große Nasenlöcher, wie bspw. bei der Mopsfledermaus und den Langohrfledermäusen, sind auch bei Glattnasen ein Beleg dafür, dass diese Arten situationsbedingt durch die Nase orten können und nicht nur, wie viele andere Arten, über das geöffnete Maul.

Am Schädel sitzen massige Muskelpakete. Die Nackenmuskulatur stützt den Kopf beim Flug und die Kiefermuskeln ermöglichen einen kräftigen Biss, der auch wehrhafter Beute kaum eine Chance lässt. Dabei hilft ein spezialisiertes Gebiss, welches auf den ersten Blick durch die großen Eckzähne einem Raubtiergebiss ähnelt. Die Ernährungsweise bestimmt die Zahl und Art der Zähne. Fruchtfressende Arten haben nur flache Höcker auf den Zähnen, eine Anpassung an das Zermahlen weicher Nahrung. Nektar fressende Fledermäuse haben das Gebiss stark reduziert und oftmals lange und zarte Kiefer. Ihr langes und schmales Gesicht, verbunden mit einer langen Zunge, ist dann an den Besuch von tiefen Blütenkelchen, vor denen sie Kolibri-gleich rütteln, angepasst. Insekten- und fleischfressende Fledermäuse haben ein mehr raubtierähnliches Gebiss mit starken Eckzähnen, zahlreichen Höckern und Scherkanten. Der Grundbauplan im Gebiss der Fledermäuse mit 38 Zähnen findet sich bei der einheimischen und weltweit verbreiteten Gattung *Myotis* wieder. Bei vielen Arten ist jedoch die Zahl der Zähne reduziert. Auf die Form und Größe der Zähne besteht ein hoher Selektionsdruck. Die Länge der Zahnreihen, die relativen Höhen einzelner Zähne und die Ausprägung von Höckern sind daher ein geeignetes Merkmal auch nah verwandte Arten zu unterscheiden.

Zahnformel der Gattung *Myotis*

Oberkiefer
2 – 1 – 3 – 3

Unterkiefer
3 – 1 – 3 – 3 = 38 Zähne
Die erste Spalte entspricht der Zahl der Schneidezähne, die zweite der Eckzähne, die dritte der Vorbackenzähne und die vierte der Backenzähne.

Und Sehen?

Fledermäuse können auch schwarz-weiß sehen. Einige Arten der Blütenfledermäuse sehen auch UV-Licht, da es von einigen Blüten verstärkt reflektiert wird und somit als Zielpunkt zum Anfliegen dient. Zudem verfügen Fledermäuse auch über einen Magnetsinn. Damit können sie sich bei Langstreckenflügen entlang der Linien des Erdmagnetfeldes orientieren ähnlich wie es Zugvögel tun.

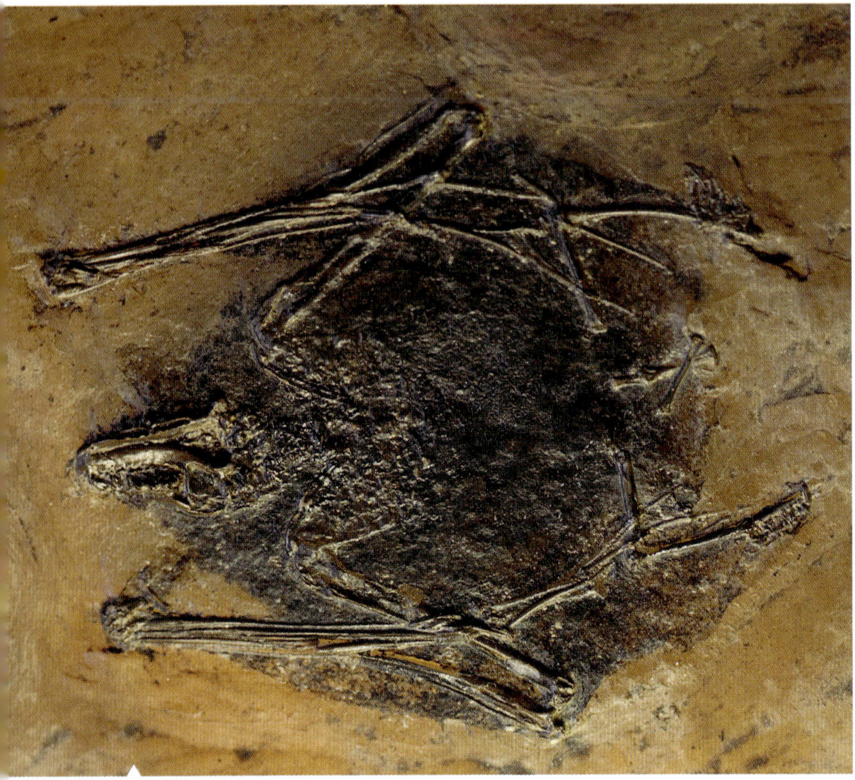

Paleochiropteryx tupaiodon, eine eozäne Fledermaus aus der Grube Messel.
Foto: D. Nill

Bewährt seit langer Zeit

Die ältesten fossil überlieferten Fledermausarten aus dem frühen Eozän (vor ca. 52 Millionen Jahren) entsprechen im Körperbau weitestgehend den heutigen Fledermäusen. Lediglich die 2008 beschriebene *Onychonycteris finneyi* hat ursprüngliche Merkmale: So hat sie an allen fünf Fingern Klauen, relativ kurze Flügel und lange Beine. Trotzdem war sie in der Lage über lange Strecken zu fliegen. Die ca. 47 Millionen Jahre alten Fledermausarten der Gattungen *Paleochiropteryx*, *Archaeonycteris* und *Hassianycteris* aus der Grube Messel konnten sich sicher mit Echoortung orientieren. Ihre unterschiedlichen Flügelformen belegen eine ähnliche Einnischung wie rezente Fledermäuse.

Fledermäuse und Dinosaurier?

Nach molekularen Untersuchungen geht man davon aus, dass die ersten Fledermäuse kurz nach dem Massenaussterben der Dinosaurier im Übergang Kreide/Tertiär vor 65Millionen Jahren entstanden sind. Es ist demnach wahrscheinlich, dass die Urfledermaus die Erde schon zu Zeiten der Dinosaurier erlebte. Im Eozän erfolgte dann, wie bei vielen Säugetiergruppen, eine schnelle Radiation der Fledermausfamilien

Auf den Kopf gestellt

Die molekularen Untersuchungen der letzten Jahrzehnte erbrachten noch mehr überraschende

Ergebnisse. Die klassische, durch morphologische Merkmale begründete Zweiteilung in Fledermäuse (Microchiroptera) und Flughunde (Megachiroptera) stellte sich als Trugschluss heraus. Denn einige Vertreter der Hufeisennasenartigen (Rhinolophoidae) sind näher mit den Flughunden als mit allen anderen Fledermäusen verwandt. Zugleich ist eine Familie dieser Gruppe, die Nycteridae, klar zu den übrigen Fledermäusen gestellt. Der moderne Stammbaum der Fledermäuse zeigt zwei neue Hauptgruppen, die Pteropodiformes (oder Yinpterochiroptera) und Vespertilioniformes (oder Yangochiroptera).
Die neue Klassifikation führt auch zu einer neuen Debatte: Ist die Echoortung zweimal unabhängig voneinander entstanden, oder haben die Flughunde die Fähigkeit zur Echoortung verloren? Und wie ist zu erklären, dass einige wenige Vertreter der Flughund-Gattung *Rousettus* eine durch Zungenklicks erzeugte einfache Form der Echoortung entwickelt haben und damit auch Höhlen und andere dunkle Orte als Quartiere nutzen konnen?
Nicht weniger erstaunlich sind die weiteren Erkenntnisse der molekularen Biologie zur Frage wer der nächste Verwandte der Fledermäuse ist. Die Fledermäuse entstammen vermutlich der Gruppe der Laurasiatheria, die sich aus Insektenfressern, Raubtieren, Unpaarhufern, Paarhufern und Walen bildet.

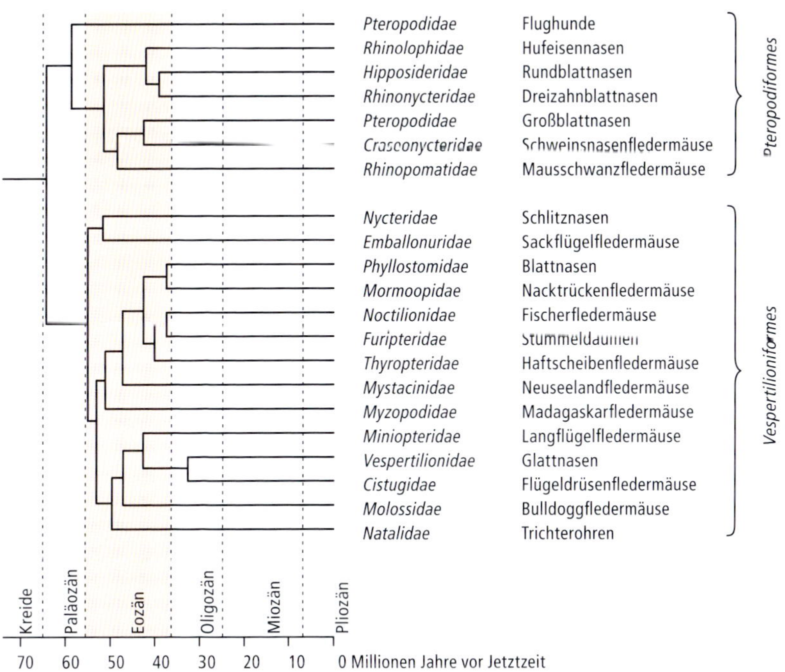

Ein auf Ergebnissen der Molekulargenetik basierender Stammbaum der Fledermäuse nach Simmons (2005) und Foley et al. (2015). Grafik: S. Wöhl.

Wer fliegen kann ist klar im Vorteil

Flugsaurier, Vögel und Fledermäuse haben unter den Wirbeltieren den aktiven Flug unabhängig „erfunden". Alle drei nutzen ihre Vorderextremitäten als Flügel, aber die konkrete Umwandlung einzelner Knochen ist jedes Mal anders. Flugsaurier besaßen eine Flughaut, die durch den vierten Finger aufgespannt wurde. Die Vögel nutzen Federn als „Ersatz" für die reduzierten Finger- und Mittelhandknochen. Fledermäuse spannen ihre Flughaut zwischen vier Fingern, den Hinterbeinen und dem Schwanz.

Sicher ist das Fliegen eine energieaufwändige Form der Fortbewegung pro Zeiteinheit, aber pro zurückgelegte Distanz ist sie sparsam. Und für die Fledermäuse, die immer wieder aus einem Quartier, wie einer Höhle, in ihre weit entfernten Jagdgebiete fliegen, ist es die effizienteste Fortbewegungsart. Der Fledermausflug ist durch die variabel einsetzbaren Flughäute oft sehr wendig. Sie können schnell an Geschwindigkeit verlieren, engste Kurven fliegen und dabei noch mit dem Flügel oder der Schwanzflughaut Beute keschern. Manche Arten, wie die Langohren, können lautlos in der Luft stehen bleiben und so Blatt für Blatt nach Beute absuchen. Sie verbrauchen dabei durchweg weniger Energie für den Flug als gleichgroße Vögel. Selbst beim Schwirrflug zeigt sich, dass Schwärmer und Kolibris mit der Effektivität einer Blütenfledermaus nicht mithalten können.

Links: Ein Braunes Langohr im Flug. Langohren können mit ihren kurzen, breiten Flügeln gut vom Boden starten und müssen dabei nicht, wie viele andere Arten, hochspringen. Foto: R. Klenk

Rechts: Große Hufeisennasen nutzen ihre Flügel häufig zum Keschern der Beute und führen die Beute dann zum Maul. Foto: D. Nill

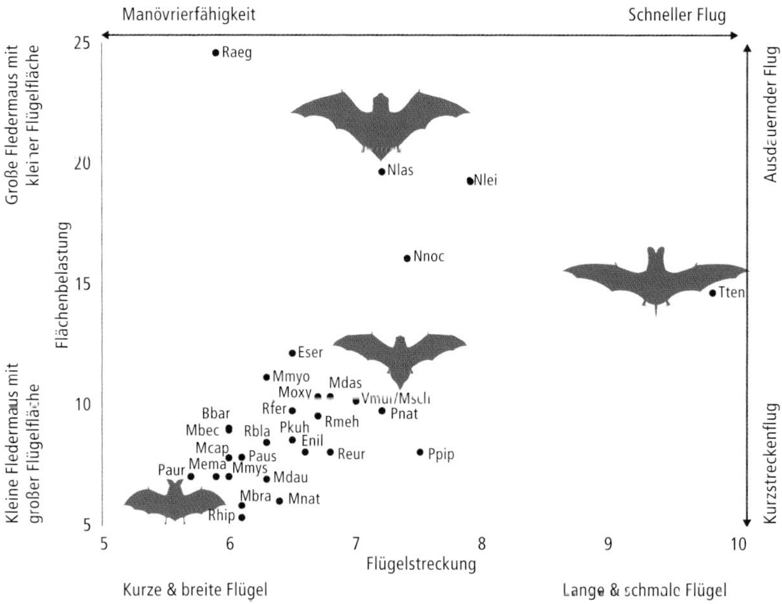

Flächenbelastung (Gewicht pro Flügelfläche; wing-loading [Nm^{-2}]) und Flügelstreckung (Verhältnis von Flügellänge zu Flügelbreite; aspect ratio) für europäische Fledermausarten. Erläuterung zu den Abkürzungen auf kosmos.de/fledermaus-europa

Langsam oder Schnell? – Die optimale Anpassung bringt den Erfolg

Was die Fluggeschwindigkeit anbetrifft erscheinen die meisten Fledermäuse relativ langsam. Dies trifft auch für die meisten kleinen Arten zu, die mit 5 – 8 m/s (= 18 – 29 km/h) unterwegs sind. Arten wie die Bulldoggfledermaus oder der Abendsegler erreichen oftmals Geschwindigkeiten von über 50 km/h, die sie bei Sturzflügen auf Beute auch sicher deutlich übertreffen. Betrachtet man die Flügelformen, fallen die schnell fliegenden Arten sofort durch die langen schmalen Flügel auf, die langsamen, manövrierfähigen Arten haben eher kurze und breite Flügel. Von diesem Grundmuster gibt es viele Variationen, dann noch ergänzt durch die Form und Größe der Schwanzflughaut, die Abrundung der Flügelspitze und einiges mehr. Diese Formenvielfalt ist ein Abbild der Einnischung und auf bestimmte Jagdtechniken oder Habitatbindungen. Sogar die Fähigkeit zu Wanderungen kann man an den Flügeln in Form einer idealen Kombination von Flächenbelastung und schmalen, langen Flügeln ablesen. Interessant ist auch, dass der Flug, die Echoortung und die Atmung miteinander gekoppelt sind. Wird der Brustmuskel im Abschlag am stärksten genutzt, wird gleichzeitig ein Ruf abgegeben. Somit wird zum günstigsten Zeitpunkt ein Ruf mit maximaler Energie abgegeben.

Fledermäuse sind „Hochleistungsmaschinen": Ihr Herz ist etwa dreimal so groß wie bei einem gleichgroßen Kleinsäuger. Sie haben ultraschnelle Muskeln (für die Echoortung), sehr viele rote Blutkörperchen und einen hohen Hämoglobingehalt. Die Lunge kann mehr Sauerstoff aus der Luft extrahieren als bei jedem anderen Säugetier.

Die Quartiere von Grauem und Braunem Langohr, Zwergfledermaus und Bartfledermaus liegen im Siedlungsbereich dieses Dorfes. Über verbindende Strukturen, wie Hecken oder Baumreihen gelangen sie in ihre spezifischen Jagdgebiete.

Verstecken und Verschlafen

Fledermäuse bauen keine Nester. Lediglich einige tropische Fledermausarten bauen sich ihre eigenen Verstecke, indem sie entlang der Mittelrippe bananenartige Blätter so anbeißen, dass die Seiten umknicken und sie wie ein Zelt beschützen. In den gemäßigten Zonen sind Fledermäuse strikt auf bereits vorhandene Versteckmöglichkeiten angewiesen. In solchen Quartieren suchen sie Schutz vor Wind, Wetter und Feinden und können in Ruhe in Tageslethargie verfallen, ihre Jungen großziehen, sich paaren oder Winterschlaf halten.

Wälder, Wiesen, Berge

Fledermäuse kann man in Europa überall finden. Sowohl in den Nadelwäldern Nordeuropas, den Laubwäldern Mitteleuropas, Heiden, Wiesen, Mooren, Dörfern, Städten, den Macchien des Mittelmeerraums, entlang der Küsten und auch im Gebirge. Manche Lebensräume bieten wenige Versteckmöglichkeiten, sind aber insektenreich und somit als Jagdgebiete gut geeignet. Sogar in den Wüsten Nordafrikas gibt es Arten, die sich den dort für eine Fledermaus unwirtlich erscheinenden Lebensbedingungen angepasst haben.

Baumhöhlen, Höhlen und Spaltenverstecke

Drei Grundtypen der Quartiere lassen sich bei einheimischen Fledermäusen finden: Höhlen- und Baumhöhlenbewohner, sowie Spaltenbewohner. Da die Ansprüche an das Quartier im Laufe des Jahres wechseln, ist dann auch ein Wechsel der Grundquartiertypen, bspw. von Baumhöhlen immer zu Höhlen im Winter, möglich. Im größtenteils bewaldeten Mitteleuropa waren Baumhöhlen sicher lange Zeit die wichtigsten Sommerquartiere, da hier Höhlen einerseits selten und andererseits für die Jungenaufzucht zu kalt sind. Aber Baumhöhlen sind klein und bieten damit nur kleinen Gruppen Platz. Auch sind sie nicht so dauerhaft wie Höhlen. Daher kennen Baumhöhlenfledermäuse immer viele Quartiere und wechseln diese auch sehr häufig. Dabei spaltet sich die Kolonie immer wieder auf und neue Gruppen bilden sich. Sehr ähnlich verhalten sich auch viele Spaltenbewohner, da auch ihre Verstecke, wie die abstehende Borke an einem Baum, in der Regel nicht langlebig sind.
Durch die menschliche Bautätigkeit konnten sich Höhlenfledermäuse aus dem Mittelmeerraum nach Norden ausbreiten. Sie zeigen auch heute noch ihre typische enge Bindung an die Quartiere, die sie nicht nur kontinuierlich im Sommer, sondern auch über Generationen nutzen. Innerhalb der Höhlen und Dachböden kann dann eine große Kolonie das passende Temperaturregime suchen und danach die Hangplätze wählen. Baumhöhlen- und Spaltenbewohner müssen andere Quartiere beziehen, wenn die Temperatur nicht passt. Vielen ehemaligen Waldbewohnern, sei es Baumhöhlen- oder Spaltenbewohner, kam das neue Quartierangebot an unseren Gebäuden entgegen und auch sie zogen in unsere Siedlungen.

Waldfledermäuse und Gebäudefledermäuse

Reine Waldfledermäuse, wie die Bechsteinfledermaus, finden sowohl ihre Quartiere als auch ihre Jagdgebiete in Wäldern. Reine Gebäudefledermäuse, wie die Breitflügelfledermaus oder das Graue Langohr nutzen Quartiere an Gebäuden und bevorzugen Offenland als Jagdgebiet. Aber es gibt auch viele Arten, die beide Lebensräume benötigen und dazwischen wechseln. Arten wie die Fransenfledermaus oder das Braune Langohr sind in ihrer Quartierwahl flexibler und nutzen sowohl Baumhöhlen als auch kleine Hohlräume und Spaltenverstecke an Gebäuden. Auch die Jagdgebiete dieser Arten können dann in Wäldern, aber auch Offenlandgebieten zu finden sein. Das Mausohr nutzt zur Jungenaufzucht Dachböden. Als Jagdgebiete werden überwiegend Wälder aufgesucht. Einzelne Männchen des Mausohrs sind oft in Baumhöhlen anzutreffen. Die Zwergfledermaus, eine weitere typische Gebäudefledermaus, jagt gerne und ausgiebig in Wäldern, kann aber auch in Dörfern und Städten ihre Nahrung finden.

Streuobstwiesen werden in Mitteleuropa von vielen Fledermausarten genutzt, da sie sowohl Merkmale des Waldes als auch des Offenlandes verbinden und so für alle Arten Jagdlebensraum und Beute bieten.

Im Mittelmeerraum sind echte Wälder sehr selten geworden. Reine Waldfledermäuse findet man daher vor allem in Gebirgsregionen. In den tieferen Lagen dominieren die Offenland-Arten.

Fichten-Monokulturen bieten kaum natürliche Quartiere und ein eingeschränktes Insektenangebot.

Laubwälder haben ein reichhaltiges Insektenangebot und es gibt mehr natürliche Quartiermöglichkeiten.

Viele Fledermausarten sind ursprünglich Waldtiere und trotzdem hat man die Bedeutung der Wälder für Fledermäuse lange unterschätzt. Das Ausräumen der offenen Kulturlandschaft und der dortige Einsatz von Insektiziden führten wahrscheinlich dazu, dass Wälder als Rückzugsraum immer wichtiger wurden. Eine zunehmende Nichtnutzung der Wälder führte zeitgleich zu einer positiven Entwicklung der für den Artenschutz wichtigen Strukturen. Dies hat sich im letzten Jahrzehnt, insbesondere durch den gesteigerten Bedarf nach erneuerbaren Rohstoffen, wieder dramatisch geändert. Trotzdem findet man auch heute noch in Wäldern die höchste Artenanzahl aller Lebensräume Europas, bieten sie doch zwei Schlüsselressourcen nebeneinander: Quartiere und Jagdgebiete. Baumhöhlen oder Spaltenverstecke sind in natürlichen Wäldern in großer Zahl zu finden. An vielen Stellen, wie in Tümpeln, im Totholz, im feuchten Boden oder an Waldsäumen und Lichtungen entwickeln sich Beutetiere und bieten somit Nahrung in Hülle und Fülle. Durch das häufige, oftmals tägliche, Wechseln der Quartiere wird auch klar, warum Fledermäuse eine Vielzahl an Quartiermöglichkeiten benötigen. Eine Fledermaushöhle allein reicht für das Überleben einer Population nicht aus, zumal sie hier in Konkurrenz zu vielen weiteren Tier- und zahlreichen Fledermausarten stehen. Kernjagdgebiete werden oft über Jahre von einzelnen Arten genutzt. In den Jagdgebieten gibt es Konkurrenz unter den Fledermausarten. Eine Möglichkeit diese zu umgehen ist die Nutzung von unterschiedlichen Mikrohabitaten, wie Baumkronen, Waldboden, Randstrukturen, Einzelbäumen und Lichtungen. Dies erfordert spezifische Jagdstrategien, speziell in Hinsicht auf die Echoortung und Jagdtechniken. Diese Anpassungen konnten dann für andere Lebensräume verfeinert werden und waren damit Grundlage der Besiedlung neuer Habitate.

Waldtypen

Nicht alle Waldarten sind gleichermaßen geeignet für Fledermäuse. Vielfältig strukturierte und naturnahe Wälder mit hohem Laubholzanteil werden bevorzugt. Aber auch Nadelwälder, besonders Kiefernwälder, werden gern genutzt. Monotone Fichtenkulturen sind wenig interessant, aber auch sie sind nicht fledermausfrei. In Auwäldern findet man, geprägt durch die Dynamik des Wassers, eine große Quartier- und Strukturvielfalt und ein herausragendes Nahrungsangebot. So sind sie nicht nur im Sommer, sondern auch während der Wanderzeiten für Abendsegler, Kleinabendsegler und Rauhautfledermaus von eminenter Bedeutung. Dabei könnte aber auch eine Rolle spielen, dass diese sich auf ihren Wanderungen entlang der Flussläufe orientieren. In Bergwäldern in Deutschland konnten 19 Arten nachgewiesen werden, von denen sich sieben Arten dort auch fortpflanzen und im Mittelmeerraum sind gerade die Bergwälder die Heimat seltener Arten wie dem Riesenabendsegler.

Wälder müssen eingebunden sein

Es gibt zwar nur wenige echte Waldfledermäuse wie die Nymphen- oder die Bechsteinfledermaus, aber fast alle Fledermausarten nutzen den Wald. Sind Wälder über lineare Strukturen wie Hecken oder Baumreihen an die Siedlungsbereiche gekoppelt, können auch strukturgebunden fliegende Arten in sie gelangen. Diese Fledermausarten vermeiden den Überflug über offenes Gelände. Fehlen die Anbindungsstrukturen, ist der Weg in die Waldgebiete und aus ihnen heraus abgeschnitten. Auch Verkehrswege können hier ein Hindernis sein.

Das Braune Langohr kann auch in Nadelwäldern häufig sein. Foto: M. Koch

Was ist ein guter Fledermauswald?

Ein reich strukturierter Wald sollte alle natürlichen Waldentwicklungspha-sen (Initial-, Wachstums-, Optimal-, und Zerfallsphase) enthalten. Wenn diese mosaikartig angeordnet sind, findet man von der Jungwuchsfläche, der Baumlücke und Freifläche bis zum Altbestand eine große Vielfalt an Jagd- und Quartierhabitaten. Heutige Wirtschaftswälder bieten das nicht, hier wird die Zerfallsphase nicht erreicht. Noch schlimmer: Die Bäume erreichen oft nicht einmal das Alter, in dem durch Sturmwurf, Fäulnis, Specht- oder Blitzeinschlag Hohlräume oder Stammrisse gebildet werden. Junge Bäume, die Beschädigungen aufweisen, aus denen sich Quartiermöglichkeiten entwickeln, werden zur Brennholznutzung, oder weil sie die Zukunftsbäume behindern, entfernt. Der wirtschaftliche Druck ist groß. Wenn „Waldfledermäuse" überleben sollen, müssen Einzelbäume mit Quartiermöglichkeiten (mindestens 10 Bäume/ha) geschützt, oder besser ganze Bereiche aus der Nutzung herausgeholt werden. Fledermauskästen werden zwar von einigen Arten gern angenommen sind aber kein langfristiges Mittel des Artenschutzes. Zudem sind viele Fledermauskästen ohne eine stetige Betreuung und Reinigung schnell nutzlos, da sie regelmäßig gereinigt werden müssen.

Die Bechsteinfledermaus ist ein Spezialist für alte Buchen-und Eichenwälder. Foto: R. Klenk

Dachbodenbewohner, wie das Graue Langohr, wurden, wie viele Fledermausarten, in Rahmen von Holzschädlingsbekämpfungsmaßnahmen in ihren Sommerquartieren vergiftet. Selbst 5 Jahrzehnte nach der Maßnahme findet man nicht zersetzte Tiere in den Dachböden. Sie sind chemisch konserviert.

Im Winterschlaf benötigen die Fledermäuse wie diese Wimperfledermäuse Ruhe, damit sie mit den Fettreserven den Winter überstehen. Durch Freizeitaktivitäten wie Geocaching, Mineraliensammeln und Höhlentourismus nehmen die Störungen zu.

Pestizide wirken mehrfach

Die europäischen Fledermäuse durchliefen ab Mitte der 1950er Jahre einen Bestandseinbruch, der Mitte der 1970er Jahre zum Erlöschen lokaler Vorkommen und bei den Hufeisennasen zum großflächigen Aussterben führte. Bis heute haben sich manche Arten davon nicht erholt. Da Fledermäuse als Prädatoren an der Spitze der Nahrungskette stehen, wirken sich Veränderungen in ihren Lebensräumen kumulativ auf ihre Populationen aus. Dabei spielte nicht nur die Technisierung der Landwirtschaft und die generelle Veränderung der Lebensräume, die zu einer Verringerung der Insektenmasse führte, eine Rolle. Auch der Einsatz von Umweltgiften hat in mehrfacher Weise die Fledermäuse betroffen. Insektizide in der Land-und Forstwirtschaft, aber auch im privaten Bereich, führten zu einer generellen Abnahme der verfügbaren Insektenbiomasse und damit der Nahrung der Fledermäuse. Zudem sammelten sich einige Gifte (wie DDT) im Fettgewebe und in der Muttermilch an. Diese Stoffe wurden dann im Winter freigesetzt oder vergifteten die Jungtiere. Bei manchen Arten führten sie auch zur Sterilität. Gebäudebewohnende Fledermäuse wurden häufig direkt oder indirekt bei Bekämpfungsmaßnahmen gegen Holzschädlinge getötet. Andere Chemikalien, wie dem Autobenzin beigemischtes Tetraethylblei, führte bei Fledermäusen zu erhöhten Bleigehalten und löste Beeinträchtigungen von Hörsinn und Nervensystem aus.

Neue Gifte

Neuerdings sind Antiparasitenmittel zum Schutz von Weidetieren eine Bedrohung. Kotzersetzende Insekten, die für viele Fledermausarten, wie die Große Hufeisennase eine Schlüsselrolle spielen, werden damit eliminiert und auch andere Insekten können betroffen sein. In manchen Gebieten wird auch wieder die großflächige Bekämpfung von vermeintlichen Schädlingen, wie dem Maikäfer durchgeführt und führt zu einer generellen Reduktion der Insektenmasse und damit zu Nahrungsknappheit bei

Fledermäusen. Das inzwischen weltweit festgestellte Insektensterben hat natürlich auch seinen Einfluss auf Fledermauspopulationen. Ob uns aber wieder ein ähnliches Szenario wie in der Mitte des 20. Jahrhunderts bevorsteht, ist derzeit noch nicht absehbar. Der massive Pestizideinsatz der Landwirtschaft sorgt dafür, dass die Insektenvielfalt drastisch abnimmt, eine Änderung zeichnet sich nicht ab.

Quartierzerstörung und Störungen im Quartier

Ein weiterer maßgeblicher Gefährdungsfaktor ist die Quartierzerstörung und die daraus folgende Quartiernot. In Wäldern führt ein erhöhter Bedarf an Nutz- und Brennholz zu einer Übernutzung der Waldbestände. Baumhöhlenreiche Waldbestände gehen langfristig verloren. Eine intensive Mobilisierung von Holzreserven im Wald ist überall zu beobachten. Quartierstrukturen an Bäumen sind in intensiv genutzten Wäldern kaum noch zu finden. Auch die Gebäudefledermäuse gehen wieder schweren Zeiten entgegen. Die energetische Sanierung oder der Abriss leerstehender Gebäude geht zwangsläufig mit einem Verlust der Quartiere einher. Oft werden die Fledermausquartiere erst während der Bauphase entdeckt. Das erschwert die Schutzmaßnahmen oder macht sie unmöglich macht. Die Dunkelziffer vernichteter Quartiere ist sicherlich sehr hoch.

Fledermäuse sind auf störungsfreie Quartiere angewiesen: Im Sommer brauchen sie Rückzugsgebiete, um ihre Jungen zu gebären und großzuziehen. Werden sie hier zu stark beunruhigt, können sie das Quartier verlassen und im schlimmsten Fall ihre Jungen zurücklassen. Winterschlafende Fledermäuse können schon durch eine geringe Störung – ein vorbeigehender Mensch reicht aus – aufwachen und dabei überlebensnotwendige Fettreserven verbrauchen. Gerade in unterirdischen Quartieren nehmen leider in den letzten Jahren die illegalen Befahrungen stark zu und auch der wachsende Druck durch Freizeitaktivitäten, wie Geocaching, Urban Exploring, und der Austausch von Gebietsinformationen und lost places über die sozialen Medien führt zu massiven Störungen in Fledermausquartieren.

Lange Zeit wurden die Auswirkungen des Verkehrs auf Fledermäuse unterschätzt, da oft nur Zufallsbeobachtungen vorlagen. Mittlerweile ist klar, dass

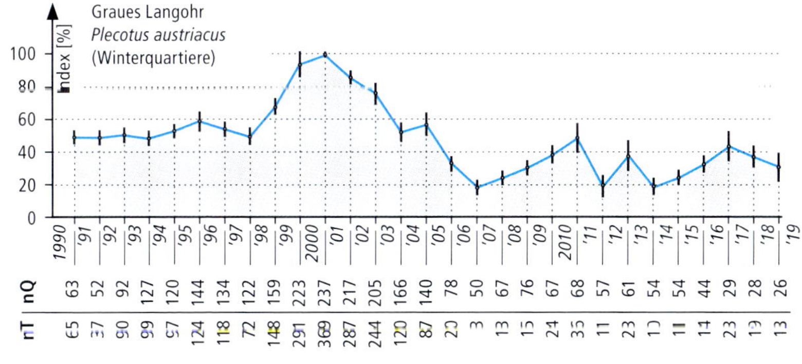

Bestandsentwicklung des Grauen Langohrs in Thüringen mit einer TRIM-Trendanalyse. Nach dem Tiefpunkt in den 1970er Jahren erfolgte eine Erholung, in letzter Zeit aber Abnahmen von jährlich über 10 %. nQ = Anzahl der Quartiere, nT = Anzahl der Tiere. Grafik W. Lang nach Tress et al. 2012, Daten aktualisiert von J. Prüger 2020.

nahezu alle Arten betroffen sind und sie einerseits direkt mit Fahrzeugen und Zügen kollidieren. Andererseits können manche Arten die Überquerung von breiten Verkehrstrassen meiden und müssen dann auf den nächtlichen Jagdausflügen große Umwege in Kauf nehmen. Arten, die sich während der Transfer- und Jagdflüge strukturgebunden verhalten, wie Langohren, Wasserfledermäuse oder Zwergfledermäuse, sind häufiger als Verkehrsopfer zu finden. Aber auch die Jäger des freien Luftraumes, wie der Abendsegler, werden regelmäßig tot an Straßen gefunden. Für seltene Arten können neue Straßen, die ihren Lebensraum zerstören oder zerschneiden, eine erhebliche Gefährdung lokaler Populationen darstellen. Vor allem Straßen stellen für Fledermäuse zunehmend ein Problem dar:

Die Zahl unzerschnittener Lebensräume nimmt stetig ab, die Verkehrsbelastungen nehmen auch bei Nacht stark zu, die Verkehrstrassen werden breiter. Viele Fledermausarten überqueren breite Schneisen niedrig über dem Boden und Straßen oft auf Kniehöhe und damit im gefährlichsten Bereich. Das vor allem nach vorne gerichteten und zudem nur kurzen Distanzen reichende Ortungssystem der Fledermäuse hat keine Chance, schnell herannahende Fahrzeuge als Gefahr zu erkennen. Es müssen nicht einmal direkte Kollisionen stattfinden. Die starken Verwirbelungen seitlich, über und vor allem hinter einem Fahrzeug reichen aus, um tödliche Verletzungen herbeizuführen. Besonders hoch sind Verluste an Stellen, an denen neue Trassen alte Flugwege der Fledermäuse zerschneiden und die Tiere durch Leitstrukturen entlang ihrer gewohnten Flugrouten direkt in den Gefahrenbereich kommen. So fanden sich entlang einer neuen Autobahn im Süden Griechenlands zahlreiche tote Hufeisennasen, deren Flugweg aus der Quartierhöhle gekappt worden war. Wenig später erlosch das gesamte Vorkommen. Ähnliche Beispiele gibt es aus ganz Europa. Systematische Untersuchungen sind aber selten, da es sehr schwer ist die Verkehrsopfer überhaupt zu finden. Die verfügbaren Zahlen stellen vermutlich nur einen minimalen Bruchteil der tatsächlichen Opfer dar.

Wo es laut oder hell ist jagt man ungern

Straßen haben weitere negative Auswirkungen auf Fledermäuse: In der Umgebung stark befahrener Straßen nehmen die Fledermausaktivität und der Jagderfolg stark ab. Viele Fledermausarten meiden einerseits den verlärmten Bereich stark befahrener Straßen als Jagd- und Quartiergebiet, andererseits meiden manche Arten wie die Kleine Hufeisennase auch durch Straßenlampen beleuchtete Bereiche. Generell hat die immer weiter um sich greifende Beleuchtung von Kirchen, Schlössern, Parks und Straßen einen negativen Einfluss auf Fledermäuse. Sie verlieren ihre Ein- und Ausflugsmöglichkeiten an Gebäuden, und eine zu helle Beleuchtung führt auch zur Meidung als Transfer- und Jagdgebiete.

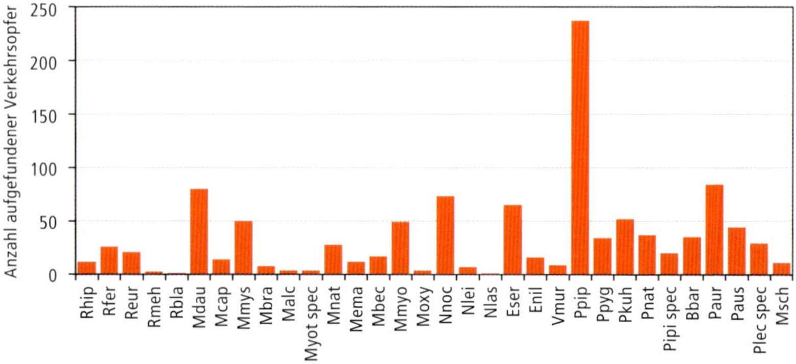

Verteilung von 1.087 Verkehrsopfern verschiedener Untersuchungen aus Frankreich, Deutschland, Polen und der Slowakei.
Datenquelle und Abkürzungen siehe unter kosmos.de/fledermaus-europa

Die Verluste an Straßen sind besonders bei den strukturgebunden fliegenden Arten hoch, hier ein Braunes Langohr.

Bei einer Geschwindigkeit von 50 km/h gegen ein Fahrzeug geprallte und im Kühlergrill verendete Mittelmeer-Hufeisennase. Die steigende Verkehrsbelastung auch im Mittelmeerraum hat dort gravierende Auswirkungen.

Windräder sind eine neue Bedrohung

Seit Mitte der 1990er Jahre erste Berichte über Schlagopfer an Windrädern aus den USA bekannt wurden, war klar, dass dies auch in Europa eine neue Gefährdung für Fledermäuse sein könnte. Anfangs war man über die teilweise hohen Flugaktivitäten in der Höhe der Windräder überrascht. Waren es zunächst nur Standorte an den Küsten und im Offenland, kamen vermehrt auch Windräder in den Mittelgebirgen und in Wäldern hinzu. Ähnlich wie beim Straßenverkehr findet man fast alle Arten (Stand 2019: 30 Arten) als Schlagopfer. Manche aber, besonders die wandernden Arten Abendsegler, Rauhautfledermaus, Kleinabendsegler, Zweifarbfledermaus sowie u.a. die Zwergfledermaus sind besonders betroffen. Überraschenderweise sind es nicht nur Arten des freien Luftraumes, sondern auch strukturgebunden fliegende Arten, wie Bartfledermäuse oder Langohren. Die Fledermäuse werden nicht nur direkt durch die Rotoren, sondern auch durch ein Barotrauma, bedingt durch die kurzfristigen heftigen Luftdruckunterschiede in der Umgebung der Rotoren, getötet. Zusätzlich werden durch den Bau, besonders in Wäldern, Fledermauslebensräume zerstört. Es gibt inzwischen auch erste Untersuchungen, die einen erheblichen Rückgang der Jagdaktivität zahlreicher Fledermausarten an Hecken und Waldrändern in bis zu 1000 m Entfernung zeigen. Einerseits sind lokale Populationen betroffen, bei den wandernden Arten aber auch Populationen aus Nord- und Osteuropa. Im Schnitt werden pro Anlage/Jahr in Deutschland 10 Fledermäuse getötet, im Einzelfall können es über 50 sein. Exakte Zahlen sind methodisch bedingt nicht möglich. Die Schlagopferzahlen variieren an unterschiedlichen Standorten. An Waldstandorten ist aufgrund der erhöhten Fledermausaktivität im Durchschnitt mit deutlich höheren Schlagopferzahlen zu rechnen als im Offenland. Man kann von mehreren Hunderttausend getöteten Fledermäusen pro Jahr in Europa ausgehen. Der Forschungsbedarf konnte mit der rasanten Entwicklung auf dem Energiesektor nicht mithalten.

Wir wissen zu wenig über die Umstände der tatsächlichen Todesopfer oder über die genauen Zugrouten wandernder Arten und trotzdem werden Querriegel

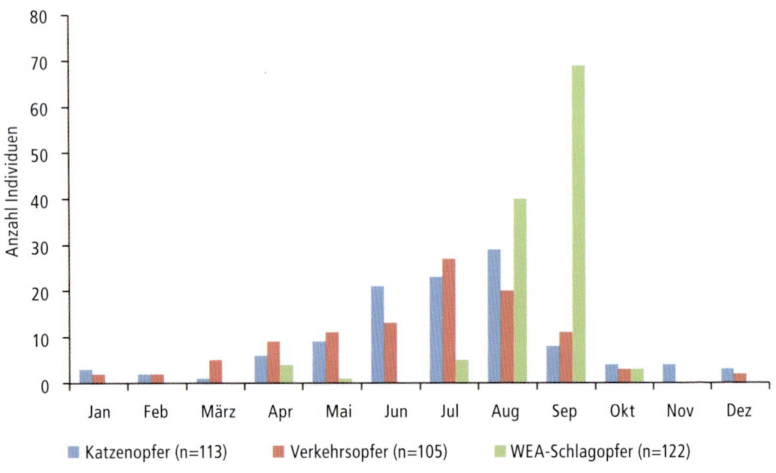

Zeitliche Verteilung von Katzen-, Verkehrs- und Schlagopfern an Windrädern. Während Katzen und Straßen im Sommer oftmals Jungtiere töten, sind Windräder in Thüringen für Opfer in den Zugzeiten verantwortlich. Nach Tress et al. 2012.

Windräder im Wald haben oft gravierende Auswirkungen auf Fledermäuse, im Offenland sind meist weniger Fledermausarten betroffen. Foto: B. Schittenhelm

aus Windkraftanlagen in Wanderkorridore errichtet und jeden Tag neue Anlagen gebaut. Der Verlust an Individuen durch eine erhöhte Mortalität kann, bedingt durch die niedrige Geburtenrate der Fledermäuse, wenn überhaupt nur langsam ausgeglichen werden und so lokale Populationen stark dezimieren oder gar auslöschen. Die rechtlich notwendige Reduktion individueller Schlagopfer auf einen theoretischen Wert für eine Einzelanlage ist durch Abschaltalgorithmen möglich und wird als unerheblich eingestuft, doch die Summe negativer Wirkungen auf ganze Populationen, – besonders der ziehenden Arten – kann aufgrund fehlender Kenngrößen nicht abschließend ausgeschlossen werden. So kann beim Bau von Windparks auf einer Zugstrecke das Tötungsrisiko durch kumulative Effekte weitreichende Auswirkungen haben. In der Genehmigungspraxis werden diese nicht abgefragt. Zudem erfolgt die Planung von Windparks in raschen Schritten und oft fehlt den Entscheidungsträgern der fachliche Hintergrund zur Fledermausbiologie. Gondelmonitoring mit Fledermausdetektoren und Schlagopfersuchen werden beauftragt und damit können Windräder fast überall gebaut werden. Dabei ist das Auffinden der Schlagopfer am Boden sehr schwierig und aufwändig. Greifvögel, Füchse und andere Tiere tragen die Opfer weg und oftmals werden die Fledermäuse weit aus dem Suchraum herausgeschleudert. Versuche mit ausgelegten Labormäusen müssen zur Bestimmung der Sucheffizienz und der Abtragrate am jeweiligen Standort durchgeführt werden.

Kleinwindkraftanlagen sind ebenfalls eine nicht zu vernachlässigende Bedrohung für Fledermäuse. Auf Hausdächern und in Gärten platziert, stehen sie in den Flugbahnen der niedrig und strukturgebunden fliegenden Arten der Siedlungsräume. Wenn Kleinwindkraftanlagen, für die die ersten Schlagopfer belegt sind, in ähnlicher Zahl zunehmen, sind erhebliche Auswirkungen auf Fledermäuse zu befürchten. Im Vergleich haben Straßen und Katzen ähnlich negative Auswirkungen auf Fledermäuse. Die Windkraft übertrifft dies aber inzwischen bei Weitem.

Zwei tote Zwergfledermäuse am Fuß einer Windkraftanlage, Schlagopfer treten vor allem im Spätsommer und Herbst auf.

Fledermäuse sind in allen europäischen Ländern geschützt:

Völkerrecht

Das sehr allgemeine Übereinkommen über die biologische Vielfalt wurde von den Vereinten Nationen 1992 beschlossen und beinhaltet unter anderem die Identifizierung, Überwachung und den Schutz der Biodiversität. Die deutsche Bundesregierung hat hierzu 2007 eine Nationale Strategie zur Biologischen Vielfalt verabschiedet. Die Berner Konvention von 1979 führt mit Ausnahme der Zwergfledermäuse alle Fledermausarten als „streng geschützte Arten" und verpflichtet die Unterzeichner zu Schutzmaßnahmen und Artenschutzbestimmungen. Wandernde Fledermäuse werden besonders durch das Bonner Übereinkommen zur Erhaltung der wandernden Tierarten von 1979 geschützt. Die größten Auswirkungen hat das Abkommen zur Erhaltung der europäischen Fledermauspopulationen (EUROBATS) von 1994. Mit der Ratifizierung des Abkommens verpflichten sich die Vertragsstaaten zum Schutz von Individuen, der Lebensstätten und Lebensräume, zur Bildungs- und Öffentlichkeitsarbeit, zu Forschungsprogrammen u.v.m. Alle drei bis vier Jahre finden Vertragsstaatenkonferenzen statt und neue Resolutionen mit konkreten Empfehlungen und Vorgaben werden vereinbart. Hier werden u.a. Vorschläge zu Monitoringmethoden, Listen wichtiger Fledermausquartiere und Stellungnahmen zu Gefährdungen durch Windkraftanlagen, Straßenverkehr, Lichtverschmutzung, etc. verabschiedet. Ein Sekretariat in Bonn organisiert und koordiniert europäische Projekte und fordert nationale Berichte ein. Auch die jährlich stattfindende internationale Fledermausnacht ist EUROBATS zu verdanken.

Europäisches Recht

Im europäischen Recht führt die EU-Artenschutzverordnung zu einem unmittelbaren Schutz aller Fledermausarten. Noch weitreichender ist die Fauna-Flora-Habitat-Richtlinie (FFH-Richtlinie). Sie ist die Grundlage für den Aufbau des europäischen Schutzgebietssystems „NATURA2000". Für Arten des Anhang II müssen Schutzgebiete im NATURA-2000-Netz eingerichtet werden. Die Anhang IV-Arten sind aber nicht weniger geschützt, denn sie stehen unter dem besonderen Rechtsschutz der EU, weil sie selten und schützenswert sind.

Informationstafel zu einem Natura2000-Gebiet in Bulgarien, das zum Schutz der dortigen Fledermauskolonien ausgewiesen wurde. Insbesondere in den neu beigetreten EU-Ländern ist das Natura2000-Netzwerk das wichtigste Schutzinstrument.

Ihre «Lebensstätten» dürfen in ganz Europa, nicht beschädigt oderzerstört werden. Laut FFH-Richtlinie ist auch ein Monitoringsystem einzurichten, damit der Erhaltungszustand der Populationen laufend kontrolliert werden kann.

Nationales Recht für Deutschland

Das Bundesnaturschutzgesetz regelt in Deutschland direkt den Schutz der Fledermäuse und gilt mit Einschränkungen unmittelbar auch für die Bundesländer. Da alle Fledermausarten auf der FFH-Anhang IV Liste stehen, sind sie nach BNatSchG als „streng geschützte Arten" anzusehen und sie werden in sensiblen Lebensphasen besonders geschützt. Die Verbotstatbestände werden in § 39 geregelt (Verbot der Störung und des Fangs wildlebender Tiere; Störungsverbot für Winterquartiere vom 01.10.-31.03.) §44 regelt konkrete Verbotstatbestände (Zugriffs-, Besitz-, und Vermarktungsverbote) sowie den Schutz der Fortpflanzungs- und Ruhestätten. Zahlreiche Ausnahmeregeln u.a für die ordnungsgemäße Forst- und Landwirtschaft lockern den strengen Schutz wieder auf, solange keine Alternativen vorliegen und der Erhaltungszustand der Populationen einer Art nicht verschlechtert wird. Laut Bundesartenschutzverordnung sind alle Fledermausarten „streng geschützt" und „besonders geschützt", das heißt, dass auch der Fang mit Netzen und das Anlocken z.B. mit akustischen Geräten verboten sind. Solche Methoden bedürfen also einer speziellen Erlaubnis. Diese Befreiung kann bei den Regierungspräsidien beantragt werden. Darüber hinaus sind auch die Tierschutzgesetze zu beachten.

Fledermausarten der FFH-Richtlinie

ARTEN DES ANHANG II

Nilflughund, Kleine Hufeisennase, Große Hufeisennase, Mittelmeer-Hufeisennase, Mehely-Hufeisennase, Blasius-Hufeisennase, Teichfledermaus, Langfußfledermaus, Wimperfledermaus, Bechsteinfledermaus, Mausohr, Kleines Mausohr, Mopsfledermaus und Langflügelfledermaus.

ARTEN DES ANHANG IV

Alle oben genannten Arten sowie alle bekannten Fledermausarten Europas.

Fledermäuse können von allen großflächigen Prozessschutz-Maßnahmen profitieren. Bannwälder bieten für manche Arten zahlreiche Quartiermöglichkeiten und ein gutes Nahrungsangebot, sind aber meist zu klein.

Ideal vernetzte Landschaft für Fledermäuse: Es sind viele Austauschbeziehungen zwischen den Waldgebieten und der Siedlung entlang von Leitstrukturen möglich, die Bundesstraße kann entlang eines Gewässers unterquert werden und die sich beinahe berührenden Kronen der Bäume erlauben ein gefahrloses Überfliegen.

Fledermäuse sind auf miteinander vernetzte Lebensraumelemente angewiesen, wobei jede Art ihre speziellen Ansprüche hat. Während die typischen Siedlungsarten ihre Quartiere an Bauwerken haben, nutzen die Baumfledermäuse Wälder, Alleen und Obstwiesen, um Verstecke zu finden. Ausgehend von den Quartieren suchen sie ihre Jagdgebiete auf, die meist entlang von Leitstrukturen wie Heckensäumen, Alleen oder Gewässern erreicht werden. Die Jagdgebiete können je nach Art im Offenland, im Siedlungsbereich oder im Wald liegen. Bei den Waldfledermäusen werden die Baumquartiere alle paar Tage gewechselt. Spaltenbewohner an Häusern – wie die Zwergfledermaus – wechseln oft jede Woche den Quartierstandort. Sehr konstant sind Mausohren, Graue Langohren oder Hufeisennasen in ihren Wochenstubenquartieren. Neben diesen werden jedoch auch viele weitere Tagesquartiere im Verbund genutzt. Dazu kommen dann noch saisonale Wechsel zwischen Winter- und Sommergebieten, Fortpflanzungs- und Paarungsgebieten, kurzfristigen Übergangs- und längeren Aufenthaltsgebieten. Für all die saisonalen und tageszeitlich unterschiedlichen Ansprüche müssen geeignete Quartiere vorhanden und zugänglich sein. Die Jagdlebensräume müssen erreichbar sein und eine Ernährungsgrundlage bieten – ein insgesamt hochkomplexes, für jede Fledermausart anders ausgestaltetes und regional abgewandeltes System. Dazu kommt, dass viele Populationen bereits erheblich vorbelastet sind. Die Liste der Gefährdungsursachen ist lang. Alle Vorbelastungen zusammen engen den vorhandenen Spielraum

Sehr geeignete aber stark fragmentierte Fledermauslebensräume: Die Quartiergebiete in den Wäldern sind von den Trink- und Jagdlebensräumen durch eine vierspurige Bundesstraße abgetrennt. Es ist mit Verlusten z.B. querender Wasserfledermäuse zu rechnen. Die Vorkommen auf beiden Talseiten werden voneinander isoliert.

einer Population erheblich ein. Bei kleinräumig aktiven Arten, wie dem Grauen Langohr oder der Kleinen Hufeisennase, kann die Limitierung bereits darin bestehen, dass produktive Jagdlebensräume zu weit von den Quartiergebieten entfernt sind, Insektendichten durch veränderte Bewirtschaftungsformen oder Pestizideinsätze rückläufig sind oder einzelne Winterquartiere nicht mehr erreichbar sind. So spielt auch die Mortalität eine große Rolle. Steigt die Zahl der Verluste an Straßen, Windrädern oder in Quartieren, kann schnell eine kritische Schwelle überschritten werden und sich der Erhaltungszustand verschlechtern.

Die Herausforderung in der Planung von Eingriffen ist es, für alle vorkommenden Arten eine Risikobewertung vorzunehmen: Belasten die geplanten Eingriffe die Art weiter? Wie sind die Auswirkungen zu minimieren und auszugleichen? Welche Maßnahmen sind adäquat und umsetzbar? Eine solche Bewertung ist bereits für eine betroffene Art ein kompliziertes Unterfangen, da eigentlich alle Parameter des täglichen und saisonalen Verhaltens der Population bekannt sein müssten. Mit zunehmender Artenzahl steigt die Komplexität weiter an. Bewertungen und Maßnahmen dürfen daher nur von sehr erfahrenen und hochgradig spezialisierten Experten nach Prüfung des Einzelfalles und zugrundeliegender Datenerhebung abgegeben werden. Leider ist dies nach wie vor eher die Ausnahme als die Regel. Bei vielen Planungen werden Fledermausanliegen zwar bearbeitet, jedoch selten in der notwendigen Tiefe und mit notwendiger Sachkenntnis.

Bei jedem Einzelfall liegen andere Voraussetzungen vor. Daher sind die folgenden Beispiele nur als Anregung, sicher nicht als Handlungskonzept zu verstehen.

Beispiel 1

Fällung von Quartierbäumen: In funktionierenden Quartiernetzen der Baumfledermäuse werden Dutzende Baumhöhlungen im Verbund genutzt. Hiervon gehen durch natürliche Prozesse ständig einige verloren, andere bilden sich neu. Die Arten sind daran angepasst, ausgehend von dem ihnen bekannten Quartiernetz neue Höhlungen zu entdecken. Somit spielt der Wegfall eines einzelnen Quartieres in funktionierenden Systemen keine große Rolle – wenn es sich nicht um eine der letzten verbliebenen Quartiermöglichkeiten einer stark vorbelasteten Population handelt. Somit muss vor einer Fällung sichergestellt werden, dass es zu keiner Tötung möglicherweise im Baum befindlicher Fledermäuse kommt und dass genügend geeignete Ausweichquartiere zur Verfügung stehen. Kurzfristig kann der Wegfall des Quartieres durch Nisthilfen ausgeglichen werden, langfristig sollten Maßnahmen zur Erhöhung des natürlichen Höhlenangebotes durch Alt- und Totholzinseln, die Erhöhung des Bewirtschaftungsalters und der Schaffung einer natürlichen Baumartenzusammensetzung ergriffen werden.

Neu angelegte Obstwiese als Ersatz für wegfallende alte Streuobstwiesen: Bis die Jagdgebietsfunktion vollständig erfüllt wird, vergeht rund ein Jahrzehnt, bis die Bäume Quartiere bieten mehrere Jahrzehnte. Daher sind zusätzliche Maßnahmen erforderlich.

Beispiel 2

Erschließung eines Baugebietes in einer Obstwiese: Neben dem drohenden Verlust von Quartiermöglichkeiten sind auch der Wegfall von Jagdgebieten und Barriere-Wirkungen zu betrachten. Grundsätzlich können auch solche Eingriffe ausgeglichen werden. Die Anforderungen sind jedoch viel höher: Die Ersatzlebensräume müssen für die betroffenen Arten erreichbar und von vergleichbarer Qualität sein. So müssen sie z.B. für das Graue Langohr innerhalb von etwa einem Kilometer um das Quartier liegen und durch Heckenzüge angegliedert sein. Da neu angelegte Flächen eine viel geringere Insektenproduktion als alte Obstwiesen aufweisen, müssen sie flächenmäßig größer sein und adäquat bewirtschaftet werden. Häufig macht auch die Aufwertung angrenzender durch Bewirtschaftungsaufgabe abgängiger Obstwiesen Sinn. Alte Bäume sollten erhalten werden, Lücken neu bepflanzt und ein auf hohe Insektenproduktion und ein auf Artenvielfalt ausgerichtetes Pflegekonzept entwickelt werden.

Beispiel 3

Sanierung eines Gebäudes mit Wochenstubenquartier: Vor allem Mausohren, aber auch Hufeisennasen und das Graue Langohr nutzen ihre Quartiere traditionell. Oft gibt es keine adäquaten Ausgleichsquartiere, und die hohe Quartierbindung verhindert eine Besiedlung geschaffener Alternativquartiere. Daher

Ehemaliger Eisenbahntunnel, der von über tausend Fledermäusen als Winterquartier genutzt wird. Eine Reaktivierung der Bahnstrecke könnte gravierende und in ihren Folgen kaum abschätzbare Auswirkungen haben.

ist in solchen Fällen ein strikter und konsequenter Quartiererhalt erforderlich. Die detaillierten Planungen, eine Begleitung während aller Bauphasen und eine Erfolgskontrolle können am besten durch eine fachkundige ökologisch-biologische Baubegleitung erfolgen.

Beispiel 4

Verlust eines großen Winterquartieres: Während der Verlust von Einzel-Winterquartieren zwar intensiv geprüft werden muss, grundsätzlich jedoch bezogen auf die jeweilige Population umsetzbar sein kann, ist die Zerstörung großer Winterquartiere nicht ausgleichbar: Quartiere mit Hunderten oder gar Tausenden Tieren sind langfristig tradiert und stellen eine extrem seltene Ressource dar. Die Fledermäuse haben sie aufgrund ihrer besonderen Temperaturbedingen, sicherer Hangplätze etc. ausgewählt. Solch optimale Bedingungen lassen sich andernorts kaum mit vertretbarem Aufwand herstellen und es wären Jahrzehnte erforderlich, um zumindest einen Teil der Tiere in solche Ersatzquartiere umzuleiten. Daher müssen der Schutz und Erhalt solcher Massenquartiere höchste Priorität haben. Eine Zerstörung ist nicht hinnehmbar.

Querungshilfen

Beim Bau neuer Umgehungsstraßen oder dem mehrspurigen Ausbau bestehender Trassen können neben dem Verlust von Jagdlebensräumen und Quartieren vor allem Zerschneidungswirkungen bedeutsam sein. Viele Fledermäuse fliegen strukturgebunden und überqueren Straßeneinschnitte an sich im Kronenraum berührenden Bäumen. Oder sie überfliegen die Trassen direkt an Stellen, an denen beidseitig Hecken stehen. Breite Einschnitte werden von den strukturgebunden fliegenden Arten meist niedrig überflogen, da sie den offenen Luftraum meiden. Sie fliegen dann in Höhe der Fahrzeuge über die Straße und können so vom Verkehr erfasst werden. Besonders betroffen hiervon sind die Langohren, die Kleine und die mittelgroßen Hufeisennasen, Nymphen- und Bechsteinfledermaus. Eine nur geringe oder fehlende Betroffenheit liegt für die Jäger des offenen Luftraumes wie Abendsegler, Breitflügel-, Zweifarb- und Bulldoggfledermaus vor.

Daher sind bei Neubautrassen und dem Ausbau bestehender Straßen detaillierte Studien notwendig, um Flugstraßen und individuelle Flugwege zu ermitteln. Auch nach dem Bau bzw. Ausbau der Straße muss es den Tieren möglich sein, gefahrlos diese queren zu können. Neben den tatsächlich ermittelten Flugwegen müssen auch die für die Wanderungen besonders wichtigen Flusstäler durchgängig bleiben und große Waldgebiete miteinander vernetzt werden.

Straßeneinschnitt im Wald mit nahezu geschlossenem Kronendach über der Straße, viele Arten queren hier gefahrlos im Bereich der Baumkronen, z.B. Braune Langohren und Bechsteinfledermäuse. Neuerdings werden die Straßenränder bis zu 10 m vegetationsfrei gehalten. Eine gefahrlose Querung ist dann für die genannten Fledermausarten kaum mehr möglich.

Die vierspurige Bundesstraße zerschneidet die Verbindung zweier Hangwälder und zwischen dem Wald und dem Fließgewässer. Da es keine andere Möglichkeit gibt, queren Fledermäuse auf Fahrbahnhöhe. So kam an dieser Stelle auch ein Sendertier der Nymphenfledermaus ums Leben.

Querungshilfe unter einer vierspurigen Straße: Sie ist beidseitig durch Baum- und Heckenreihen angeschlossen und wird von mindestens 8 Fledermausarten, darunter auch der Nymphenfledermaus genutzt.

Im Bau befindliche Grünbrücke über eine neue Bundesstraße. Da auch 2 Jahre nach Fertigstellung noch eine Bepflanzung fehlt, ist die Eignung für Fledermäuse sehr gering.

An vielen bestehenden Autobahnen und mehrspurigen Straßen zeigt sich, dass Fledermäuse die Unterführungen nutzen, besonders dann, wenn sie gut an Leitlinien angeschlossen sind. Besonders gut werden größer dimensionierte Gewässerdurchlässe und Brücken genutzt. Daraus lässt sich ableiten, dass wo immer möglich Unterführungen für viele Arten geeignete Querungshilfen darstellen. Es gibt eine ganze Reihe wissenschaftlicher Erkenntnisse, die dies belegen.

Ist aufgrund der baulichen Situation, z.B. wegen der Lage in einem Einschnitt, keine Unterführung möglich, können auch Überführungen angeboten werden. Für solche Querungshilfen gilt ebenfalls, dass sie möglichst nahe an der bereits bestehenden Flugroute liegen und vor allem, dass sie durch Gehölzzüge an die bisherigen Leitstrukturen angeschlossen sind. Eine durchgehende Bepflanzung ist vorteilhaft. Schmale Überflughilfen sollten gegebenenfalls mit Blendschutzwänden ausgestattet werden, um Störeffekte durch die Lichter vorbeifahrender Fahrzeuge auszuschließen. Erfahrungsberichte zu als Leitstrukturen gedachten Fledermausnetzen oder Metallbrücken sind bisher sehr heterogen und wenig vielversprechend. Die Verlegung von Flugrouten kann im Einzelfall gelingen, bedarf jedoch einer sehr genauen Planung und vor allem auch einer Erfolgskontrolle.

Artenschutzprogramme

Artenschutzprogramme haben das Ziel die Bestandssituation bedrohter Arten zu verbessern und langfristig zu stabilisieren. Dafür ist grundsätzlich ein Ansatz nötig, der möglichst alle Lebensbereiche einer Art umfasst. Bei den mobilen Fledermäusen ist dies in aller Regel sehr aufwändig und setzt eine sehr gute Kenntnis der lokalen Gegebenheiten voraus, ein Wissen, das meist erst in Felderhebungen gewonnen werden muss. Umfassende Artenschutzprogramme gehen sinnvoller Weise von den zentralen Wochenstubenvorkommen aus, entsprechend stehen Quartiersicherungs- und Verbesserungsmaßnahmen zunächst im Mittelpunkt. Von den Kolonien aus müssen andere Hangplätze und die Jagdgebiete erreichbar sein. Somit spielen Maßnahmen eine große Rolle, die für eine Anbindung an die umgebende Landschaft sorgen: Pflanzung von Leitlinien wie Hecken oder Alleen bzw. das Schließen von Lücken innerhalb bestehender Leitlinien, Schaffung von Unterführungen unter Straßen oder die durchgängige Renaturierung von Fließgewässern. Verbesserungen in den Jagdgebieten selbst lassen sich durch eine Extensivierung von Bewirtschaftungsmaßnahmen erreichen. Hierzu zählt z.B. eine Anhebung des Bestandsalters von Wäldern, die Erhöhung von Alt- und Totholzanteilen und die Förderung von standorttypischen heimischen

Die Beweidung eines ehemaligen Truppenübungsplatzes mit Konikpferden sorgt für eine mosaikartige Offenland-Gebüsch-Verzahnung und erhöht das Insektenangebot nachhaltig. Foto: A. Kiefer

Blühende und artenreiche Wiesen sind die Voraussetzung für ein hohes und reichhaltiges Insektenangebot über die ganze Vegetationszeit und bieten damit die Nahrungsgrundlage für Offenland-Fledermäuse. Zum Erhalt und der Wiederherstellung solcher Wiesen sind gezielte Bewirtschaftungsverträge sinnvoll.

Baumarten. Im Offenland können Beweidungskonzepte sehr förderliche Effekte auf die Nahrungsgrundlage der Fledermäuse haben. Die Schaffung von Ackerrandstreifen, Neupflanzungen von Streuobstwiesen, die Wiedervernässung von Mooren und die Schaffung natürlicher Auenbereiche stellen weitere Möglichkeiten dar. Um den saisonalen Bedürfnissen gerecht zu werden, ist nicht zuletzt auch die Sicherung oder Neuschaffung von Winterquartieren erforderlich. Aus den aufgelisteten Maßnahmen wird bereits deutlich, dass Artenhilfsprogramme sehr komplex sind, langfristig angelegt sein müssen und weitreichende Folgen haben können, auf der anderen Seite aber auch viele Synergieeffekte mit anderen Arten- und Naturschutzmaßnahmen genutzt werden können. Für Fledermäuse ist dabei besonders wichtig, dass die durch Maßnahmen verbesserten Teillebensräume miteinander vernetzt und erreichbar sind. So sollten insbesondere für kleinräumig mobile Arten Maßnahmen innerhalb weniger Kilometer um die Kolonien ergriffen werden: Für das Graue Langohr sollten reich strukturierte und insektenreiche Offenlandstandorte bereits am Siedlungsrand der Koloniestandorte liegen, für die Nymphenfledermaus müssen sich Altholzstandorte im selben Wald wie die Wochenstubenvorkommen befinden.

Streuobstwiesen sind meist überaltert und lückig. Eine gezielte Nachpflanzung und ein schonender Erhaltungsschnitt alter Bäume können die wertvollen Fledermaushabitate erhalten

In Wäldern bieten Altholzinseln Quartiere für Baumfledermäuse und erhöhen das Nahrungsangebot. Sie sollten mindestens einen Hektar Größe haben und nach Möglichkeit aus Altbuchen- oder Alteichenbeständen bestehen.

Flugaufnahme einer Großen Hufeisennase. Foto: C. Giese

Der Gebäudekomplex mit der letzten Wochenstube der Großen Hufeisennase im maroden Heustadel vor der Sanierung. Foto: G. Knipfer

Das mit Mitteln des Konjunkturpaketes sanierte Anwesen bietet heute einen sicheren Hangplatz mit großem Entwicklungspotenzial und Möglichkeiten zur Öffentlichkeitsarbeit. Foto: R. Leitl

Ohne den 160 Quadratkilometer großen Truppenübungsplatz hätte die Große Hufeisennase sicher nicht überlebt. Die Gesamtfläche ist frei von Pestiziden und wird beweidet. Foto: D. Schwers

Für die erhoffte Ausbreitung der Großen Hufeisennase sind Erhalt und Verbesserung der Nahrungshabitate durch Beweidung entscheidend, hier durch die Lokalrasse Oberpfälzer Rotvieh. Foto: R. Leitl

… der Großen Hufeisennase in der Oberpfalz

von Rudolf Leitl

Nachdem 1988 die letzte deutsche Wochenstube der Großen Hufeisennase im Altmühltal erloschen war, gab es nur noch einzelne Winternachweise im Oberpfälzer Jura. 1992 konnte dann durch ein Telemetrie-Projekt das Wochenstubenquartier in Hohenburg mit 21 adulten und 10 juvenilen Tieren entdeckt werden. Das leerstehende Anwesen wurde noch im gleichen Jahr von der Regierung der Oberpfalz gepachtet, 2008 konnte es dann angekauft und eine Notsicherung vorgenommen werden. Von 2009 bis 2011 entstand dann mit Mitteln aus dem Konjunkturpaket II das „Fledermaushaus Hohenburg". Da sich das Vorkommen auf eine einzige vollkommen isolierte Wochenstube beschränkt, ist es unerlässlich eine Bestandszunahme und letztlich die Gründung weiterer Kolonien zu ermöglichen. Hier setzt das 2012 bewilligte EU-Life-Projekt „Große Hufeisennase in der Oberpfalz – Optimierung der Habitate und der öffentlichen Wahrnehmung" an, welches federführend vom Landesbund für Vogelschutz in Bayern mit der Bundesanstalt für Immobilienaufgaben (BImA), Bundesforstbetrieb Hohenfels durchgeführt wird.
In dem Projekt sollen vor allem optimale Jagdhabitate geschaffen werden. In Zusammenarbeit mit Ökolandwirten soll dies durch ökologische Weidetierhaltung mit Oberpfälzer Rotvieh, Schafen und Ziegen erreicht werden. Durch den Bau von „Fledermaustürmen" sollen neue Quartiergebäude geschaffen werden. Sehr wichtig ist es, dafür die notwendigen Flächen zur Verfügung zu haben. Hierbei engagieren sich zahlreiche Partner. So bringt die BImA in Abstimmung mit den US-Streitkräften auch größere Flächen des Truppenübungsplatzes Hohenfels mit in das Life-Projekt ein, auf denen die Lebensräume insbesondere durch großflächige Entbuschungsmaßnahmen zusätzlich verbessert werden. Dieser 160 km^2 große Übungsplatz der amerikanischen Streitkräfte ist letztlich auch die Ursache für das bisherige Überleben der Großen Hufeisennase: Hier liegen nicht nur die bedeutendsten Winterquartiere, sondern auch die Hauptjagdgebiete.
Die hier äußerst strukturreiche und vor allem pestizidfreie Juralandschaft, auf der Rotwild und Schafe weiden, bietet ein ausgesprochen reichhaltiges Angebot großer Insektenarten. Zusätzlich wurden hier vom Bundesforst und den US-Streitkräften Kirchenruinen und Gebäudereste als potenzielle Wochenstubenquartiere restauriert. Durch Öffentlichkeitsarbeit und den Ausbau des Fledermaushauses zum Infozentrum soll für die Belange des Fledermausschutzes geworben und über die Maßnahmen informiert werden. Während dem kleinen Restvorkommen der Großen Hufeisennase im Jahr 2000 noch kaum eine Überlebenschance eingeräumt wurde, haben die umfassenden Schutzbemühungen zahlreicher Partnerorganisationen inzwischen zu einer Vervierfachung des Bestandes geführt. Bleibt zu hoffen, dass dieser Trend durch das Life-Projekt fortgesetzt und stabilisiert werden kann.

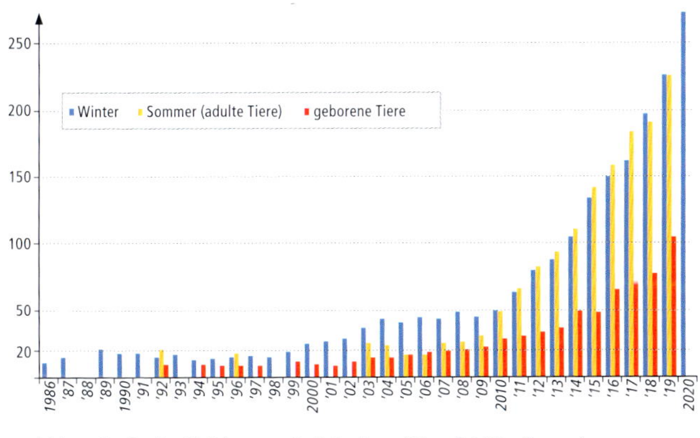

Bestandsentwicklung der Großen Hufeisennase in Hohenburg (Oberpfalz/Nordbayern) von 1986 bis 2020. Die deutliche Bestandszunahme fällt mit den Schutzprojekten zusammen. Grafik W. Lang nach Daten von R. Leitl.

Eine 12 m hohe Trockenmauer in der sich Fledermäuse in großer Zahl verstecken können. Foto: M. Kitzig

Eine Überraschung…

Erst 1989 wurde in Basaltstollen der Eifel bei Mayen ein Massenüberwinterungsquartier mit Tausenden Fledermäusen gefunden. Nach mehreren Jahren der Erforschung war klar, dass es sich um eine europaweit bedeutende Fledermauskonzentration handelt. Neben einem Massenwinterquartier von Zwergfledermäusen in den Felswänden der Tagebaue und den Eingangsbereichen der Großstollen, wurden nach und nach versteckte Stolleneingänge entdeckt und fast jeder Stollen brachte neue Überraschungen mit sich. Besonders durch den Einsatz von IR-Lichtschranken und Fotofallen wurde die herausragende Bedeutung des Gebietes klar. Heute geht man von mindestens 30.–50.000 überwinternden Fledermäusen in 17 verschiedene Arten aus. Nach den Zwergfledermäusen sind Mausohren, Bart-, Brandt-, Fransen- und Bechsteinfledermäuse die dominanten Arten. Seit Ende 2014 hat sich hier auch die Große Hufeisennase angesiedelt. Stand 2019 wissen wir, dass mindestens 3 Individuen (vermutlich aber mehr) ganzjährig anzutreffen sind. In der Schwärmzeit kommen oftmals mehrere Tausend Tiere auf Stippvisite ins Grubenfeld. Das Einzugsgebiet reicht von rund 50 km für Zwergfledermäuse bis ca. 300 km bei Teichfledermäusen. Untersuchungen der letzten Jahre zeigen, wie wichtig solch herausragende Quartiere auch für die Aufrechterhaltung des Genflusses sind.

Netzfänge, Lichtschranken und Fotofallen

Zwergfledermäuse sind in den mehrere Meter tiefen und meist uneinsehbaren Spalten schwer zu zählen. Kommen sie bei Wärme nah an den Rand, kann man hunderte Zwergfledermäuse sehen. Auch innerhalb der Stollen sind tiefe Spaltensysteme in Decken und

Mit Stahlseilen und Beton verstärke Säule in einem Stollen. Foto: A. Kiefer

Eingangshalle zum MAYKO-Bierkeller im Grubenfeld. Eine gerissene Säule rechts oben wurde mit Beton verstärkt und durch eine neue Säule aus Metall entlastet. Foto: A. Kiefer

Typisch für den hinteren Teil der Stollen sind Mausohren in Clustern. Foto: A. Kiefer

Wänden, Trockenmauern, riesige Geröllhalden und Schlupflöcher in nicht einsehbare Hallensysteme vorhanden. Bei der üblichen Winterzählung werden in Mayen 3. – 5.000 Fledermäuse (die Zwergfledermäuse sind hier nicht eingeschlossen) erfasst. Nach mehreren Jahren Zählung in einzelnen Stollen mit IR-Lichtschranken wurde klar, dass in Mayen bei den visuellen Winterkontrollen maximal 10 – 20 % der tatsächlich vorhandenen Tiere erfasst werden.
An den Lichtschranken installierte Fotofallen zeigten auch, dass manche Arten, wie die Bechsteinfledermaus, die bei Winterkontrollen nur in wenigen Einzelexemplaren gezählt wird, an einigen Stollen zu Hunderten und mehr ausfliegen. Sie sind die letzten, die die Stollen Ende April verlassen. Nach der Jungenaufzucht sind Brandt- und Zwergfledermäuse die ersten, die in großer Zahl schwärmen. Netzfänge zur Schwärmzeit belegen unterschiedliche Hauptaktivitätszeiten der Arten, die auch durch sehr unterschiedliche Gruppen (Männchen, Weibchen, Jungtiere) und Motivationen geprägt sind.

Inhalt und Ziele des Naturschutzgroßprojektes

Das Gebiet wurde gemeinsam mit den nah gelegenen Mendiger Basaltstollen als FFH-Gebiet gemeldet. Ein endgültiger Schutz des akut durch Einsturz und Bergbau bedrohten Areals erfolgte allerdings erst 2007 mit dem Start eines Naturschutzgroßprojektes, welches vom Bund, dem Land und dem NABU Rheinland-Pfalz mit über 5 Mio. € finanziert wurde. Nach dem Ankauf wurde für die Planung der Maßnahmen in einem ersten Schritt eine detaillierte Vermessung bzw. Kartierung der Stollen hinsichtlich ihrer Eingänge, ihrer Stabilität und ihrer Ausdehnung durchgeführt. Gleichzeitig wurden auch die Nutzungszeiten und mittels Telemetrie die Einflugwege in das Gebiet untersucht. In der Umsetzungsphase wurden dann einsturzgefährdete Stollen durch die statische Ertüchtigung der Eingangsbereiche, den Einbau neuer Standsäulen und Stabilisierung des Deckgewölbes gesichert. Der Kernbereich des Schutzgebietes musste aus Sicherheitsgründen eingezäunt werden. Offene Schächte wurden aufgemauert und Stollen vergittert. Öffentlichkeitsarbeit ist bei einem solchen Projekt sehr wichtig. So wurde auf dem Grubenfeld ein Fledermauswanderweg mit Hinweistafeln und einem teilweise begehbaren Stollen angelegt. Eine Wanderausstellung darf nicht fehlen. Jährlich findet eine große Fledermausnacht mit Live-Videoübertragung mit mehreren Hundert Besuchern statt. Das Grubenfeld ist heute ein Teil des Vulkanparks und in einer Dauerausstellung sind Bergbau, Kultur- und Naturschutz vereint.

Gärten für Fledermäuse

Ein Garten kann ein wichtiger Lebensraum für Fledermäuse sein. Gärtnern ohne Gift ist selbstverständlich, denn nur so kann man Fledermäusen ein großes Nahrungsangebot anbieten. Pflanzen, an denen sich nachtaktive Insekten entwickeln können, oder die nachts blühen und damit Nachtfalter anlocken sind die richtige Wahl, um Fledermäusen einen reichgedeckten Tisch anzubieten. Auch stark fruchtende Pflanzen wie der Wilde Wein locken zahlreiche nachtaktive Insekten an. Selbst tagblühende Pflanzen wie der Schmetterlingsflieder können für Fledermäuse wichtig sein. Hier übernachten tagaktive Insekten, die dann von Langohren aufgelesen werden können. Ein fischfreier Gartenteich bietet Nahrung in Form von Zuckmücken, Eintagsfliegen und Köcherfliegen und die Möglichkeit zum Trinken. Die Wasseroberfläche muss frei befliegbar sein, denn Fledermäuse trinken schwalbengleich im niedrigen Flug über dem Wasser. Bietet man dann noch Hecken aus einheimischen Gehölzen (keine Tuja!) sind windgeschützte Jagdgebiete vorhanden. An Hecken oder Baumreihen sind Insekten bei ungünstiger Witterung aktiv und bieten damit Fledermäusen auch bei solchen Bedingungen eine Nahrungsquelle. Aber auch vertikale Flächen wie Wände werden gerne von Fledermäusen auf aufsitzende Insekten und Spinnen abgesucht. Diese werden besonders attraktiv, wenn sie begrünt sind, z.B. mit Efeu. Fledermäusen freuen sich über jedes Stück Wildnis im Garten, sei es ein Stück Wiese, das reichhaltig blüht und nur einmal im Jahr gemäht wird, der abgestorbene Ast, der am Baum bleiben darf, Laub- oder Asthaufen, die einfach mal liegen bleiben.

Heimische Ackerwildkräuter in einem Beet bieten Nektar auch für Nachtfalter und erhöhen die Strukturvielfalt.

Schlehen blühen früh im Jahr und bieten ersten Nektar für Insekten. Ihre Blätter sind Nahrung für zahlreiche Raupen. Damit sind sie ideale Heckenpflanzen zur Grundstücksbegrenzung.

Wiesenflächen sollten in Teilen nur ein- bis zweimal im Jahr gemäht werden und blütenreich sein. Dann bieten sie Nahrung für viele Insekten und somit auch für Fledermäuse.

Die Geißblatt-Arten duften insbesondere am Abend und in der Nacht und locken so Falter an.

Quartiere anbieten, Fallen vermeiden

Nach oben offene Gefäße wie Vasen oder große Blumentöpfe sollte man im Garten vermeiden, hier können Fledermäuse hineinfallen und aufgrund der glatten Wände nicht mehr herauskommen. Auch Regentonnen können Fallen für Fledermäuse werden. Laubschutzrohre in der Regenrinne helfen das Problem zu lösen. Große Einzelbäume können als Landmarken für Insekten und Fledermäuse den Weg in den Garten weisen. An Bäumen und den Gebäuden kann man Kästen für Fledermäuse anbieten. Sind Katzen im Garten sollte man ggf. eine Blechmanschette an den Bäumen anbringen. Auch ein Brennholzstapel kann Rauhautfledermäusen ein Winterquartier bieten. Klebfallen sollten geschlossen sein und Stacheldraht kann ebenfalls eine Gefahr für Fledermäuse sein. Am besten man verzichtet darauf. Übrigens muss der fledermausfreundliche Gärtner nicht auf Dünger verzichten. Fledermauskot ist ein hervorragender Dünger und kann in kleinen Mengen entweder direkt ausgestreut, oder in konzentrierter Form als Jauche angesetzt, verwendet werden.

Nutzung von Fledermauskot als Dünger

ZUSAMMENSETZUNG
Mausohrkot enthält 5,5 % Stickstoff, 2,1 % Phosphor, 1 % Kalium, 0,6 % Calcium, 0,8 % Magnesium.

ANSATZ FÜR JAUCHE (ZIMMERPFLANZEN)
drei Esslöffel Kot auf einen Liter Wasser und eine Woche draußen stehen lassen (Geruchsentwicklung!). Für den Gebrauch dann auf 10 l verdünnen.

Die Fütterung einer von einer Katze gebrachten Zwergfledermaus mit Mehlwürmern kann dem Tier die Zeit für eine Genesung geben. Wenn keine inneren Verletzungen und keine Brüche der Extremitäten vorliegen, sind die Heilungschancen gut.

Wenn man eine Fledermaus auffindet, sollte man nicht nur an den kleinen Schützling, sondern auch an seine eigene Gesundheit denken. Fledermäuse sind Wildtiere und können Krankheiten übertragen. Daher sollte man vorsichtshalber Handschuhe tragen. Bei den kleinen Arten reichen Einweghandschuhe. Die Fledermaus muss vollständig umfasst werden, damit sie ihre Flügel nicht ausbreiten kann. Man sollte sie keinesfalls an den Flügeln halten. Es ist immer notwendig, direkt einen Experten zu befragen. Das bundesweite NABU-Fledermaustelefon und spezielle Gruppen für Fledermauspflege in den sozialen Netzwerken sind gute Ansprechpartner. In jedem Fall wird gezielt nach den Fundumständen gefragt und lokal tätige Fledermausexperten und Pflegestellen informiert. In aller Regel sollte eine aufgefundene Fledermaus durch Sachkundige begutachtet werden. Als Erstmaßnahme sollte die Fledermaus so schnell wie möglich schonend in einen Karton überführt werden. Dieser sollte mit Versteckmöglichkeiten, am besten mit einem Stück Stoff oder weichem Küchenrollenpapier ausgestattet sein. Kleine Luftlöcher (5 mm Durchmesser genügt) im Karton sind selbstverständlich, aber Vorsicht: Fledermäuse sind Ausbrechkünstler! Der Karton sollte mit einem Gummiband oder Ähnlichem verschlossen werden. Vorher sollte man noch ein flaches Schälchen – z.B. den Deckel eines Gurkenglases – gefüllt mit Wasser in

den Karton stellen. Ob gefüttert werden soll, hängt vom Einzelfall ab; Jungtiere brauchen eine spezielle Aufzucht-Milch, Alttiere brauchen Insekten. Bitte kein Katzenfutter oder dergleichen verwenden! Die Fledermaus sollte dann an einen dunklen und eher kühlen Ort (keine pralle Sonne!) verbracht werden. Hier kann sie sich dann vom Stress erholen.
Die nächsten Schritte hängen von den Fundumständen ab. Haben Sie im Sommer eine „alte" Fledermaus gefunden, die munter ist und keine Verletzung erkennen lässt – z.B. in die Wohnung eingeflogen – hängen Sie das Tier am Abend bei günstigen Wetterbedingungen katzensicher an einen Baum oder eine Hauswand. Die Fledermaus sollte dann wegfliegen. Etwa eine Stunde vor dem Freilassen sollte man die Fledermaus an einen wärmeren Ort bringen, damit sie langsam ihre Körperfunktionen hochfahren kann. Wenn das Tier nicht wegfliegt, sollte man einen Experten benachrichtigen. Auch Tiere, die schon länger als einen Tag an einer Hauswand hängen, auf dem Boden liegen, oder gar im Sonnenlicht aufzufinden sind, sollten unbedingt an Experten übergeben werden. Sie benötigen professionelle Hilfe.
Wurde die Fledermaus von einer Katze gebracht und verletzt oder sind andere Verletzungen offensichtlich, sollte man sie direkt zu einem Tierarzt bringen. Auch hier sind Tipps von Fledermausexperten notwendig. Nicht jeder Tierarzt ist geübt im Umgang mit Fledermäusen. Sofern das Quartier bekannt und erreichbar ist sollte man versuchen, Jungtiere in das Quartier zurückzusetzen. Man kann ein Jungtier auch in der Dämmerung der Mutter anbieten. Dafür muss es aber aktiv sein und hörbar Laute von sich geben (Fiepen). Es wird nach der Dämmerung auf ein möglichst warmes Tuch oder ein kleines vorgewärmtes Kirschkernkissen gesetzt. Dieses wiederum sollte auf einem umgedrehten großen Glas inmitten einer glattwandigen großen Salatschüssel o.ä. liegen. So kann das Junge nicht herauskrabbeln und ist trotzdem exponiert und kann von seiner Mutter abgeholt werden. Gelingt dies abends und am nächsten Morgen nicht, ist wieder ein Experte gefragt. In jedem Fall ist es wichtig die Funddaten genau aufzunehmen und diese dem Experten weiterzugeben. Wurde die Fledermaus, oder wurden gar mehrere Tiere bei Baumaßnahmen oder Renovierungen gefunden, sollte man unbedingt die Arbeiten sofort einstellen und die Naturschutzbehörde informieren, sonst macht man sich strafbar. Wie dann weiter vorzugehen ist, hängt von der jeweiligen Situation und der Größe der Kolonie ab.

Hinter jedem Fundtier steckt auch ein Fledermausvorkommen. Daher ist es wichtig auch Daten von Fundtieren an die lokalen Fledermausexperten weiterzugeben. Nur an gemeldeten Quartieren kann ein effektiver Fledermausschutz greifen. Regional verschieden gibt es auch Pflegestationen für kranke Fledermäuse. Eine Fledermaus ist kein Haustier und schon gar nicht eine kranke Fledermaus. Daher sollte man die Aufzucht verwaister Jungtiere oder auch die Pflege von kranken Tieren den Spezialisten überlassen. Zudem ist die Aneignung von Fledermäusen nach dem Bundesnaturschutzgesetz verboten. Fledermausexperten und Pflegestellen verfügen über entsprechende Ausnahmegenehmigungen.

Die Haltung von Dauerpfleglingen ist umstritten und spielt für den Artenschutz keine Rolle, kann aber für die Öffentlichkeitsarbeit von Vorteil sein. Man sollte darauf achten, dass die Tiere äußerlich unverletzt sind und erklären, warum das Tier in Obhut verbleiben muss. Für eine solche Haltung ist eine Ausnahmegenehmigung notwendig.

Ein Reservoir für Krankheitserreger

Seit einigen Jahren ist die Bedeutung der Fledermäuse bei der Übertragung von Krankheiten in den Fokus der Öffentlichkeit gerückt. Nicht nur die für die Lungenerkrankung SARS verantwortlichen Coronaviren, auch der Ebola-Virus und Paromyxoviren sind bei tropischen Fledermausarten weit verbreitet. Aber nur im Falle von SARS wurde eine indirekte Übertragung von Fledermaus zu Schleichkatzen und dann erst zum Menschen belegt. Auch der seit 2019 aus China verbreitete SARS-CoV-2 wird mit Fledermäusen in Verbindung gebracht. Obwohl auch hier wieder keinerlei Informationen zu den Übertragungswegen bekannt sind. Man kann davon ausgehen, dass die unnatürlichen Bedingungen auf chinesischen Tiermärkten und Pelztierfarmen, auf denen viele Tierarten auf engstem Raum gehalten werden, eine wichtige Rolle spielen. Das Leben in großen Kolonien, ein langes Lebensalter und ihre große Mobilität sind Faktoren, die Krankheitserreger begünstigen. Die Rolle der Fledermäuse bei der möglichen Übertragung von Krankheiten ist aber noch völlig ungeklärt. Sicher können Fledermäuse ein Reservoir für Krankheitserreger darstellen, die nach Mutationen auch für den Menschen gefährlich werden könnten. Eine Prüfung möglicher Infektionswege ist dringend notwendig. Aber geht von europäischen Fledermäusen eine Gefahr durch Corona aus? Nein! Es kann festgehalten werden, dass es keine Hinweise darauf gibt, da sie keine Träger der entsprechenden Virenstämme sind.

Die an dem weißen Belag im Schnauzenbereich erkennbare Pilzinfektionen tritt fast nur beim Mausohr im Winterquartier auf, vor allem gegen Ende des Winterschlafs.

Bettwanzen sind vermutlich ursprüngliche Fledermausparasiten, von denen eine Art auf den Menschen übergewechselt hat. Probleme gibt es heute aber nur in Einzelfällen.

Fledermausflöhe sind, wie die anderen Parasiten auch, auf ihre Wirtstiere angepasst und wechseln nicht auf den Menschen über.

Fledermaustollwut

Die Fledermaustollwut spielt bei den europäischen Fledermäusen eine wichtigere Rolle. Sie ist nicht mit der Fuchstollwut identisch. Es handelt sich in Europa um eigenständige Virenstämme, hauptsächlich den Europäischen Fledermausvirus (European Bat Lyssa-virus, EBLV, Typ I u. II). Es wurden auch weitere Virenstämme gefunden, so der „West Caucasian Bat Lyssavirus" (WCBV) der „Bokeloh Bat Lyssavirus" (BBLV) und der Lleida Bat Lyssavirus (LLEBV). Übertragungen auf andere Säugetiere sind sehr selten und bisher nur beim EBLV I nachgewiesen. Beim Menschen gab es in den letzten Jahrzehnten zwei sicher bestätigte Todesfälle durch Fledermaustollwut (in beiden Fällen EBLV II) in Europa, in drei weiteren Fällen fehlt der sichere Laborbeweis. Tollwutinfektionen bei Fledermäusen kommen überall in Europa vor. Mit Abstand am häufigsten wurde der Erreger bisher bei der Breitflügelfledermaus und der Isabellfledermaus festgestellt. Von 1996–2011 wurden in Deutschland 1.910 Fledermäuse auf Tollwut untersucht, lediglich bei 24 konnte sie nachgewiesen werden. Dennoch sollte sich jeder, der mit Fledermäusen regelmäßig zu tun hat, vorsorglich gegen Tollwut impfen lassen. Der Impfstoff schützt zuverlässig. Der beste Infektionsschutz besteht in der Vermeidung des direkten Tierkontaktes bei auffälligen Tieren.

Tödliche Pilzinfektion

2006 wurden in den USA erstmals winterschlafende Fledermäuse mit „Weiße-Nasen-Syndrom" (WNS) beobachtet. Das Phänomen hat sich schnell ausgebreitet und es kam in der Folge zum Massensterben in unterirdischen Quartieren. Millionen von Fledermäusen aus den Gattungen *Myotis*, *Eptesicus* und *Pipistrellus* starben. Alle Tiere zeigten einen weißen Pilzbewuchs in der Schnauzenregion, der 2009 als *Pseudogymnoascus* (vorher: *Geomyces*) *destructans* beschrieben wurde. Dieser Pilz wurde nur ein Jahr später auch in Europa nachgewiesen. Eine erhöhte Sterblichkeit oder gar ein Massensterben sind hier nicht zu beobachten. Es konnte gezeigt werden, dass der Pilz, der inzwischen als Todesursache belegt ist, von Europa nach Nordamerika transferiert wurde und bei den dort nicht angepassten Fledermausbeständen die Krankheit auslöste. Das Immunsystem der europäischen Fledermäuse kann die Krankheit erfolgreich bekämpfen. Auch bei nordamerikanischen Fledermäusen sind erste Immunitäten nachgewiesen, aber die Auswirkungen von WNS sind nach wie verheerend.

Ektoparasiten

Zahlreiche Parasiten schmarotzen an Fledermäusen. Fünf Parasitengruppen kommen vor allem vor: Fledermausfliegen (Nycteribiidae und Streblidae), Wanzen (hier: Cimicidae), Flöhe (Ischnopsyllidae), Milben (Spinturnicidae und Sarcoptidae) sowie Zecken (Ixodidae). Für den Menschen sind die durch eine enge Bindung an ihre Wirte spezialisierten Ektoparasiten nicht gefährlich. Bekämpfungsmaßnahmen sind nur in Einzelfällen notwendig und sollten nur unter Beteiligung von Fledermausexperten durchgeführt werden.

Bei der Ausflugbeobachtung an einer Mausohr-Wochenstube bei einem Fledermausfest lässt sich sehr gut für die Anliegen des Fledermausschutzes werben. Foto: A. Kiefer

Eine Videoübertragung aus einer Mausohr-Wochenstube im Dach in den Kirchenraum kann Hunderte Besucher anlocken. Foto: S. Wöhl

Fledermäuse erleben

Ein wichtiger Baustein des Fledermausschutzes ist die Öffentlichkeitsarbeit. Selbst bei der klassischen Quartierbetreuung ist es wichtig, die Eigentümer mitzunehmen und sie an der Faszination Fledermaus teilhaben zu lassen. Der Quartierschutz an Gebäuden ist nicht immer konfliktfrei. Wichtig ist es, die Eigentümer genau über Maßnahmen und Kompromisse zu informieren. Dies kann gerade auch über einen emotionalen Kontakt gelingen. Wenn die Kinder in einem Haus mit leuchtenden Augen eine kleine Fledermaus streicheln, ist das Quartier langfristig gesichert. Wanderausstellungen, Informationsmaterial, Vorträge und ganz besonders abendliche Fledermausführungen mit dem Bat-Detektor sind wichtige Bausteine der Öffentlichkeitsarbeit. Diese kann man zu bestimmten Anlässen durchführen, wie Feste aber auch bspw. dem GEO Tag der Artenvielfalt oder der internationalen Fledermausnacht Ende August. Das Interesse des Publikums, gerade von Kindern, ist groß. Mittels Videotechnik kann man an ausgewählten Quartieren – z.B. von Mausohrwochenstuben in Kirchen – Videoübertragungen durchführen. Auf einer großen Leinwand können die Besucher die Jungenaufzucht, das Herumfliegen im Quartier und als Höhepunkt den Ausflug der Kolonie beobachten. Mit etwas Rahmenprogramm, wie Basteln, Schminken, Fledermauskästen bauen, dem Verkauf von Fledermauskot und Pflanzen für den fledermausfreundlichen Garten entwickelt sich schnell eine Bat-Night, zu der Hunderte von Besuchern kommen. In Zusammenarbeit mit lokalen Vereinen, Verbänden, Kirchengemeinden etc. kann man ein ganzes Dorf in ein Fledermausfest integrieren. Solche Aktionen wirken nachhaltig positiv. Wenn die Bevölkerung von

Das Basteln von Fledermauskästen begeistert Kinder. Foto: A. Kiefer

Fledermausplaketten an Quartiergebäuden schaffen Aufmerksamkeit und fördern das Verantwortungsbewusstsein. Foto: A. Kiefer

„unseren Fledermäusen" spricht und damit eine Mausohrwochenstube im Ort meint, hat der Fledermausschutz einen guten Stand. Fledermausvorkommen gerade im Siedlungsraum zu verheimlichen ist kein effektiver Schutz. Daher sind öffentliche Auszeichnungen von Fledermausquartieren, wie das inzwischen in ganz Deutschland, der Schweiz und Österreich unter verschiedenem Namen zu findende Projekt „Fledermäuse Willkommen", genau der richtige Weg. Ein freundliches Schild am Haus erinnert nicht nur die Eigentümer an die kleinen Untermieter und ist Symbol der Verantwortung für die Kolonie.

Fledermauszentren

Inzwischen gibt es auch einige echte Fledermauszentren in Deutschland. Das erste und größte ist Noctalis in Bad Segeberg. Direkt an der Kalkberghöhle gelegen wird in einer umfassenden und sehr kurzweiligen Ausstellung die Welt der Fledermäuse gezeigt. Nicht fehlen darf an einer solchen Stelle auch ein Noctarium mit lebenden Fledermäusen. Hier haben sich tropische Frucht- oder Nektarfressende Fledermausarten sehr bewährt. Ihr Tag/Nacht Rhythmus wurde umgestellt, damit die Besucher auch aktive Fledermäuse beobachten können. Solche Zentren bieten auch Schulprojekte und Forschungsarbeiten an. Sie sind damit auch ein wichtiger Standort für die Aus- und Fortbildung von Fledermausschützern. Weitere kleine Fledermauszentren in Deutschland befinden sich u.a. in der Oberpfalz, im Bayerischen Wald, in Ober- und Unterfranken, in Berlin und Brandenburg. Im österreichischen Feistritz gibt es ein Fledermaushaus in dem Kleine Hufeisennasen beobachtet werden können.

Quartiere für — Fledermäuse

Quartiere der Fledermäuse

Klassische Baumquartiere befinden sich in Spechthöhlen, darüber hinaus werden aber auch viele andere Spalten und Höhlungen genutzt: Beispiele für Quartiere von Wochenstuben der Brandtfledermaus (A-C), Wasserfledermaus (D) und der Bechsteinfledermaus (E–F).

Als Meister des Energiesparens wählen Fledermäuse ihre Hangplätze nicht nur nach der Schutzfunktion, sondern auch nach thermischen Gesichtspunkten. Quartiere kann man anhand ihrer Struktur (Höhle, Spalte, Baumhöhle) oder aber auch nach ihrer Funktion einteilen, also in Sommer-, Winter-, Zwischen-, Balz-, Tages-, Fraß-, Paarungs-, und Schwärmquartiere. Manche Spalten oder Höhlen werden aber auch ganzjährig genutzt. Sommerquartiere, sind eher warm, was in Südeuropa auch für Höhlen gilt. Alle Wochenstuben-Hangplätze müssen Bedingungen bieten, die für die Jungenaufzucht geeignet sind und entweder von sich aus warm, sein oder von den Kolonien erwärmt werden können.
Während der Übergangszeiten und von Männchen können grundsätzlich alle Quartiermöglichkeiten aufgesucht werden, die Schutz bieten und den jeweiligen Temperaturansprüchen genügen. Im Winter sind gleichmäßig kühle Quartiere für den Winterschlaf von Vorteil. Solche Bedingungen finden sich in allen Arten unterirdischer Hohlräume, aber auch in Blockhalden, Felsspalten und Höhlungen sehr dicker Bäume. Kuriose Funde von Fledermäusen stammen aus Schwalbennestern oder Adlerhorsten, von Straßenlampen und Verkehrsschildern oder von unter Steinen. In der Regel treten aber vier hauptsächliche Quartiertypen auf: Höhlen, Felsspalten, Gebäude und Baumhöhlen. Für Mitteleuropa beschränkt sich die Sommernutzung dabei weitestgehend auf die letzten beiden. Eine Einteilung in Baum- und Gebäudefledermäuse ist problematisch, da es viele Übergänge gibt. Sie kann aber trotzdem hilfreich sein.

Burgruinen können eine Vielzahl an Spaltenverstecken, Felswänden und höhlenartigen Strukturen vorweisen und werden daher oft von vielen Arten genutzt; in Mitteleuropa vor allem im Winter, im Süden auch ganzjährig. Foto: A. Kiefer

Quartiere an Gebäuden

Die meisten Gebäudefledermäuse sind ursprüngliche Höhlen- oder Felsspaltenbewohner. Entsprechend nutzen sie Dächer oder Fassadenspalten, die ähnliche Eigenschaften wie die natürlichen Quartiere haben müssen. Daher sind auch alte Scheunen weit weniger häufig als vermutet gute Fledermausquartiere, da sie oft weder Spalten noch geschützte Höhlenräume bieten und zugig sind. Brücken mit Spalten sind dagegen sehr geeignet. Winterschlafende Fledermäuse sind ebenfalls an Gebäuden zu finden, vor allem die Spaltenbewohner wie Abendsegler, Zwerg- und Zweifarbfledermäuse. Auf Dachböden finden sich aber auch Breitflügelfledermäuse oder Graue Langohren.

Quartiere an Bäumen

Baumfledermäuse nutzen nicht nur die typischen Spechthöhlen, sondern auch alle Arten von Spalten, Rissen und abstehender Borke. Auch die Höhe der Quartiere kann stark variieren: Bechsteinfledermäuse nutzen manchmal selbst Stammfußhöhlen in Niederwäldern, aber auch Spechthöhlen in bis zu 20 Meter Höhe. Mops-, Brandt- und Nymphenfledermäuse hingegen besiedeln lieber Spalten hinter abgeplatzter Rinde oder abgestorbenen Ästen in großer Höhe.

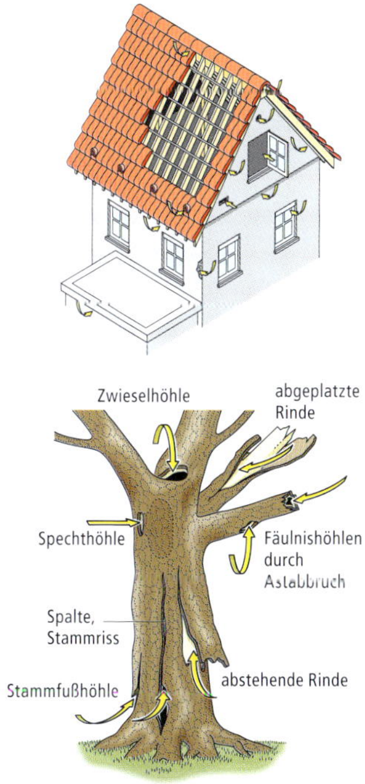

Quartiermöglichkeiten an Häusern und Bäumen. Grafik: W. Lang

Einmal durch das Fledermausjahr

Unsere Fledermäuse ernähren sich vor allem von Insekten, die im Jahresverlauf ungleichmäßig verteilt vorkommen. Daraus ergibt sich für alle Arten ein einheitlicher Jahreszyklus mit Geburten im Frühjahr und Winterschlaf oder Abwanderung zum Überstehen des Winters.

Etwa ab Mai haben sich die Weibchen in Fortpflanzungskolonien, den sogenannten Wochenstuben, gesammelt. Sie gebären hier ihre Jungen, oft erstaunlich synchron. Grund für diese Synchronisation ist vermutlich die auf alle Weibchen vergleichbar einwirkenden Erwärmung im Frühjahr, welche den Eisprung und die daran anschließende Befruchtung mit den über den Winter hinweg gespeicherten Spermien auslöst.

Die mitteleuropäischen Arten gebären meist im Juni, im Mittelmeergebiet oft schon Anfang Mai. Beim Mausohr hat sich nach einem milden Winter und als mögliche Folge der Klimaerwärmung, der Geburtszeitpunkt in warmen Regionen Deutschlands wiederholt bis zu Anfang Mai verschoben. Nördlich verbreitete Arten, wie die Brandt- oder Nordfledermaus, benötigen nur 3–4 Wochen für die Jungenaufzucht, die meisten Arten 4–8 Wochen. Adulte Männchen sind selten in den Wochenstuben. Beim Mausohr sind zwar einzelne Männchen in den Quartieren, dann aber meist räumlich in den Dachböden separiert. Bei Langohren, Hufeisennasen und Wasserfledermäusen findet man vor allem in kühlen Gebieten, also entweder im Norden oder in den Bergen, eine größere Anzahl von Männchen in den Wochenstuben. Vermutlich helfen sie dort mit, für eine bessere Wärmeproduktion zu sorgen. Die meisten Fledermausmännchen verbringen den Sommer als Einzelgänger oder sie bilden Männchenkolonien. Die Einzelgänger unter den Männchen sind

Jahreszyklus beim Mausohr. Grafik: S. Wöhl

oftmals schon im Sommer, spätestens zu den Zeiten der beginnenden Paarungen, sehr territorial und verteidigen ihre Verstecke gegen jeden Eindringling. So wie das Kleine Mausohr, das schon ab Mai in Höhlen oder unter Brücken Nischen besetzt und ab August Weibchen anlockt. Ab Juli und August werden die Jungtiere flugfähig. Die eigentliche Entwöhnung von der Muttermilch erfolgt erst Schritt für Schritt. Langsam werden die Jungen selbständig, beginnen mit der Jagd, sind dabei aber noch nicht sehr effektiv. Nach der Zeit der Hochschwangerschaft ist es in dieser Phase besonders wichtig, dass nahrungsreiche Jagdgründe in der Umgebung der Kolonie vorhanden sind. Das Ende der Jungenaufzucht bedeutet zugleich den Beginn der Paarungszeit. Fledermäuse, die in Höhlen oder Stollen überwintern, sind zu dieser Jahreszeit schwärmend an manchen Winterquartieren, die dann als Schwärmquartiere bezeichnet werden können, zu finden. Die im Sommer relativ ortstreuen Arten treffen sich dort nachts mit anderen Artgenossen. Neben Informationstransfer spielt hier auch die Suche nach einem nicht verwandten Paarungspartner zur Inzuchtvermeidung eine Rolle. Fernziehende Arten, die weiter im Süden überwintern, paaren sich auf dem Zugweg oder im Winterquartier. Hier warten schon die Männchen in den Balzquartieren und so erfolgt eine genetische Durchmischung von selbst. Abendsegler und Rauhautfledermäuse haben ausgeprägte Balzrufe, die sie aus einer Baumhöhle oder fliegend um ein Quartier aussenden.

Im September und Oktober müssen die Fledermäuse das Fett für den Winterschlaf anfressen. Im Sommer haben Wasserfledermaus-Männchen ein Gewicht zwischen 7 und 8 g. Sie können in dieser Zeit tagsüber in Torpor fallen und Energie sparen. Auch beim Fliegen ist ein geringeres Gewicht energieeffizienter. Ab September steigt das Gewicht stark an und erreicht schnell 12–13 g oder mehr. Mehr als ein Drittel des Gewichts wird während des Winterschlafs verbraucht. Weibchen nehmen im Juni, gegen Ende der Schwangerschaft, stark zu. Bei der Geburt werden sie um etwa ein Drittel ihres Gewichts leichter werden und erreichen während der Laktationszeit wieder das „energetische Optimalgewicht" von ca. 8 g wie die Männchen.

Ab Oktober oder November suchen die Fledermäuse ihre Winterquartiere auf. Typische Höhlen-Überwinterer wachen während des Winterschlafs nur wenige Male auf und erwarten mit weitgehend abgesenktem Stoffwechsel das Frühjahr. Andere Arten gehen an

Ziehende Rauhautfledermäuse beim Zug über die Dünen der Forschungstation Pape in Lettland. Foto: C. Giese

wärmeren Winterabenden noch auf Jagd oder wechseln das Winterschlafquartier – je nach Außentemperatur oder Nahrungsverfügbarkeit. Fledermausarten, die bis ins Mittelmeergebiet ziehen, wie z. B. Rauhautfledermäuse und der Kleinabendsegler, gehen oft Nacht für Nacht noch auf Jagd, solange Insekten fliegen und es nicht zu kalt wird. Für andere Arten, wie die Zweifarbfledermaus ist Ende Oktober und November die Hochzeit der Balzaktivität. Oft kann man ohne technische Hilfsmittel auch in Städten, meist um als Landmarken gut geeignete Gebäude, wie Kirchen, Burgen oder auch Hochhäuser, die Balzrufe dieser Art hören.

Wenn es im Frühjahr wieder wärmer wird, oft schon im März, verlassen auch die tiefschlafenden Arten ihre Höhlenquartiere und beginnen an wärmeren Abenden mit der Jagd. Manche Arten, wie die Braunen Langohren, paaren sich im Frühjahr noch einmal. Auch diese Zeit ist wieder sehr kritisch für das Überleben. Sind die Fettvorräte aufgebraucht, ist (noch) keine Nahrung vorhanden oder ist der Winter zu kalt und zu lang, kann das Überleben gefährdet sein. Zwergfledermäuse verlassen die Winterquartiere sehr früh, Bechstein- und Wimperfledermäuse sehr spät, oft erst Ende April.

Die Weibchen ziehen nach dem Winterschlaf, oft über wärmebegünstigte Zwischenquartiere, zu den Sommerquartieren. Währenddessen erfolgen der Eisprung, die Befruchtung und die Schwangerschaft. Bei den einheimischen Arten rechnet man mit Schwangerschaftsdauern von ca. 6–8 Wochen, bis dann die Geburt erfolgt. Dann beginnt der Jahreszyklus von Neuem.

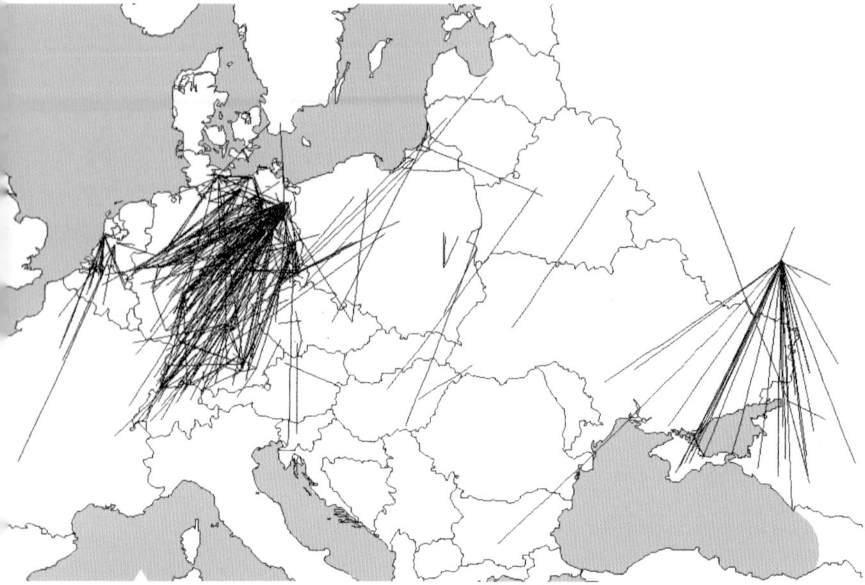

Durch Beringungen dokumentierte saisonale Wanderungen des Abendseglers in Europa.
Grafik: R. Hutterer

Das Wandern ist der Fledermaus Lust

Fledermäuse legen teilweise erhebliche Strecken zwischen Sommer und Winterquartier zurück. Ortstreue Arten wie alle Hufeisen nasenarten, das Braune und das Graue Langohr, die Bechstein-, Fransen-, Weißrand-, Wimperfledermaus sowie die Bulldoggfledermaus sind ortstreu. Ihre Wochenstuben liegen meist kreisförmig um bis zu 50 km entfernte Winterquartiere. Wanderfähige Arten sind fähig bis zu 400 km zwischen Sommer- und Winterquartier zu wechseln. Hierzu zählen die Zwergfledermaus, das Mausohr, Kleinmausohr, die Breitflügel- und Nordfledermaus, Mopsfledermaus, Bart-, Brandt-, Wasser-, Teich-, und Langfußfledermaus sowie die Langflügelfledermaus. Auch diese verteilen sich meist, aber nicht immer, kreisförmig um Winterquartiere. Richtige Fernwanderer sind der Kleinabendsegler, der Abendsegler, die Rauhautfledermaus und die Zweifarbfledermaus, die regelmäßig Distanzen von 1.500–3.000 km zurücklegen. Diese Arten zeigen eher einen von Norden nach Süden/Südwesten gerichteten Zug. Die Fernwanderer fliegen dabei in einer Nacht meist 30–50 km, aber auch bis zu 180 km. Für ihre weiten Wanderungen scheinen Fledermäuse ähnlich wie Zugvögel auch einen Magnetsinn zu nutzen. Über dessen genaue Funktion ist aber noch wenig bekannt.

Winterschlaf

Die hohen und nicht immer einfach zu verstehenden Ansprüche der Fledermäuse bei ihrer Quartierwahl stehen im Zusammenhang mit der Fähigkeit, ihre Körpertemperatur herabzusetzen und somit in erheblichem Umfang Energie zu sparen. Für die Jungenaufzucht sind hohe Temperaturen günstig, da sich die Jungen schneller entwickeln. Kühlere Temperaturen in den Quartieren, verbunden mit Torpor, sind u.a. vorteilhaft bei Kälteeinbrüchen und Nahrungsknappheit. Fledermäuse müssen also ständig die Frage neu entscheiden, ob sie die Körpertemperatur absenken und dabei Energie sparen, sie aber auch aufgrund der langsameren Reaktionen weniger wehrhaft sind.

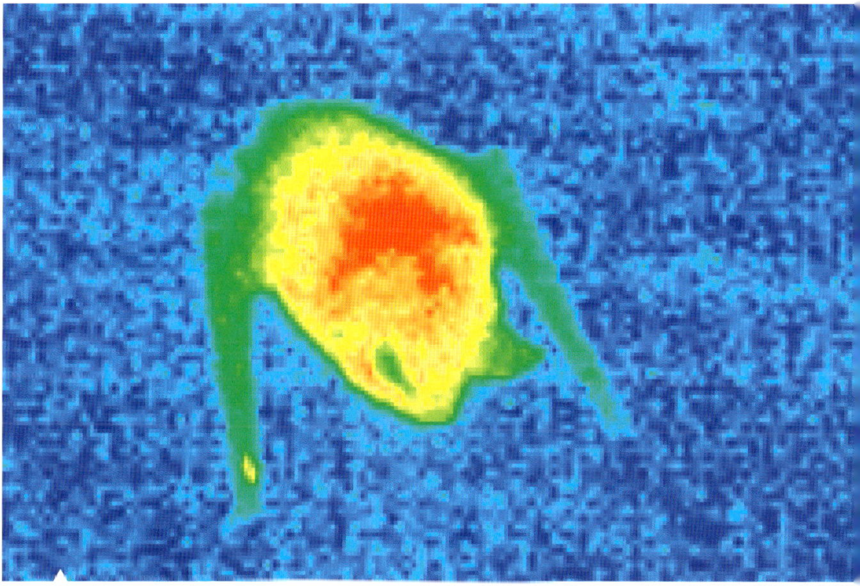

Thermographie eines erwachenden Mausohrs nach dem Winterschlaf. Deutlich ist die bei der Mobilisierung des Braunen Fettgewebes entstehende Wärme im Schulterbereich als wärmster Bereich zu erkennen. Foto: A. Kiefer

Sie nutzen dies unterbestimmten Bedingungen im Sommer, wenn sie in Tageslethargie oder Torpor fallen und in viel größerem Umfang beim Winterschlaf. Egal wo die verschiedenen Fledermausarten überwintern, ob Höhlen, Baumhöhlen oder Felsspalten, die Temperaturen sollten in aller Regel nicht unter 0°C sinken. In Baumhöhlen überwinternde Abendsegler bilden große, dichte Cluster, die Tiere wärmen sich sozusagen gegenseitig. Dabei muss die Baumhöhle gut isoliert sein. Felswinterquartiere sind fast immer südexponiert. Hier wird das Sonnenlicht als zusätzliche Wärmequelle genutzt. Die Höhlenüberwinterer besitzen meist sehr spezifische Ansprüche an den Hangplatz. So findet man Zwergfledermäuse, Abendsegler und Langohren im frostgefährdeten Eingangsbereichen oder noch außerhalb der Höhle in Spalten. Direkt danach halten sich dann die kälteharten Arten wie Mopsfledermaus, Nordfledermaus und Breitflügelfledermaus auf. In der Mittelzone sind oft die kleinen *Myotis*-Arten Bart-, Fransen- oder Wasserfledermäuse zu finden. Und in der klimatisch stabilen Tiefenzone sind überwiegend Mausohren, Wimperfledermäuse oder Hufeisennasen anzutreffen. Geröllhalden, Trockenmauern oder tiefe Spalten werden von vielen Fledermausarten aufgesucht. Erstaunlich ist, dass Bechsteinfledermäuse in Stollen meist nur frei an der Wand oder Decke zu sehen sind. Wenn sie aber beim Ausflug aus den Höhlen gefangen oder fotografiert werden, sind fast alle Tiere dreckverschmiert, was eine versteckte Überwinterung im Bodengeröll vermuten lässt. Neben dieser Art wurden viele andere in solchen Strukturen gefunden. Dieser Befund erklärt dabei noch zwei weitere Phänomene: a) In Stollen wird meist nur ein Bruchteil der geschätzten Sommerpopulation aus einem Einzugsgebiet gefunden. b) Lichtschranken deuten auf eine größere Zahl an Überwinterern hin, als klassische visuelle Kontrollen andeuten. Manche Arten überwintern meist unentdeckt in kaum kontrollierbaren Quartieren wie Erdlöchern oder Blockschutthalden.

Im Winterschlaf hat das Energiesparen absoluten Vorrang, nicht nur die Körpertemperatur, auch die Atmung und der Herzschlag werden extrem

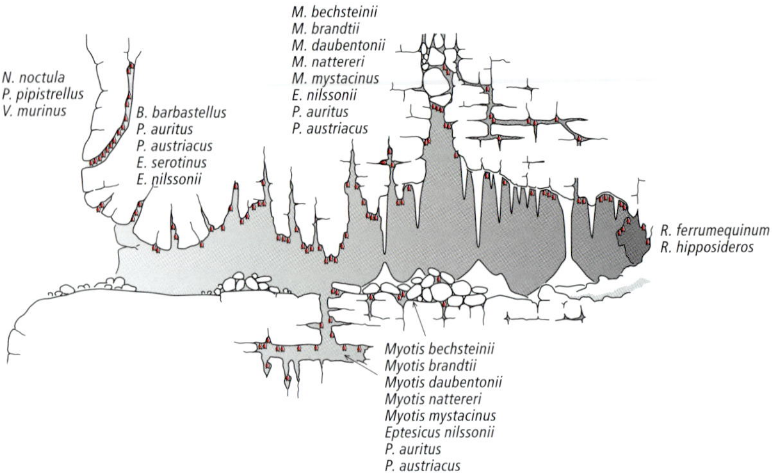

Verteilung winterschlafender Fledermäuse in einer offenen Höhle. Grafik: W. Lang

herabgesetzt. So beträgt die Herzschlagrate im tiefen Winterschlaf nur 18–80 Schläge pro Minute, im Flug kann sie auf über 880 Schläge pro Minute ansteigen. Die Intervalle zwischen den Atemzügen können bis zu 90 min dauern. Alle Körperfunktionen erfolgen auf Sparflamme und dennoch verbrauchen sie über den Winter bis zu einem Drittel ihres Körpergewichtes. Nach einem langen Winter kann man in Winterquartieren extrem abgemagerte Exemplare finden, für die jede weitere Störung den Tod bedeuten kann. Wird eine Fledermaus wach, wird zunächst die Energie in die Steigerung der Körpertemperatur gesetzt. Dabei kann man dann das besondere Fettgewebe aller echten Winterschläfer, das braune Fettgewebe, leicht lokalisieren. Die Fledermäuse sind aber nicht den kompletten Winter hindurch im Topor. Anfangs haben sie mehrere Wochen lange Winterschlafphasen. Gegen Ende des Winters werden die Wachzeiten immer häufiger. Der Stoffwechsel steht nicht still, also müssen sie, auch um zu schlafen, wach werden, Wasser trinken und urinieren oder koten. Fledermäuse wechseln artabhängig auch im Winter manchmal ihr Quartier. Dies kann auch mit der Suche nach Paarungspartnern zusammenhängen, denn der gesamte Winter ist auch Paarungszeit.

Das Überstehen der Wintermonate ist eine Herausforderung. Nur Tiere, die mit ihren Fettreserven haushalten, erleben das Frühjahr. Bei diesem Mausohr sind die Vorräte nahezu erschöpft.

Wiederfunde markierter Zweifarbfledermäuse wie dieser belegen regelmäßige saisonale Wanderungen von bis zu 1.800 km. Foto: D. Nill

Für Schutzmaßnahmen, Kartierungen oder wissenschaftliche Fragestellungen ist das Auffinden von Fledermausquartieren die grundlegende Voraussetzung. Fledermausquartiere sind an meist ungestörten und sicheren Orten mit freier Zugänglichkeit für die Tiere zu finden. Sie werden je nach Art so häufig gewechselt, dass die Antreffwahrscheinlichkeit relativ gering sein kann. Am ehesten findet man daher die Spuren der Fledermäuse (Seite 131). Lohnende Orte, um nach Fledermäusen zu suchen, ergeben sich aus den Quartieransprüchen der einzelnen Arten. Relativ schnell und unkompliziert lassen sich Brücken kontrollieren. Mitte April, Mitte Juni und Mitte Oktober sind sehr geeignete Zeiträume, um Fledermäuse während der Übergangszeiten oder der Wochenstubenzeit in Spalten zwischen den Natursteingewölben, Dehnungsfugen oder Abflussrohren zu finden. Am häufigsten kann man so Wasserfledermäuse und Mausohren finden.
Der Klassiker unter den Suchmaßnahmen ist die Kontrolle von Kirchendächern. Quartiere von Mausohren und Langohren können so meist sehr rasch gefunden werden. Um auf Wochenstuben zu treffen, muss aber meist eine große Anzahl an Dächern untersucht werden. Im Mittelmeerraum nutzen viele Fledermäuse Höhlen als Quartiere.

Die direkte Suche von Baumquartieren kann sehr aufwändig sein, erlaubt aber teilweise spektakuläre Entdeckungen wie den Fund großer Kolonien der Mückenfledermaus in gesplitterten Bäumen.

Brückenkontrollen können schnell und effektiv zu Quartiernachweisen der Wasserfledermaus führen.

Im Mittelmeerraum findet man Wochenstuben vieler Arten in Höhlen.

Schneller als die Suche nach natürlichen Quartieren ist die Kontrolle von Nisthilfen. Sie erbringt aber meist Funde von nur einem Teil der Baumfledermaus-Arten.

Koloniebäume von Abendseglern in Stuttgart, die durch die Nachverfolgung von in der Morgendämmerung zum Quartier fliegenden Tieren aufgefunden wurden.

Das Anpeilen von zuvor gefangenen und besenderten Fledermäusen erlaubt das Auffinden versteckter Quartiere und die Beobachtung des Wechselverhaltens zwischen Quartieren.

Um Spaltenquartiere an Gebäuden zu finden gibt es zwei sehr erfolgreiche Methoden: Aufrufe in der Presse ergeben meist sehr rasch Quartiere der Zwergfledermaus oder von Bartfledermäusen. Sehr effektiv sind Begehungen in den frühen Morgenstunden nach sehr warmen und trockenen Sommernächten. Dann schwärmen die Tiere einer Kolonie ausgiebig vor dem Quartiereingang und sind sehr auffällig. Kolonien von Zwerg-, Mücken-, Weißrand-, Alpen-, Breitflügel- und Nordfledermaus lassen sich so sehr gut finden. Den größeren Fledermausarten kann man in der Morgendämmerung auch gut hinterherlaufen. So lassen sich auch Baumquartiere der Abendsegler finden.
Größere Baumkolonien sind an sehr warmen Sommertagen durch ihre Soziallaute auffindbar, besonders laut sind die Abendsegler.
Hat man schon einen Verdacht auf mögliche Quartiere, sind Ausflugkontrollen sehr geeignet. Oder man geht den Tieren auf Flugstraßen entgegen, um zum Quartier zu gelangen. Wo vorhanden kann die Kontrolle von Nisthilfen eine schnelle Methode zum Auffinden von Baumfledermäusen sein. So lassen sich Bechstein- und Fransenfledermaus finden und im Herbst auch die Paarungsquartiere von Zwerg- und Rauhautfledermäusen und Kleinabendseglern.
Die Suche nach natürlichen Baumhöhlen kann sehr langwierig sein, aber interessante Funde erbringen.

Speziell ausgebildete Naturschutzhunde können gerade in Wäldern sehr gute Ergebnisse beim Auffinden von Fledermausquartieren erbringen. Sie werden in Europa in immer größerer Zahl ausgebildet und eingesetzt.
Viele versteckte Quartiere der seltenen Arten lassen sich am effektivsten durch die Telemetrie (Seite 84) ermitteln: Im Jagdgebiet gefangene Tiere werden besendert und die Quartiere anhand der Peilsignale ermittelt. Bei Nymphen-, Brandt-, Wimper-, Mops- und Zweifarbfledermaus ist die Telemetrie oft die einzige Möglichkeit unter der Vielzahl potenzieller Quartiermöglichkeiten die tatsächlich genutzten zu finden.
Zur Suche nach Wintervorkommen sind Begehungen aller Arten unterirdischer Hohlräume und das Ausleuchten von Spalten eine gute Methode. Wintervorkommen der Felsarten kann man am Besten in südexponierten Felsen mit überhängenden Spalten entdecken, Taschenlampen sind hierfür nicht hell genug. Der Einsatz eines Spiegels zum Ausleuchten erlaubt die Untersuchung auch weiter entferner Spalten. Zwergfledermäuse zeigen an den Winterquartieren in den ersten Frostnächten eine erhöhte Flugaktivität, die von holländischen Kollegen als Frostschwärmen bezeichnet wurde. Mit der Beobachtung dieses Verhaltens kann man leicht Winterquartiere von *Pipistrellus*-Arten an Felsen oder Gebäuden auffinden.

Auch in großen Parkanlagen sind Alt- und Totholz möglich. So können Wege verlegt oder abgesperrt werden. Eine Fällung darf nur das letzte Mittel sein.

Bäume bieten die natürlichen Quartiere für Fledermäuse schlechthin. Zumindest in Einzeltieren von nahezu allen Arten nutzen Hangplätze in Bäumen. Eine ganze Reihe von Arten – Nymphenfledermaus, Bechsteinfledermaus, Riesenabendsegler – kommt ausschließlich oder – z.B. der Kleinabendsegler – fast ausschließlich an Bäumen vor. In aller Regel steigt mit zunehmendem Alter eines Baumes seine Quartiereignung: Abgestorbene Teile werden von Spechten ausgehöhlt, Aststellen faulen aus, es bilden sich Taschen hinter Rindenabplatzungen und die Wahrscheinlichkeit, dass durch äußere Einflüsse wie Blitzschlag, Schneebruch, Sturm oder Hagel Quartierstrukturen entstehen, steigt an. Daraus ergibt sich aber auch, dass in dem Maße, in dem ein Baum für Fledermäuse interessant zu werden beginnt, die Nutzbarkeit einer industriellen Holzproduktion abnimmt. Das Risiko, dass Teile des Baumes abbrechen, nimmt dagegen zu. Diese beiden Faktoren sind dafür verantwortlich, dass in Wirtschaftswäldern die Bäume vor dem Erreichen der Reifephase geerntet werden und überall da, wo Menschen auch nur theoretisch in Gefahr kommen könnten, eine Fällung aus Verkehrssicherheit durchgeführt wird. Wenig beachtet wird dabei jedoch meist, dass nach dem Bundesnaturschutzgesetz außer im Wald eine Fällung von Bäumen, in denen sich Lebensstätten wildlebender Tierarten befinden, verboten ist, bzw. einer Ausnahmegenehmigung bedarf. Daraus ergibt sich, dass der

Bei Baumkontrollen ist auch der Ast- und Kronenbereich relevant.

Ein Hubsteiger ermöglich sicheres Arbeiten und endoskopische Untersuchungen der Baumhöhlungen.

Verschluss einer großen Stammhöhle, die keine Hinweise auf Fledermäuse zeigte, aber nicht vollständig endoskopiert werden konnte. Für den unwahrscheinlichen Fall, dass Tiere anwesend sind, können sie unter der befestigten Folie den Baum verlassen, eine Wiederbesiedlung ist aber erschwert. Die Verwendung von Bauschaum zum Verschluss ist fachlich nicht akzeptabel.

Baum vor der Fällung auf Lebensstätten zu untersuchen ist, also auch darauf, ob er ein Fledermausquartier darstellt. Sind Lebensstätten betroffen, muss die zuständige Naturschutzbehörde auch dann eingeschaltet werden, wenn die Fällung aus Gründen der Verkehrssicherheit erfolgen soll. Der Schutz der Lebensstätten gilt auch dann, wenn die Fledermäuse nicht anwesend sind, eine wiederkehrende Nutzung aber anzunehmen ist, so z.B. für Wochenstubenhangplätze oder Winterkolonien.

Daraus ergibt sich, dass alle Bäume mit Höhlungen vor der Fällung auf Lebensstätten überprüft werden müssen. Dabei kann die Kontrolle nie vom Boden aus erfolgen und auch der Einsatz von Teleskopkameras ist nicht ausreichend. Es ist unverzichtbar, dass die Baumhöhlen direkt untersucht werden, d.h. die Bäume müssen erklettert oder mit einem Hubsteiger untersucht werden. Baumhöhlen müssen dabei auch zwingend endoskopisch untersucht werden. Bei der Höhlenkontrolle muss darauf geachtet werden, dass alle Bereiche des Innenraums ausgeleuchtet werden. Große oder unübersichtliche Höhlen können manchmal nicht vollständig untersucht werden. Zeigen sie Spuren eines Besatzes (Haare, Kot, Urin, Parasiten, Geruch nach Fledermäusen) müssen sie wie eine besetzte Höhle behandelt werden.

Unbesetzte Höhlen können durch mit Zeitungspapier ausgestopfte Plastiktüten verschlossen werden. Wenn es sich um eine geschützte Ruhestätte handelt, muss dennoch vor einer Fällung eine Genehmigung eingeholt werden. Nur in begründeten Ausnahmefällen und unter Abwagung aller fachlichen Alternativen darf sie tatsächlich durchgeführt werden. Ist der Baum besetzt, müssen geplante Maßnahmen verschoben werden und es muss eine Abstimmung mit den Naturschutzbehörden erfolgen. Im Idealfall sollte das Quartier erhalten werden, indem der Baum abgesperrt, durch einen Entlastungsschnitt gesichert oder anderweitig erhalten wird. Ist eine Fällung unumgänglich, ist eine Genehmigung einzuholen und ein Zeitraum abzuwarten, in dem das Quartier nicht mehr genutzt wird. Dies trifft im Sommerhalbjahr häufig bereits nach rund einer Woche zu, da die Quartiere oft gewechselt werden. Manche sehr guten Baumhöhlen werden aber auch über Monate von wechselnden Gruppen genutzt. Im Winterhalbjahr ist davon auszugehen, dass die Nutzung bis ins Frühjahr andauert. Jegliche Maßnahmen müssen unbedingt verschoben werden, da die Tiere im Winter sehr empfindlich sind. Es sollte unbedingt fachkundiger Expertenrat eingeholt werden.

Trotz klarer gesetzlicher Regelung das wohl häufigste Ende eines langjährigen Quartierbaumes. Eine fachliche Begleitung findet nur selten statt.

Gebäudesanierung

Gebäude, in denen sich Fledermausquartiere befinden, müssen über kurz oder lang saniert werden. Trotz des erheblichen damit verbundenen Risikos ist es auch für den Fledermausschutz wichtig, dass die Gebäudesubstanz und damit die Nutzungsmöglichkeiten für Fledermäuse langfristig erhalten werden. Bei Sanierungen sind drei grundlegende Dinge wichtig:

- rechtzeitige Planung und Abstimmung der Vorhaben mit dem Fledermaus- bzw. Artenschutz,
- Festlegung von Zeiträumen, in denen die Vorhaben möglich sind und die Fledermäuse nach Möglichkeit nicht anwesend sind,
- Durchführung einer kompetenten ökologisch-biologischen Baubegleitung mit abschließendem Erfolgsmonitoring.

Problematisch sind bereits laufende Sanierungsarbeiten an zuvor unbekannten Fledermausquartieren. Da ein Baustopp enorme Kosten verursachen kann und einen kaum wieder gut zu machenden Imageverlust für den Fledermausschutz bedeutet, sollte dies das allerletzte Mittel sein.

Voraussetzung zur Planung von Sanierungsmaßnahmen ist die Kenntnis über die Quartiernutzung und die Rahmenbedingungen für zeitliche Beschränkungen. Hier findet die endoskopische Kontrolle einer als Winterquartier genutzten Spalte im Treppenhaus eines zu sanierenden Gebäudes statt.

Werden diese Grundsätze beachtet und die Maßnahmen von vornherein von erfahrenen Fledermausspezialisten begleitet, können Quartiere problemlos und oft kostenneutral erhalten werden. Schlecht oder gar nicht begleitete Sanierungsarbeiten enden jedoch häufig in der Zerstörung der Quartiere, eine der vielen Gefährdungsursachen bei Fledermäusen. Auch nach der Sanierung müssen die Quartiere selbst noch vorhanden und zugänglich sein. In manchen Fällen kann eine Neuschaffung von Quartiermöglichkeiten oder eine räumliche Verlagerung die unumgängliche Zerstörung von Quartierbereichen ausgleichen. Solch eine Umsiedlung am selben Gebäude gelingt am ehesten bei den flexibleren Spaltenbewohnern. Problematisch ist sie dagegen bei den Traditionalisten wie Mausohr, Wimperfledermaus, Graues Langohr oder den Hufeisennasen. Bei diesen Arten muss daher der Quartiererhalt oberste Priorität haben und entstehende Mehrkosten wenn notwendig aus Artenschutzmitteln finanziert werden.
Die unten stehende Tabelle gibt einen Überblick über mögliche Sanierungszeiträume in Mitteleuropa, die in jedem Einzelfall geprüft und angepasst werden müssen. Beim Mausohr gibt es zahlreiche erfolgreiche Sanierungsbeispiele aus den Wintermonaten. Ein bis zu sechsmonatiges Zeitfenster reicht für viele Maßnahmen aus. Beim Grauen Langohr ist zu beachten, dass ein erheblicher Anteil der Wochenstubentiere im Gebäude überwintern kann, oft in den Spalten dicker Balken oder in Mauerfugen.
Zwergfledermäuse nutzen in der Regel viele Quartiere im Verbund. Daher kann es durchaus möglich sein auch im Sommer Sanierungsmaßnahmen durchzuführen. Bei großen Winterquartieren ist auch die Schwärmzeit störungsfrei zu halten.

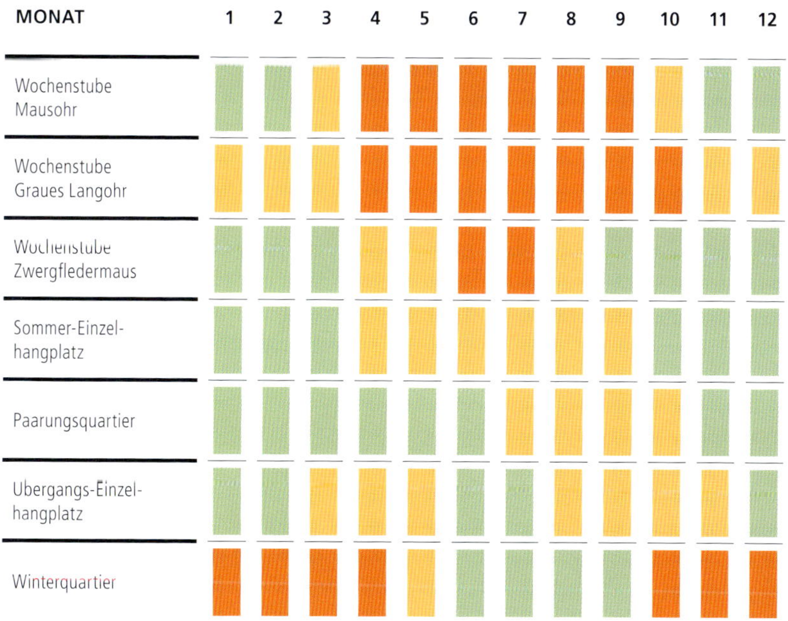

Bevorzugte Sanierungszeiträume von Gebäuden (grün) und Zeiträume, in denen Störungen nach Möglichkeit vermieden werden sollen (gelb) bzw. unbedingt vermieden werden müssen (orange). Eine genaue zeitliche Abgrenzung muss durch Spezialisten vor Ort erfolgen.

Brückensanierung

Brücken stellen ideale Fledermausquartiere dar: Fertigungs- und Dehnungsfugen, Entwässerungsrohre, Widerlager und Hohlkästen bieten geeignete Hangplätze für viele Arten und können teilweise ganzjährig genutzt werden. Einige Arten nutzen Brücken als Wochenstubenhangplätze, andere während der Übergangszeit oder im Winter. Manche Brücken können Hunderte oder gar Tausende Fledermäuse beherbergen. Sanierungsarbeiten sind bei großen Brücken sehr komplex. Da oft der Verkehr weiter über die entsprechende Strecke abgewickelt werden muss, können sie Jahre dauern. Betonarbeiten lassen sich zudem kaum auf den Winter verschieben. Daher stellen Brückensanierungen eine planerische Herausforderung dar. Sie lassen sich bei einem ausreichenden zeitlichen Planungsvorlauf jedoch fast immer artenschutzverträglich durchführen. Dabei muss zunächst festgestellt werden, welche Arten wann und in welcher Phase das Bauwerk nutzen. Daraus ergeben sich die bevorzugten Sanierungszeiträume bzw. die Zeiten, in denen die Störungen am geringsten sind. Für Bauwerke, die ganzjährig genutzt werden, bietet sich eine abschnittsweise durchzuführende Sanierung an,
bei der die Tiere zumindest einen Teil der Quartiere weiterhin nutzen können.

Eine weitere Herausforderung stellt die Sanierung von alten Natursteinbrücken dar, die den heutigen Verkehrsbelastungen nicht mehr gewachsen sind. Die Fledermäuse beziehen dabei oft die Fugen in den Natursteingewölben, die bei Sanierungsarbeiten zumindest teilweise verschlossen werden müssen. Für einen Kraftschluss des Gewölbes nicht zwingend aufzufüllende Spalten können dabei jedoch meist erhalten werden und weiterhin den Zugang in Quartierbereiche bieten. Oft kann die Tragfähigkeit auch durch das Aufbringen einer durchgehenden Spannbetondecke auf die alten

Durch eine ökologisch-biologische Baubegleitung kann die Gesamtplanung auf den Fledermausschutz abgestimmt werden. Mit dem Baufortschritt können die Maßnahmen angepasst und nicht genutzte Bereiche für Arbeiten freigegeben werden.

Sanierung einer Betonbrücke im Sommer, Abflussrohre und die Dehnungsfuge dienen als Paarungsquartier des Mausohrs. Bis zur Paarungszeit müssen die Arbeiten abgeschlossen sein.

Die linke, nicht mehr zu sanierende Brücke mit einer Wochenstube der Wasserfledermaus im Widerlager wird durch einen parallel verlaufenden Neubau ersetzt. Beim Abriss der alten Brücke im Winterhalbjahr bleibt dann das Widerlager als Fledermausquartier erhalten.

Gewölbe erhöht werden. Diese müssen dann kaum mehr Lasten aufnehmen und Quartierspalten können erhalten werden. Aufgrund der teilweise sehr komplexen zeitlichen und vor allem auch technischen Planungen, ist eine kompetente ökologisch-biologische Baubegleitung bei Brückensanierungen mit Fledermausquartieren zwingend erforderlich.

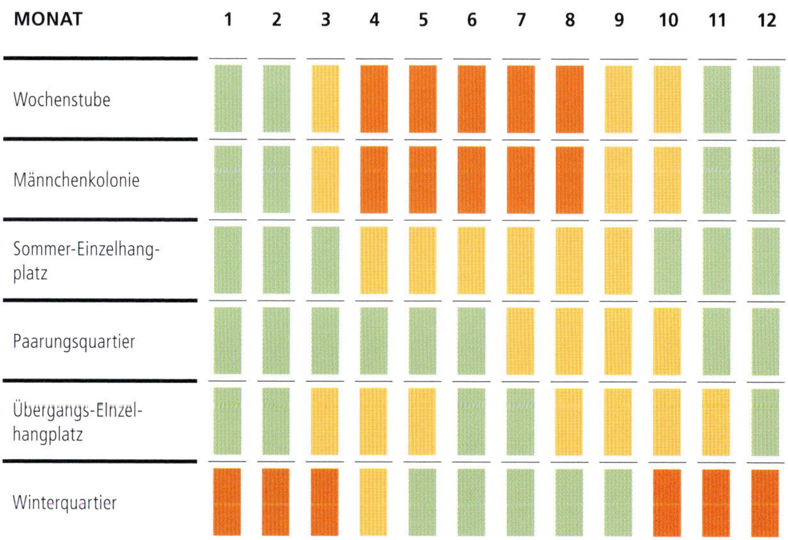

Bevorzugte Sanierungszeiträume von Brücken (grün) und Zeiträume, in denen Störungen nach Möglichkeit vermieden werden sollen (gelb) bzw. unbedingt vermieden werden müssen (orange). Eine genaue zeitliche Abgrenzung muss durch Spezialisten vor Ort erfolgen.

Felssanierung

Felsspalten können von vielen Arten genutzt werden. Im Mittelmeerraum finden sich Fortpflanzungskolonien z.B. von Alpen-, Weißrand- und Bulldoggfledermaus in Spalten von Felswänden und sie werden ganzjährig von Einzeltieren fast aller Arten genutzt. Vermutlich überwintert ein Großteil der Abendsegler aus dem nördlichen Mitteleuropa in Felswänden z.B. auf der Balkanhalbinsel. Dahingegen spielt in Mittel- und Nordeuropa die Winternutzung die größte Rolle. Insgesamt ist der Kenntnisstand über die Nutzungsdynamik an Felswänden aber sehr gering, was das Spannungsfeld zwischen Verkehrssicherung und Artenschutz weiter vergrößert.
Während Fledermäuse durch Ausflugkontrollen im Sommerhalbjahr gut nachweisbar sind, ziehen sie sich im Winterhalbjahr tief in die Spalten zurück und sind durch direkte Kontrollen kaum nachweisbar. Erfolgreicher ist die Kontrolle der Fledermausaktivität zur Schwärmzeit in der letzten Julidekade und in den ersten beiden Augustdekaden. Ein ausgeprägtes Schwärmen kann als Hinweis auf eine Winternutzung gewertet werden und die wichtigsten Quartierspalten zeigen.

Für Fledermäuse sind vor Wasserzutritt geschützte, d.h. überdachte vertikale oder horizontale Spalten, die in den Berg leicht ansteigen, geeignet. Um ihre Quartiereignung zu behalten müssen die Spalten zugänglich bleiben und frei anfliegbar sein. Dies ist am besten durch eingebohrte Felsanker möglich, denn so kommt es höchstens zu einer punktuellen Veränderung. Um das Einpressen des Betons in die Spalten zu verhindern, müssen die Anker mit Strümpfen versehen werden. Reichen Felsanker alleine nicht aus, sind Fangeinrichtungen am Fuß von Felswänden vorzuziehen, da sie die Quartiereignung nicht verändern. Ein Überspannen von Felsflächen mit Stahlgewebe oder Stahlnetzen erlaubt zwar eine grundsätzliche Zugänglichkeit der Spalten, behindert jedoch den freien Anflug, sorgt für einen verstärkten Vegetationsaufwuchs und erleichtert Prädatoren den Zugang. Flächige Spritzbetonsicherungen führen zum Verschluss der Quartiere. Ein punktuelles Aussparen der zuvor ermittelten Quartierspalten ist aber grundsätzlich möglich.

Bohren der Löcher für Felsanker mit einem Großbohrgerät. Die dabei auftretenden Vibrationen, starker Lärm und Staub stellen eine erhebliche Störung für mögliche Winter- oder Wochenstubenvorkommen dar.

Abrissgefährdeter Felsblock im Buntsandstein mit Quartierspalte von Zwerg-, Nord- und Zweifarbfledermäusen.

Angezeichnete Quartierspalten in einer mit einer bewehrten Spritzbetondecke zu sichernder Felswand direkt über einer Bahnlinie. Der blau markierte Quartierzugang unter dem abrissgefährdeten Block soll erhalten werden.

Mit Ankern gesicherte Felswand mit Quartierspalten der Zwergfledermaus. Diese werden auch nach der Sanierung weiterhin genutzt. Foto: A. Kiefer

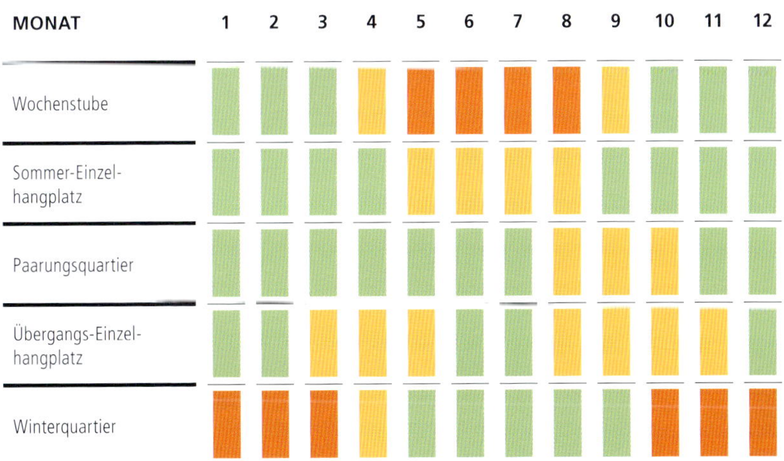

Zeiträume für Sanierungen von Felsen in denen Störungen nach Möglichkeit (gelb) bzw. unbedingt vermieden werden müssen (orange) und in denen sie meist gut möglich sind (grün).

Nutzungszeiten von unterirdischen Quartieren

Unterirdische Quartiere, wie Höhlen oder Stollen, sind für Fledermäuse der gemäßigten Breiten von essentieller Bedeutung. Die meist ungewollten Störungen der Fledermäuse durch Menschen in der kritischen Zeit des Winterschlafs sind durch Vergitterungen und oder freundliche Hinweisschilder vermeidbar. Viele Fledermäuse nutzen die Höhlen und Stollen aber nicht nur während der gesetzlichen Winterschutzzeit, sondern auch als Paarungs-, Balz- und Zwischenquartier. Ganzjährig verschlossene Quartiere bieten also auch männlichen Fledermäusen ein sicheres Rückzugsgebiet. Besonders im Spätsommer und Herbst ist an vielen Quartieren ein intensives Schwärmen zu beobachten. Manche Arten wie Zwerg-, Nord-, oder Brandtfledermaus sind schon Ende Juli an Höhlen und Stollen zu finden. Das Schwärmen mancher Fledermausarten geht, wie bei der Fransenfledermaus mit mehreren Aktivitätsgipfeln von Anfang September bis in den November hinein und geht fast nahtlos in die Einflugphase in das Winterquartier über. Bechsteinfledermäuse schwärmen schon Anfang August. Mitte September ist deren Hauptaktivität vorbei. Der Beginn der Einflugphase in die Winterquartiere ist meist Anfang November. Die Aktivitätsmuster sind erst teilweise

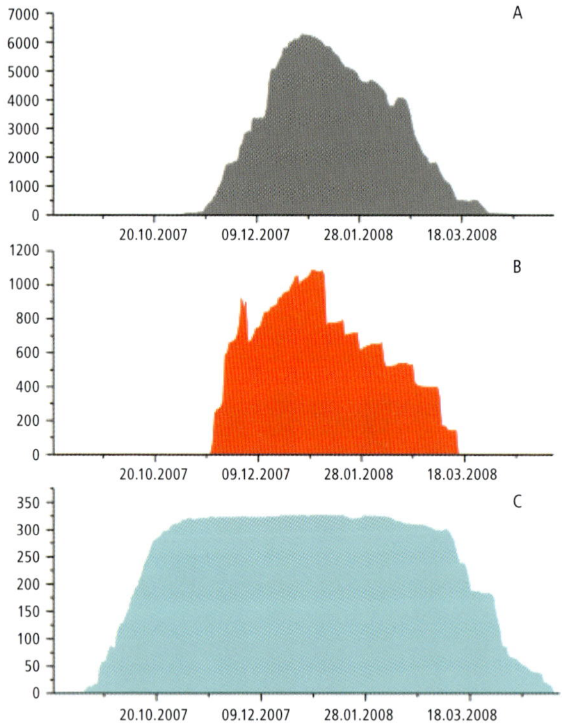

Entwicklung des Winterbestandes von Zwergfledermäusen (A) im Marburger Schloss, Abendseglern (B) in Winterschlafkästen und Wasserfledermäusen (C) in einem Luftschutzstollen. Grafik: A. Kiefer nach Daten von K. Kugelschafter, A. Twardy, F. Finkernagel, C. Harrje & H. Dieterich.

durch Netzfänge und Fotofallen bekannt. Die verschiedenen Arten zeigen auch im Winter sehr unterschiedliche Nutzungsmuster. Zwergfledermäuse wandern in der zweiten Novemberhälfte in die Winterquartiere ein. Der Bestand baut sich langsam auf und schon im Januar verlassen die ersten, Ende März die letzten das Quartier. Winterschlafgemeinschaften des Abendseglers entstehen Ende November innerhalb weniger Tage, und ebenso plötzlich löst sich die Gruppe wieder auf. Wasserfledermäuse wandern schon ab Anfang September in die Überwinterungsquartiere. Ist der Bestand erst erreicht bleibt er lange auf einem Niveau, bis Anfang März die Ausflugszeit beginnt. Manche Arten, wie die Bechsteinfledermaus, scheinen erst Ende April die Höhlen und Stollen zu verlassen. Die Wimperfledermaus verbleibt sogar bis in den Mai hinein in den Winterquartieren. Es ist für Schutzmaßnahmen essentiell, die Nutzungszeiten der Fledermäuse zu kennen, insbesondere wenn andere
Nutzungsformen mit dem Fledermausschutz konkurrieren. Leider ist der gesetzliche Schutz der Winterquartiere (1.10.-31.3) nicht an die neuen Erkenntnisse der Nutzungszeit von Winterquartieren angepasst. Zudem zeigt sich immer mehr, dass insbesondere männliche Fledermäuse vieler *Myotis*-Arten unterirdische Quartiere ganzjährig nutzen.

Besucherhöhlen und Bergwerke

Überall werden neue Besucherbergwerke errichtet. Dabei ist Vielen nicht bewusst, wie sehr sie die Fledermäuse gefährden können. Eine rechtzeitige Zusammenarbeit mit Fledermausexperten hilft Probleme zu vermeiden. In großen Stollen können Teilbereiche problemlos für Besucher zugänglich gemacht werden, wenn andere klimatisch gleichwertige Bereiche ganzjährig ungestört bleiben. Dies muss aber im Vorfeld intensiv unter Berücksichtigung der jeweils vorhandenen Arten und ihrer Hangplatzvorlieben untersucht werden. Günstig ist es, den Fledermausschutz in die Betriebspläne zu integrieren und die jährliche Winterkontrolle gleichzeitig als Kontrollbefahrung nach Bergrecht durchzuführen. In den meisten Fällen ist es notwendig die Besucherstollen im Winter für die Öffentlichkeit zu schließen.

Winterquartiersicherung an einem Höhleneingang, das Gittertor wird im Herbst ein- und im Frühjahr ausgebaut. Im Sommer ist der Zugang frei möglich.

Der Erhalt bestehender Quartiere muss vor einer Neuschaffung immer Priorität haben. Dennoch ist es sinnvoll, neue Hangplätze zu schaffen, um Ausweichmöglichkeiten oder Platz für Neuansiedlungen zu schaffen. Bei vielen Arten sind die Quartiernetze ausgedünnt oder die Teilpopulationen voneinander isoliert. So liegen Quartiere des Grauen Langohrs heute oft weit auseinander. Werden zwischen den noch existierenden Kolonien neue Quartiermöglichkeiten geschaffen, kann es sein, dass sich hier Hangplätze etablieren, die dabei helfen die Teilpopulationen miteinander zu vernetzen. Es kann auch Sinn machen direkt im Umfeld rund um Wochenstubenhangplätze neue Quartiere zu schaffen. Sie werden von Männchen besiedelt. Bei extremer Witterung oder für den Fall einer notwendigen Sanierung des Hauptquartiers bestehen dann Ausweichmöglichkeiten, die den Tieren schon lange bekannt sind.

Neue Quartiere für Gebäudefledermäuse

In den meisten Fällen wird es nicht notwendig sein, komplett neue Gebäude zu errichten. Aus

Flachkasten an einer Holzfassade mit zwei unterschiedlich weiten Spalträumen.

Bis weit hinter die Fassade reichender Kasten im Firstbereich, der zahlreiche Spaltenverstecke bietet.

An eine Fassade angeschraubter Flachkasten aus Holzbeton.

Großer Lüfterziegel, ein sogenannter Fledermausziegel, der als Einflugöffnung in das Dach dient.

Blick von innen auf einen flachen Lüfterziegel. Der Mittelsteg in der Öffnung wurde vorsichtig herausgebrochen und ein Landebrettchen angebracht.

Mehrfach gekammerter, zwischen die Sparren eingesetzter Spaltenkasten für Langohren.

Großbritannien gibt es aber durchaus erfolgreiche Beispiele neu errichteter Häuser für die Kleine Hufeisennase. Weniger aufwändig ist es, bestehende Gebäude zugänglich zu machen und geeignete Hangplätze zu schaffen. Spaltenquartiere außen an Gebäuden lassen sich leicht verwirklichen. Der Fantasie sind so gut wie keine Grenzen gesetzt.
Die Maßnahmen reichen vom Anbringen einzelner Kästen bis hin zu mehrlagigen Fledermausfassaden. Allen gemeinsam ist, dass sie Spalträume schaffen, die gut zugänglich und frei anfliegbar sind, und dass sie Halt bieten, sicher, trocken und frei von Zugluft sind. Während die kleinen Arten Spaltweiten von 1–2 cm nutzen, benötigen die großen Arten bis zu 5 cm weite Spalten. Es hat sich daher bewährt, ein vielfältiges Angebot unterschiedlicher Spaltenweiten zu schaffen oder die Spalten nach oben konisch zusammenlaufen zu lassen. Eine große Vielfalt an Hangplätzen ist dabei viel wichtiger als eine sehr große Dimensionierung. Um griffige Oberflächen zu bieten, kann man sägeraues Holz verwenden. Es sollte unbehandelt und gut abgelagert und damit trocken und harzfrei sein. Die der Witterung ausgesetzte Oberfläche kann aus allen möglichen Materialien bestehen. Wichtig ist, dass die Quartierzugänge griffig genug sind, um ein Anlanden zu gewährleisten. Es macht auch Sinn unterschiedliche Expositionen für die neuen Quartiere auszuwählen. Während im Frühjahr und Herbst oft die voll besonnten Hangplätze bevorzugt werden, sind es im Hochsommer die kühler bleibenden schattigen Bereiche.
Für Arten, die in Dachräumen Quartiere aufsuchen, ist die Schaffung von Zugangsmöglichkeiten die wichtigste Maßnahme. Dies kann durch Gauben, große Lüfterziegel, Fensteröffnungen, oder die Öffnung von Vergitterungen – z.B. der Schallläden in

Kirchtürmen – erreicht werden. Dabei sollten die Öffnungen so gestaltet sein, dass sich keine Tauben ansiedeln können. Dies kann am Einfachsten dadurch erreicht werden, dass die Einflugschlitze nicht höher sind als 5 cm. In Einzelfällen kann es auch Sinn machen den Dachraum abzudunkeln, ihn vor dem Eindringen von Mardern zu schützen, oder Öffnungen zu verschließen, durch die Zugluft entsteht. Für Mausohren sollten die Dachräume möglichst groß sein, die anderen Arten nutzen auch gerne verschachtelte und aufgeteilte Räumlichkeiten. Im Inneren neu zugänglich gemachter Dachräume können Spaltenverstecke – z.B. für Langohren oder die Männchen anderer Arten – geschaffen werden. Auch hier sind der Kreativität keine Grenzen gesetzt. Bevorzugte Materialien sind sägeraue, unbehandelte und trockene Bretter. Für Hufeisennasen, Mausohren, Wimperfledermaus und Graue Langohren hat sich der Einbau von Wärmekammern bewährt. Dabei handelt es sich um in den First eingebaute Kisten, in

Wärmekammer mit innenliegenden wabenartigen Spaltenverstecken.

Wärmekammer für das Graue Langohr mit aufgesetztem Spaltenkasten im Firstbereich eines sanierten Dachstuhls.

Durch Herausnehmen weniger Steine neu geschaffener Zugang in einen Bergkeller.

Rundkasten auf einer Streuobstwiese. So kann das Quartierangebot für Baumfledermäuse erhöht und ihre Nachweisbarkeit erleichtert werden.

Neu eingebautes Fledermaustor, das den Eingang zu einem historischen Bergwerk sichert und es für Fledermäuse zugänglich macht.

Blick von unten in einen Hohlbetonstein in einem Winterquartier, der als Versteckmöglichkeit für zwei Mausohren dient.

denen sich die Wärme staut. Wichtig ist, dass die Kisten seitlich und oben absolut dicht sind, damit keine Wärme entweicht. Die Fledermäuse fliegen von unten hinein. Es hat sich bewährt, die Kammern aus OSB-Platten zu bauen und sie innen mit sägerauem Holz auszukleiden. Man kann sie zusätzlich außen mit Holzweichfaserplatten dämmen, um die Isolation zu verbessern. Für Langohren können die Kammern im Inneren auch unterteilt werden.

Neue Quartiere für Waldfledermäuse

Waldfledermäuse lassen sich gut mit Fledermauskästen ansiedeln. Dabei sind Holzbetonkästen haltbarer als Holzkästen. Es gibt zahllose Kastentypen, die alle ihre Berechtigung haben. Man kann sie grundsätzlich auf zwei Grundtypen zurückführen: Spaltenkästen, die abstehende Rinde oder Risse im Holz nachahmen und Rundkästen, die Spechthöhlen nachempfunden sind.

Neue Winterquartiere

Die Neuschaffung von Winterquartieren ist meist sehr aufwändig. Vor allem im Flachland ohne natürliche Höhlen kann die Neuanlage von kellerartigen Winterquartieren aber durchaus neue Hangplätze schaffen. Meist ist die Wiederherstellung der Zugänglichkeit in bereits existierende unterirdische Hohlräume oder Bauwerke jedoch einfacher. Die Zugänge sollten vergittert und so gegen unbefugtes Betreten gesichert sein. Eine horizontale Vergitterung erlaubt einen ungehinderten Durchflug. Bei größer dimensionierten Räumlichkeiten ist es sinnvoll, zwei oder mehr Öffnungen zu schaffen, da sich dann ein breiteres Temperaturspektrum und insgesamt kühlere Bedingungen ausbilden, was vielen Arten entgegenkommt. Zur Verbesserung der Hangplatzsituation im Quartier hat sich das Aufhängen von Hohlblocksteinen aus Beton oder anderen dauerhaften Materialien bewährt. In die Spalten können sich die Fledermäuse zurückziehen.

—— Fledermäusen auf der Spur

Untersuchungsmethoden

Die hier vorgestellten Untersuchungsmethoden finden eine breite Anwendung bei wissenschaftlichen oder planerischen Fragestellungen. Da alle Methoden eine mehr oder weniger große Beeinträchtigung der Fledermäuse darstellen, sind eine intensive Vorplanung, eine genaue Abwägung der Risiken und Ausnahmegenehmigungen durch die Behörden unabdingbare Voraussetzungen. Die Darstellungen stellen Anregungen dar, ein Erlernen von kompetenten Fachleuten können sie nicht ersetzen.

Feine Fledermausnetze sind für Fänge in Jagdgebieten sehr geeignet. Sie müssen aber ständig überwacht werden, um gefangene Fledermäuse sofort befreien zu können.

Sternförmig aufgebaute Fledermausnetze mit einer Rückspielapparatur im Zentrum, die abgespielten Soziallaute erhöhen die Fangwahrscheinlichkeit.

Harfenfallen sind sehr effektiv und für die Fledermäuse schonend, da sie sich nicht verheddern können. Die Fledermäuse fliegen gegen die gespannten Nylonschnüre und gleiten nach unten in einen Fangbeutel, aus dem sie entnommen werden können. Für Höhleneingänge sind sie besonders geeignet, da das zeitraubende Leeren der Netze entfällt.

Während sich Fledermäuse in zugänglichen Quartieren direkt mit der Hand oder mit einem Kescher vom Hangplatz abfangen lassen, ist in Jagdgebieten und auf Flugrouten ein erheblich größerer Aufwand notwendig. Der Fang am Quartier mag vor allem bei kühler Witterung am einfachsten sein. Er stellt jedoch eine Störung dar: er kann mit dem Eindringen eines Fressfeindes in das Quartier gleichgesetzt werden und eine Umsiedlung auslösen. Daher dürfen Quartierfänge, von Ausnahmen abgesehen, nicht während der letzten Phasen der Trächtigkeit und in den ersten Wochen der Jungenaufzucht durchgeführt werden. Gleiches gilt für Abfänge direkt an den Quartierzugängen.

Im Flug können Fledermäuse mit Netzen oder Harfenfallen gefangen werden. Während Harfen aufgrund ihrer geringen Größe meist nur an Engstellen wie auf Wegen oder über schmalen Gewässern geeignet sind, können mit Netzen auch größere Flächen abgedeckt werden. Im Idealfall wären Netze so fein, dass sie von den Fledermäusen nicht geortet werden können. Dies trifft jedoch nicht zu. Beobachtungen mit Nachtsichtgeräten zeigen, dass ein Großteil der Fledermäuse vor dem Netz abdreht. Zudem lernen die Fledermäuse schnell. Daher sind wiederholte Fänge eines Individuums kaum möglich. Am ehesten gelingt der Fang an Stellen, an denen die Fledermäuse auf andere Aufgaben konzentriert sind: beim Anflug an eine Trinkstelle, beim Folgen einer schon viele Male zurückgelegten Transferroute oder beim Einflug an Nachthangplätze. Je nach Ortungsleistung und Manövrierfähigkeit ist auch die Fangwahrscheinlichkeit verschiedener Arten sehr unterschiedlich: Schnell fliegende Jäger des offenen Luftraumes lassen sich an Stellen, an denen sie in die Reichweite der Netze kommen, relativ leicht fangen. Die in der Vegetation jagenden Kleinen Hufeisennasen und Nymphenfledermäuse sind schwer zu fangen. Netzfänge allein können daher keinen repräsentativen Überblick über ein Arteninventar geben. Der entscheidende Vorteil ist aber, dass man Einzeltiere in die Hand bekommt, die genau bestimmt, deren Reproduktionsstatus festgestellt werden und die gegebenenfalls auch besendert werden können. Insbesondere akustisch kaum zu bestimmende Arten, wie die Langohrfledermäuse oder manche *Myotis*-Arten, lassen sich auch so am Sichersten für Jagdgebiete nachweisen. Rückspielapparaturen können durch das Abspielen von Soziallauten der Zielarten die Fangwahrscheinlichkeit erheblich erhöhen, da Tiere, die nah an den Netzen sind, neugierig und unvorsichtig werden. So können auch normalerweise über den Netzen fliegende Arten um wenige Meter herabgelockt und gefangen werden.

Da sich vor allem die größeren Arten sehr schnell aus feinen Netzen befreien können, ist es notwendig die Netzflächen in enger Folge zu kontrollieren. Das Entnehmen der Tiere setzt Erfahrung voraus, um Verletzungen zu vermeiden. Aus Sicherheitsgründen und um für den Fall stark verhedderter Tiere Hilfe zu bekommen, sollte der Netzfang zwingend zu zweit durchgeführt werden.

Mit Hilfe der Telemetrie können Bewegungen der besenderten Tiere nachvollzogen und ihre Hangplätze aufgespürt werden. Hierzu wird einem gefangenen Tier ein Miniatur-Funksender aufgesetzt. Dieser darf maximal 5 % des Körpergewichtes im Normalzustand ausmachen. Damit darf er für die Nymphenfledermaus nur 0,2 g und für das Mausohr nur 1,2 g schwer sein. Der Sender besteht aus Schaltkreisen, einer Batterie und einer Antenne. Die Größe der Batterie ist für das Gewicht maßgeblich. Über die Antenne wird ein gepulstes Signal abgestrahlt. Die Befestigung erfolgt durch Aufkleben mit medizinischen Hautklebern. Dabei muss der Sender auf dem Rücken über dem Körperschwerpunkt, also im Bereich der Schulterblätter sitzen. Die Antenne zeigt nach hinten. Bei größeren Arten kann man auch Halsbänder mit einer Sollbruchstelle verwenden.
Die Befestigung sollte so gewählt werden, dass die Sender nach rund einer Woche abfallen.

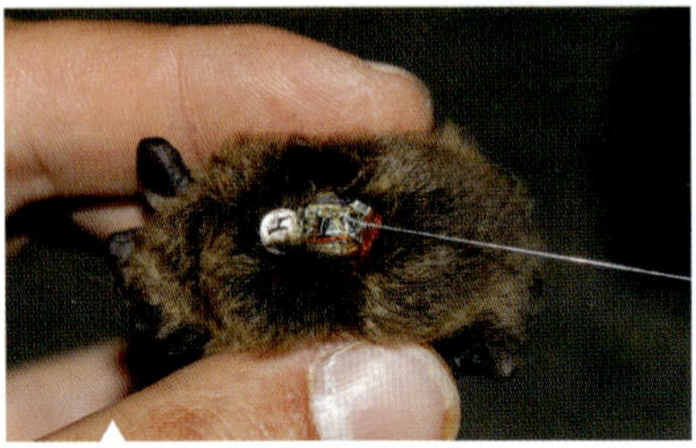

Mit einem aufgeklebten Telemetriesender versehene Brandtfledermaus.

Mit Hilfe eines Empfängers und einer gerichteten Antenne, hier einer faltbaren 3-Element- Yagi-Antenne, kann der Sender angepeilt und der Aufenthaltsort des Sendertieres aufgefunden werden. Hier der Wochenstubenhangplatz der Bechsteinfledermaus in der Baumhöhle.

Die von dem Sender in einem eng begrenzten Frequenzbereich abgestrahlten Signale können mit Radioempfängern empfangen werden. Durch den Einsatz gerichteter Antennen, meist von 3- oder 5-Element-Yagi-Antennen, kann die Richtung, aus der das Signal kommt, bestimmt werden. Die Genauigkeit der Richtungsbestimmung ist dabei von sehr vielen Faktoren abhängig und wird meist deutlich überschätzt. Realistisch tritt ein Fehlerbereich von zumindest mehreren Winkelgraden auf, der durch Reflektionen und Peilungenauigkeiten entsteht. Wird aus mehreren Richtungen eine Peilung vorgenommen, kann der Aufenthaltsort bestimmt werden. Bei Tieren in Bewegung muss diese Kreuzpeilung zeitgleich erfolgen. Bei stationärem Aufenthalt oder langsamem Flug können sie durch eine Person nacheinander erfolgen. Dies wird als zeitversetzte Kreuzpeilung bezeichnet. Kann man direkt am Tier dranbleiben und es umkreisen und so den Aufenthaltsort sehr genau bestimmen, nennt man dies „homing-in".
Aus den Schnittpunkten der Kreuzpeilungen ergibt sich der Aufenthaltsort. Tatsächlich befindet sich das Tier dann in einem Fehlerpolygon um den ermittelten Punkt. Dieser Fehlerbereich lässt sich durch die Auswertung vieler gleichzeitiger oder wiederholter Peilungen bestimmen und beträgt je nach Entfernung, Geländebedingungen, Erfahrung und Geräten zwischen 25 und 250 Meter. Bei sich schnell bewegenden Tieren kann der Fehler noch drastisch ansteigen. Die so methodisch bedingt entstehenden Unschärfen werden leider häufig nicht berücksichtigt. Die Senderreichweite beträgt je nach Sendergröße und Habitat wenige Dutzend Meter, im freien Gelände auch bis zu einige Kilometer. Die Verfolgung schnell fliegender Arten stellt somit eine große Herausforderung dar.
Die erhobenen Peilpunkte können mit einem GIS-Programm ausgewertet werden. Aus den Punktewolken lassen sich durch Verbindung der Außenpunkte die Minimum-Konvex-Polygone ableiten, die das Gesamtjagdgebiet darstellen. Mathematisch lässt sich das 50 %-Kernel ableiten, d.h. der Bereich,

Das Verfolgen auf den Transferrouten gelingt bei vielen Fledermausarten nur mit dem Auto. Voraussetzung ist eine fest montierte aber frei drehbare Antenne.

in dem sich statistisch gesehen die höchste Dichte von 50 % der Punkte befindet. Dieser Bereich wird als Kernjagdgebiet betrachtet. Die statistische Ableitung ist jedoch von zahlreichen Größen abhängig und die Ergebnisse sind oft nicht vergleichbar.
Neben Aufenthaltsgebieten bei der Jagd lassen sich mit Hilfe der Telemetrie auch die Quartiere finden. Die ist besonders bei versteckten Quartieren, wie bei denen der Baumfledermäuse, oft die effektivste Methode die Hangplätze zu finden. Darüber hinaus lassen sich aber auch zahllose weitere Daten ableiten. Einige Sender können die Körper- oder die Quartiertemperatur übertragen, die Position des Tieres (hängend oder fliegend) übermitteln oder gar die Ortungsrufe aufzeichnen. Moderne GPS-Sender wie sie bereits auf Flughunden eingesetzt wurden, erlauben auf wenige Meter genaue Peilungen auch der Flughöhe und stellen damit einen Quantensprung in der Datengenauigkeit und bei den Untersuchungsmöglichkeiten dar. Bei Mausohren und Abendseglern wurden sie inzwischen schon erfolgreich eingesetzt. Für die meisten Arten sind sie aber zur Zeit noch viel zu schwer.
Beeinträchtigungen für die Tiere entstehen, außer beim Fang, durch zu schwere Sender, falsche Positionierung auf dem Tier, ungeeignete Befestigungsmittel und durch die Antennen, an denen sich Staub und Dreck anlagern, oder deren Ende andere Tiere verletzen können. Telemetrie wird als Tierversuch eingestuft und erfordert daher sowohl artenschutzrechtliche als auch tierschutzrechtliche Befreiungen und Sachkundenachweise.

Fledermausmarkierung

1932 wurde die Methode der Markierung von Fledermäusen mit Unterarmklammern, vereinfacht oft Beringung genannt, von Martin Eisentraut eingeführt. Die Erkenntnisse, die anhand der Wiederfunde der markierten Tiere erbracht wurden, sorgten schnell dafür, dass die Methode etabliert und europaweit angewendet wurde. Um die Wiederfunde erfassen zu können wurden bald Markierungszentralen eingerichtet, die häufig an die Vogelwarten oder Museen angegliedert wurden. Nahezu alle Angaben zu Wanderungen, zurückgelegten Distanzen, Zugrichtungen, saisonalen Verschiebungen, Wechselbeziehungen zwischen Kolonien, Überlebens- und Fortpflanzungsraten, Lebenserwartung, Eintritt der Reproduktion oder altersbedingten Prozessen wurden letztlich anhand markierter Tiere

Mit einer nummerierten Aluminiumklammer am Unterarm markierte Rauhautfledermaus.

Hufeisennasen in einer Quartierhöhle. Das farbmarkierte Tier ist eine Mittelmeer-Hufeisennase. Die anderen Tiere sind Mehely-Hufeisennasen. Farbmarkierungen erlauben z.B. Untersuchungen zur Gruppenzusammensetzung, ohne die Tiere erneut zu fangen.

gewonnen. Die wissenschaftlich aufgearbeiteten Ergebnisse sind beeindruckend und von unschätzbarem Wert. Dennoch darf nicht übersehen werden, dass diese Ergebnisse meist von sehr genau geplanten Langzeitstudien mit genau definierten wissenschaftlichen Fragestellungen ausgingen. Deren Erfolge haben teilweise dazu geführt, dass ein regelrechter Markierungsboom ausgelöst wurde, und dass ohne genau abgegrenzte Fragestellungen zahllose Tiere beringt wurden, oft in der Hoffnung, mehr oder weniger zufällig einen Fernfund oder einen Altersrekord zu erzielen. Da einige Fledermausarten zudem sehr empfindlich auf Unterarmklammern reagieren und für viele Arten systematische Auswertungen von Ringverletzungen und durch Ringe ausgelöste Mortalität fehlen, sind solche nicht hypothesengeleiteten Markierungen abzulehnen. Bedeutsam ist die Markierung heute jedoch nach wie vor: Die bereits seit Jahrzehnten erfolgreich durchgeführten Langzeitprojekte müssen unbedingt fortgeführt und durch gezielte Forschungsvorhaben erweitert werden.

Etliche Fragen des Fledermauszuges und mögliche Veränderung durch die Klimaveränderung oder eine erhöhte Mortalität – z.B. durch Windkraftanlagen – sind erst ansatzweise bekannt. Die Markierung kann hier wesentliche Informationen liefern. Gleiches gilt für Populationsparameter, die für mathematische Vorhersagemodelle dringend erforderlich wären. Die Markierung setzt zunächst den Fang des Tieres voraus. Dann wird eine von der Markierungszentrale ausgegebene Klammer passender Größe auf den Unterarm geschoben und soweit geschlossen, dass die Flugmembran noch durch die Öffnung gleiten kann. Wird das Tier wiedergefangen, kann die in die Klammer eingeprägte Nummer abgelesen und mit Fundort und Datum an die Markierungszentrale gemeldet werden. Wird eine markierte Fledermaus gefunden, sollte der Ring unbedingt abgelesen werden. Nur so macht das ganze System Sinn. Ein aus falsch verstandenem Fledermausschutz nicht abgelesener Ring verhindert, dass wertvolle Daten gewonnen werden.

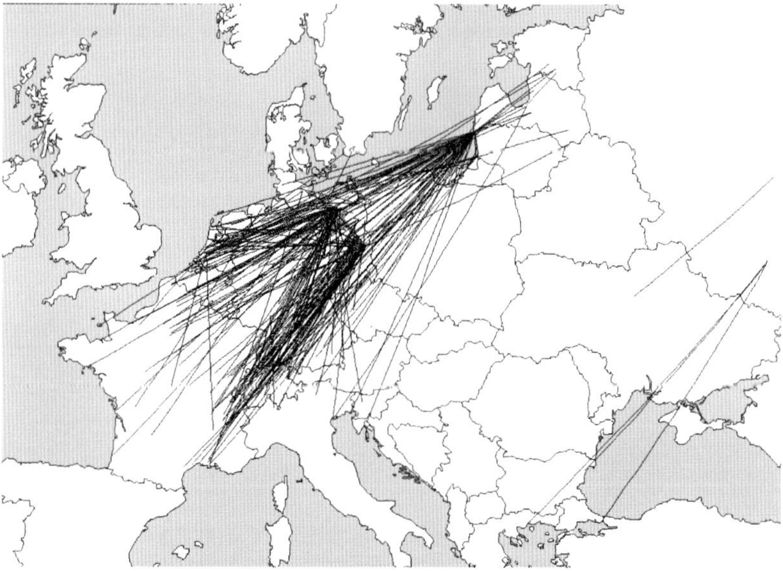

Wanderungen der Rauhautfledermaus in Europa nach Ringwiederfunden.
Grafik: R. Hutterer

Transponder-Lesegerät am Quartierzugang einer Mausohr-Wochenstube. Da die Tiere durch die Öffnung schlüpfen müssen, reicht die Zeit aus um zumindest einen Teil der Tiere abzulesen.

Bei Transpondern handelt es sich um in Glaskapillaren eingeschlossene Mikrochips, die unter die Haut injiziert werden. Diese gängige Markierungsmethode für Haus- und Zootiere kann man auch bei Fledermäusen einsetzen. Der Chip kann mit einem Lesegerät aus 20–30 Zentimetern Entfernung abgelesen werden. Auf geringere Entfernung funktioniert dies auch z.B. von außen bei im Fledermauskasten befindlichen Tieren oder an engen Quartierzugängen, wenn sich die Tiere dort lange genug aufhalten, um eine Registrierung zu ermöglichen. Schnell herauskrabbelnde oder gar fliegende Fledermäuse können mit den bisherigen Geräten oft nicht erfasst werden. Die Daten können auch automatisch erhoben und abgespeichert werden. Somit sind sehr detaillierte Untersuchungen individueller Zeitmuster oder der Gruppenzusammensetzung möglich. Bei Mausohren und Bechsteinfledermäusen konnten mit der Kombination von Transponderleseeinheit und Wiegeeinrichtung individuelle Jagderfolge beobachtet werden. Bei der Bechsteinfledermaus konnte die individuelle Gruppenzusammensetzung in Kolonieverbünden störungsfrei untersucht und so unter anderem das fission-fusion-Verhalten in unterschiedlichen Reproduktionsstadien dokumentiert werden.

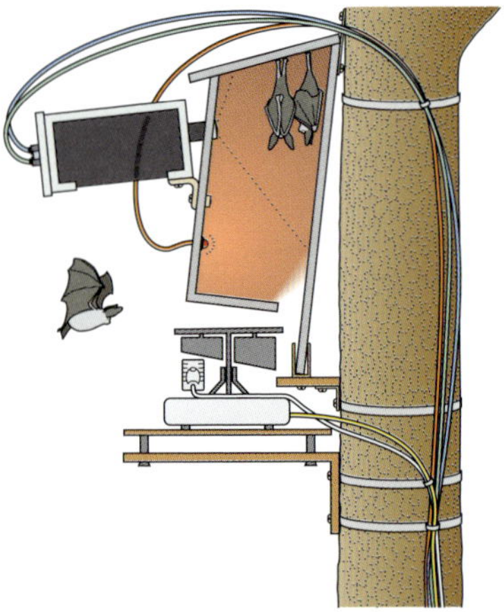

Zur Überwachung von Bechsteinfledermäusen modifizierter Fledermauskasten mit Videokamera, Transponder-Lesegerät und elektronischer Waage. Grafik W. Lang nach Kerth & König 1996

Die Methode setzt einen hohen technischen Aufwand voraus und erfordert sehr genau durchdachte Fragestellungen, um auswertbare und neue Ergebnisse zu liefern. Dies umso mehr, als im Verhältnis zur Körpergröße die Transponder sehr groß sind. Daher ist ein flächiger Einsatz der Methode bei Fledermäusen ohne eine Entwicklung kleinerer Transponder und vor allem schnellerer Auslesegeräte nicht sinnvoll.

Das Transpondern wird als Tierversuch eingestuft und erfordert daher sowohl artenschutzrechtliche als auch tierschutzrechtliche Befreiungen und entsprechende Sachkundenachweise.

Kot des Mausohrs im Fundzustand, zerkrümelt und mit heraus sortierten charakteristischen Käferbruchstücken, vor allem von mittelgroßen Laufkäfern.

Um die Beutewahl von Fledermäusen zu bestimmen und daraus Rückschlüsse auf genutzte Jagdhabitate und das Verhalten treffen zu können, stellt die Nahrungsanalyse eine etablierte Methode dar. Erbeutete Insekten werden zwar stark zerkaut und wenig nahrhafte große Körperanhänge wie Teile der Flügel oder Beine gar nicht erst verzehrt. Grundsätzlich bleiben die Bruchstücke des Außenskeletts jedoch erhalten und werden mit dem Kot wieder ausgeschieden. Vor einer Untersuchung sollte der Kot sterilisiert werden. Dies kann durch Einweichen in Alkohol oder durch starkes Erhitzen erreicht werden. Daraufhin kann der Kot zerteilt werden. Die Bruchstücke erlauben dann in mehr oder weniger aufwändiger Recherchearbeit eine Zuordnung zu den Beutegruppen. Besonders gut gelingt dies beim Kot der Mausohren. Die großen Bruchstücke von Lauf- oder Mistkäfern und Reste mancher Heuschrecken sind gut zu erkennen und teilweise bis auf die Art zuzuordnen. Haben Fledermäuse fliegende Ameisen gefressen, kann man häufig Kopfbruchstücke und Flügelreste finden. Waren Nachtfalter unter den Beutetieren, kann ein Großteil des Kotes von Flügelschuppen gebildet werden. Von Wirbeltieren, wie kleinen Fischen, bleiben meist nur ganz vereinzelte Knochenstückchen und Schuppen übrig. Dahingegen bleiben die Federn verzehrter Vögel beim Riesenabendsegler gut erhalten und erlauben so Rückschlüsse auf den saisonalen Vogelfang. Um detaillierte Beutelisten anfertigen zu können, sind jedoch sehr viel Erfahrung und eine große Vergleichssammlung erforderlich. Erst in jüngster Zeit sind genetische Verfahren, besonders das Metabarcoding, so effektiv geworden, dass die im Kot enthaltene Erbsubstanz der Beutetiere isoliert und vervielfältigt werden kann. Sequenziert man dann charakteristische Genabschnitte, sogenannte Barcodes, kann man in der stetig wachsenden Datenbank nach vergleichbaren Sequenzen suchen. Die technisch und finanziell sehr aufwände Methode hat den unschätzbaren Vorteil, dass sehr genaue und oft auf Artniveau differenzierte Beutelisten erstellt werden können. Damit sind sehr genaue Rückschlüsse auf die Habitatnutzung und das Verhalten möglich – zumindest dann, wenn dies auch von den Beutetieren bekannt ist.

Lichtschranke von innen mit gleichzeitigem Durchflug mehrerer Fransenfledermäuse beim Schwärmen. Foto: A. Kiefer

Lichtschranken und daran angeschlossene Fotofallen bieten faszinierende Möglichkeiten, die Quartiernutzung der Fledermäuse zu untersuchen. Lichtschranken bestehen aus zwei hintereinander geschalteten Strahlenvorhängen aus Infrarot-LED. Je nach Größe des Durchflugs benötigt man verschieden große Lichtschranken mit einer unterschiedlichen Zahl an LED-Strahlengängen. Die Unterbrechungsreihenfolge der beiden Strahlenvorhänge bestimmt, ob es sich um einen Ein- oder einen Ausflug handelt. Hierzu ist ein Logik-Filter notwendig, der zusätzlich zur rein quantitativen Zählung auch eine Richtungserkennung ermöglicht. Zwei hintereinander fliegende Fledermäuse müssen einen gewissen Mindestabstand zueinander haben, um als Einzelereignisse wahrgenommen zu werden. Die aufgenommenen Einzelregistrierungen werden in der Regel durch den Datenlogger aufgezeichnet. Größere Einflüge mit einer starken Flugaktivität sind somit schwer zu überwachen, da die Wahrscheinlichkeit, dass mehrere Tiere gleichzeitig hindurchfliegen, immer größer wird. Mittels einer Software können dann die sekundengenauen Registrierungen betrachtet und über einen längeren Zeitraum ausgewertet werden. So zeigen Lichtschrankenuntersuchungen oftmals, dass gerade in Winterquartieren deutlich mehr Tiere anwesend sein müssen, als durch die traditionelle Zählung erfasst wird. Auch können mit Lichtschranken störungsfrei die Flugaktivität an Wochenstuben oder langfristig die Bestandsgrößen und Entwicklungen ausgewertet werden.

Ergebnis einer Fotofallen-Aufnahme mit Bechsteinfledermaus und Braunem Langohr. Foto: A. Kiefer

Kombiniert man Lichtschranken als Auslöser für Digitalkameras verfügt man über eine leistungsfähige Fotofalle. Man kann dann in Winterquartieren Informationen über die Nutzungszeiten einzelner Arten herauslesen. So gelingt es, die quasi anonymen Registrierungen auf Arten oder Artengruppen zuordnen. Viele Arten sind gut unterscheidbar. Manche Individuen lassen sich sogar durch individuelle Verletzungsmuster auf den Flughäuten oder an den Ohren erkennen. Verwendet man je eine Kamera für Ein- und Ausflug, kann man über längere Zeiträume Quartiere vollständig überwachen. Dabei werden oftmals Arten nachgewiesen, die bei Winterkontrollen gänzlich übersehen werden, da sie nur kurzzeitig in das Quartier einfliegen und schnell wieder verschwinden.

Bei der Auswertung der Fotofallen darf man die anfallende Bilderflut nicht unterschätzen. Selbst bei kleineren Stollen können während der Schwarmzeit tausend Fotos und mehr zusammenkommen. Im Mayener Grubenfeld fielen allein während der Ausflugphase an fünf Stollen im Jahr 2008 über 125.000 Fotos an. Die Auswertung kann dann sehr zeitaufwändig werden. Lichtschranken allein können mit Autobatterien betrieben werden. Nutzt man die Lichtschranken in Kombination als Fotofallen, empfiehlt es sich, wenn möglich Stromkabel zu verlegen. Trotzdem sind regelmäßige Überprüfungen der eingesetzten Geräte notwendig, denn gerade in den Winterquartieren liegen technikunfreundliche Bedingungen wie Feuchtigkeit und/oder Temperaturschwankungen vor.

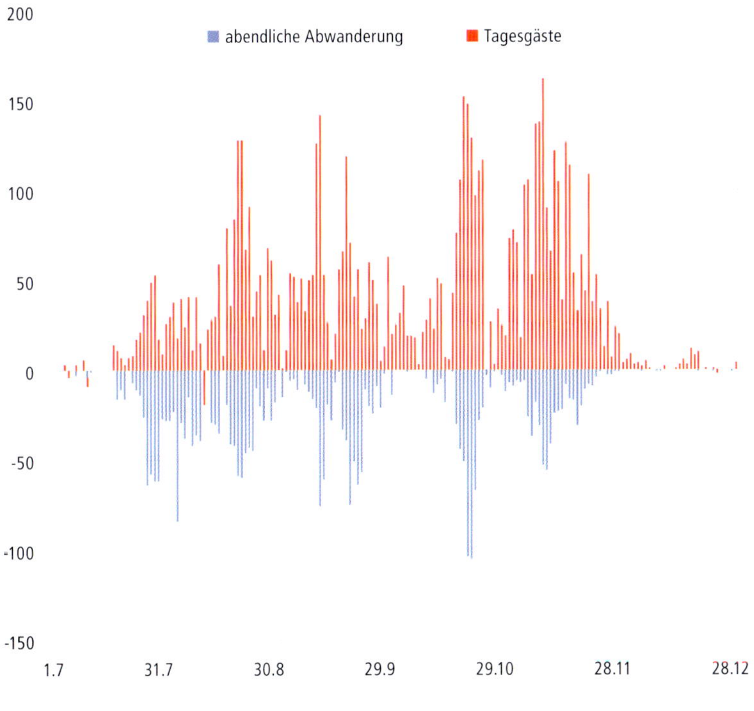

Phasenbilanz während der Schwarmzeit und der Einflugphase ins Winterquartier im Mayener Grubenfeld. Während des Schwärmens bleiben nur wenige Tiere vor Ort. Ab Anfang Oktober baut sich der Winterbestand auf. Grafik: K. Kugelschafter

Molekulargenetische Verfahren haben die Sichtweise auf Artenzahl und Verwandtschaftsverhältnisse erheblich verändert. Mit der einfachen Methode der Flughautstanzung und/oder der Verwendung von Fledermauskot ist es möglich, schnell Proben für Stammbäume zu erhalten. Auch die Auswertung der Daten wird immer ausgereifter und die Ergebnisse sind belastbarer. So hat sich eine wichtige Ergänzung zu den klassischen morphologischen Methoden entwickelt. Heute kann man so nicht nur Arten abgrenzen, man kann auch die Zentren der Artbildung, ihre Ausbreitungswege und die dazugehörigen Zeiträume herauslesen. Trotzdem liefert auch die molekulare Genetik keine absoluten Wahrheiten. Daher geht der Trend zu kombinierten Datenauswertungen, bei denen molekulare und morphologische Daten analysiert und durch Modellierungen ergänzt werden. Eine Vielzahl der molekulargenetischen Studien basiert auf mitochondrialen Genen aus den Mitochondrien der Zellen. Das mitochondriale Genom einer Fledermaus ist einfach zu lesen und enthält über 16.500 Basenpaare, die auf einem kreisförmigen Doppelstrang liegen. Beispiele sind proteincodierende Gene wie ND1, CytB und CO1 oder das Strukturgen 16S. Diese Genabschnitte haben unterschiedliche Substitutionsraten, d.h. sie verändern sich im Laufe der Zeit unterschiedlich. Daher sind Vergleiche der Veränderung in Prozentwerten zwischen den Genen nicht sinnvoll. So zeigen ND1 und CytB größere Unterschiede, als das langsamer evolvierende 16S-Gen. Innerhalb der mitochondrialen Genabschnitte ist der Bereich der Kontrollregion – auch d-loop genannt – hoch variabel. Man kann selbst lokale Aufspaltungen erkennen.

PCR, Haplotypen und Bäume

Alle Auswertungen der Verwandtschaftsbeziehungen auf molekularer Ebene basieren auf der Erbinformation die als Sequenz von vier möglichen Basen auf der DNA festgelegt ist. Erst durch die Entwicklung der PCR (Polymerase Chain-Reaction), bei der bestimmte Abschnitte der DNA im Reagenzglas selektiv vervielfacht werden, war es möglich bestimmte Gene zu sequenzieren („zu lesen") und damit ihre Informationen zu nutzen.

Betrachtet man die Basensequenz in einem Abschnitt eines Gens bei vielen Individuen, finden sich meist Unterschiede in den Basenpaaren an bestimmten Positionen. Dabei sind aber auch die Sequenzen mancher Individuen identisch. Sie werden zu „Haplotypen" zusammengefasst. Verschiedene Haplotypen unterscheiden sich also in mindestens einer Basenposition, oft auch in mehreren oder vielen.

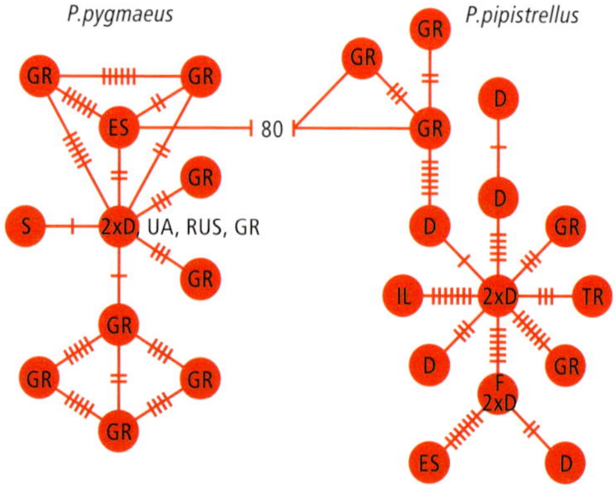

Haplotypennetzwerk von Zwerg- und Mückenfledermaus für das ND1-Gen.
Kreise bedeuten jeweilige Haplotypen, Striche den Austausch einzelner Basen.
Grafik: W. Lang nach einer Vorlage von F. Mayer

Bei der Mopsfledermaus wird mit einer Stanze ein kleines Stück Flughaut entnommen, aus der die DNA isoliert werden kann. Das Stanzloch verheilt im Sommer innerhalb von drei Wochen.

Eine einfache Darstellung der Haplotypen ist das „Haplotypen Netzwerk", der „minimum spanning tree". Hier werden die Abstände verschiedener Haplotypen als diejenige Anzahl einzelner Punktmutationen (= Basensubstitutionen) eingezeichnet, die mindestens notwendig wäre, um den einen Haplotyp in den anderen zu überführen. So findet man zwischen Arten größere Unterschiede als innerhalb der Arten. Aber auch innerhalb einer Art kann man Strukturierungen erkennen. Man kann die Sequenzunterschiede auch in einer Baumform darstellen. Dabei gruppieren dann einzelne Linien, die man zu taxonomischen Einheiten (je nach Fragestellung, Genen und Daten zu Familien, Arten, Unterarten etc.) zusammenfassen kann.

Die mitochondriale DNA (mt-DNA) wird überwiegend maternal, also nur vom Weibchen auf die Jungtiere vererbt. Dies macht die Auswertung einfach, birgt aber zugleich die Gefahr, den dadurch nicht messbaren Genfluss zwischen Populationen zu übersehen. mt-DNA kann ein gutes Bild der Besiedelungsgeschichte ergeben, aber auch hier können im Verlauf der Besiedelung Transfers der kompletten mt-DNA von einer Art in eine andere stattfinden. Ein gutes Beispiel ist die Breitflügelfledermaus, die in einem Teil ihres Verbreitungsgebietes die mt-DNA der Nordfledermaus besitzt. Während der Ausbreitung der Art nach der letzten Eiszeit nach Norden traf sie auf die kältetolerantere Nordfledermaus und übernahm deren mt-DNA. Daher betrachtet man heute auch vermehrt nukleare, also Kern-DNA, die biparental über beide Eltern vererbt wird. Im Falle der Breitflügel- und Nordfledermaus findet man dann die zu erwartenden beträchtlichen Unterschiede.
Die Topologien der Bäume unterschiedlicher Genabschnitte, von mt- oder Kern-DNA oder morphologischer Datensätze müssen also nicht übereinstimmen. Hier sind dann eine gewissenhafte Auswertung und ggf. weitere Studien zum direkten Genfluss aber auch der Ökologie der Arten notwendig, wenn man taxonomische Einheiten erkennen will.

Artbestimmung jetzt einfach?

Durch die molekularen Methoden hat sich die Anzahl der in Europa nachgewiesenen Fledermausarten deutlich erhöht. Nach dem Initial durch die Entdeckung der Mückenfledermaus folgten die Nymphenfledermaus, das Punische Mausohr. In der Gattung der Langohrfledermäuse wurden gleich mehrere neue Arten entdeckt. Fast jede Fledermausart zeigt bei genauerer Betrachtung kryptische Variationen, aber nicht immer sind die Unterschiede gerade der mt-DNA leicht zu interpretieren. Die genetische Identität der – ohne Zweifel – zwei Arten Breitflügelfledermaus und Nordfledermaus ist hierfür ein Beispiel des einen Extrems. Im Fall der Langohrfledermäuse sind die mt-DNA Unterschiede sehr gut mit morphologischen und ökologischen Unterschieden in Übereinstimmung zu bringen. Ganz anders sieht es bei der Gruppe der Weißrand- oder auch der Fransenfledermäuse aus. Bei letzterer finden sich in Europa vier deutliche Formen, die sowohl auf mt- und Kern-DNA Ebene unterscheidbar sind. Zwei der vier Linien (*M. nattereri* und *M. escalerai*) sind auch morphologisch gut unterscheidbar. Die beiden anderen Formen waren lange nur aufgrund ihrer DNA-Unterschiede erkennbar. Sie wurden dann 2019 annähernd zeitgleich von zwei Forscherteams beschrieben. Für die vormals als M. spA ist *Myotis crypticus* und für M. spB. ist *Myotis zeniatus* der korrekte Name. Ob sie endgültig einen Art- oder Unterartstatus erhalten ist unklar. Im östlichen Mittelmeerraum kommt eine weitere Fransenfledermaus-Art

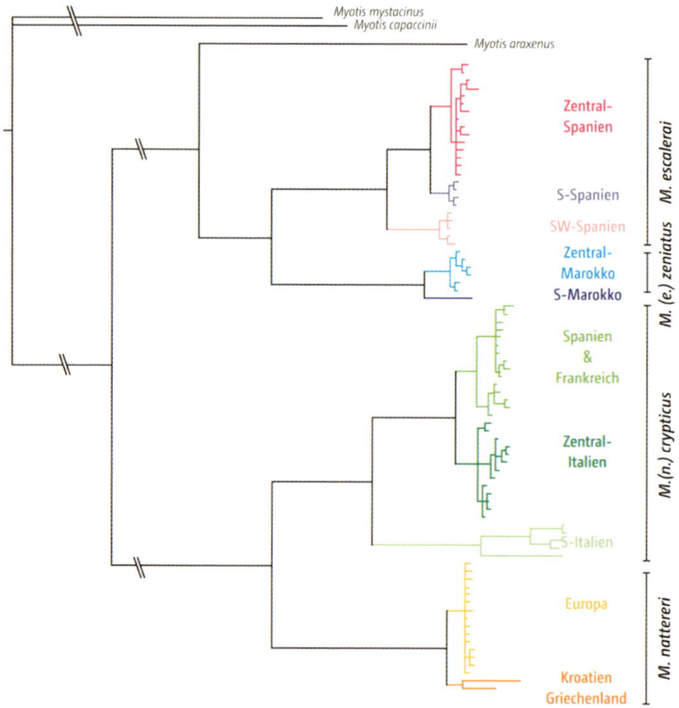

Vereinfachter Baum der Fransenfledermäuse. Grundlage sind die mt-DNA Fragmente (Cytb, ND1, HVII), Grafik S. Wöhl nach Salicini et al. 2013 und Juste et al. 2018.

vor: *M. hoveli*. Im Iran und dem Kaukasus kommen zwei weitere Arten vor, *M. tschuliensis* und *M. araxenus*. Der Austausch von mt-DNA in sekundären Kontaktzonen hat auch hier eine einfach DNA-Bestimmung zunächst erschwert. Eine umfangreiche Analyse von Kern- und mt-DNA Daten konnte dann den Knoten lösen. Für die Weißrandfledermäuse steht eine solch umfassende Studie noch aus.

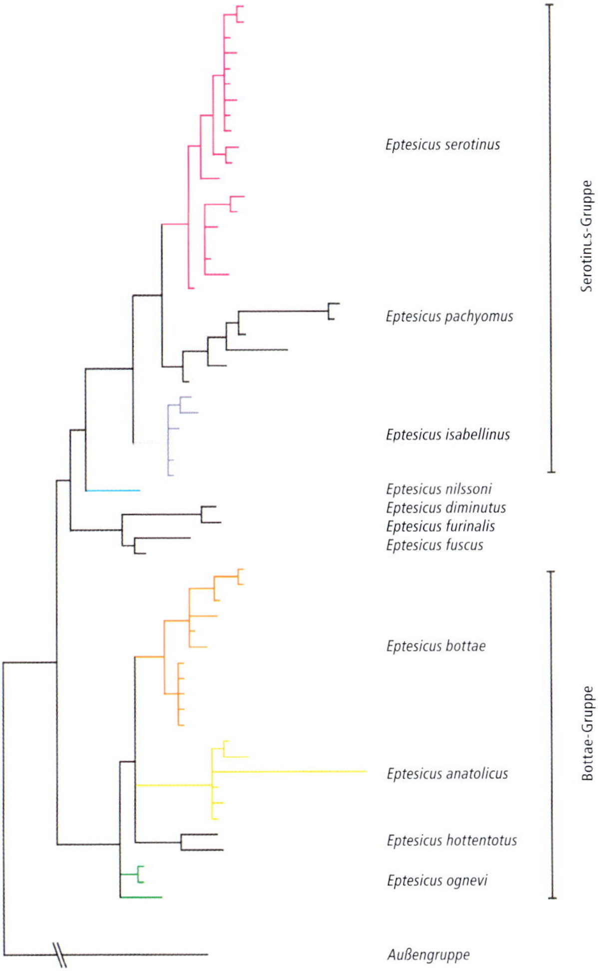

Vereinfachter Baum der Breitflügelfledermausgruppe. Grundlage sind Kern-DNA Fragmente (RAG2 und BGN), Grafik S. Wöhl nach Juste et al. 2013.

Es gibt auch keine festgelegte Regel, welcher genetische Unterschied zwischen Formen für eine Artgrenze steht. Man kann zwar eine gute Übereinstimmung bestimmter Abstände für viele Arten finden, aber es gibt immer wieder Ausnahmen. So können kürzlich entstandene Arten genetisch noch sehr ähnlich sein, aber durch andere Mechanismen – große morphologische Unterschiede, zeitlich versetze Paarungszeiten – isoliert sein. Letztlich werden, wie auch bei den rein morphologischen Artbeschreibungen, noch einige Arten hinzukommen, andere aber auch wieder revidiert werden. Eine Versteifung auf die Einheiten „Art" und „Unterart" ist auch gerade in Hinsicht auf den Fledermausschutz nicht immer sinnvoll. So sollten beispielsweise für die extrem seltenen und genetisch isolierten Vertreter der Braunen Langohren auf Sardinien, unabhängig davon, ob es sich nun um eine Art, Unterart oder nur um eine genetische Linie handelt, dringend Schutzmaßnahmen erfolgen. Sicherlich gibt es nur wenige Hundert Individuen dieser von dem Rest der Braunen Langohren isolierten Inselform und sie ist damit wohl schutzbedürftiger als die um ein Vielfaches häufigere und weiter verbreitete Bechsteinfledermaus.

Neben den spärlichen Fossilfunden machen es molekulare Methoden, erstmals möglich, auch die Besiedlungsgeschichte der europäischen Arten zu rekonstruieren. Zwar stehen die Auswertungen bei vielen Arten erst am Anfang. Dennoch sollen hier einige Grundmuster der Besiedelung Europas nach der letzten Eiszeit gezeigt werden.

Seit etwa drei Millionen Jahren ist das weltweite Klima durch einen starken Wechsel zwischen zwei Extremen, den Kalt- und Warmzeiten geprägt. Die letzte Kaltzeit hatte ihren Höhepunkt vor etwa 21.000 Jahren und endete vor etwa 10.000 Jahren. Die Kaltzeiten führten durch die Wasserbindung im Eis besonders im Mittelmeerraum zu einer Absenkung der Meeresspiegel und der Bildung von Landbrücken. Gleichzeitig war Europa je zur Hälfte mit Eis oder Tundra bedeckt. Vor 5.000 Jahren war Europa überwiegend bewaldet. Dafür sind dann die kälteresistenten Arten ausgestorben und nach Norden oder in die Gebirge verdrängt worden.

Es ist nicht verwunderlich, dass die meisten europäischen Fledermausarten aus mediterranen Refugialräumen stammen. Diese lagen meist im Schutze nördlich verlaufender Gebirgsketten oder an der Küste wärmerer Meere. Für Europa stellen im Wesentlichen die Iberische Halbinsel, das Apennin und der Balkan die Rückzugsräume während der

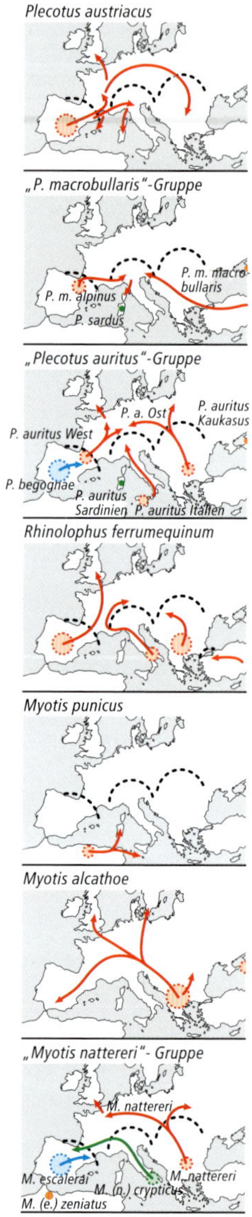

Mögliche Glazialrefugien und Wiederbesiedlungswege ausgewählter Fledermausarten, wie sie aus den genetischen Daten rekonstruierbar sind.
Grafik W. Lang

Die Rolle des Kaukasus als Refugialraum während der Kaltzeiten und damit für die Biodiversität europäischer Fledermausarten ist erst ansatzweise verstanden.

Kaltzeit dar. Dort entstanden teilweise getrennte Artvorkommen, die aufgrund der langen Isolation zu einer beginnenden oder vollständigen Artbildung führten. Die durch die Eisschilde in die verschiedenen Gebiete des Mittelmeerraums zurückgedrängten Arten starben dort zum Teil aus. Während der Warmphasen gab es dann verschiedene Ausbreitungswellen nach Norden, die mit dem Rückzug der Eisschilde gekoppelt sind.

Die heutigen europäischen Fledermausarten sind überwiegend plio- und pleistozänen Ursprungs. Findet man im Großteil des heutigen Areals eine nur geringe genetische Differenzierung, ist meist eine rasche Wiederbesiedelung die Ursache. Die Refugialräume sind durch eine größere genetische Vielfalt geprägt. Ein gutes Beispiel ist das Graue Langohr, welches ausgehend von der Iberischen Halbinsel das gesamte restliche Europa besiedelt hat. Außerhalb des Refugialraums findet man bezogen auf das mitochondrielle 16S-Gen fast nur einem Haplotyp. Dieses Besiedlungsszenario stimmt sehr gut mit den Fossilbefunden überein, da die Art vor dem Holozän in Europa nicht nachgewiesen ist. Lediglich die Herkunft der Art – vorher nahm man eine pontische Herkunft an – ist nun klarer. Ein ähnliches Muster zeigt die Nymphenfledermaus, die Europa allerdings über den Balkan besiedelte. Ein weiterer Refugialraum der Art liegt am Fuß des Kaukasus. Andere Arten, wie die *„Plecotus macrobullaris"*-, die *„Myotis nattereri"*-, oder die *„Plecotus auritus"*-Gruppe zeigen mehrere Refugialräume, in denen sich teilweise neue Arten entwickelten, welche als Endemiten in den Entstehungsgebieten verblieben (*P. begognae*, *P. sardus*, *M. escalerai*). Die Große Hufeisennase zeigt eine Wiederbesiedelung Europas aus vier Regionen, bei der es zu keinen Artbildungsprozessen kam. Das Punische Mausohr zeigt eine ebenfalls typische Verbindung von Korsika und Sardinien nach Nordafrika. Es wird ausgesprochen spannend werden, auch bei anderen Arten die Besiedlungsgeschichte zu rekonstruieren.

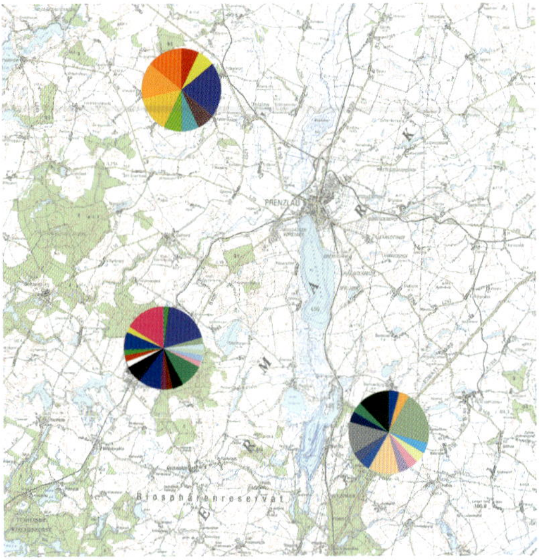

Genetische Vielfalt von drei Wochenstubengesellschaften des Abendseglers. Ein Kreis symbolisiert die Wochenstube, die Farben je einen Haplotyp. Zwischen den Wochenstuben gibt es nur geringe Ähnlichkeiten. Innerhalb der Wochenstuben findet man eine große genetische Vielfalt. Grafik M. Bauer

Neben direkten Methoden zur Untersuchung von Populationsparametern, wie Markierungen und Beobachtungen haben sich populationsgenetische Methoden etabliert. Die direkten Methoden zur Erfassung von Populationsparametern sind aufgrund der versteckten und mobilen Lebensweise der Fledermäuse schwer anzuwenden. Markierungsversuche erlauben das Nachverfolgen individueller Lebensgeschichten: Manche Weibchen werden von der Geburt bis zum Tod jährlich kontrolliert und ihre Reproduktionserfolge dokumentiert. Da jedoch ein großer Teil der markierten Tiere nie wieder oder in ganz anderem Zusammenhang gefangen wird, ist meist unklar wie repräsentativ die Ergebnisse für eine Population tatsächlich sind. Dahingegen erlauben indirekte Messungen über genetische Marker Aussagen über Verwandtschaftsverhältnisse innerhalb und zwischen Populationen. Genetische Marker übertreffen dabei die Aussagen von Beringungsstudien, da sie Informationen über einen längeren Zeitraum und über viel mehr Individuen integrieren. Neben Auswertungen mitochondrialer DNA mit der extrem variablen Kontrollregion werden in der Populationsgenetik vor allem Mikrosatelliten aus dem Zellkern eingesetzt.

Mikrosatelliten

Hierbei handelt es sich um kurze nicht codierende DNA-Sequenzen, die mehrfache Wiederholungen eines 2–4 Basenpaaren langen Motivs enthalten. Da sie für keine Proteine codieren, können die Mikrosatelliten sehr schnell mutieren und lösen so, im Gegensatz zu codierenden DNA-Abschnitten, auch kurze Zeiträume auf. Man analysiert die Länge der Mikrosatelliten an einem bestimmten Ort (Locus) mittels PCR und erhält so Häufigkeitsverteilungen innerhalb und zwischen Populationen, die Rückschlüsse über Verwandtschaftsbeziehungen erlauben.
Wenn, wie bei den Fledermäusen, ein hohes Maß an Philopatrie – das heißt, die Weibchen kehren jedes Jahr in ihre Geburtskolonie zurück – vorliegt, lassen sich Strukturen von Wochenstuben, mittels mt-DNA gut untersuchen. Bechsteinfledermaus und

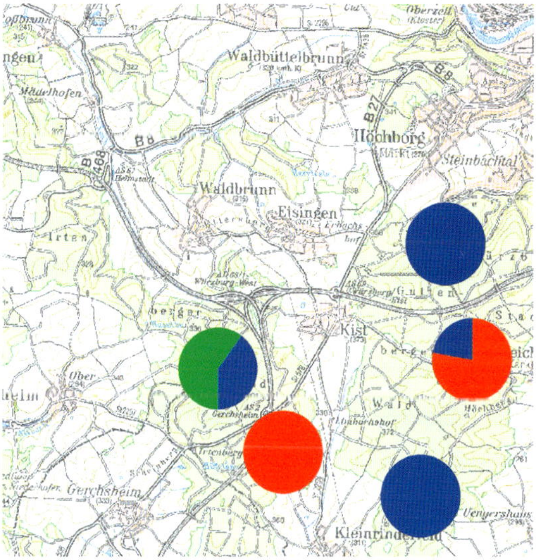

Genetische Vielfalt von fünf Wochenstubengesellschaften der Bechsteinfledermaus. Innerhalb der Wochenstuben gibt es wenig Variabilität, da es kaum Austausch zwischen ihnen gibt. Die Tiere sind mütterlicherseits alle eng miteinander verwandt. Grafik M. Bauer

Abendsegler zeigen zwei sehr unterschiedliche Muster. Diese Muster sind einerseits durch die unterschiedlichen Koloniegrößen, aber vor allem auch durch die unterschiedliche Durchlässigkeit gegenüber dem Eindringen fremder Weibchen in eine Kolonie zu erklären. Die Kern-DNA (hier Mikrosatelliten) zeigt ein anderes Bild. Bei beiden Arten gibt es eine fast vollständige Durchmischung der Populationen, denn die Weibchen paaren sich nicht mit den Männchen der eigenen Kolonie. Abendsegler paaren sich auf dem Zug oder in den Winterquartieren, Bechsteinfledermäuse treffen sich – wie viele Höhlenfledermäuse – mit nicht verwandten Partnern an Schwärm-Quartieren.
Kleinabendsegler bilden große, aber wenig stabile Kolonien, die in einem losen Verband organisiert sind. Philopatrie ist nur in geringem Umfang vorhanden, die Verwandtschaft innerhalb der Kolonien ist geringer als beim Abendsegler. Es sind sogar nicht verwandte Weibchen anwesend. Verwandtschaft scheint nicht die bestimmende Determinante für die Zusammensetzung der Gruppen zu sein.

Physiologische Vorteile in den Quartieren – wie Thermoregulation – und ein Informationsaustausch werden als Hauptgründe für das, in einer auf mehrere instabile Kleingruppen verteilte, Leben einer Wochenstubengesellschaft angesehen.
Die Höhenverteilung und Zusammensetzung von Wochenstuben der Wasserfledermäuse aus England zeigt einen weiteren Aspekt. In den hoch gelegenen Wochenstuben findet sich, im Gegensatz zu denen in den Tälern, ein größerer Anteil von Männchen. Diese verpaaren sich auch innerhalb der Kolonie, wohingegen sich die Talkolonien vielfach an Schwarmquartieren verpaaren. Offenbar gibt es durch die Anwesenheit der Männchen in den Kolonien der Berge einen thermoregulatorischen Vorteil, der die Weibchen veranlasst, sie in ihren Kolonien zu dulden und der die Nachteile, etwa durch Nahrungskonkurrenz abmildert.

Fledermäuse —— hören

Die letzten Zentimeter vor der Beute kann die Fransenfledermaus mit ihrer Echoortung nicht mehr auflösen, sie setzt daher die Schwanzflughaut als Kescher ein. Foto: D. Nill

Neben dem Flugvermögen ist die vermutlich herausragendste Anpassung der Fledermäuse an ihre Lebensweise ihre Echoortung. Fledermäuse können sich in absoluter Dunkelheit orientieren, indem sie die Echos ihrer ausgesandten Rufe auswerten. Dabei können sie aber nicht nur Objekte erkennen und orten. Sie unterscheiden auch Formen und Oberflächenstrukturen.
Die Echoortung ähnelt damit dem Radar. Anstelle von elektromagnetischer Strahlung werden Schallwellen eingesetzt. Um die Echos wahrnehmen zu können, müssen die Pulse sehr kurz sein, da während der Aussendung der sehr lauten Rufe das Gehör übersteuert ist. Aus der Laufzeit zwischen Ruf und Echo lässt sich sehr präzise die Entfernung eines reflektierenden Gegenstandes messen. Um die Richtung bestimmen zu können, aus der ein Echo zurückkommt, gibt es mehrere Möglichkeiten: Alle Fledermäuse nutzen Kopfbewegungen, um mit ihrer Schallkeule die Umgebung abzutasten. Laufzeitunterschiede zwischen den Ohren sind eine weitere Möglichkeit. Die komplizierten Ohrstrukturen und bei vielen Arten der vor dem Ohr stehende Tragus sorgen für eine richtungsabhängige Filterung der Echos und ermöglichen damit eine genaue Richtungsbestimmung.
Wie bei allen Säugetieren werden die Ortungsrufe der Fledermäuse erzeugt, indem Luft mit hohem Druck über die Stimmlippen gepresst wird. Die Stimmlippen der Fledermäuse sind klein und straff gespannt und erzeugen somit beim Schwingen sehr hohe Frequenzen. In Resonanzkammern im Nasen- und Rachenraum werden sie dann verstärkt und gefiltert. Die Ortungsrufe sind fast immer frequenzmodulierte Sinustöne mit Lautstärken von mehr als 130 dB SPL, was der Schmerzgrenze des Menschen in seinem Hörbereich entspricht. Die verschieden Fledermausgruppen nutzen ganz unterschiedliche Ortungsrufe. Für die europäischen Arten wird dies bei der jeweiligen Artbestimmung erläutert.
Ein Grundproblem der Echoorientierung ist, dass die Überlappung von Ruf und Echo zu einem „blinden Fenster" vor der Fledermaus führt, wenn das Echo zurückkehrt, bevor die Lautaussendung beendet ist. Dies führt dazu, dass Objekte, die nahe an der Fledermaus sind, nur mit einer extrem kurzen Lautdauer detektiert werden können. Näher als 5–6 Zentimeter vor sich kann eine kleine Beute aber nicht mehr aufgelöst werden. Hier spielen die Augen und der Einsatz von Flügeln und Schwanzflughaut als Kescher eine entscheidende Rolle beim Beutefang.
Auch die langen konstantfrequenten Laute der Hufeisennase stellen eine Lösung zur Umgehung des blinden Fensters dar, da Ruf und Echo durch die Doppler-Verschiebung in der Frequenz getrennt werden. Ein weiteres Problem ist, dass eine Trennung des Zielobjektes wie eines Beutetiers vom Hintergrundecho nur bis Dutzende oder bei sehr genauer breitbandiger Ortung wenige Zentimeter möglich ist. Beute, die näher an der Vegetation ist, muss entweder anhand ihrer Raschelgeräusche (passive Ortung), optisch oder nach dem Geruch gefunden werden.

Das „Design" der Ortungslaute

Die ökologische Einnischung der Fledermäuse hat durch die ganz unterschiedlichen zu lösenden Ortungsaufgaben zu ganz verschiedenen Typen von Ortungsrufen geführt. Eine Fledermaus, die vorwiegend im freien Luftraum hoch über der Vegetation jagt und mit hoher Geschwindigkeit fliegt, muss schon auf weite Entfernung mögliche Hindernisse und relativ große Beutetiere orten können. Sie sollte daher lange Rufe von geringer Bandbreite mit eher niedriger Frequenz verwenden. Eine Fledermaus, die meistens in dichter Vegetation jagt, und der es vor allem darauf ankommt, Insekten auch vor dem Hintergrund zu entdecken, sollte hochfrequente Rufe mit einer großen Bandbreite einsetzen. Alle Arten verfügen über ein ganzes Repertoire an Lauten, die sie je nach der jeweiligen Anforderung abändern können. Meist haben größere Fledermäuse Rufe mit einer tieferen Frequenz, denn sie sind eher an größeren Beutetieren interessiert. Kleine Arten hingegen müssen auch kleine Insekten detektieren und erkennen, wofür sie höhere Frequenzen benötigen.

Parameter der Ortungsrufe.

	VORTEILE	NACHTEILE
RUFDAUER LANG	hoher Störabstand des Echos, da viel Energie innerhalb eines engen Frequenzbereiches vorhanden ist, Flügelschlag von Beuteinsekten detektierbar	Überlappung von Echos naher Objekte mit dem Ruf – „blindes Fenster" sehr groß
RUFDAUER KURZ	„blindes Fenster" klein, exaktere Messung der Laufzeit und Distanz	geringerer Störabstand
FREQUENZ HOCH	hohe Auflösung von Strukturen	starke Dämpfung in Luft, begrenzte Reichweite
FREQUENZ NIEDRIG	große Reichweite, da atmosphärische Dämpfung geringer	schlechte Auflösung von Strukturen
BANDBREITE GROSS	Frequenzspektrum des Echos auswertbar (Richtung, Struktur), Kreuzkorrelation von Ruf und Echo genauer	keine Spezialisierung des Gehörs auf bestimmte Frequenzen möglich, weniger Energie in einer Frequenzgruppe
BANDBREITE GERING	Gehör kann für die Ruffrequenz besonders empfindlich sein, Dopplereffekt nutzbar	Spektrum des Echos enthält keine Information über Richtung, Entfernung und Objektstruktur

Die Mopsfledermaus kann zwei verschiedenen Lauttypen alternierend ausstoßen, dabei unterscheiden sich die Parameter der beiden Lauttypen und erlauben die Lösung unterschiedlicher Ortungsaufgaben.

Die Fledermausgilden

Der Abstand zur Vegetation erlaubt zusammen mit dem Echoortungsverhalten eine Einteilung der Fledermäuse in Gilden. Grafik: W. Lang

Die enge gegenseitige Abhängigkeit von Echoortung, bevorzugtem Jagdhabitat, morphologischen Anpassungen im Körperbau und an den Flügeln lässt sich mit dem Gildenkonzept zum Ausdruck bringen.
So kann man die bei uns vorkommenden Arten im Wesentlichen in fünf Gruppen einteilen. Für diese fünf Gilden haben sich die englischsprachigen Bezeichnungen etabliert:

Open space aerial foragers: Die Jäger des offenen Luftraumes haben eine weitreichende Echoortung mit oft tieffrequenten, schmalbandigen aber langen Rufen. Sie haben schmale Flügel für einen schnellen Flug, kurze kräftige Ohren und ein enganliegendes Fell. Typische Arten sind die Abendsegler oder die Bulldoggfledermaus.

Edge space aerial foragers: Sie jagen im Luftraum entlang von Kantenstrukturen wie Waldrändern oder über Wiesen und müssen dabei die Beute vor dem Hintergrund finden und Kollisionen vermeiden. Dabei kann man die Arten noch nach der typischen Jagdentfernung vom Hintergrund einteilen: Arten, die mehrere Meter Abstand vom Hintergrund halten produzieren typischerweise Laute mit frequenzmoduliertem Lautanfang und frequenzkonstantem Lautende, meist zwischen 30 und 60 kHz, deren Lautstruktur und Lautlänge je nach Entfernung vom Hintergrund bzw. Objekt angepasst wird. Zu ihnen gehören z.B. die Zwergfledermaus- und Langflügelfledermaus-Arten. Arten, die wesentlich näher an die Vegetation herangehen, wie die *Myotis*-Arten, nutzen breitbandige frequenzmodulierte Laute. Je näher sie an die Vegetation heranfliegen, umso breitbandiger und steiler werden ihre Rufe.

Edge space trawling foragers: Sie jagen niedrig über dem Wasser und greifen Beute von der Wasseroberfläche ab. Dabei nutzen sie frequenzmodulierte Laute mit mittlerer Bandbreite und einem oft flacher modulierten Mittelteil. Von glatten Wasseroberflächen wird das Echo vom Tier weg reflektiert. Befinden sich Objekte auf dem Wasser, empfangen sie dagegen sehr starke Echos. Bei uns gehören Wasser-, Teich- und Langfußfledermaus zu dieser Gruppe.

Narrow space flutter detecting foragers: Hufeisennasen können durch ihre langen konstantfrequenten Laute die fliegende Beute nahe der Vegetation orten. Die Flügelschläge der Beute erzeugen charakteristische Echomodulationen, sogenannte glints. Die Jagdflüge innerhalb der Vegetation setzen eine hohe Manövrierfähigkeit und damit breite und kurze Flügel voraus.

Narrow space passive gleaning foragers: Sie jagen in der Vegetation auf der Suche nach Beute und lesen diese vom Substrat ab. Sie können diese nicht mit ihrer Echoortung vom Hintergrund unterscheiden. Sie nutzen daher die Raschelgeräusche sich bewegender Beute, ihren Sehsinn oder den Geruchsinn. Zu ihnen gehören die Bechsteinfledermaus, die Mausohren und die Langohren.

Vor einem Stalleingang ausgebrachter batcorder zur Überprüfung auf Jagdvorkommen der Wimperfledermaus. So können akustisch gut zu bestimmende Arten effektiv untersucht werden.

An einem Baum befestigter batcorder als Beispiel für ein autonom arbeitendes Gerät. Auf eine Stange gesteckt können Aufnahmen aus allen Richtungen erfolgen.

Die Erfassung anhand der Ortungsrufe hat in den letzten Jahrzehnten enorm an Bedeutung gewonnen. Die Entwicklung autonom arbeitender Systeme von anwenderfreundlichen Analyseprogrammen und die steigende Nachfrage in den Bereichen von Landschaftsplanung und Naturschutz haben daran große Anteile. Die Ultraschall-Laute können mit elektronischen Geräten hörbar gemacht oder aufgezeichnet werden. Unabhängig von der unterschiedlichen Funktion nennt man solche Geräte Fledermaus-Detektoren oder „Bat-Detektoren".

Frequenzteiler- Detektoren

Bei der Frequenzteilung werden die Nulldurchgänge der in Spannung übersetzten Schallwellen bestimmt. Im einfachsten Fall werden jeweils 10 Nulldurchgänge abgezählt und dann eine Spannung auf Null oder Eins gesetzt, sodass sich eine Funktion mit einem Zehntel der Ausgangsfrequenz ergibt. Diese kann entweder direkt hörbar gemacht werden oder noch mit der ursprünglichen Einhüllenden der Amplitude multipliziert werden. Der Vorteil solcher Frequenzteiler ist, dass Fledermausrufe im gesamten Frequenzbereich des Mikrofons hörbar gemacht werden. Der wichtigste Nachteil ist, dass viele Feinheiten des Rufes verloren gehen.

Mischerverfahren

Bei Mischer-Detektoren wird zu der vom Mikrofon erzeugten Spannungsfunktion eine konstante Frequenz hinzugemischt. Daraus ergibt sich die Differenz als Schwebung. Liegt sie im menschlichen Hörbereich, kann man sie über einen Lautsprecher hörbar machen. Dabei spielt es keine Rolle, ob der Frequenzunterschied positiv oder negativ ist, also ob der Fledermaus ruf über oder unter der zugemischten Frequenz liegt. Ein Nachteil dieses Verfahrens ist, dass man nur Fledermäuse hört, deren Ortungsfrequenz in einem schmalen Band um die eingestellte Mischfrequenz liegt. Ein weiterer Nachteil ist, dass eine exakte Rekonstruktion des Ausgangssignals nicht möglich ist.

Direkte Aufzeichnung

Das einzige Verfahren, welches eine vollständige Rekonstruktion der Ortungsrufe erlaubt, ist eine direkte Aufzeichnung des vom Ultraschall-Mikrofon gelieferten Signals. Dazu wird es mit einer hohen Sampling-Rate abgetastet und in einen Speicher eingeschrieben. Der den Schalldruckverlauf abbildende Spannungsverlauf des Mikrofon-Signals ist auf diese Weise vollständig erhalten und kann weiterverarbeitet werden. Ebenso kann man das Signal verlangsamt abspielen und dadurch mit allen Feinheiten der Klangfärbung hörbar machen. Moderne Geräte speichern per Knopfdruck direkt auf eine Speicherkarte ab.

Autonome Aufzeichnung

In den letzten Jahren haben Geräte, die autonom betrieben werden und die nach Überschreiten einer vorher definierten Schwelle eine Aufnahme starten, eine sehr große Bedeutung erlangt. So können Aufnahmen von den Geräten auch über längere Zeiträume erstellt werden. Sie können auf Stangen, Masten oder an Bäumen ausgebracht werden und je nach Stromversorgung eine Woche oder monatelang betrieben werden.

Jagende Zweifarbfledermaus in Mehrfachbelichtung. Mit jedem Flügelschlag wird ein Ortungslaut ausgestoßen, der mit Fledermaus-Detektoren hörbar gemacht werden kann.
Foto: D. Nill

Detektionsdistanzen

Mittlere Distanz, aus der verschiedene Arten noch detektiert werden können und Korrekturfaktor um die Aufnahmewahrscheinlichkeit für Vergleiche korrigieren zu können. Nach Barataud (2012). Für automatisch erstellte Aufnahmen gelten Detektionsdistanzen von der Hälfte bis zu Zweidritteln der angegeben Entfernungen.

ART	OFFENLAND		WALD	
	Detektions-distanz	**Korrektur-faktor**	**Detektions-distanz**	**Korrektur-faktor**
Kleine Hufeisennase	5	5,00	5	5,00
Mittlere und Große Hufeisennasen	10	2,50	10	2,50
Wimperfledermaus	10	2,50	8	3,10
Nymphenfledermaus	10	2,50	10	2,50
Bartfledermaus	10	2,50	10	2,50
Brandtfledermaus	10	2,50	10	2,50
Wasserfledermaus	15	1,70	10	2,50
Fransenfledermaus	15	1,70	8	3,10
Bechsteinfledermaus	15	1,70	10	2,50
Mopsfledermaus	15	1,70	15	1,70
Kleines Mausohr	20	1,20	15	1,70
Mausohr	20	1,20	15	1,70
Mückenfledermaus	25	1,50	20	1,20
Zwergfledermaus	30	0,83	25	1,00
Weißrandfledermaus	30	0,83	25	1,00
Rauhautfledermaus	30	0,83	25	1,00
Langflügelfledermaus	30	0,83	20	1,20
Alpenfledermaus	40	0,71	30	0,83
Breitflügelfledermaus	40	0,71	30	0,83
Langohrfledermäuse	40	0,71	5	5,00
Nordfledermaus	50	0,50	50	0,50
Zweifarbfledermaus	50	0,50	50	0,50
Kleinabendsegler	80	0,31	80	0,31
Abendsegler	100	0,25	100	0,25
Bulldoggfledermaus	150	0,17	150	0,17
Riesenabendsegler	150	0,17	150	0,17

Artzuordnung

Während die Laute aus Teiler- und Mischerdetektoren per Gehör ausgewertet werden müssen, können die gespeicherten Daten aus direkter oder autonomer Aufzeichnung mit Computerprogrammen entweder als Sonagramm grafisch dargestellt werden, oder man setzt die in den letzten Jahren entwickelten automatisch arbeitenden Bestimmungsprogramme ein. Allen drei Methoden liegen jedoch die grundsätzlichen Limitierungen zu Grunde: Da die Ortungsrufe der verschiedenen Arten außerordentlich variabel und situationsabhängig sind, überlappen sich die Ruf-Repertoires verschiedener Arten häufig. Daher setzt die korrekte Artzuordnung von Echoortungslauten zu den jeweiligen Fledermausarten unabhängig von der Art der Auswertung ein hohes Maß an Erfahrung und vor allem ein Wissen um die Möglichkeiten und Grenzen der jeweils angewandten Methode voraus. Sehr erfahrene Fledermauskundler können eine Vielzahl der Arten anhand des Klanges, des Rhythmus und anhand der Flugweise bestimmen. Die Ergebnisse sind aber kaum nachprüfbar, nicht immer objektiv und die Fähigkeiten nur mühsam und langwierig zu erlernen. Die Darstellung in Sonagrammform erlaubt zusammen mit der Archivierung der Aufnahmen eine Dokumentation der Funde und eine Nachprüfbarkeit. Sie ist aber nach wie vor eng an die Kenntnisse und die Erfahrung der auswertenden Person geknüpft. Der große Vorteil von standardisierten Auswerteprogrammen ist, dass sie statistisch abgesicherte Daten liefern, deren Sicherheit und Fehlerrate angegeben werden können. Allerdings sind diese Programme sehr stark von der zu Grunde liegenden Referenzsammlung abhängig und können die sehr ähnlichen Arten nicht sicher auflösen. Erschwert wird die Validierung dadurch, dass keine Zusatzinformationen wie Sichtbeobachtungen oder Details zur jeweiligen Flugsituation bekannt sind. Die Bewertung und die Interpretation der Ergebnisse müssen daher unbedingt sehr sorgfältig, im jeweiligen Kontext und mit viel Sachkenntnis erfolgen.

Reichweite von Detektoren

Durch die atmosphärische Abschwächung der Laute, die in den hohen Frequenzbereichen viel stärker wirkt als in den tiefen Frequenzen, und die unterschiedlich lauten Rufe der Fledermäuse ist die Distanz aus der die Rufe gehört bzw. aufgenommen werden können sehr unterschiedlich. So kann man mit normalen Detektoren den Riesenabendsegler, wenn er auf einen zufliegt, im freien Luftraum schon aus 150 Meter Entfernung hören. Automatische Geräte mit üblicher Einstellung nehmen ihn aus bis zu 80 Meter Entfernung auf. Braune Langohren lassen sich im freien Flug aus kaum mehr als 10 Meter hören, beim Jagdflug oft nur aus 2–3 Meter Entfernung. Automatische Systeme lösen ebenfalls meist nur im direkten Nahbereich aus. Damit ergibt sich allein aus der Rufintensität der Arten eine deutlich überproportionale Aufnahmewahrscheinlichkeit für die QCF- und FM-QCF-Arten, während die FM-Arten deutlichunterrepräsentiert sind.

Bedeutung der Mikrofone

Während gerichtete Mikrofone einen kegelförmigen Aufnahmebereich abdecken und die Empfindlichkeit zu den Seiten stark abnimmt, decken omnidirektionale Mikrofone eine nahezu komplette Sphäre ab. Gerichtete Mikrofone haben meist eine etwas höhere Detektionsreichweite und erlauben eine Bestimmung der Richtung, aus der die Rufe kommen. Bei der Suche nach Fledermäusen müssen sie aber beständig hin und her geschwenkt werden, um einen Raum gut absuchen zu können. Bei omnidirektionalen Mikrofonen entfällt das Schwenken des Gerätes. Es ist allerdings kaum möglich, eine Richtung festzustellen.

Großes Fressen beim Maikäferflug: jagende Breitflügelfledermaus. Wenn energiereiche Beuteinsekten massenhaft fliegen, beuten viele Fledermausarten diese Ressource zeitgleich aus. Foto: S. Möhring

Bereits sehr einfache Detektoren lassen sich zur Unterstützung von Ausflugzählungen oder zur Suche von Jagdgebieten einsetzen. Sie eröffnen spannende Einblicke und sind für die Öffentichkeitsarbeit gut geeignet. Mit Mischerdetektoren lassen sich die Frequenzgänge verschiedener Arten gut erlernen. In Jagdgebieten benötigt man vor allem am Anfang viel Zeit, um mit dem Mischersignal zu spielen und so den Frequenzverlauf akustisch festzustellen und zu einer Artbestimmung zu kommen.

Quartiersuche

Mit Fledermausdetektoren kann man den Ausflug aus einem Quartier viel leichter feststellen als ohne. Aber auch tagsüber helfen sie, um an Waldrändern auf die Suche z.B. nach Quartieren des Abendseglers zu gehen. Sein Zetern ist so leichter zu hören. Sehr effektiv ist die Quartiersuche in den frühen Morgenstunden warmer Nächte, besonders bei Temperaturen über 20°C. Dann schwärmen viele Arten ausgiebig vor dem Quartiereingang. So kann an einem Morgen ein ganzes Dorf auf Quartiere abgesucht werden. Besonders gut funktioniert dies bei Breitflügel-, Nord-, Zwerg-, Mücken- und Weißrandfledermaus. Auch bei den Abendseglern kann man so die Quartiere an Bäumen finden.

Transekte

Um Informationen über die Verteilung von Individuen und Arten über die Fläche zu bekommen, sind Transektbegehungen sehr geeignet. Dabei werden Flächen gleichmäßig abgegangen und alle Fledermauskontakte registriert. Mit Mischerdetektoren muss man ständig die Frequenz wechseln, um auch einen Eindruck vom ganzen Frequenzspektrum zu erhalten. Teurere Geräte erlauben das Abspeichern der Aufnahmen automatisch oder per Knopfdruck, was für eine genaue Artzuordnung bei gleichmäßig begangenen Transekten unerlässlich ist. Größere Flächen können mit Fahrradtransekten erfasst werden. Autotransekte haben den Nachteil, dass die Zeitdauer einer Erfassung auf kleinen Flächenbereichen sehr kurz und damit nicht repräsentativ ist. Für großflächige Erfassungen sind sie dennoch geeignet.

Stationäre Aufzeichnung

Mit autonom arbeitenden Geräten können viele spannende Fragen untersucht werden, insbesondere wenn mehrere Geräte gleichzeitig eingesetzt werden. Mit einem Gerät kann z.B. die Aktivität an einem Ort über verschiedene Nächte verglichen werden oder Veränderungen der Artenzusammensetzung z.B. über Wiesen vor und nach der Mahd oder im Jahresverlauf. So lassen sich auch Zusammenhänge zwischen Temperatur und Windgeschwindigkeit auf die Jagdaktivität verschiedener Arten ermitteln. Mit mehreren Geräten lassen sich unterschiedliche Aktivitäten in derselben Nacht in unterschiedlichen Habitaten, Höhen im Wald, zwischen Tal und Bergkuppe oder an verschiedenen Quartieren prüfen. Die Einsatzmöglichkeiten sind nahezu unbegrenzt. Die Auswertung erfordert aber große Zurückhaltung. Neben der Artidentifikation sind Unterschiede in der Geräteempfindlichkeit, durch die Aufstellung bedingte Unterschiede und eine begrenzte Vergleichbarkeit der zahlreichen Gerätespezifikationen zu beachten. Der große Vorteil von kalibrierten und vergleichbar eingesetzten Geräten ist, dass eine objektive Bewertung der standardisierten Ergebnisse unabhängig vom Beobachter möglich ist.

Führungen mit Fledermausdetektoren sind für Kinder ein tolles Erlebnis. Foto: H.-M. Kochanek

Ein umfangreiches Angebot an Öffentlichkeitsmaßnahmen, wie z.B. Ausflugbeobachtungen an großen Fledermausquartieren, hat zu einem Imagewandel der Fledermäuse beigetragen.

Fledermäuse nutzen die Echoortung für die Orientierung im Raum, das Erkennen von Jagdgebieten und das Finden der Beute. Im offenen Luftraum sind andere Probleme zu lösen, als beim Fangen von Insekten in der Nähe von Vegetation oder beim Abpflücken von Oberflächen. Im Lauf der Evolution entwickelte daher jede Art ein artspezifisches Lautrepertoire, das an die Ortungsaufgaben angepasst ist. Die in einer Gilde zusammengefassten Arten haben ähnliche Ortungsaufgaben zu lösen. Daher sind bei ihnen Echoortungsverhalten und Lautstruktur sehr ähnlich, so dass man bei der akustischen Artbestimmung schnell an Grenzen stößt.
Die hier vorgestellten Möglichkeiten der akustischen Artbestimmung beziehen sich vor allem auf den Frequenz-Zeit-Verlauf (Sonagramm-Darstellungen) von Suchlauten und sind knapp gehalten. Für eine tiefergehende Bestimmung empfehlen wir die Arbeiten von Barataud (2012), Pfalzer (2002), Russ (2012) und Skiba (2009).

Zur Bestimmung sollten möglichst lange Sequenzen mit vielen Einzellauten betrachtet werden, im Minimum fünf deutliche und gut ausgesteuerte Rufe, besser deutlich mehr. Bei den schwierigen Artengruppen v.a. der Gattung *Myotis* sind zahlreiche Sequenzen nötig, um eine Einordnung treffen zu können.
Die Ortungsrufe der europäischen Arten werden im Folgenden in acht Gruppen eingeteilt. Dabei spielt der Frequenzverlauf eine entscheidende Rolle: FM steht für frequenzmodulierte Laute, d.h. die Frequenz ändert sich rasch mit der Zeit. CF steht für konstant frequente Laute (engl. constant frequency), d.h. über die Zeit bleibt die Frequenz gleich. QCF steht für quasi frequenzkonstante Laute, d.h. die Ortungsfrequenz ändert sich über die Zeit nur gering, fällt oder steigt also nur wenig. Harmonische sind ganzzahlige Vervielfachungen der Grundfrequenz. Sie sind im Sonagramm durch zwei oder mehr übereinander verlaufende Frequenzverläufe ersichtlich. Die einzelnen

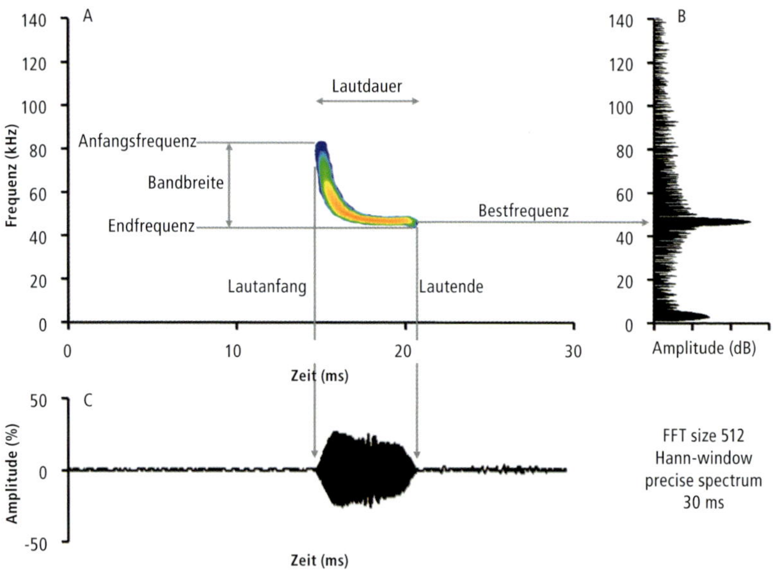

Darstellung eines einzelnen FM-QCF-Lautes einer Zwergfledermaus mit den üblichen Messwerten als A – Sonagramm: Frequenz-Zeitverlauf, Intensität farbcodiert, B – Power-Spektrum: Amplitude in dB bei einzelnen Frequenzen, C – Oszillogramm: Amplituden-Zeitverlauf.

Lautelemente können kombiniert werden, so z.B. als FM-CF-FM-Laute der Hufeisennasen.
Für eine tiefergehende Artbestimmung ist es unerlässlich, Aufnahmen der Laute zu erstellen und diese mit speziellen Computerprogrammen auszuwerten. Dabei werden üblicherweise drei Darstellungsformen verwendet: Sonagramm, Oszillogramm und Power-Spektrum.
Um charakteristische Frequenzverläufe zeigen zu können, wurden typische Laute sehr gut ausgesteuerter Aufnahmen ausgewählt, mit FFT-Längen von 512 oder 1.024 dargestellt und graphisch aufbereitet. Dabei wurden Rauschen, Echos und Insektengeräusche entfernt. Die angegebenen Frequenzparameter stammen aus eigenen Auswertungen aller Arten und und der unter kosmos.de/fledermaus-europa zitierten Literatur.

Zur Beschreibung von Ortungslauten werden üblicherweise folgende Parameter verwendet:
Bestfrequenz (peak frequency):
Frequenz der maximalen Amplitude im Spektrum.
Maximumfrequenz (maximum frequency):
Höchste Frequenz des Lautes.
Minimumfrequenz (minimum frequency):
Niedrigste Frequenz des Lautes.
Anfangsfrequenz (start frequency):
Frequenz am Lautanfang, bei FM-Lauten gleich der Maximumfrequenz.
Endfrequenz (end frequency):
Frequenz am Lautende, bei FM-Lauten gleich der Minimumfrequenz.
Lautdauer (duration):
Lautdauer im Oszillogramm.
Lautabstand (pulse interval):
Dauer zwischen dem Lautanfang eines Rufes zum Lautanfang des davorliegenden Rufes.

In der Literatur werden bei QCF-Lauten die Bezeichnungen End- und Bestfrequenz uneinheitlich verwendet. Während manche Autoren als Endfrequenz korrekt die Frequenz am Lautende auf dem Intensitätsgrat des Lautes messen, geben andere die tiefste im Sonagramm sichtbare Frequenz an, was zu deutlich zu niedrigen Werten führt. Wir haben daher die mit der Endfrequenz auf dem Grat identische Bestfrequenz am Lautende gemessen und angegeben und bezeichnen sie als „Bestfrequenz am Lautende". Hierzu begrenzt man das Powerspektrum auf die letzte(n) Millisekunde(n) im Sonagramm und liest im Powerspektrum die Bestfrequenz ab.

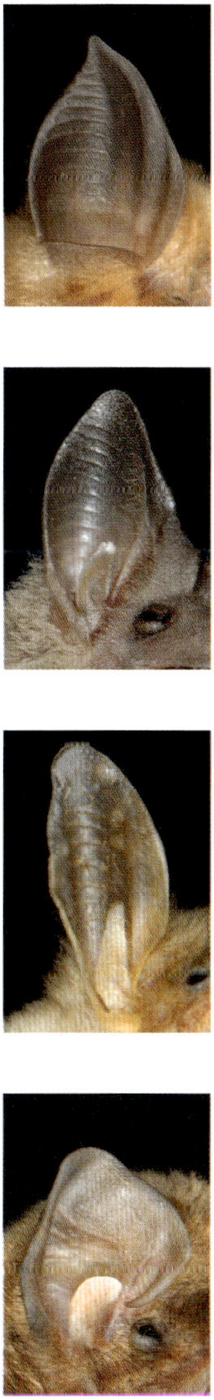

Die Fledermäuse verwenden nicht nur artspezifische Laute, sie haben auch ein daran angepasstes Empfangssystem. Ohren einer Hufeisennase, einer Mausschwanzfledermaus, eines Mausohrs und einer Langflügelfledermaus.

<table>
<tr><th>RUFTYP</th><th>GATTUNGEN / ARTEN</th><th>SONAGRAMM</th><th>FREQUENZVERLAUF</th></tr>
<tr><td>Doppelklicks
S. 116</td><td>Höhlen-flughunde – Rousettus-Arten</td><td>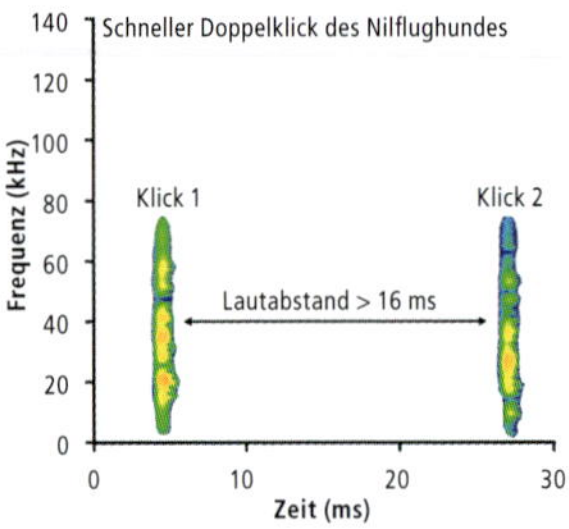
</td><td>Relativ leise geräuschhafte, breitbandige und mit der Zunge erzeugte Doppelklicks der Gattung Rousettus, im Gebiet nur der Nilflughund.</td></tr>
<tr><td>FM-CF-FM
S. 116</td><td>Hufeisennasen – Rhinolophus-Arten</td><td>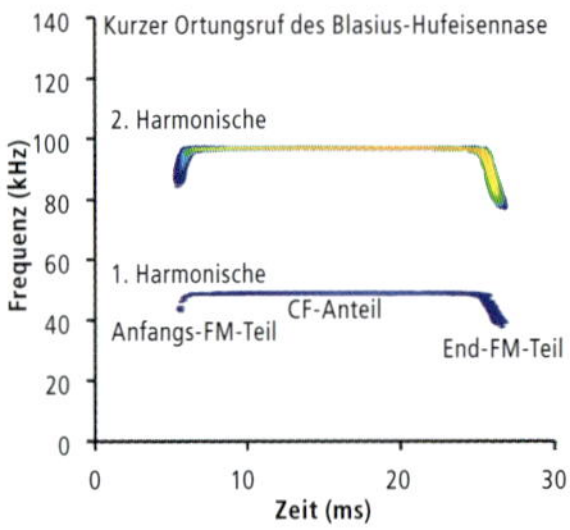
</td><td>Tackernadel-Form. Start- und End-FM nicht immer deutlich ausgeprägt und variabel. Lautdauer variabel. Frequenz des CF-Anteils artspezifisch.</td></tr>
<tr><td>FM-QCF
S. 118</td><td>ENPHV-Arten – Eptesicus-, Nyctalus-, Pipistrellus-, Hypsugo-, Vespertilio- Arten</td><td>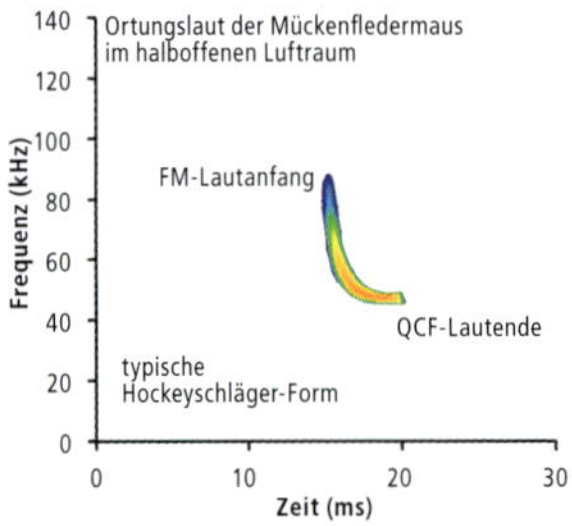
</td><td>Typische Hyperbel-Form mit anfänglichem FM-Teil und einem kurzen QCF-Endteil. Endfrequenz ist artspezifisch und hilft bei der Bestimmung.</td></tr>
<tr><td>QCF
S. 118</td><td>ENPHV-Arten – Eptesicus-, Nyctalus-, Pipistrellus-, Hypsugo-, Vespertilio- Arten</td><td>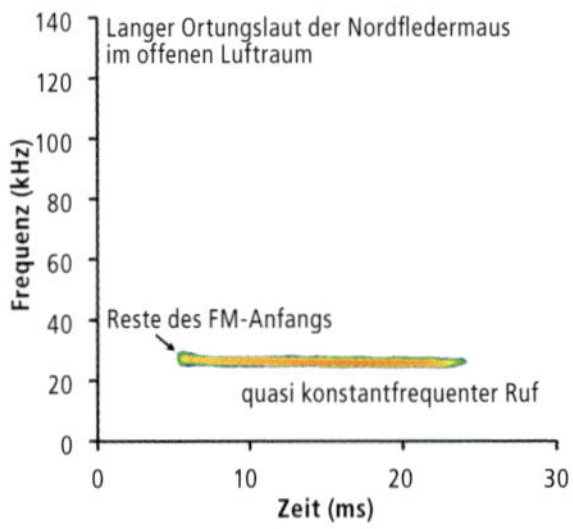
</td><td>Längere schmalbandige Laute mit geringem Abfall der Frequenz über die Zeit. Endfrequenz ist artspezifisch und hilft bei der Bestimmung.</td></tr>
</table>

… anhand der Ortungsrufe

RUFTYP	GATTUNGEN / ARTEN	SONAGRAMM	FREQUENZVERLAUF
FM S. 122	Mausohrfledermäuse – *Myotis*-Arten	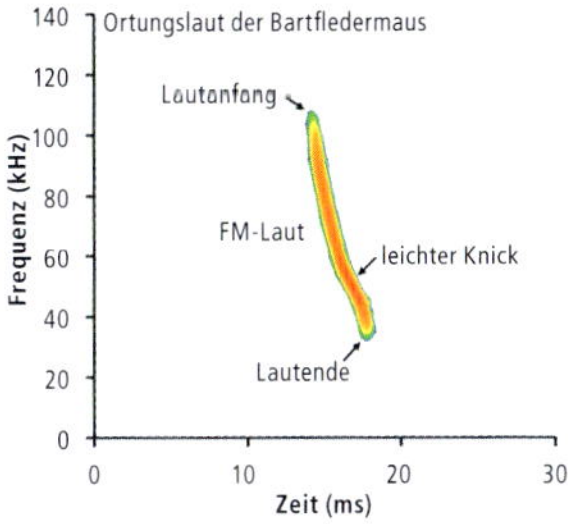	Breitbandige Laute überstreichen in kurzer Zeit einen großen Frequenzbereich, manchmal mit flacherem Mittelteil. Anfangs- und vor allem Endfrequenz helfen bei der Artzuordnung.
FM mit vollen Harmonischen S. 126	Langohren – *Plecotus*-Arten	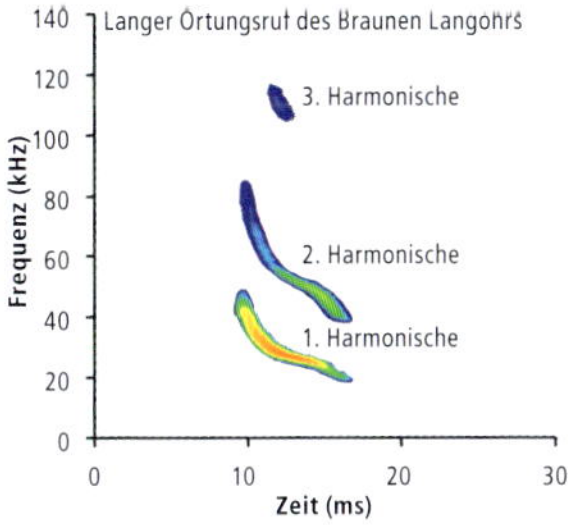	FM-Laute oft mit flachem Mittelteil und mit meist zwei deutlichen Harmonischen. Der Überlappungsgrad der Harmonischen und die Endfrequenzen helfen bei der Artbestimmung.
Alternierende flache und steile FM S. 127	Mopsfledermäuse – *Barbastellus*-Arten	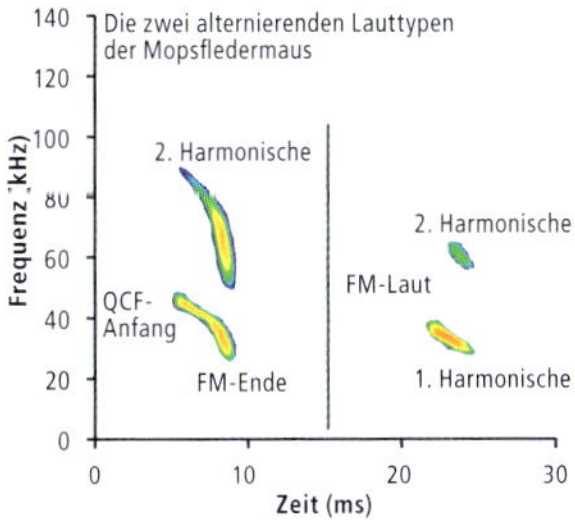	Sehr leise Rufe. Im Suchflug werden abwechselnd zwei Lauttypen erzeugt. Nach oben wird ein längerer FM-Laut ausgestoßen (Typ 2), nach unten ein in der Frequenz tieferer FM-Laut (Typ 1), der von unten mit höherer Amplitude aufgenommen wird.
Soziallaute S. 121 und S. 124–125	Alle Arten	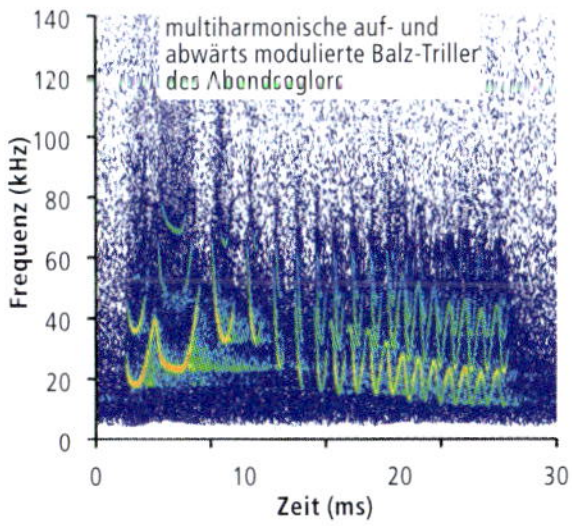	Sehr variable Rufformen, oft länger als Ortungsrufe, oft wellenartiger Verlauf oder wiederholte Einzelelemente. Meist eingestreut zwischen Ortungslaute. Oft multiharmonisch und tieffrequent.

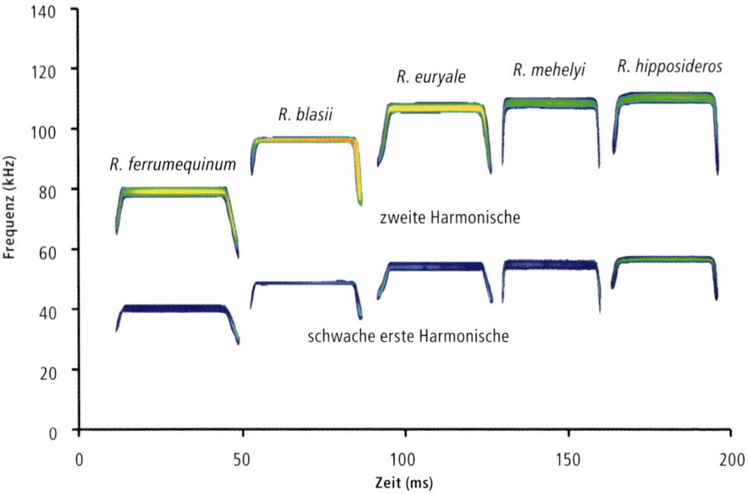

Zusammenstellung einzelner FM-CF-FM-Laute der fünf europäischen Hufeisennasen-Arten. Die meiste Energie liegt in der zweiten Harmonischen. Bei schwachen Aufnahmen kann die erste Harmonische fehlen.

Bestimmung von geräuschhaften Doppelklicks

Aufnahmen dieser Art sind schwierig, da entweder die oberen Frequenzen fehlen oder durch ein Übersteuern der Aufnahmen scheinbar viele Harmonische und Spiegelungen auftreten. Die Einzellaute sind bis 0,7 ms lang. Bei schlechten Aufnahmen erscheinen sie aufgrund von Umgebungsechos auch länger. Der Lautabstand der Doppelklicks liegt bei (16) 30–80 (120) ms. Die obere Frequenzgrenze liegt bei (80) 70–60 (55) kHz, die untere Frequenzgrenze bei 7–12 kHz. Damit erreichen die Laute den Hörbereich des Menschen und sind aus geringen Entfernungen (wenige Meter) als Klicks hörbar. Mit Detektoren auf maximal 30 Meter detektierbar: Im Bearbeitungsgebiet nur eine Art, der Nilflughund (*Rousettus aegyptiacus*).

Bestimmung von FM-CF-FM-Lauten

Die FM-Anteile zu Beginn und am Ende der Rufe sind sehr variabel. Für die Artbestimmung wird die Bestfrequenz des CF-Anteils der Laute verwendet. Dieser Lautabschnitt kann bis zu 80 oder sogar 150 ms lang sein. Die Pausen zwischen den Rufen sind nur kurz. In manchen Situationen werden meist kürzere Rufe in Gruppen ausgestoßen. Bei Lautgruppen hat nur der erste Laut einen initalen FM-Teil. Die Bestfrequenz ist leicht zu messen. Die Rufe sind stark gerichtet und auch während eines Einzelrufes schwankt die Intensität in den Aufnahmen durch Kopfbewegungen der Fledermäuse sehr stark, v.a. bei hängenden Tieren. Die Detektionsdistanz der Laute liegt meist bei unter 5–10 Meter. Die individuellen CF-Frequenzen schwanken nur wenig, sind aber von Tier zu Tier verschieden und liegen in einem artspezifischen Bereich, der noch ortspezifisch variieren kann. Die von fliegenden Tieren aufgenommen Laute liegen aufgrund der Dopplereffekt-Kompensation bis zu 1 kHz unter der individuellen Ruhefrequenz von Ortungslauten, die von in der Hand gehaltenen oder an der Jagdwarte hängenden Tieren aufgenommen wurden.

Bereiche der individuellen Bestfrequenzen des CF-Anteils der europäischen Hufeisennasen (*Rhinolophus*) -Arten:

Große Hufeisennase (*R. ferrumequinum*)	79 – 84 kHz
Blasius-Hufeisennase (*R. blasii*)	92 – 98 kHz
Mittelmeer-Hufeisennase (*R. euryale*)	102 – 109 kHz
Mehely-Hufeisennase (*R. mehelyi*)	104 – 112 kHz
Kleine Hufeisennase (*R. hipposideros*)	106 – 116 kHz

Zur Bestimmung ist die Verbreitung der fünf Arten zu beachten. Die Große Hufeisennase und die Blasius-Hufeisennase sind eindeutig an der CF-Frequenz bestimmbar. Bei den drei anderen Arten hilft eine Größeneinschätzung der Tiere, um die sehr kleine Kleine Hufeisennase abgrenzen zu können. Sequenzen mittelgroßer bis groß wirkender Hufeisennasen über 108 kHz betreffen mit sehr großer Wahrscheinlichkeit die Mehely-Hufeisennase, unter 106 kHz die Mittelmeer-Hufeisennase. Bei automatisch erstellten Aufnahmen ohne Zusatzinformationen zur Größe und Flugrichtung bzw. Fluggeschwindigkeit der Tiere ist eine Zuordnung im Frequenzbereich 104–112 kHz zu den drei Arten nicht sicher möglich.

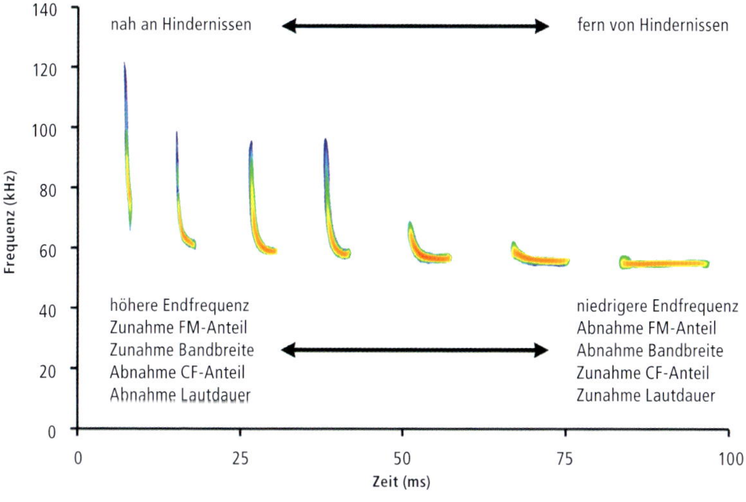

Lautrepertoire der Mückenfledermaus (*Pipistrellus pygmaeus*). Die Lautstruktur reicht von nahezu reinen kurzen FM-Rufen hin zu reinen QCF-Rufen. Die kurzen, rein frequenzmodulierten Laute werden nur in Annäherungssequenzen gefunden. Die Endfrequenz nimmt mit der Dauer der Laute etwas ab.

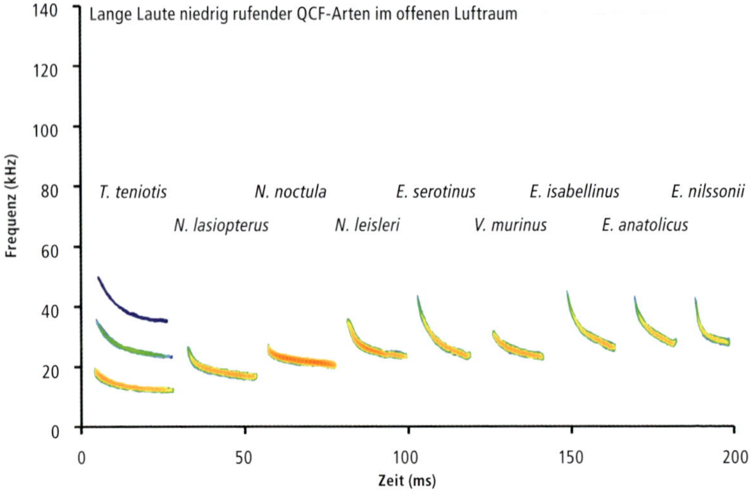

Zusammenstellung der niedrig rufenden europäischen FM-QCFArten.

Bestimmung von FM-QCF- und QCF-Lauten

Diese Lauttypen werden von Arten des offenen Luftraums und halboffener Habitate genutzt. Während sie beim Quartierabflug oder beim Suchflug in der Nähe von Vegetation z.B. im Wald, einen sehr ausgeprägte FM-Anteil mit manchmal kaum sichtbarem QCF-Anteil aufweisen, nutzen sie im offenen Luftraum weit weg vom Boden und von Vegetation oder anderen Hintergrundstrukturen bis über 20 mal längere, nahezu konstantfrequente QCF-Laute. Der Übergang von FM(-QCF)- über FM-QCF- zu QCF-Lauten mit steigender Lautlänge geht mit einem leichten Abfall der Best- bzw. Endfrequenz des QCF-Anteils von 2–5 kHz einher. Dies hat zur Folge, dass kurze Laute (2–4 ms) eine höhere Endfrequenz als sehr lange offene Luftraumlaute von 10,15 oder 20 ms Länge aufweisen, ein Effekt der bei der Bestimmung unbedingt zu beachten ist.
Viele der Arten mit FM-QCF-Lauten rufen in sich überlappenden Frequenzbereichen, so bei 42–50 kHz (Zwergfledermaus, Hanaks Zwergfledermaus, Madeirafledermaus, Langflügelfledermaus) oder bei 19–25 kHz (Abendsegler, Kleinabendsegler, Zweifarbfledermaus, Breitflügelfledermaus, Küstenfledermaus, Isabellfledermaus). Dies erschwert eine Bestimmung erheblich bzw. macht sie unmöglich. Dies gilt besonders für automatisch erstellte Lautaufnahmen ohne genaue Kenntnis der jeweiligen Flugsituation oder visuelle Zusatzhinweise. Hilfreich kann dabei der Vergleich von Lauten einheitlicher Lautlängen (z.B. nur von 6 ms langen Lauten) mit umfangreichen lokal erstellten Referenzaufnahmen in vergleichbaren Habitaten sein. Dennoch rufen manche Arten in ähnlichen Situationen so ähnlich, dass mit den üblicherweise gemessenen Parametern keine Unterscheidung möglich ist. Daher sollte bei der Artbestimmung eine erhebliche Vorsicht an den Tag gelegt werden.
Wir geben die Bestfrequenz am Lautende an, die mit der auf dem Intensitätsgrat des Lautes gemessenen Endfrequenz (nicht der tiefsten im Sonagramm sichtbaren Frequenz!) übereinstimmt.

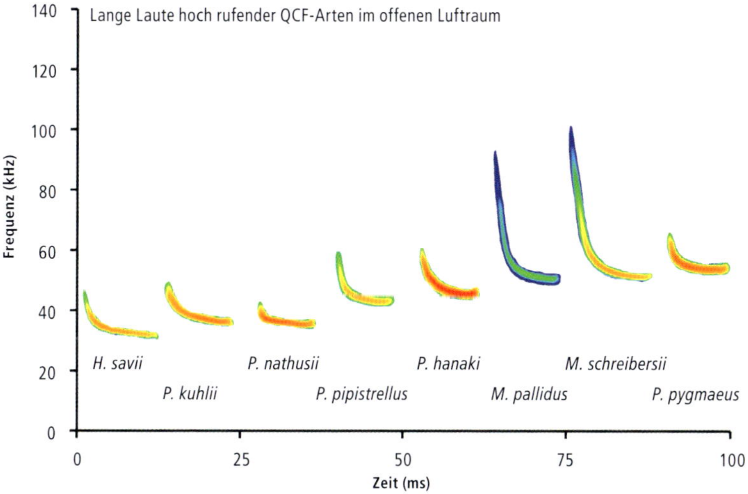

Zusammenstellung langer Suchlaute der hoch rufenden europäischen FM-QCF-Arten.

Bestfrequenzen am Ende des QCF-Anteils der europäischen Arten: Offener Luftraum/ halboffener Luftraum

Bulldoggfledermaus (*Tadarida teniotis*)	9–14 kHz / 13–17 kHz	**Alpenfledermaus** (*Hypsugo savii*)	30–35 kHz / 32–37 kHz
Riesenabendsegler (*Nyctalus lasiopterus*)	14–16 kHz / 16–22 kHz	**Weißrandfledermaus** (*Pipistrellus kuhlii*)	34–39 kHz / 37–42 kHz
Abendsegler (*N. noctula*)	17–21 kHz / 22–29 kHz	**Rauhautfledermaus** (*P. nathusii*)	35–40 kHz / 38–43 kHz
Kleinabendsegler (*N. leisleri*)	22–25 kHz / 25–32 kHz	**Zwergfledermaus** (*P. pipistrellus*)	41–46 kHz / 44–51 kHz
Breitflügelfledermaus (*Eptesicus serotinus*)	22–26 kHz / 26–33 kHz	**Hanaks Zwergfledermaus** (*P. hanaki*)	43–48 kHz / 45–55 kHz
Zweifarbfledermaus (*Vespertilio murinus*)	22–27 kHz / 24–29 kHz	**Steppen-Langflügelfledermaus** (*M. pallidus*)	47–51 kHz / 48–56 kHz
Isabellfledermaus (*E. isabellinus*)	24–27 kHz / 28–32 kHz	**Langflügelfledermaus** (*Miniopterus schreibersii*)	49–53 kHz / 50–58 kHz
Küstenfledermaus (*E. anatolicus*)	27–30 kHz / 29–33 kHz	**Mückenfledermaus** (*P. pygmaeus*)	50–57 kHz / 53–65 kHz
Nordfledermaus (*E. nilssonii*)	26–29 kHz / 27–32 kHz		

Die Bulldoggfledermaus hat charakteristische niedrige Bestfrequenzen unter 14 kHz, meist unter 12 kHz, die auch sehr gut mit bloßem Ohr hörbar sind. Meist deutliche Harmonische.

Im offenen Luftraum nutzen die Abendsegler zwei gleichmäßig abwechselnd ausgestoßene Lauttypen: kürzere FM-QCF-Laute (*N. noctula* ca. 14 ms lang, Bestfrequenz ca. 24 kHz) und längere QCF-Laute (*N. noctula* ca. 22 ms lang, Bestfrequenz ca. 18 kHz). Die drei Arten überlappen in ihren Frequenzbändern, Bestfrequenzen langer Laute unter 16 kHz betreffen *N. lasiopterus*, über 22 kHz *N. leisleri*.

Küsten- und Isabellfledermaus haben kleine Verbreitungsgebiete und rufen höher als sympatrische Breitflügelfledermäuse.

Zweifarb- und Breitflügelfledermaus können schwer voneinander und von im halboffenen Luftraum jagenden Abendseglern und Kleinabendseglern zu unterscheiden sein. Mit Sichtbeobachtungen kann die Breitflügelfledermaus am Flugbild erkannt werden. Die Zweifarbfledermaus hat, wenn man sie anleuchtet, einen hellen Bauch. Im Herbst werden charakteristische Balzlaute geäußert. Die Nordfledermaus ruft ähnlich, meist aber höher und durch Gruppen innerhalb der Sequenz ergibt sich ein holperiger Höreindruck.

Bestfrequenzen unter 34,5 kHz und über 31 kHz sind der Alpenfledermaus zuzuordnen, manchmal können aber auch Rauhautfledermäuse tief rufen. Daher zusätzlich auf Balzrufe achten.

Weißrand- und Rauhautfledermaus sind an Ortungsrufen nicht verlässlich zu unterscheiden. Die Balzrufe sind aber charakteristisch.

Die Zwergfledermaus ruft meist höher als die Weißrand- oder die Rauhautfledermaus, wenn viele Tiere zusammen jagen treten aber auch regelmäßig tiefere Bestfrequenzen um 41–42 kHz auf. Rufe meist tiefer als Mückenfledermaus, v.a. die kleinen ostmediterranen Tiere rufen aber oft um 50 kHz. Hanaks Zwergfledermaus kommt nur auf Kreta und in Libyen vor, wo es weder Zwerg- noch Mückenfledermäuse gibt.

Die beiden Langflügelfledermäuse rufen abwechselnd laut und leise, was bei den Zwergfledermaus-Arten weniger stark ausgeprägt ist. Die etwas größere Steppen-Langflügelfledermaus ruft etwas tiefer.

Die Mückenfledermaus ruft höher als alle anderen Arten. Im Bereich unter 52 kHz können Überlappungen mit der Zwergfledermaus, unter 56 kHz mit der Langflügelfledermaus möglich sein. Hierbei zusätzlich auf die Größe der Tiere achten. Die Balzrufe sind charakteristisch.

Balzrufe der Zwergfledermaus sind meist 4-5teilig, selten nur 2–3teilig, die der Mückenfledermaus typischerweise dreiteilig. Rauhautfledermäuse haben ganze Trillerkomplexe, die individuell ausgestaltet werden. Balzrufe der Weißrandfledermaus sind 3-5teilige Triller, die mit 13 kHz sehr tief reichen.

Alpenfledermäuse haben lange undulierende Laute.

Die sehr lauten Einzelrufe der Zweifarbfledermäuse werden bis zu zwölfmal direkt aneinandergehängt und ausdauernd vorgetragen.

Zwergfledermäuse verändern die Lautstruktur je nach Ortungsaufgabe: nahe am Hindernis werden kurze frequenzmodulierte Laute ausgestoßen, im freien Luftraum lange nahezu konstantfrequente Rufe.

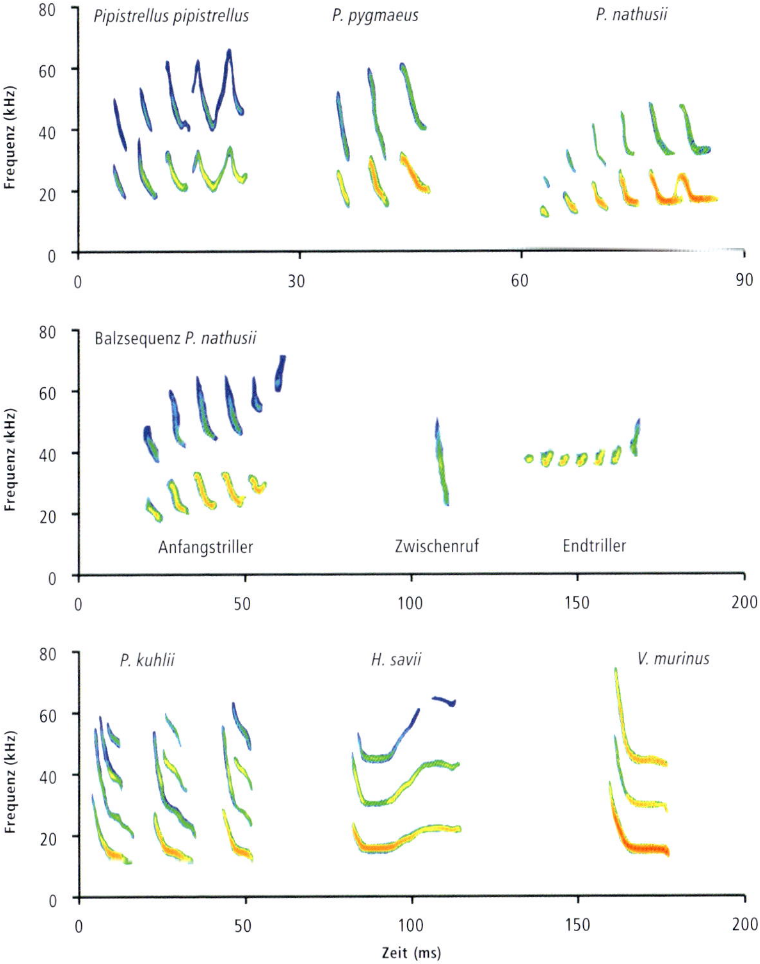

Häufig zu hörende Soziallaute der Zwergfledermaus-Arten, Alpenfledermaus und Zweifarbfledermaus (*Pipistrellus, Hypsugo und Vespertilio*).

Beim Quartieranflug nutzt die Bechsteinfledermaus sehr viel leisere, kürzere und schmalbandigere Laute als beim Jagdflug in größerem Abstand zu Hindernissen.

Bestimmung von FM-Lauten

Reine FM-Laute werden von den Arten der Gattung *Myotis* produziert. Sie ermöglichen eine Distanzmessung und Richtungsbestimmung auf vielen Frequenzkanälen, sodass genau lokalisiert werden kann. Sie sind an reich strukturierte Lebensräume und an die Jagd nahe der Vegetation angepasst. Im Vordergrund steht eine hohe Detailauflösung und nicht die Abgrenzung von anderen Arten. Daher überlappen sich die FM-Laute vieler Arten sehr stark und können – je nach Situation – sehr ähnlich sein. So können alle Arten im offenen Luftraum Laute von 10 ms Dauer, Anfangsfrequenzen von 80–90 kHz und Endfrequenzen von 30–35 kHz aufweisen. Eine Artzuordnung allein an Lautparametern ist daher meist nicht möglich. Brandt- und Bartfledermaus sowie Mausohr und Kleines Mausohr sind jeweils nicht zu trennen. Die oft angegebene Bestfrequenz der Laute ist situationsabhängig sehr stark verschieden und ist bei der Bestimmung nicht hilfreich. Zusatzinformationen zum Flugverhalten und der Größe der Tiere und sehr viel Erfahrung sind für eine tiefergehende Artbestimmung nötig. Wir empfehlen, bei rein akustischen Artzuordnungen sehr vorsichtig zu sein, insbesondere bei automatisch erstellten Aufnahmen ohne Zusatzinformationen.

Anfangs- / Endfrequenzen von FM-Rufen der europäischen *Myotis*-Arten, jeweils typischer (Mittel-) Wert und Spannweite:

Fransenfledermaus
(*M. nattereri*) 110 (90–180) – 20 (11–25) kHz
Iberische Fransenfledermaus
(*M. escalerai* 130 (120–150) – 18 (15–20) kHz
Wasserfledermaus
(*M. daubentonii*) 85 (55–95) – 26 (25–40) kHz
Langfußfledermaus
(*M. capaccinii*) 80 (50–90) – 35 (27–39) kHz
Teichfledermaus
(*M. dasycneme*) 80 (60–85) – 26 (20–35) kHz
Bartfledermaus
(*M. mystacinus*) 90 (75–120) – 29 (28–35) kHz
Brandtfledermaus
(*M. brandtii*) 90 (65–130) – 26 (18–33) kHz
Steppen-Bartfledermaus
(*M. davidii*) 105 (95–112) – 37 (32–43) kHz
Bechsteinfledermaus
(*M. bechsteinii*) 100 (80–110) – 35 (25–40) kHz
Mausohr
(*M. myotis*) 80 (70–120) – 26 (21–29) kHz
KleinesMausohr
(*M. oxygnathus*) 80 (70–105) – 28 (21–30) kHz
Punisches Mausohr
(*M. punicus*) 80 (70–100) – 24 (21–28) kHz
Wimperfledermaus
(*M. emarginatus*) 140 (90–180) – 38 (30–50) kHz
Nymphenfledermaus
(*M. alcathoe*) 120 (100–140) – 43 (39–47) kHz

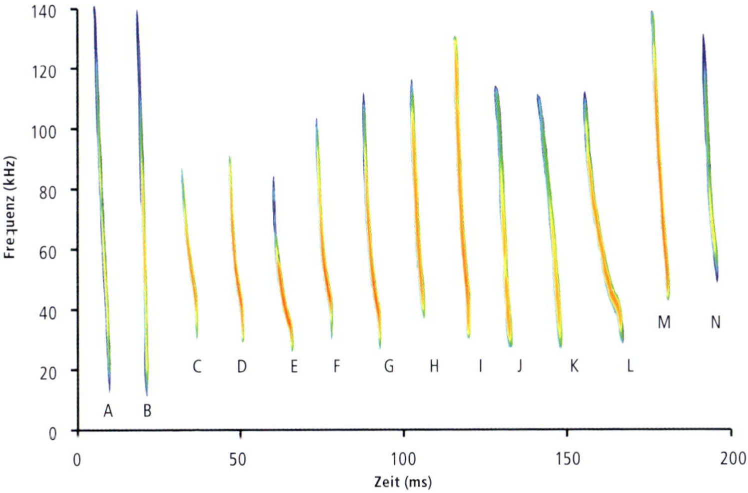

Zusammenstellung typischer FM-Suchlaute der europäischen *Myotis*-Arten. Die Bandbreite weist eine erhebliche Variabilität auch innerhalb einer Art auf.
A: *M. nattereri*, **B**: *M. escalerai*, **C**: *M. daubentonii*, **D**: *M. capaccinii*,
E: *M. dasycneme*, **F**: *M. mystacinus*, **G**: *M. brandtii*, **H**: *M. davidii*, **I**: *M. bechsteinii*,
J: *M. myotis*, **K**: *M. oxygnathus*, **L**: *M. punicus*, **M**: *M. emarginatus*, **N**: *M. alcathoe*

Die Ortungslaute vieler *Myotis*-Arten sind von geringer Intensität und daher nur über kurze Distanzen, meist unter 10 Meter detektierbar. Die Mausohren und die über Wasser jagenden Arten rufen relativ laut und sind auch über 20–30 Meter hörbar, Bechstein- und Nymphenfledermaus sind sehr leise. Aufgrund der hohen Bandbreite sind die Lautteile unterschiedlich von der atmosphärischen Abschwächung betroffen: hohe Frequenzen werden sehr stark abgeschwächt, niedrige weniger. Daher fehlen bei Lautaufnahmen oft die hochfrequenten Lautanteile. Dies hat zur Folge, dass die Anfangsfrequenz als zu niedrig eingeschätzt wird. Ist der Lautanfang vollständig vorhanden, zeigt sich oft ein kleines Häkchen am Lautanfang, das durch eine kurze Aufwärtsmodulation während der Öffnung der Stimmritze gebildet wird. Lautaufnahmen von Fransen- oder Wimperfledermaus aus nächster Nähe zeigen Anfangsfrequenzen von bis zu 180 kHz, die aus üblichen Detektionsdistanzen beim Jagdflug gar nicht aufgenommen werden können.

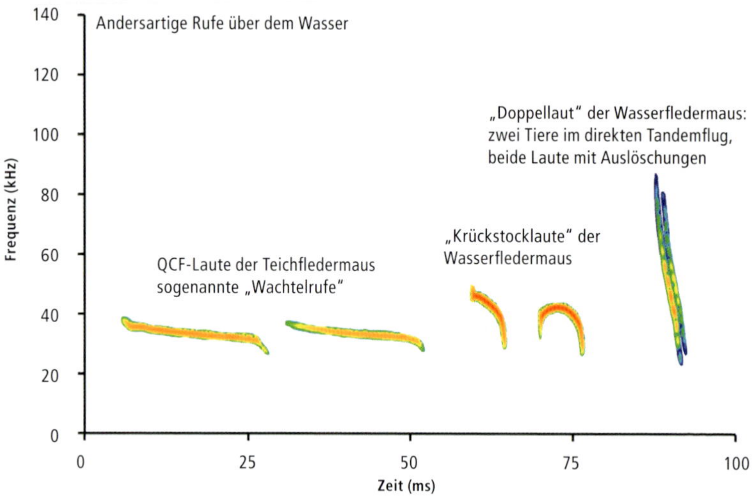

QCF- und Sozialrufe von Teich- und Wasserfledermaus und Ruf-Echo-Paar mit Auslöschungen. Diese entstehen durch Überlagerung.

Bei den *Myotis*-Arten ist eine Artzuordnung durch eine hohe situationsabhängige Variabilität und das Fehlen fester Endfrequenzen schwierig. Dennoch können einige Arten in manchen Situationen sicher zugeordnet werden.

Auf längeren Sequenzen lässt sich die Fransenfledermaus sicher erkennen: Sie hat die höchste Bandbreite und die niedrigsten Endfrequenzen, die bis in den hörbaren Bereich hinein reichen. Die Iberische Fransenfledermaus und die anderen kryptischen Formen rufen allerdings gleich.

Enden die FM-Laute auch bei längeren Sequenzen mit vielen Lauten größtenteils oder durchgängig bei über 40 kHz, handelt es sich um Laute von Wimper- oder Nymphenfledermaus. Letztere ruft extrem leise und kann nur in (Eichen-)Wäldern oder an nahegelegenen dicht bewachsenen Gewässern angetroffen werden. Ihre Laute enden meist sehr stereotyp um 43 kHz. Die Wimperfledermaus nutzt ein viel weiteres Habitatspektrum und kann auch in Siedlungen und an Ställen angetroffen werden, ihre Endfrequenzen wechseln auch zwischen aufeinanderfolgenden Lauten oft innerhalb einer Sequenz um bis zu 10 kHz. Anhand von Nullstellen mit regelmäßigem Abstand, die durch Interferenz des direkt am Mikrofon ankommenden und des an einer Oberfläche reflektierten Lautes entstehen, kann man erkennen, dass eine Fledermaus direkt an einer reflektierenden Oberfläche flog. Stammt die Aufnahme von einem Gewässer, spricht dies für eine sehr niedrige Flughöhe über dem Wasser. Relativ schmalbandige FM-Laute gehören dann zu Wasser-, Teich- oder Langfußfledermaus. Letzte kommt nur im Mittelmeergebiet vor. Wasser- und Teichfledermaus kann man an der Größe unterscheiden. Die Teichfledermaus fliegt geradliniger und hat niedrigere Endfrequenzen. Krückstocklaute

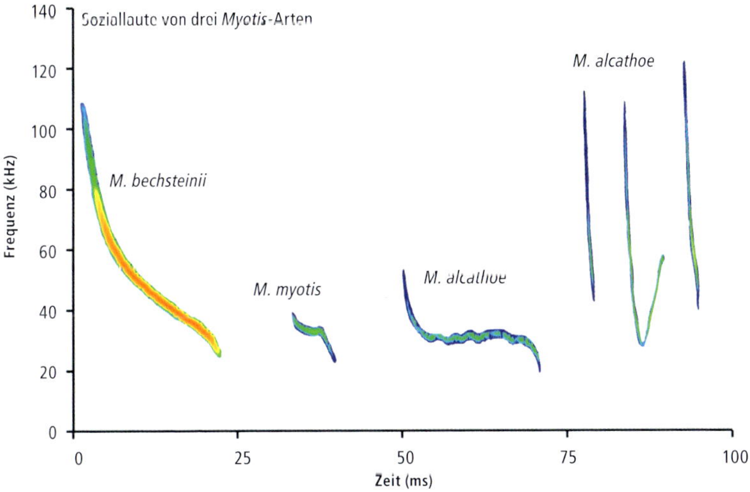

Sozialrufe von Bechsteinfledermaus, Mausohr und Nymphenfledermaus. Bei den *Myotis*-Arten ähneln die Soziallaute langen Ortungslauten oder haben undulierende Frequenzverläufe und sind meist leise.

werden nur von der Wasserfledermaus (aber selten), die Wachtelrufe nur von der Teichfledermaus (und häufig) genutzt. Alle drei „Gewässer"-Fledermäuse lassen sich meist gut beobachten und oft auch mit einer Taschenlampe anleuchten.
Die Mausohren sind von anderen Arten am besten durch eine zusätzliche Sichtbeobachtung abzutrennen. Sie wirken sehr breitflügelig. Sie sind allerdings weder anhand von Lautaufnahmen noch an der Größe voneinander zu unterscheiden. Im hindernisreichen Flug sind die Rufe der Mausohren denen der Breitflügelfledermaus zum Verwechseln ähnlich.
Die Bartfledermaus-Arten und die Brandtfledermaus können ebenfalls nicht an den Lauten unterschieden werden. Als Gruppe trennen sie sich aber durch ihre geringe Größe und den sehr wendigen, oft zwergfledermausartigen Flug ab. Die Bechsteinfledermaus kann anhand ihrer mittleren Größe und bei guten Sichtbeobachtungen auch an den langen Ohren und einem sehr langsamen Flug erkannt werden. In gut ausgesteuerten Aufnahmen ist oft eine schwache zweite Harmonische zu sehen.

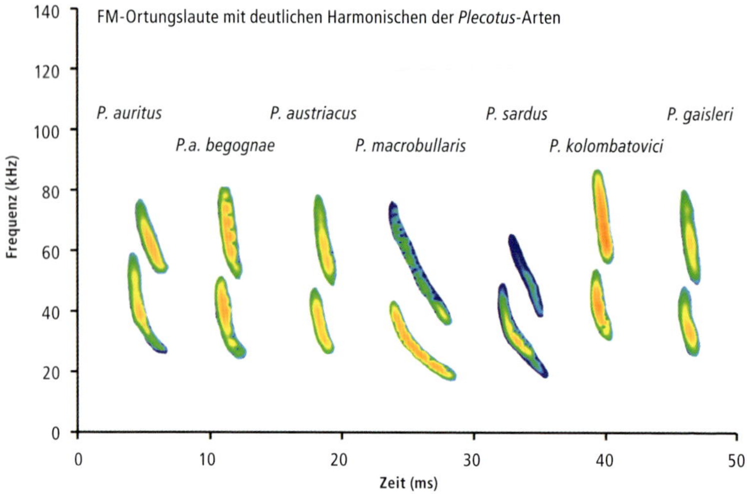

Zusammenstellung von FM-Lauten mit einer deutlichen Harmonischen der *Plecotus*-Arten.

Bestimmung von FM-Lauten mit deutlichen Harmonischen

FM-Laute mit deutlichen Harmonischen werden in Europa nur von den Langohren (Gattung *Plecotus*) erzeugt. Verwechslungen bestehen aber bei übersteuerten Aufnahmen niedrig rufender FM-QCF-Laute. Hier werden durch die Übersteuerung elektronisch höhere Harmonische erzeugt. Da die Langohren ihre Ortungslaute den jeweiligen Ortungssituationen anpassen und durch die Nase oder das Maul orten können, treten ganz unterschiedliche Laute auf. Zudem sind die Laute sehr leise und daher nur auf kurze Distanzen zu hören. So sind in der Vegetation jagende Braune Langohren schon aus 2 Metern Entfernungen oft nicht mehr detektierbar. Daher sind nur längere Sequenzen, meist nur bei Vorliegen von vielen Sequenzen, einer Art zuzuordnen. Hilfreich ist es dabei, auf die Verbreitung der Arten zu achten.

Anfangs-/Endfrequenzen der ersten Harmonischen von Rufen der europäischen *Plecotus*-Arten, jeweils typischer (Mittel-) Wert und Spannweite, + steht für häufige Überlappung der beiden Harmonischen:

Braunes Langohr
(*P. auritus*) 55 (32–64) – 24 (16–31) kHz +
Graues Langohr
(*P. austriacus*) 43 (35–55) – 23 (17–32) kHz (+)
Alpenlangohr
(*P. macrobullaris*) 42–48 – 15–23 kHz
Sardisches Langohr
(*P. sardus*) 54–53 – 17–21 kHz (+)
Balkan-Langohr
(*P. kolombatovici*) 45 – 24 kHz
Libysches Langohr
(*P. gaisleri*) 43 – 22 kHz
Sardisches Langohr
(*P. sardus*) 54–53 – 17–21 kHz (+)
Iberisches Langohr
(*P. a. begognae*) 52 (32-62 – 22 (18-30) kHz

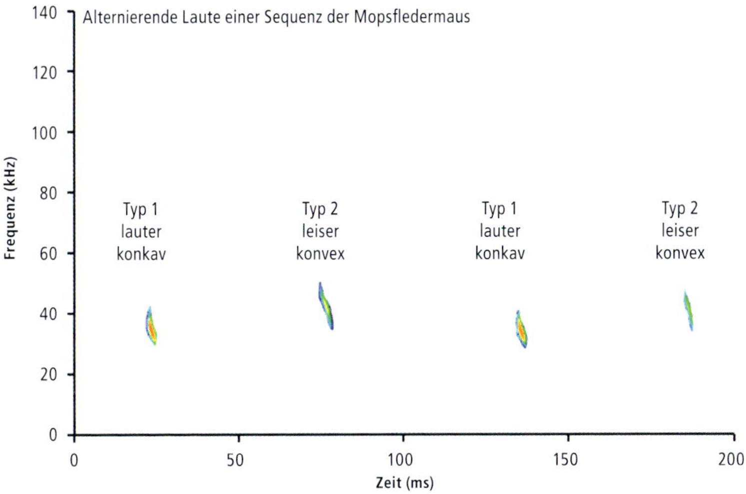

Typische Lautsequenz der Mopsfledermaus mit alternierenden Lauten vom Typ 1 und 2.

Graue Langohren haben meist eine Anfangsfrequenz unter 48 kHz und keinen oder sehr geringen Überlapp der beiden Harmonischen. Braune Langohren haben einen Lautanfang über 48 kHz und einen deutlichen Überlapp der Harmonischen. Das Alpenlangohr ruft sehr ähnlich wie das Braune Langohr, aber meist etwas lauter und der Lautanfang meist etwas tiefer. Die anderen Langohrarten sind im Hinblick auf die Ortungsrufe ungenügend bekannt, rufen aber sehr ähnlich wie das Graue Langohr.

Bestimmung von alternierend flachen und steilen FM-Lauten

Regelmäßig wiederholte Ortungslaute, die mit einem mehr oder weniger frequenzkonstanten Teil beginnen und frequenzmoduliert enden, treten nur bei den Mopsfledermäusen (Gattung *Barbastella*) auf. Diese QCF-FM-Laute werden zudem alternierend mit einem kürzeren flachen FM-Laut ausgestoßen. Dies macht typische Sequenzen der Art unverwechselbar. Aufgrund der leisen Laute sind jedoch oft nur Lautteile auf den Aufnahmen vorhanden und es werden teilweise auch andere Lauttypen verwendet. Dies erschwert eine Bestimmung erheblich. Insbesondere bei automatischen Identifizierungssystemen liegen häufiger Fehlbestimmungen vor.

Fledermäuse — bestimmen

Männchenhangplatz des Mausohrs, das Tier markiert diesen mit Sekreten aus Drüsen an der Schnauze und im Mundwinkel.

Es ist gar nicht so einfach die nachtaktiven Fledermäuse zu Gesicht zu bekommen und sie zu bestimmen. Häufig trifft man nur auf ihre Spuren, meist ihren Kot, der sich unter Tagesverstecken oder an Nachthangplätzen ansammelt. Am ehesten sieht man Fledermäuse bei der Jagd um Straßenlampen oder an Gewässern. Um Fledermäuse auf die Art zu bestimmen, bedarf es aufgrund der großen Artenzahl je nach Art der Beobachtung weitere Merkmale. So kommen selbst in Innenstädten Mitteleuropas 5–6 Fledermausarten vor, in naturnahen Wäldern steigt die Artenzahl auf meist über 10 und im Mittelmeerraum kommen nicht selten 20 Arten in relativ kleinen Gebieten vor. Während die Analyse von Ortungsrufen oder die Bestimmung von Fledermauskot anhand der Haare zwar den Einsatz von Detektoren oder Mikroskopen erfordern, stellen sie jedoch keine Beeinträchtigung für Fledermäuse dar. Direkter und bei manchen Artenpaaren auch sicherer, lassen sich gefangene Tiere bestimmen. Der Fang von Tieren im Jagdgebiet oder Quartier ermöglicht die Bestimmung der Tiere in der Hand, bedeutet aber einen Eingriff in das Verhalten der Tiere, ist zeitaufwändig und setzt vor allem die notwendige Sachkenntnis und die naturschutzrechtlichen Befreiungen voraus.

Die folgenden Bestimmungsmöglichkeiten sollen einen Überblick über verschiedene Methoden liefern: Es werden einige häufig zu findende Spuren gezeigt und ein Überblick über die Zuordnung von Fledermauskot gegeben. In einem Bestimmungsschlüssel anhand von im Kot enthaltenen Haaren zeigt Ursel Häussler detailliert die Kotzuordnungsmöglichkeiten auf. Ein kurzer Teil widmet sich der Bestimmung von Fledermäusen im Winter. Die Bestimmungsschlüssel für Einzeltiere nehmen breiten Raum ein, da sich damit am besten erlernen lässt, wie auch frei hängende Tiere erkannt werden können. Anfängern empfehlen wir, sich an lokale Fledermausspezialisten zu wenden und diese zu begleiten. V.a. Fangaktionen im Rahmen von Bestandserfassungen bieten die Gelegenheit Tiere hautnah zu erleben und die Merkmale zu erlernen.

Typische Fledermausspuren

Indirekte Hinweise auf Fledermausvorkommen liefert der Kot der Tiere unter dem Hangplatz, z.B. auf Dachböden, in Vogelkästen oder Baumhöhlen. Balz- und Männchenhangplätze lassen sich oft an Sekretverfärbungen erkennen, Wochenstubenhangplätze an größeren Kotmengen und ausgedehnten Verfärbungen am eigentlichen Hangplatz. An rauen Oberflächen am Quartierzugang oder am Hangplatz kann man Haare finden. Die Entwicklungsstadien von Fledermausparasiten, z.B. die Puparien der Fledermausfliegen sind sichere Anzeiger eines Hangplatzes, ihre Bestimmung ist aber schwierig.
In großen Kolonien sterben auch regelmäßig Einzeltiere. Die Skelettreste oder Mumien lassen sich anhand der Schädel gut bestimmen. Manche Arten tragen ihre Beute an Warten, wo sie unverdauliche Reste wie Falterflügel zurücklassen. Dies sind ebenfalls untrügliche Zeichen einer zumindest zeitweisen Nutzung durch Fledermäuse.

Auch wenn das Tier abwesend ist, erkennt man den lange genutzten Mausohrhangplatz in der Balkenkehle an den Sekretverfärbungen. Foto: I. Dietz

Quartierzugang der Breitflügelfledermaus über dem Firstbalken in das Dach eines Einfamilienhauses mit Kot- und Urinstreifen.

Kot der Zwergfledermaus an der Außenwand eines Fabrikgebäudes, das Quartier findet sich unter der Blechverwahrung des Flachdaches.

Fledermaus-Kot

Fledermäuse haben eine sehr schnelle Darmpassage. Meist werden die Reste einer Mahlzeit bereits nach zwei bis drei Stunden ausgeschieden. Dabei wird das Chitin der Beutetiere nicht verdaut. Somit besteht der Kot zum allergrößten Teil aus den Bruchstücken der Beutetiere. Weitere Anteile sind beim Putzen aufgenommene Haare und Parasiten, abgegebene Darmzellen und manchmal beim Beutefang oder der Körperpflege mit aufgenommene Blattstückchen, Steinchen, Fasern und Bodenbestandteile. Bei den karnivoren Arten können Knochen, Schuppenreste oder Federn enthalten sein, bei den Früchtefressern Samen und Schalenreste.

Die schnelle Darmpassage hat zur Folge, dass bereits während der Nacht Kot abgegeben wird, oft an Nachtruheplätzen oder Jagdwarten. Nur die Reste der frühmorgendlichen Jagdphase werden im Quartier abgegeben. Aufgrund der teilweise sehr großen Kolonien kommen dort aber gewaltige Mengen zusammen. So sammeln sich in Wochenstuben des Mausohrs pro Jahr mehrere 100 kg Kot an, in manchen Koloniehöhlen mehrere Tonnen. Kleine Kolonien z.B. der Bechsteinfledermaus produzieren in einem Vogel- oder Fledermauskasten während einer rund einwöchigen Nutzungszeit immerhin eine nahezu einen Zentimeter hohe Kotschicht. Die im Fledermaus-Kot enthaltenen Beutereste lassen sich mit viel Erfahrung den jeweiligen Beutearten zuordnen. Relativ einfach gelingt dies beim Mausohr, das v.a. große Käfer frisst. Die Reste von Laufkäfern sind gut zu erkennen. Neuerdings kann man auch mit genetischen Methoden die Beutetiere identifizieren. Die im Kot enthaltenen Darmzellen der Fledermäuse lassen ebenfalls eine genetische Bestimmung zu. Ohne großen Laboraufwand ist eine Zuordnung des Kotes anhand der darin enthaltenen Haare möglich. Eine erste Einschätzung der Artzuordnung ist anhand des Kotdurchmessers möglich. Die Länge ist sehr variabel und nicht hilfreich. Kleiner Kot hat einen Durchmesser von weniger als 2,5 mm und stammt von der Kleinen Hufeisennase, den „Bart"fledermäusen, den Zwergfledermäusen der Gattung *Pipistrellus* und der Alpenfledermaus. Mittlerer Kot mit einem Durchmesser von 2,5 bis 3 mm stammt von den mittelgroßen Hufeisennasen, den meisten Mausohrfledermäusen der Gattung *Myotis*, von den kleineren *Eptesicus*-Arten, der Zweifarbfledermaus, dem Kleinabendsegler, der Mopsfledermaus, den Langohrfledermäusen und der Langflügelfledermaus. Großer Kot mit über 3 mm Durchmesser stammt von der Großen Hufeisennase, dem Mausohr, dem Kleinen Mausohr, der Breitflügelfledermaus, dem Abendsegler, dem Riesenabendsegler oder der Bulldoggfledermaus. Der Kot des Nilflughundes ist größer und enthält je nach Nahrung viele Pflanzenreste und -fasern oder ist breiig.

Beim Umgang mit Fledermauskot sollte unbedingt auf Hygiene geachtet werden, da potentiell eine ganze Reihe von Erregern auch über den Kot verbreitet wird. Vor einer Untersuchung müssen Kotproben daher sterilisiert werden.

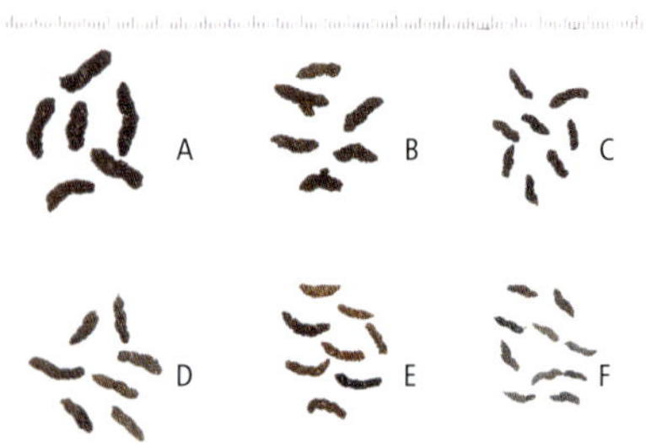

Die Körpergröße und die Beute bestimmen das Aussehen und die Größe des Fledermaus-Kotes. Kot von Mausohr (A), Bechsteinfledermaus (B), Bartfledermaus (C), Kleinabendsegler (D), Braunem Langohr (E) und Zwergfledermaus (F). Der Abstand zwischen den Teilstrichen beträgt 1 mm.

Kotplatz des Mausohrs unter einem langjährig genutzten Männchen- und Paarungsquartier in einem Dachstuhl.

Nachthangplatz des Nilflughundes mit Kot und eingetragenem Laub.

Nachthangplatz einer Mehely-Hufeisennase in einer Felsnische mit Kot und den Fraßresten von Eulenfaltern, v.a. von Ordensbändern.

Kotschicht einer achtköpfigen Kolonie der Bechsteinfledermaus in einem Vogelkasten nach rund einwöchiger Nutzung. Unter dem Kot befindet sich ein altes Meisennest.

von Ursel Häussler

Die von den Fledermäusen bei der Fellpflege aufgenommenen und mit dem Kot wieder ausgeschiedenen Haare erlauben eine weitgehende Artbestimmung nach morphologischen Merkmalen. Hierfür werden jedoch ein Binokular zum Aussortieren der Haare und ein Mikroskop zur Identifikation benötigt. Aus den zerlegten Kotproben lassen sich die Haare einzeln oder als kleine Gewirre entnehmen. Während des Fellwechsels können auch ganze Ballen auftreten. Die Fledermaushaare sind kaum über einen Zentimeter lang und mit ca. 10–20 µm Durchmesser sehr fein. Da sie eine meist artspezifische Oberflächenstruktur haben, kann man sie unter dem Lichtmikroskop bestimmen. Dabei ist zu beachten, dass die hierbei erkennbaren Strukturen nicht mit dem realen dreidimensionalen Bau übereinstimmen.
Ein komplettes Haar besteht aus Haarwurzel und -schaft. Der aus der Haut ragende Haarschaft ist deutlich beschuppt. Am Übergang von Haarwurzel und Haarschaft treten bei einigen Arten charakteristische Auftreibungen auf. Der zumeist rundovale Haarschaft des Deckhaares lässt sich bei den meisten Arten in drei Hauptabschnitte untergliedern: Auf die Haarwurzel folgt ein sehr langer Basalschaftabschnitt, der oft gewellt ist und ein einheitliches Schuppenmuster mit zackenartigen Vorsprüngen trägt. Er geht allmählich in den in der Regel weniger gezackten und weniger gewellten Mittelschaft über. An diesen schließt die Grannenregion an, die sich meist durch eine mäßige bis starke Verdickung oder Verbreiterung auszeichnet und gegen den Schaft geknickt sein kann. Die Granne verjüngt sich allmählich zu der Haarspitze, einem Abschnitt, der für die Haarbestimmung wichtig ist. Es werden hier vor allem die letzten 30–50 Segmente betrachtet. Abgesehen von den bei allen Arten stets unpigmentierten äußersten Spitzen, sind die Haare häufig zweifarbig mit dunklem Basal- und Mittelschaft und helleren Grannen und Haarspitzen. Bei manchen Arten folgen auf die helle Zone dunklere Haarspitzen. Solche Haare werden im Schlüssel als gebändert bezeichnet. Eine schwache Bänderung kann auch durch eine Aufhellung am Mittelschaft unterhalb der Granne entstehen. Die Form der Pigmenteinlagerung an den einzelnen Haarabschnitten ist oft artspezifisch.
Für die Haarbestimmung werden nur die Deckhaare (engl. guard hair = GH) verwendet, sie machen auch die Hauptmasse der Haare aus. Sie lassen sich zwei Haupttypen zuordnen und werden im Schlüssel als GH_1 und GH_2 bezeichnet. Da die Ausprägung von Haarspitze und -wurzel an den Deckhaartyp gebunden ist, setzt der Schlüssel voraus, dass GH_1 und GH_2 auseinandergehalten werden können.
Fledermaushaare haben an ihrer Oberfläche ein Relief aus feinen Schuppen, das als Haarkutikula bezeichnet wird. Sie liefert die meisten Bestimmungsmerkmale. Die Kutikulaschuppen überlappen (umgekehrt) ziegeldachartig. Der obere Teil der Schuppen kann mehr oder weniger weit abstehen und am freien Rand vielfältige Konturen aufweisen, z. B. glatt, gewellt, gezackt, oder mit Stacheln besetzt. Bei vielen Arten sind die Zacken pigmentiert. Wenn sich die abstehenden Schuppenränder gegenüberstehen, ergibt sich in Seitenansicht eine v- oder trapezförmige Zackenstruktur. Die Kutikulaschuppen können auch alternierend am Schaft sitzen, wodurch in manchen Fällen zickzackartige Muster entstehen.

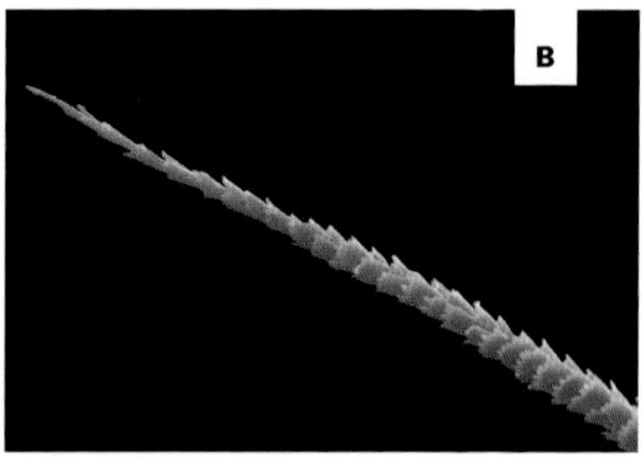

Vergleich der Haarspitze der Rauhautfledermaus in lichtmikroskopischer Ansicht bei 400facher Vergrößerung (A) und im rasterelektronenmikroskopischen Bild bei 1500facher Vergrößerung (B). Fotos: U. Häussler & I. Dietz

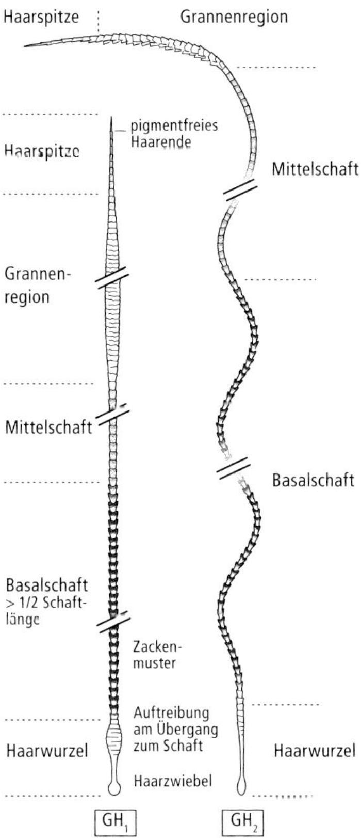

Schematischer Bau von Deckhaaren der Fledermäuse. Deckhaare vom Typ GH_1 haben kräftigere Haarwurzeln, sind meist kürzer und am Basalschaft weit weniger gewellt und besitzen oft langgezogene Grannen. Deckhaare vom Typ GH_2 sind feiner, haben einen gewellten Basalschaft, eine abgewinkelte Granne und der Übergang von Haarwurzel zum Schuppenschaft verläuft oft bogig. Grafik: W. Lang

Abgerundete Schuppen, die an ihren seitlichen Rändern nicht ganz zusammenstoßen, werden als blumenblattartig bezeichnet. Die Schuppenumläufe verleihen dem Haar eine segmentale Oberflächenstruktur.

Die verwendeten Haarmerkmale gelten für Rückenhaare. Es wurden einfache Merkmale ausgewählt. Sie können etwas variieren und sind nicht an jedem einzelnen Haar typisch ausgeprägt. Daher sollte ein gutes Sortiment kompletter Haare vorliegen. Für die Einarbeitung ist eine Vergleichssammlung unabdingbar. Nicht bestimmbare Haare der Bauchseite können anhand von Vergleichsmaterial auch relativ leicht ausgeschlossen werden.

Der Schlüssel umfasst die meisten europäischen Arten. Einige Artenpaare sind nicht anhand einfacher Schlüsselmerkmale zu trennen. Auch sie weisen jedoch feine Unterschiede in der Haarmorphologie auf, die hier nicht im Einzelnen dargestellt werden können.

Schlüssel A für Haare aus kleinen Kotpellets

1A Haarspitze glatt, obere Schuppenränder nicht asymmetrisch abstehend oder stachelartig ausgezogen, mit wenigstens 4–5 (meist deutlich mehr) zylindrisch geformten Segmenten in Folge (A, B).
→ **2A**

1B Haarspitze nicht glatt, sondern obere Schuppenränder asymmetrisch abstehend oder stachelartig ausgezogen.
→ **4A**

2A Am Basalschaft von GH_2 lange Abschnitte mit Zickzackmuster (C); GH_1 und GH_2 mit aufgetriebener Haarwurzel am Übergang zum Schuppenschaft (D); Basalschaft schwach pigmentiert.
→ **Kleine Hufeisennase** *Rhinolophus hipposideros.*

2B Basalschaft ohne solches Zickzackmuster und ohne aufgetriebene Haarwurzel, Basalschaft stark pigmentiert mit ausgeprägtem Zackenmuster (E).
→ **3A**

3A GH_1 mit messingfarbener Granne.
→ **„Bart"fledermäuse** *Myotis davidii/ brandtii/mystacinus.*

3B GH_1 mit rötlichbrauner Granne, in blässlicher Spitze auslaufend.
→ **Nymphenfledermaus** *Myotis alcathoe.*

4A Haarschaft mit asymmetrisch abstehenden Schuppenrändern, teilweise etwas stachelartig (F), Zackenmuster an Basalschaft mit nur wenig aufgehellten „Schaftzwischenstücken"(G).
→ **Alpenfledermaus** *Hypsugo savii.*

4B Haarschaft mit deutlich stachelartig ausgezogenen oberen Schuppenrändern (H), Zackenmuster am Basalschaft ausgeprägt mit deutlich aufgehellten „Schaftzwischenstücken" (I-L).
→ **5A**

5A Abstehende Kutikulaschuppen an Basal- und Mittelschaft kelchschalenförmig (I)
→ **Weißrandfledermaus** *Pipistrellus kuhlii.*

5B Abstehende Kutikulaschuppen an Basal- und Mittelschaft nicht so, sondern etwa trichter- oder tütenförmig.
→ **6A**

6A Abstehende Kutikulaschuppen an Basal- und Mittelschaft mit auffälligen hakig gekrümmten hellen Spitzen (J).
→ **Rauhautfledermaus** *Pipistrellus nathusii.*

6B Abstehende Kutikulaschuppen an Basal- und Mittelschaft mit nur kleinen hakig gekrümmten Spitzen oder gänzlich ohne Spitzen (K–L).
→ **Zwerg- und Mückenfledermaus** *Pipistrellus pipstrellus/pygmaeus.*

(Durchmesser <2,5 mm, meist um 2 mm)

Merkmale von Haaren aus kleinen Kotpellets: Kleine Hufeisennase (A, C, D) Bartfledermaus (B, E), Alpenfledermaus (F, G), Rauhautfledermaus (H. J), Weißrandfledermaus (I), Zwergfledermaus (K), Mückenfledermaus (L). Fotos: U. Häussler

Schlüssel B für Haare aus mittelgroßen Kotpellets

1A Haarspitze glatt, obere Schuppenränder nicht asymmetrisch abstehend oder stachelartig ausgezogen, mit wenigstens 4–5, meist deutlich mehr zylindrisch geformten Segmenten in Folge (A, F, L, M, R).
→ **2A**

1B Haarspitze nicht glatt, sondern obere Schuppenränder +/- asymmetrisch, oft etwas abstehend, oder lang stachelartig ausgezogen, nicht mit einer Folge gleichartig zylindrisch geformter Segmente (Ausnahme Haarspitze von GH_2 bei *P. auritus*: hier einige solcher Segmente in Folge) (M, N, S).
→ **8**

2A Basaler Schaft schwach pigmentiert, lange Abschnitte mit Zickzackmuster an GH_2 (B).
→ **3A**

2B Basaler Schaft stärker pigmentiert; ohne durchgängiges Zickzackmuster sondern mit Zackenmuster (E).
→ **4A**

3A GH_1 mit aufgetriebener Haarwurzel am Übergang zum Schuppenschaft (C).
→ **Blasius-Hufeisennase** *Rhinolophus blasii.*

3B GH_1 ohne aufgetriebene Haarwurzel am Übergang zum Schuppenschaft.
→ **Mittelmeer- und Mehely-Hufeisennase** *R. euryale / mehelyi.*

4A Haarwurzel von GH_1 und GH_2 lang, schlank und meist gerade (D).
→ **5A**

4B Haarwurzel nicht so; Haare deutlich gebändert.
→ **6A**

5A Grannen von GH_1 messingfarben mit Glanz, Haarspitze mit zahlreichen gleichartig zylindrischen Segmenten, Kutikulaschuppen an Basalschaft abgerundet (E).
→ **Wasserfledermaus** *Myotis daubentonii.*

5B Grannen von GH_1 rötlich braun, zur Spitze hin verblassend, Haarspitze oft mit eingestreuten asymmetrischen Segmenten (F), an Basalschaft Kutikulaschuppen wenig abgespreizt, nicht abgerundet (G).
→ **Teichfledermaus** *Myotis dasycneme.*

6A Haarwurzel von GH_1 mit charakteristischer zwiebel- oder bandförmiger Erweiterung (H).
→ **Wimperfledermaus** *Myotis emarginatus.*

6B Haarwurzel von GH_1 ohne solche Erweiterung
→ **7A**

7A Haarwurzel von GH_1 stark (etwas bauchig) und gerade (I), Haarwurzel von GH_2 mit bogigem Übergang zum Schuppenschaft; Haarspitze von GH_1 stark, in kurzer Spitze auslaufend (J).
→ **Bechsteinfledermaus** *Myotis bechsteinii.*

7B Haarwurzel von GH_1/GH_2 deutlich schlanker als bei voriger Art (K), Haarwurzel von GH_2 mit bogigem Übergang zum Schuppenschaft; Haarspitze von GH_1 lang auslaufend (L).
→ **Fransenfledermaus** *Myotis nattereri.*

(Durchmesser 2,5 – 3 mm)

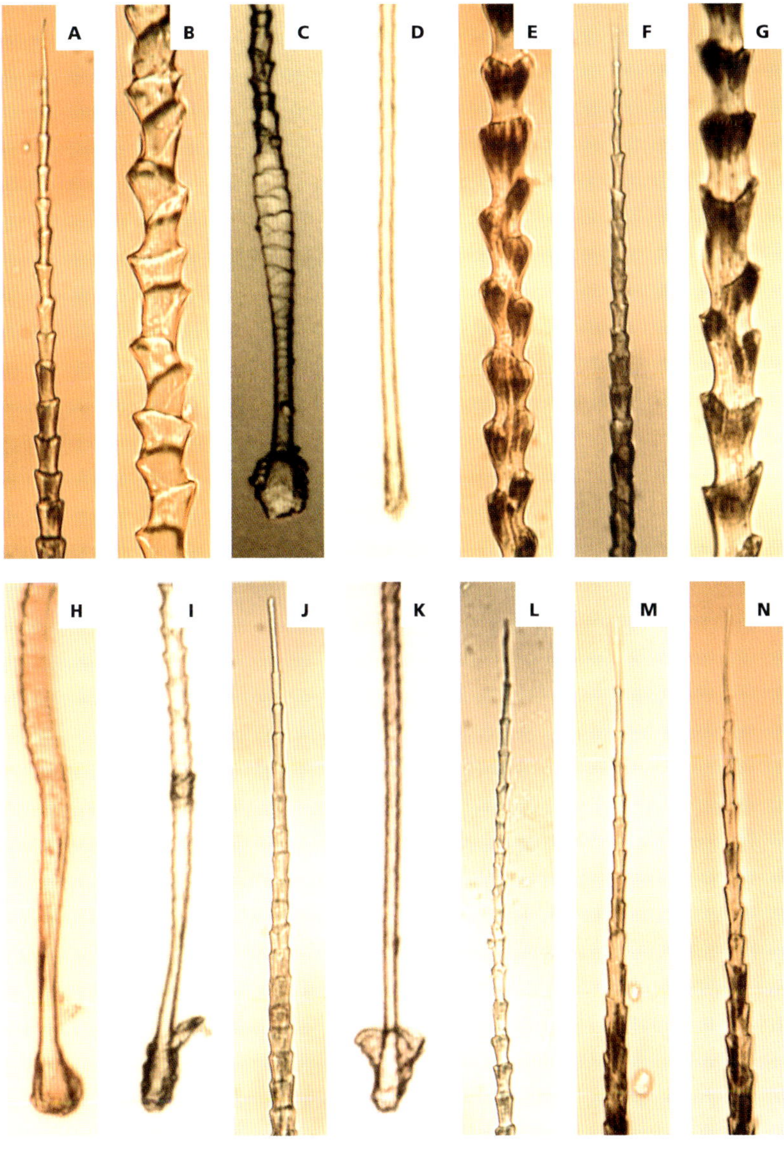

Merkmale von Haaren aus mittelgroßen Kotpellets: Blasius-Hufeisennase (A–C), Wasserfledermaus (D–E), Teichfledermaus (F, G), Wimperfledermaus (H), Bechsteinfledermaus (I, J), Fransenfledermaus (K, L), Braunes Langohr (M), Graues Langohr (N). Fotos: U. Häussler

8A Haarspitze mit langen stachelartigen Strukturen an den oberen Schuppenrändern (X), Basalschaft dunkel abgesetzt (Haare subadulter Tiere oft insgesamt dunkel).
→ **Kleiner Abendsegler** *Nyctalus leisleri.*

8B Haarspitze mit asymmetrischen Schuppenrändern, teilweise abstehend, kurze Stachelstrukturen können dabei vorkommen.
→ **9A**

9A Rückenhaar mit deutlicher Haarbänderung, Kutikulaschuppen an äußerer Haarspitze ansatzweise Myotisartig (M, N). Zackenmuster an Basalschaft ausgeprägt, beginnt an GH_2 abrupt über kurzer Haarwurzel (O), diese von GH_1 zum Schuppenschaft hin mäßig erweitert (P).
→ **10A**

9B Rückenhaar ohne deutliche Haarbänderung.
→ **11A**

10A Haarspitze von GH_2 mit Myotisartigen Segmenten (M), oft mit asymmetrisch schmal trichterförmigen Segmenten; dunkle Zone an Haarspitze von GH_2 länger als bei folgender Art, Basalschaft oft mit abgerundeten Kutikulaschuppen (Q).
→ **Braunes und Alpenlangohr** *P. auritus / macrobullaris.*

10B Haarspitze von GH_1/GH_2 mit asymmetrischen und symmetrischen trichterförmigen Kutikulaschuppen, ohne Myotisartige Segmente (L), dunkle Zone an den Haarspitzen GH_2 kurz, Kutikulaschuppen an Basalschaft stärker gezackt als bei *P. auritus / macrobullaris* (R).
→ **Graues Langohr** *Plecotus austriacus.*

11A Auffälliges Zickzackmuster über nahezu den gesamten Schaft von GH_2 (Y), Haarschaft von GH_1 größtenteils aus einfachen Segmente aufgebaut.
→ **Langflügelfledermaus** *Miniopterus schreibersii.*

11B Haare ohne auffälliges Zickzackmuster am Schaft.
→ **12A**

12A GH_1 mit goldfarbener Granne, GH_2 dunkelbraun bis schwärzlich, Kutikulaschuppen an Haarspitze asymmetrisch schmal trichterförmig, jedoch ohne stachelartige Strukturen (S), Zackenmuster an Basalschaft wenig ausgeprägt und ohne helle „Schaftzwischenstücke" (T), Haarwurzel ohne Erweiterung (V–X)
→ **Nordfledermaus** *Eptesicus nilssonii*.

12B GH_1 ohne goldfarbene Granne, Kutikulaschuppen an Haarspitze asymmetrisch schmal trichterförmig, mit einzelnen stachelartige Strukturen.
→ **13A**

13A GH_1 mit deutlich aufgetriebener Haarwurzel am Übergang zum Schuppenschaft (Z); GH_1 mit langer heller Spitze und zweifarbiger Granne (unten braun, oben weiß), GH_2 bis auf kurze helle Spitze dunkelbraun; Basalschaft von GH_1 mit gegeneinander versetzten blumenblattartigen Schuppen (Ö).
→ **Zweifarbfledermaus** *Vespertilio murinus.*

13B GH_1 ohne solche Haarwurzel; GH_1 mit längerer und GH_2 mit kurzer heller Spitze, ansonsten Haare dunkelbraun bis schwärzlich, insgesamt besonders dicht stehende Schuppenreihen, Zackenmuster wenig ausgeprägt (Ü) .
→ **Mopsfledermaus** *Barbastella barbastellus.*

(Durchmesser 2,5 – 3 mm)

Haare der Arten: Braunes Langohr (O–Q), Graues Langohr (R), Nordfledermaus (S, T), Kleiner Abendsegler (U), Langflügelfledermaus (V, Y), Zweifarbfledermaus (W, Z, Ö), Mopsfledermaus (X, Ü). Fotos: U. Häussler

Schlüssel C für Haare aus großen Kotpellets

1A Haarspitzen glatt ohne stachelartige Strukturen an den oberen Schuppenrändern (A, D).
→ **2A**

1B Haarspitzen rau durch stachelartige Strukturen an den oberen Schuppenrändern (G, H, J).
→ **4A**

2A Haarschaft abschnittsweise mit Zickzackmuster (B); GH_1/GH_2 meist mit aufgetriebener Haarwurzel am Übergang zum Schuppenschaft. Basalschaft hell.
→ **Große Hufeisennase** *Rhinolophus ferrumequinum.*

2B Haarschaft ohne Abschnitte mit Zickzackmuster, Haarwurzel nicht aufgetrieben.
→ **3A**

3A Haarspitzen bei GH_2 mit wenigstens 4–5 zylindrisch geformten gleichartigen Segmenten (C); Haare gebändert; Zackenmuster an Basalschaft deutlich; dabei stellenweise einzelne grobe Pigmentkörner in den hellen „Schaftzwischenstücken"(D); Basalschaft dunkel abgesetzt.
→ **Mausohr und Kleines Mausohr** *Myotis myotis/Myotis oxygnathus.*

3B Haarspitzen nicht mit gleichartigen Segmenten (E), sondern mit unregelmäßig eingeschnittenen Schuppenrändern; Haare nicht gebändert; Zackenmuster an Basalschaft wenig ausgeprägt, ohne einzelne grobe Pigmentkörner in den hier wenig aufgehellten „Schaftzwischenstücken" (F); Basalschaft nicht dunkel abgesetzt.
→ **Breitflügelfledermaus** *Eptesicus serotinus.*

4A Stachelartige Strukturen an oberen Schuppenrändern über den gesamten Schaft hinweg vorhanden.
→ **5A**

4B Stachelartige Strukturen an oberen Schuppenrändern auf oberen Schaft-Bereich, Haarspitze und Granne beschränkt (J); Haare annähernd einfarbig, meist rötlich braun.
→ **6A**

5A Haare lang (ca. 10 mm) mit starkem Schaft, auffällige Ringelung an der Haarwurzel (I).
→ **Nilflughund** *Rousettus aegyptiacus.*

5B Haare besonders kurz (ca. 5 mm), Haarwurzel ohne solche Ringelung.
→ **Europäische Bulldoggfledermaus** *Tadarida teniotis.*

6A Haare kurz (bis 6 mm).
→ **Abendsegler** *Nyctalus noctula.*

6B Haare deutlich länger (bis 12 mm).
→ **Riesenabendsegler** *Nyctalus lasiopterus.*

(Durchmesser 3 – 5 mm)

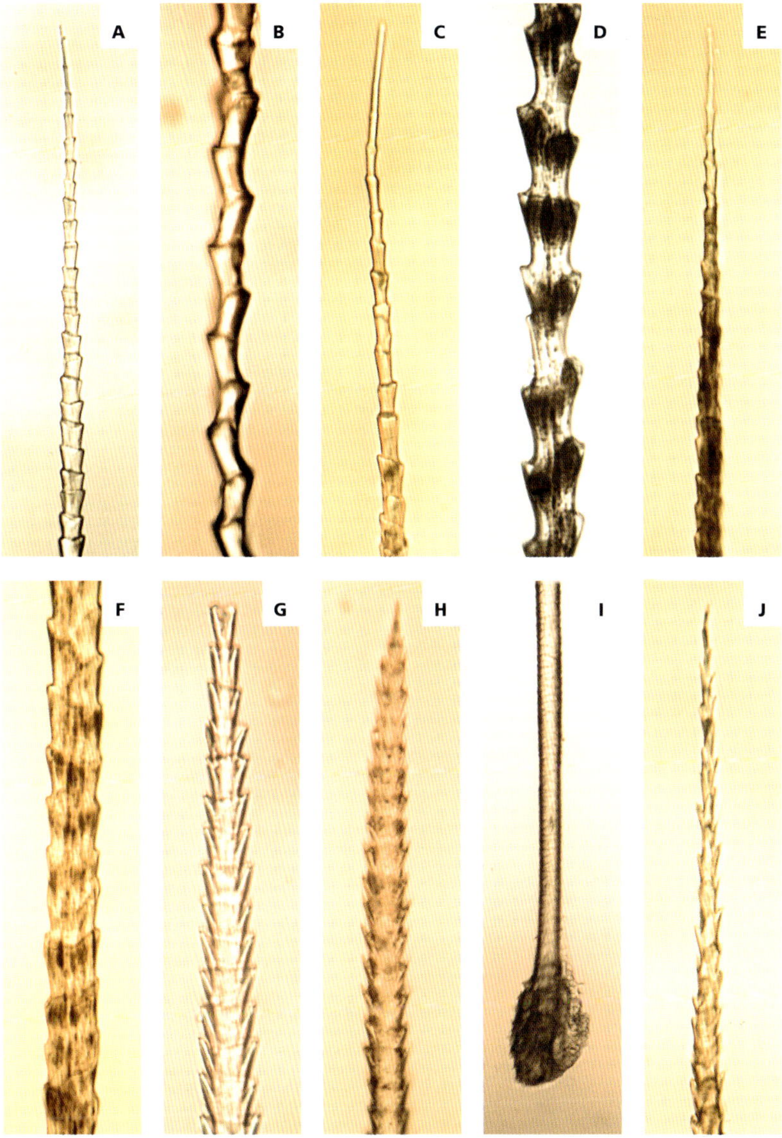

Merkmale von Haaren aus großen Kotpellets: Große Hufeisennase (A, B), Großes Mausohr (C, D), Breitflügelfledermaus (E, F), Nilflughund (G, I), Europäische Bulldoggfledermaus (H), Abendsegler (J). Fotos: U. Häussler

Artbestimmung von Fledermäusen …

Die Bestimmung von Fledermäusen im Winterquartier ist aus mehreren Gründen nicht einfach:

- die Tiere sind störungsanfällig, daher verbietet es sich, sie lange anzuleuchten oder gar abzunehmen,
- oft sind sie in Spalträumen versteckt und es sind nur Teile von ihnen zu sehen,
- oft hängen die Tiere in großer Höhe,
- in großen Quartieren bilden sich gemischte Cluster mehrerer Arten,
- viele Tiere sind dicht mit Tau bedeckt, so sind weder die Färbung noch Details der Ohren gut erkennbar.

Daher ist es ganz normal, dass bei Winterkontrollen ein mehr oder minder großer Anteil der Tiere als „Fledermaus-Art" notiert wird oder mehrere Arten zu einer Gruppe zusammengefasst werden. Außer wenn sie direkt vor einem hängen sind so die Arten Bart-, Brandt- und Nymphenfledermaus nicht unterscheidbar. Mausohr und Kleines Mausohr oder die mittleren Hufeisennasen lassen sich oft nicht sicher trennen.

Das sicher größte Problem bei Bestandserfassungen ist, dass nur ein Teil der Fledermäuse in klassischen und gut zugänglichen Winterquartieren wie Höhlen, Stollen oder Bunkern überwintert. Selbst in diesen sind oft nur 10–50 % der Tiere sichtbar, was die

Winterschlafende Fledermäuse registrieren Störungen sehr genau und wachen teilweise auf, besonders empfindlich reagieren Wimperfledermäuse.

Große Wintercluster bilden sich nur in ungestörten Quartieren aus, hier Mausohren in einer vergitterten Höhle, die nur einmal im Winter für Zählungen aufgesucht wird.

Schutzmaßnahmen für Winterquartiere sind dringend erforderlich, die Gitteröffnungen sollten möglichst groß sein, um eine gute Bewetterung des Quartieres zu schaffen und so stabil, dass sie Einbruchversuchen standhalten.

Lichtschrankenüberwachung von Quartieren eindrücklich zeigt. Sofern in solchen unterirdischen Quartieren tiefe Spalten, Schutthalden oder Trockenmauern vorhanden sind, werden diese als versteckte Überwinterungsplätze genutzt. Eine kaum einschätzbare Zahl von Fledermäusen überwintert darüber hinaus in Felsspalten, Gebäudefassaden, Bruchsteinmauern, Blockhalden, Kleinhöhlungen, Baumhöhlen oder auch im Wurzelbereich von Bäumen. Während große Winterquartiere in Felsspalten durch ein ausgeprägtes Schwärmverhalten auffallen, werden Baumquartiere meist nur bei Fällungen entdeckt, alle anderen Quartiertypen werden meist nur zufällig und einzeln gefunden. Mit etwas Übung lassen sich aber die in Mittel- und Nordeuropa in klassischen Winterquartieren üblichen Arten gut zuordnen. Wir haben die folgenden Hinweise dazu daher auch weitestgehend auf Mitteleuropa beschränkt. In den teilweise riesigen Höhlenkolonien des Mittelmeerraumes stellen neben der Artbestimmung auch Methoden zur Zählung von riesigen Clustern eine Herausforderung dar.
Es ist uns wichtig noch einmal explizit darauf hinzuweisen: Fledermäuse sind darauf angewiesen, mit ihren im Herbst angesammelten Fettreserven den Winter zu überstehen. Auf Störungen reagieren sie mit einer Anhebung der Körpertemperatur, was zum Verbrauch der Fettreserven führt. Begehungen sollten daher so sensibel wie möglich durchgeführt, und die Störung auf ein Minimum beschränkt werden. Zum Erlernen empfiehlt es sich, erfahrene Quartierbetreuer zu begleiten und sich die Merkmale vor Ort zeigen zu lassen. Quartierbegehungen sollten auf eine Kontrolle je Winter begrenzt werden, um wiederholte Störungen zu vermeiden. Für individuenstarke Quartiere sollten Schutzmaßnahmen umgesetzt werden.

Typische Winterquartiere von Fledermäusen sind unterirdische Hohlräume wie Höhlen (A), Stollen (B), Bunker (C) und Eisenbahntunnels (D), aber auch Felsspalten (E), Blockhalden (F), Brücken (G) und Baumhöhlen (H).

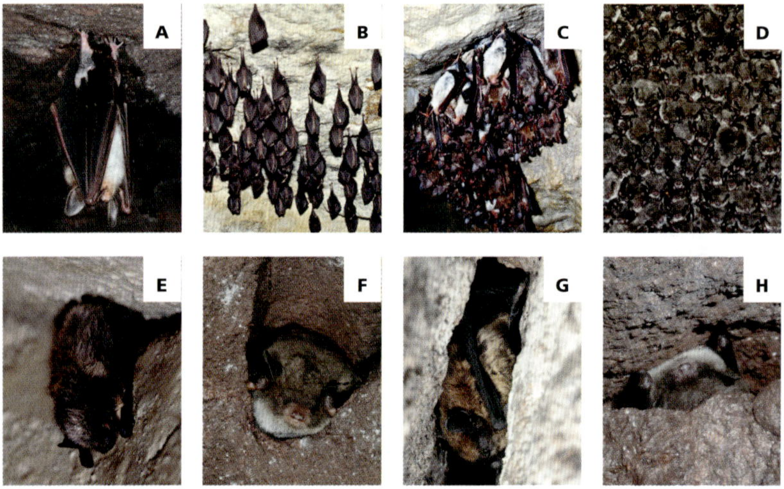

Winterschlafpositionen in unterirdischen Quartieren: Einzeln und frei hängend (A: Mausohr) - in lockeren Gruppen aber einzeln und frei hängend (B: Kleinen Hufeisennasen) – dichte frei hängende Cluster (C: Mausohren) – große „Wandteppiche" (D: Langfußfledermaus) – einzeln oder in Kleingruppen an der Wand (E: Nordfledermaus) – eingezwängt in Spalten (F: Wasserfledermaus, G: Zwergfledermaus) – im Bodengeröll oder Versatzbereichen verkrochen (H: Wasserfledermaus). Fotos: E. Grimmberger (B), B. Petrov (D)

… im Winterschlaf

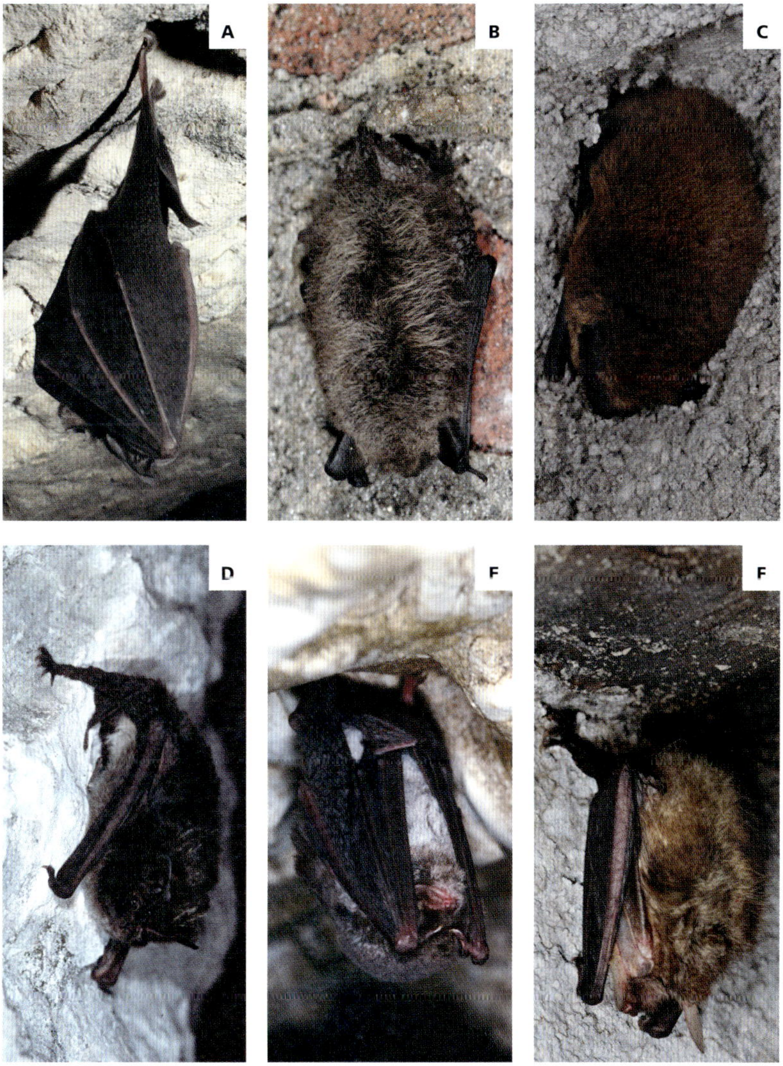

Im Winterschlaf kann man im Wesentlichen 6 Gruppen von Fledermäusen unterscheiden: Frei hängende und in ihre Flughäute eingeschlagene Hufeisennasen (A: Große Hufeisennase) – *Myotis*-Arten mit längeren nach vorne gerichteten Ohren (B: Bartfledermaus) – kompakte *Pipistrellus-Eptesicus-Vespertilio*-Arten mit kurzen abgerundeten Ohren (C: Zwergfledermaus) – schwarz gefärbte kurzschnäuzige Mopsfledermäuse (D) – sehr kurzohrige Langflügelfledermäuse (E) – und die Langohrarten mit umgeklappten Ohren und vorstehendem Tragus (F: Braunes Langohr).

Die Hufeisennasen sind im Winter anhand ihrer Größe und der Art sich abzuhängen zu unterscheiden: Die Kleine Hufeisennase (A) ist nur 40–45 mm lang (Kopf und Körper) und oft ganz in die Flughäute eingeschlagen, so dass die Ohren komplett bedeckt sind und nur Teile des Hufeisens sichtbar sind. Die Große Hufeisennase (B–C) ist nahezu doppelt so groß mit 60–70 mm Körperlänge. Die Flügel sind meist nicht so weit geschlossen. In der Regel ist das Hufeisen in ganzer Breite und von der Seite die Nasenaufsätze sichtbar. Bei den mittelgroßen Hufeisennasen, wie der Mittelmeer-Hufeisennase (D), wird im Winter der Handflügel eingeklappt, wodurch die Tiere nicht ganz in die Flughäute eingehüllt sind.

Winterkolonie der Blasius-Hufeisennase in einer bulgarischen Höhle.

Rechte Seite Die *Myotis*-Arten wirken im Winterschlaf meist langohrig. Anhand der Größe sind die Mausohren (A, B) mit Körperlängen von 70–80 mm gut abzutrennen. Ihre Ohren sind relativ lang und die Schnauze sehr kräftig. Teichfledermäuse (C, D sind mit ca. 64 mm Länge deutlich kleiner. Die Bechsteinfledermaus (E) ist bei mittelgroßem Körper (45–55 mm) und langen Ohren gut erkennbar. Die Wimperfledermaus (F–H) ist mittelgroß (45–55 mm), hängt meist frei, hat ein meist rötliches Fell und die Fellstruktur ist wollig. Oft ist auch die rechtwinklige Ohrstufe zu erkennen. Fransenfledermaus (I, J) und Wasserfledermaus (K, L) sind sehr ähnlich auch in der Größe (45–60 mm bzw. 40–55 mm). Die Ohren der Fransenfledermaus sind aber deutlich länger, am Ende wie die Spitze eines Ski nach oben gebogen (I), die Schnauze spitzer und länger und die Unterseitenfärbung heller. Bei der Wasserfledermaus fallen die sehr großen Füße (K) auf. Von unten betrachtet bilden die Ohren zur kurzen Schnauze einen Winkel von deutlich über 90°, oft bis zu 120°. „Bart"fledermäuse sind klein (35–50 mm), haben kleine Füße, das Gesicht und die Ohren sind in aller Regel dunkel. Von unten betrachtet bilden die Ohren und die Schnauze ein V mit nahezu rechtem Winkel. Brandtfledermäuse haben oft ein helleres bis rötlicheres Rückenfell (O), Nymphenfledermäuse ähnlich aber sehr klein (P). Da eine sichere Arttrennung aber oft nicht möglich ist sollte die „Bart"fledermaus-Gruppe zusammengefasst werden. Fotos: A. Kiefer (C–E, O), B. Vandendriessche (P).

… im Winterschlaf

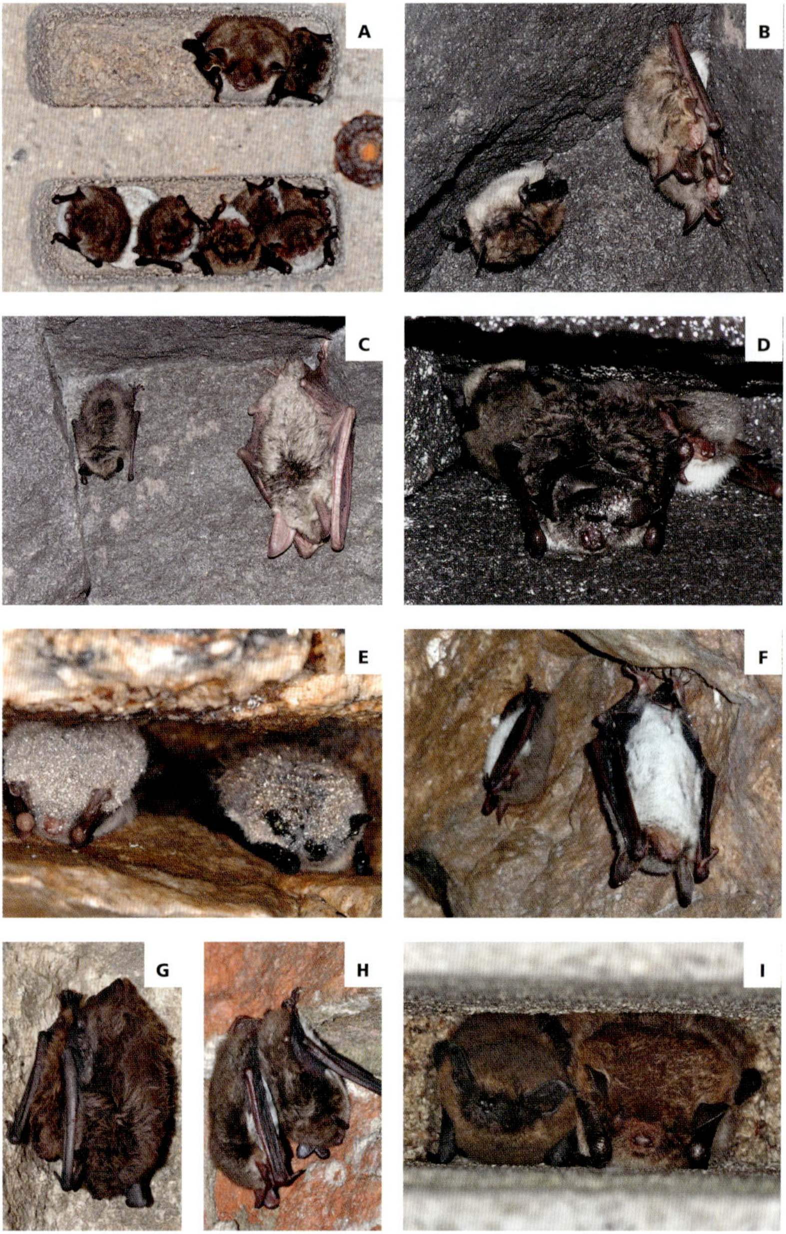
A
B
C
D
E
F
G
H
I

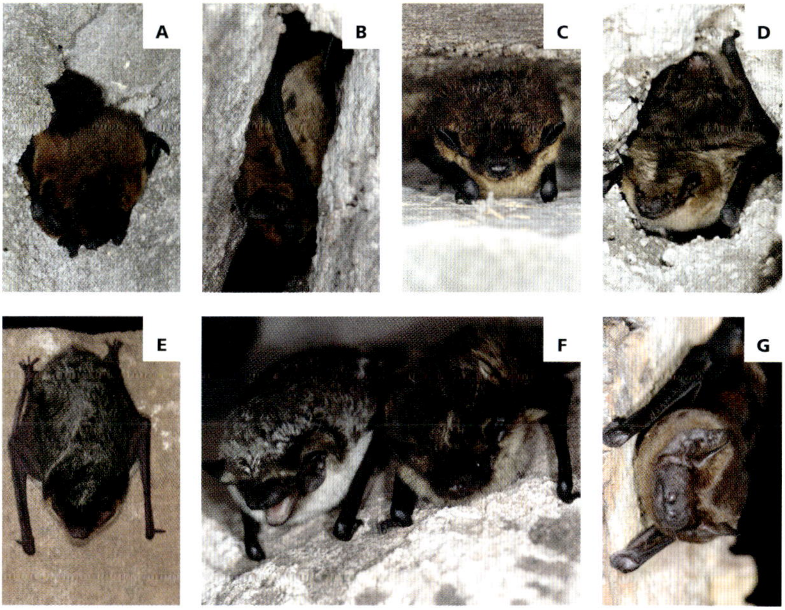

Zwergfledermäuse (A, B) hängen meist tief in Spalten versteckt und sind anhand ihrer geringen Größe (35–50 mm), dem fehlenden oder geringen Färbungsunterschied zwischen Rücken und Bauch und dem deutlichen Kontrast dunkler Ohren zu hellerem Fell zu erkennen. Die anderen *Pipistrellus*-Arten sind aber sehr ähnlich. Nord- (C, F) und Breitflügelfledermaus (D) sehen sich ähnlich, es besteht aber ein deutlicher Größenunterschied mit 45–60 mm bzw. 65–80 mm Körperlänge. Die Nordfledermaus hat deutliche gelbgoldene Haarbereiche vor den Ohren. Die Zweifarbfledermaus (E, F) ist durch ihre Färbung mit bis auf den Scheitel reichenden silbrigen Haarspitzen unverwechselbar. Sind ihre Gesichter zu sehen, sind auch die sehr selten unterirdisch anzutreffenden Abendsegler (G) anhand der Ohrform und der sehr breiten Schnauzen gut zu erkennen.

Linke Seite Vergleich von Arten: A: Mausohr, Wasser-, Fransen- und Zwergfledermaus – B: Bartfledermaus und Fransenfledermäuse – C: Bartfledermaus und Mausohr – D: Bart-, Teich- und Fransenfledermaus – E: Wasser- und Bartfledermaus – F: Fransenfledermaus und Mausohr – G: Wasser- und Teichfledermaus – H: Fransen- und Wasserfledermaus – I: Zwerg- und Wasserfledermaus. Fotos: E. Grimmberger (A, G–I), A. Kiefer (B–D)

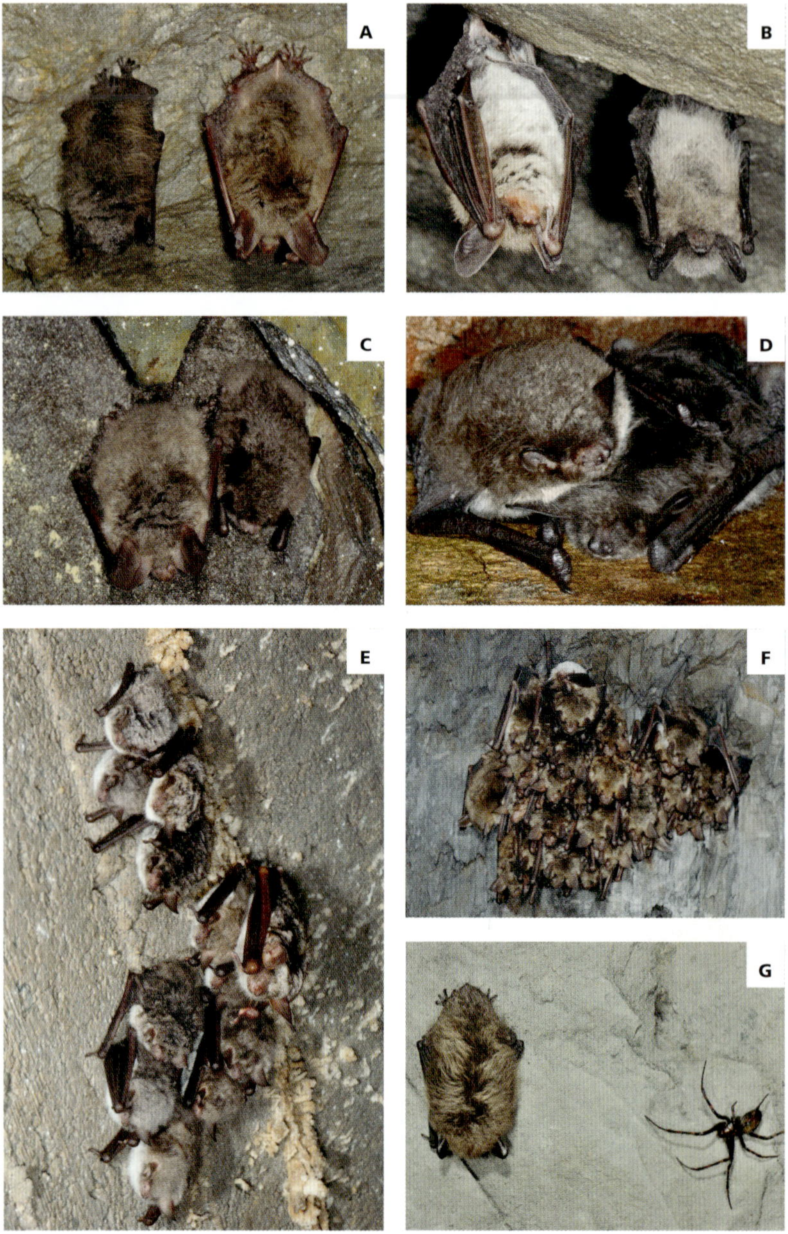
A
B
C
D
E
F
G

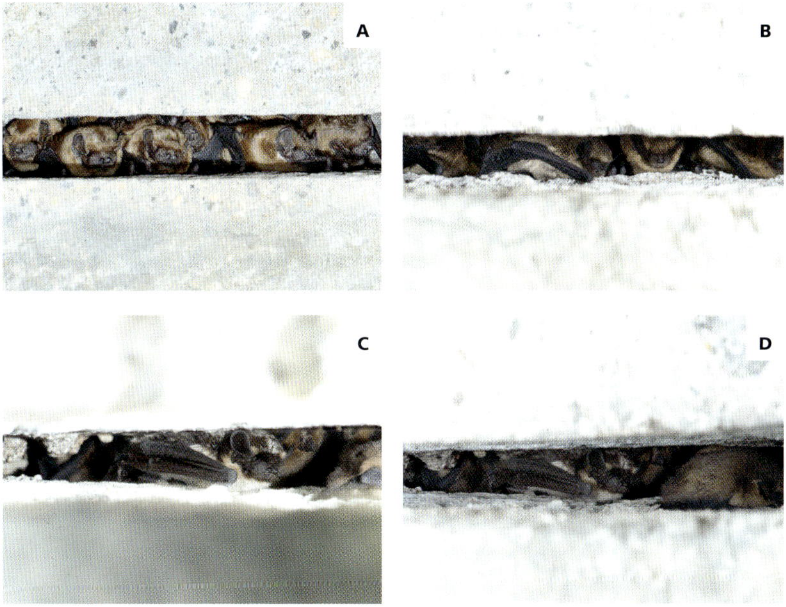

Überwinternde Fledermäuse in Spalten von Autobahnbrücken: A: Abendsegler – B: Zwergfledermäuse – C–D: Zweifarbfledermaus und Zwergfledermäuse. Fotos: R. Klenk

Fransen-, Wasser- und Bechsteinfledermaus im Winterschlaf.

Linke Seite Vergleich von Arten: A–B: Bart- und Bechsteinfledermaus – C: Bechstein- und Wasserfledermaus – D: Wasser- und Teichfledermaus – E: Wasserfledermaus, Fransenfledermaus und Mausohr – F: Bechsteinfledermaus und Mausohr – G: Bartfledermaus und Höhlenkreuzspinne. Fotos: R. Klenk (A–C, E–G), E. Grimmberger (D)

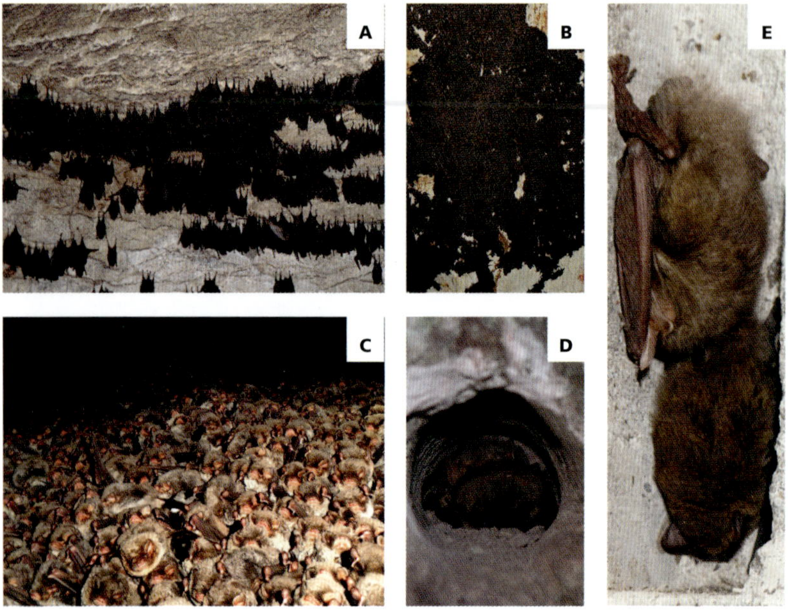

Langflügelfledermäuse hängen meist frei in Clustern die Zehntausende Tiere umfassen können, ihre Ohren überragen das Kopffell nicht (A–C). Langohren sind immer an dem vorstehenden Tragus erkennbar, auch wenn sie hinter einer Bartfledermaus versteckt sind (D) oder mit einer Zwergfledermaus gemeinsam hängen (E). Fotos: A. Kiefer (D), B. Petrov (B, C)

Rechte Seite Langohren klappen im Winterschlaf die Ohren unter die Flügel, der Tragus steht nach vorne. Braunes (A–H) und Graues Langohr (I, J) lassen sich am besten durch die meist gut sichtbaren Daumen unterscheiden: Graue Langohren haben kurze, Braune Langohren lange Daumen. Das Gesicht der Braunen Langohren wirkt stärker aufgetrieben. Der Tragus des Grauen Langohrs ist deutlich breiter als der des Braunen, Färbungsunterschiede des Fells sind meist nicht hilfreich. Manche Braunen Langohren hüllen sich, wenn sie frei hängen, fast ganz in die Flughäute ein (G, H). Langohren bilden selten mit anderen Arten Cluster, hier mit Mops- und Wasserfledermaus (K, L). Mopsfledermäuse (M–P) wirken oft rein schwarz, durch ihr kurzes Gesicht und die breiten Ohren sind sie unverwechselbar. Die Ohren berühren sich an der Basis. Tief in Spalten eingezwängte Tiere sind anhand des schwarzen Fells zu erkennen. Fotos: E. Grimmberger (D, G, K, L), A. Kiefer (J, M–P)

… im Winterschlaf

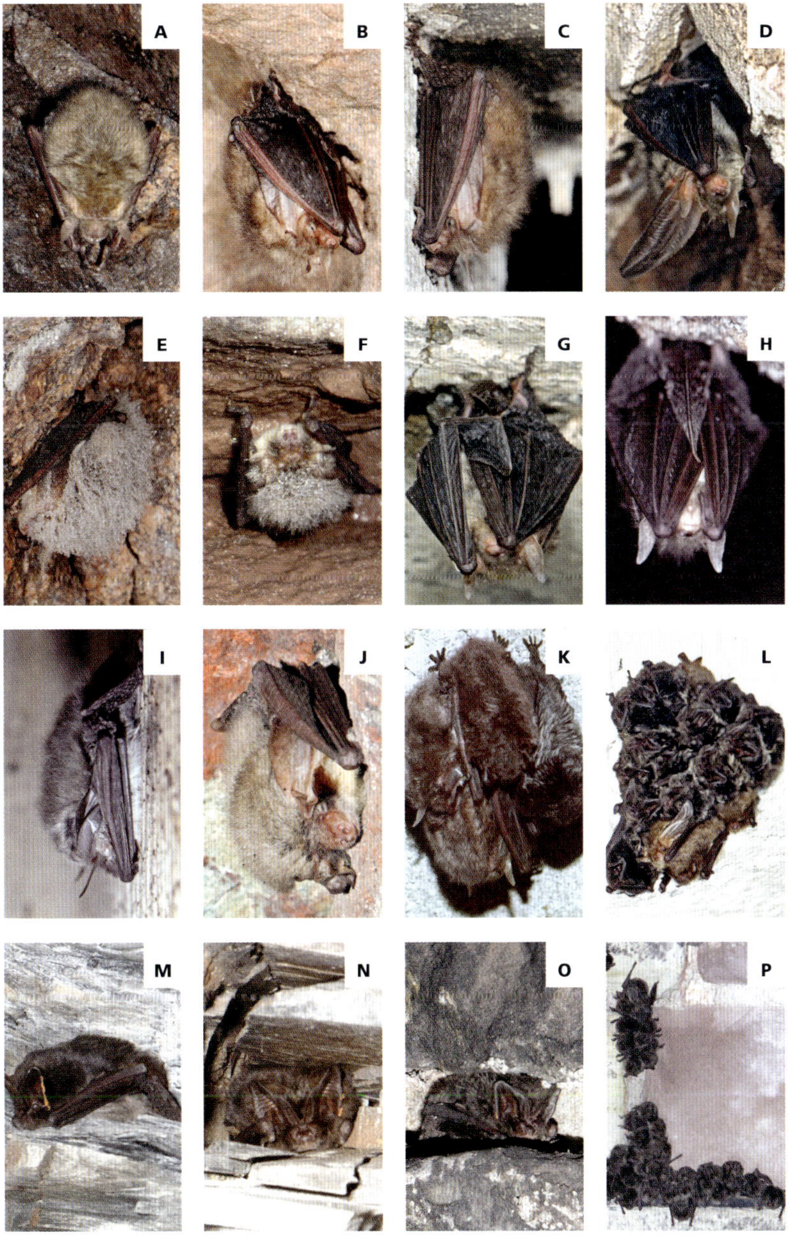

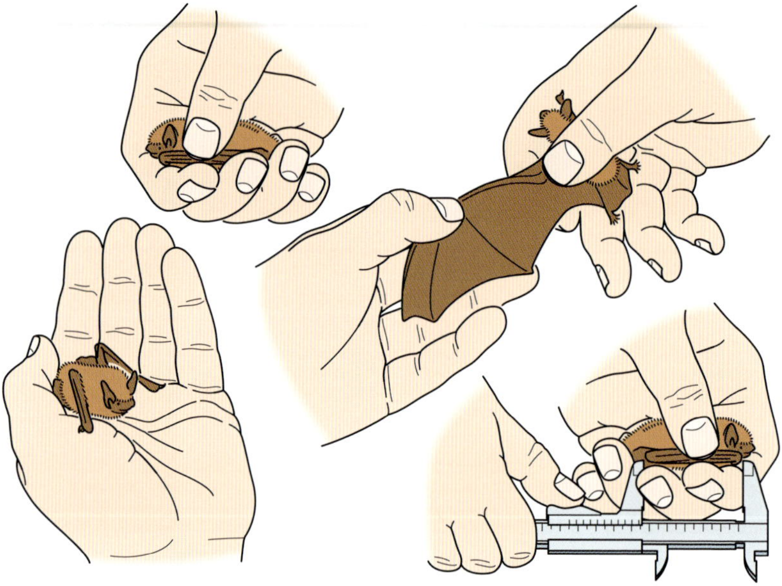

Handhabung und Vermessung einer Fledermaus, für Rechtshänder empfiehlt es sich das Tier in die linke Hand zu nehmen. Aus Sicherheitsgründen sollten dünnen Handschuhe getragen werden (siehe Text). Grafik: W. Lang nach McOwat 1999

Um Fledermäuse bestimmen zu können, ist es oft unerlässlich, zahlreiche Merkmale abzuprüfen, was nur in der Hand an gefangenen Tieren geht. Mit zunehmender Erfahrung ist es bei vielen Arten möglich sie auch im Hängen zu bestimmen oder zumindest einer Artengruppe zuzuordnen. Werden Tiere zur Bestimmung gefangen, ist unbedingt darauf zu achten die Störung auf ein unvermeidbares Maß zu reduzieren, das Tierwohl immer im Blick zu behalten und die jeweilige Gesetzgebung zum Natur- und Artenschutz zu beachten. Die eigene Gesundheit sollte ebenfalls nicht vernachlässigt werden. Neben Tollwut können eine Vielzahl (unbekannter) Viruserkrankungen und bakterielle Erreger v.a. beim Biss übertragen werden. Daher sollte eine Tollwutimpfung selbstverständlich sein. Handschuhe schützen auch vor einer Übertragung, sollten aber dennoch ein feinfühliges Handling der Tiere ermöglichen. Einweghandschuhe reichen als Schutz für die kleinen und mittelgroßen Arten aus. Für große Fledermausarten empfehlen sich dünne und weiche Lederhandschuhe.

Es ist erstaunlich, wie schnell sich wilde Fledermäuse beruhigen, wenn man richtig mit ihnen umgeht. Dies gelingt in der bloßen Hand sehr schnell, wenn sie wie in den Abbildungen gehalten werden. Je ruhiger man selber dabei ist, umso schneller geht dies. Man könnte dann fast den Eindruck haben die Tiere wären binnen Minuten gezähmt. Dies ist vorteilhaft für Bestimmungsversuche und erlaubt gute Fotos zur Dokumentation anzufertigen. Für kurze Zeit können Fledermäuse am Besten in leichten Baumwollsäckchen gehalten werden, diese sollten für Hufeisennasen mindestens 20 x 30 cm groß sein, für Glattnasen können sie auch kleiner sein. Im Inneren dürfen keine losen Fäden sein, in denen sich die Tiere verheddern können. Es hat sich bewährt frisch gefangene Tiere für einige Zeit (mindestens 10 Minuten) im Baumwollsäckchen abzuhängen, damit sie sich beruhigen. Dies sollte an einer schattigen bzw. kühlen Stelle erfolgen, wo es nicht windet und ruhig ist. Hufeisennasen sollten immer hängen und nicht abgelegt werden. Nimmt man die Tiere dann aus dem Säckchen, birgt sie in der Handinnenfläche und deckt sie mit dem Daumen ab, sind sie meist so ruhig, dass man ihre Merkmale gut betrachten kann. Zuerst sollten die Merkmale geprüft werden, die ohne eine Beeinträchtigung des Tieres betrachtet bzw. gemessen werden können. So lässt sich der Unterarm meist unproblematisch messen. Die Messung der oberen Zahnreihenlänge sollte, soweit überhaupt erforderlich, erst ganz zum Schluss erfolgen.

Zum Wiegen der Tiere hat es sich bewährt sie in ein leichtes Baumwolltuch einzuwickeln (bzw. zu „pucken") und sie so auf die Digitalwaage zu legen. Setzt man sie in ein Kästchen oder einen Becher bedeutet dies meist, dass sie sich aufregen, desgleichen in Plastiktüten o.Ä.

Bei allen Detailuntersuchungen ist strikt zu vermeiden, die Tiere nur an den Ellbogen, Flügelspitzen oder sonstigen Flügelteilen festzuhalten. Dies führt zu einer Überstreckung der Schultern, ähnlich dem Polizeigriff beim Menschen, und kann einerseits erhebliche Verletzungen nach sich ziehen, andererseits verhindert es, dass sich die Tiere beruhigen.

Vermessen des Unterarms bei einer Nordfledermaus

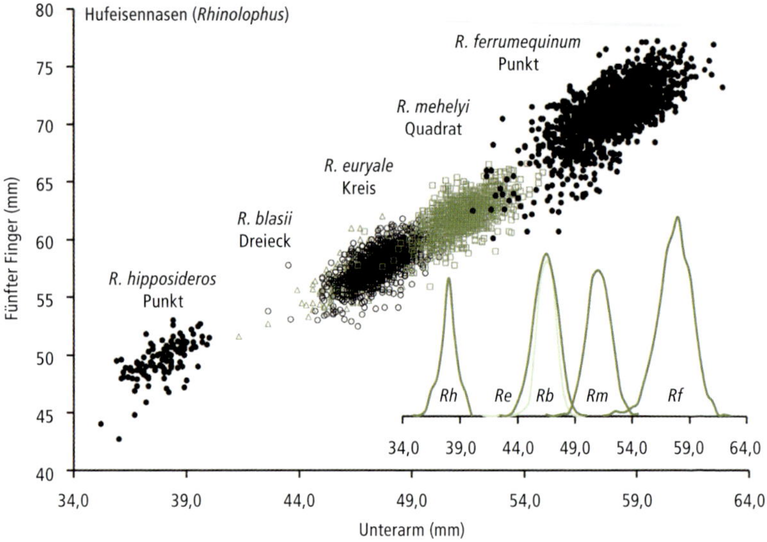

Verteilungen der Unterarmlänge und der Länge des fünften Fingers von 5.011 Individuen der fünf Hufeisennasen-Arten. Alle Kleinen Hufeisennasen und der Großteil der Mehely- und Großen Hufeisennasen sind anhand dieser beiden Messtrecken zu trennen. Es gibt aber einige Tiere im Überschneidungsbereich und Blasius- und Mittelmeer-Hufeisennase überlappen komplett.

Für das Vermessen von Fledermäusen benutzt man eine leichtgängige Schieblehre, mittlerweile gibt es auch sehr präzise Plastik-Schieblehren. Um Verletzungen zu vermeiden, können die Spitzen abgeschliffen werden. Zur Messung der Ohrbreiten hat sich ein Stahllineal bewährt.

Um Flügelmaße zu nehmen, empfiehlt es sich für Rechtshänder die Fledermaus locker in die linke Hand zu nehmen. Mit der rechten Hand können die Maße genommen, und die Schieblehre dabei mit den linken Fingern abgestützt werden. Die Unterarmlänge wird bei geschlossenem Flügel vom Ellbogen bis zum Handgelenk gemessen. Die Schieblehre sollte parallel zum Unterarm liegen. Die Längen des fünften und dritten Fingers werden am besten bei voll geöffnetem Flügel genommen, während die Fledermaus auf dem Rücken gehalten wird. Dabei wird das Handgelenk nicht mitgemessen, die Schieblehre kann innen an das Handgelenk angesetzt werden. Die Daumenlänge wird am voll gestreckten Daumen ohne die Kralle gemessen, die Hinterfußlänge entsprechend von der Ansatzstelle des Sporns bis zu den Zehen

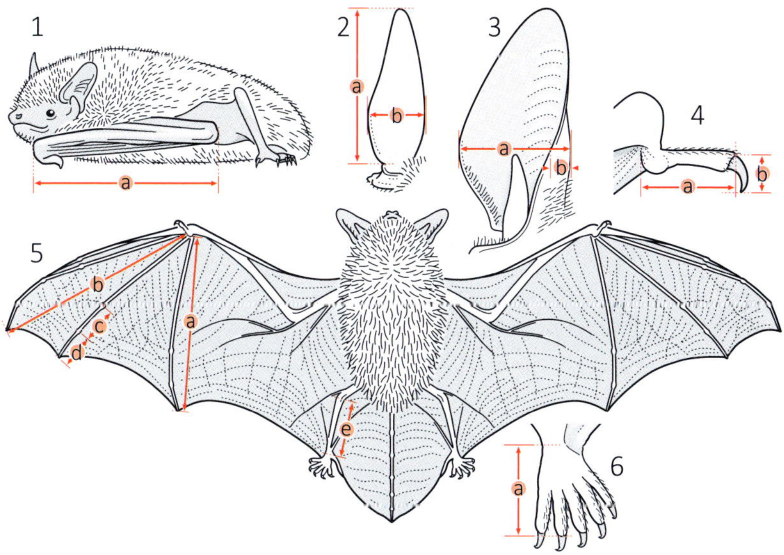

1. Messstrecken bei geschlossenem Flügel: a = Unterarmlänge.
2. Messstrecken am Tragus: a = Traguslänge, b = Tragusbreite.
3. Messung der Ohrbreite auf Höhe der Tragusspitze durch Addieren der Messtrecken a und b.
4. Messstrecken am Daumen: a = Daumenlänge, b = Daumenkrallenlänge.
5. Messstrecken bei geöffnetem Flügel werden am besten auf der Unterseite genommen: a = Länge des fünften Fingers, b = Länge des dritten Fingers, c = Länge des ersten Fingergliedes am vierten Finger, d = Länge des zweiten Fingergliedes am vierten Finger, e = Unterschenkellänge.
6. Messstrecke am Hinterfuß: a = Hinterfußlänge. Grafiken: W. Lang

ohne die Krallen. Zur Messung der Ohrbreite misst man auf Höhe der Tragusspitze, indem man die Ohrmuschel an das Lineal andrückt, um die Wölbung zu reduzieren. Entsprechend wird auch die Tragusbreite bei angelegtem Tragus gemessen. Die Traguslänge wird ohne den Basallappen gemessen. Insbesondere beim Messen der oberen Zahnreihenlänge (nur bei Mausohren, mediterranen Langohren und mediterranen Breitflügelfledermäusen notwendig) ist höchste Vorsicht und Konzentration geboten, um die Tiere nicht zu verletzen. Die Schieblehre wird dabei von der Hinterkante des hintersten oberen Molaren bis zur vorderen Basis des Eckzahnes angelegt. Alternativ kann man eine Leuchtlupe mit Skala verwenden. Bei der Bewertung der Messstrecken ist zu beachten, dass in natürlichen Populationen Gauss-Verteilungen vorliegen: Während die meisten Tiere in einem engen Bereich von meist +/- 5 % um den Mittelwert liegen, gibt es in größeren Serien auch immer einzelne klein- oder großwüchsige Individuen. Weibchen sind meist größer als Männchen.

Links Neugeborenes Weibchen der Steppen-Bartfledermaus mit leicht angetrockneter Nabelschnur und erster Milchfüllung.
Rechts Muttertier der Wimperfledermaus (oben) und der Steppen-Bartfledermaus (unten) mit selbstständigen Jungtieren. Diese haben wesentlich dunklere Ohren und Gesichter, und das Fell ist einheitlicher gefärbt.

Neugeborene Fledermaus-Babys sind nackt und rosa gefärbt. Die Augen sind noch geschlossen. Während der ersten Stunden des Lebens hängt die Nabelschnur noch fest. Es dauert bis zu einem Tag bis sie abtrocknet und dann abfällt. Füße und Daumen der Neugeborenen sind schon sehr groß, da sie sich hiermit an der Mutter festhalten müssen. Innerhalb der ersten drei Wochen nach der Geburt findet ein schnelles Wachstum statt. Zwergfledermäuse legen am Unterarm im Schnitt 0,6 mm pro Tag, Mausohren 1,3 mm pro Tag zu. Im Alter von 4–6 Wochen haben die Jungtiere nahezu die Größe der Erwachsenen und die Flugfähigkeit erreicht. Flügge Jungtiere haben meist ein etwas schüttereres Fell als die Erwachsenen und der Körper ist noch zarter. Die Fellfärbung ist bei vielen Arten grauer, Brauntöne treten weniger stark auf. Die Gesichtshäute sind meist dunkler gefärbt als bei den Erwachsenen. Viele *Myotis*-Arten, v.a. Wasser- und Teichfledermaus weisen einen dunklen Unterlippenfleck auf, der im Laufe der Zeit verblasst. Bei vielen Arten ist die Färbung des Rückenfells auch nach dem ersten Winter noch etwas grauer bzw. weniger braun gefärbt und die Gesichtsbereiche sind dunkler als bei mehrjährigen Tieren. Bei der Großen Bartfledermaus erreichen die Tiere erst im Alter von sieben Jahren das Alterskleid, bei der Bartfledermaus nach ca. 5 Jahren, es gibt jedoch große individuelle Unterschiede. Bei beiden Arten ist das Gesicht im ersten Lebensjahr tief schwarz gefärbt. Im Laufe des Lebens hellt es sich auf, bei der Brandtfledermaus schneller, bei der Bartfledermaus langsamer. Der Abnutzungsgrad der Zähne, v.a. der Eckzähne erlaubt eine relative Alterseinschätzung: Bei selbstständigen Jungtieren sind sie sehr spitz und wirken etwas durchscheinender. Je älter die Tiere werden umso stärker werden die Zähne abgenutzt. Die individuelle Variation ist aber so groß, dass keine absolute Einschätzung möglich ist.

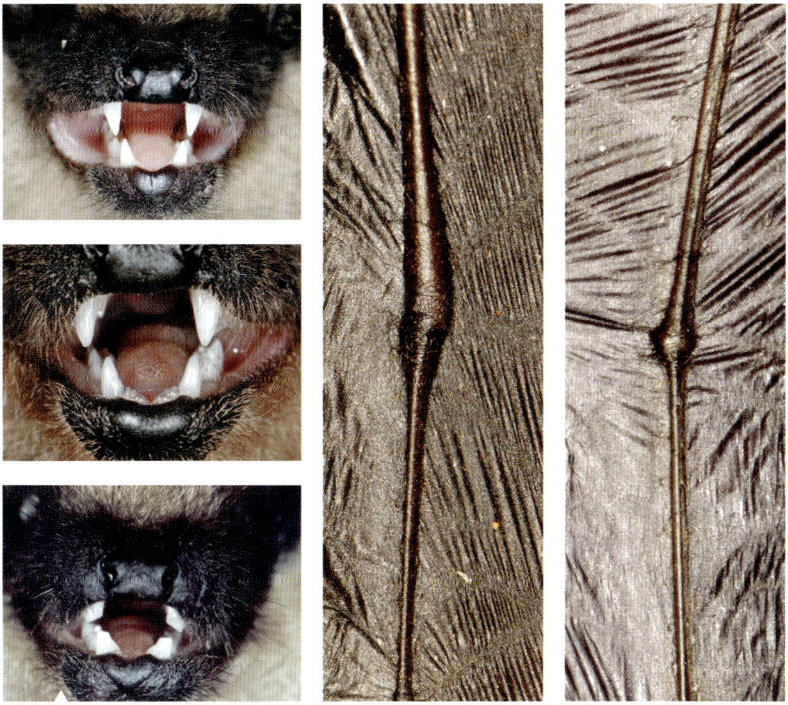

Links Abnutzungsgrad der Zähne bei der Breitflügelfledermaus vom ersten Herbst zum mehrjährigen und vieljährigen Tier.
Mitte Zustand des Gelenks am fünften Finger zwischen Mittelhand- und Fingerknochen bei einem gerade flüggen Jungtier der Bartfledermaus.
Rechts Zustand des Gelenks bei einer mehrjährigen adulten Bartfledermaus.

Bis zur ersten Geburt sind die Zitzen der Weibchen sehr klein und unauffällig im Fell versteckt. Während der ersten Schwangerschaft beginnen sie zu wachsen und mit dem ersten Säugen erreichen sie die vielfache Größe des Ursprungszustandes und flachen ab. Somit kann an der Zitzengröße in Tiere vor und nach der ersten Trächtigkeit/Geburt unterschieden werden. Gleiches gilt für die Haftzitzen der Hufeisennasen. Die Nebenhoden der Männchen sind vor der ersten vollständigen Spermienproduktion dunkel bis schwarz pigmentiert. Nachdem sie voll gedehnt waren, sind sie auch im entleerten Zustand nicht mehr komplett dunkel, oft nur noch an der Spitze. Ein sicheres und artunabhängiges Merkmal zur Alterseinschätzung, zumindest bis zum ersten Winter, ist der Verknöcherungsgrad der Fingerglieder. Bei juvenilen Tieren wachsen die Fingerknochen nahe am Gelenk. Gegen helles Licht sind die knorpeligen Wachstumszonen als durchscheinende Banden zu erkennen und die Messwerte liegen je nach Alter weit unter denen erwachsener Tiere. Am Ende der Wachstumsphase verknöchern diese Wachstumszonen, das Adultmaß ist erreicht, die Banden sind nicht mehr durchscheinend. Nach Abschluss des Wachstums bleiben die Fingergelenke jedoch noch für einige Wochen langgezogen erweitert und werden erst im Spätherbst wie bei den Alttieren knubbelig. Die Flughäute der Jungtiere sind bis zum ersten Winter auch weicher und vor allem glänzender als die der Adulten.

Die allermeisten Fledermäuse erreichen nach dem ersten Lebensjahr, also in ihrem zweiten Spätsommer/Herbst die Geschlechtsreife. Bei einigen v.a. kleineren Arten wie Zwergfledermaus oder Bartfledermaus ist bereits ein Teil der Jungtiere im ersten Herbst geschlechtsreif. Bei den Großen Hufeisennasen im nördlichen Verbreitungsgebiet kann dies dagegen bis zu 5 Jahre dauern.
Während die Begattung v.a. im Herbst oder Winter erfolgt, findet die Befruchtung der Eizelle mit Ausnahme der Langflügelfledermäuse erst nach dem Winterschlaf statt. Der Beginn der Trächtigkeit ist kaum festzustellen. Erst in den Wochen vor der Geburt ist eine deutliche Rundung des Bauches zu sehen (A). Dann sind auch der Embryo bzw. die Zwillinge vorsichtig tastbar, wenn das Muttertier nicht vollgefressen ist. Spätestens ab der Woche vor der Geburt ist die Bauchdecke so gedehnt, dass die große Bauchvene dunkellila hindurchscheint (B). Bis zwei Tage nach der Geburt ist der Vaginalbereich der Weibchen angeschwollen und stark gerötet, manchmal auch blutverkrustet. Während der ersten Schwangerschaft wachsen die Zitzen auf das Vielfache der ursprünglichen Größe an (C–E). Nach der Geburt bildet sich durch das Säugen ein haarloser Hof um die Zitzen aus, und sie plattet sich ab. Bei gefangenen Muttertieren tritt nach längerer Abwesenheit vom Jungtier Milch an der Zitze aus (F). Nach Beendigung des Säugens, spätestens 10 Wochen nach der Geburt, wächst das Fell langsam wieder nach. Die Zitze bildet sich aber nur minimal zurück. Alte Weibchen, die schon vielfach Junge großgezogen haben, weisen breite und große Zitzen auf (G).
Vor der Pubertät sind die Hoden und Nebenhoden der Männchen klein und unauffällig und von einer dunkel blauschwarz pigmentierten Gewebeschicht überlagert (H). Die Nebenhoden sind dann als dunkle Bereiche neben der Schwanzwurzel sichtbar (H). Mit der ersten Spermienproduktion wachsen die Hoden auf bis zum Vierzigfachen ihrer ursprünglichen Größe heran (I). Mit der Übergabe der Spermien an die Nebenhoden schwellen diese ebenfalls enorm an. Durch die Dehnung löst sich die dunkle Pigmentierung der Nebenhoden auf. Sie sind jetzt als prall gefüllte helle Schläuche oder Blasen sichtbar (J). Auch nach der Entleerung der Nebenhoden werden sie nur wenig dunkler. Die ursprüngliche Pigmentierung ist nur noch im Spitzenbereich sichtbar (K).
Anhand der beschriebenen Reproduktionsmerkmale lassen sich Weibchen in: nullipar (noch keine Geburt), primipar (erste Trächtigkeit/Geburt) und multipar (mehrere Geburten) und dabei jeweils in gravid (trächtig), laktierend (säugend) und postlaktierend (nach dem Säugen) einteilen.
Männchen lassen sich in präpubertär (vor der ersten Spermienbildung), pubertär (erste Spermienbildung) und adult (erwachsen) einteilen, jeweils mit einer Einschätzung über die Größe von Hoden und Nebenhoden.

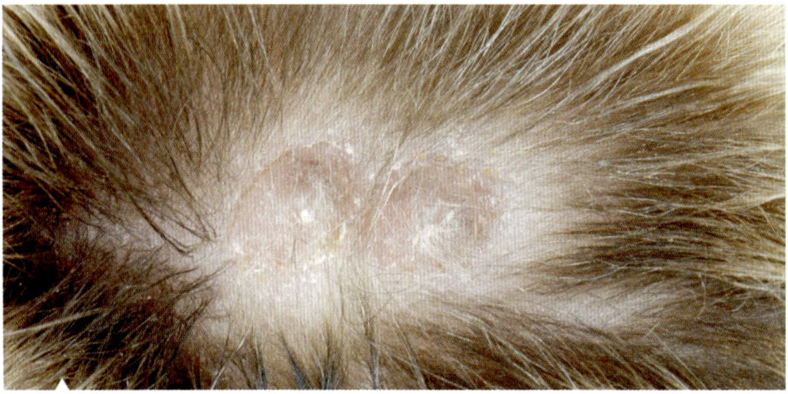

Fledermäuse haben brustständige Zitzen, unter den europäischen Arten hat nur die Zweifarbfledermaus beidseitig zwei Zitzen, alle anderen nur eine. Bei dem einjährigen Tier sind diese noch recht klein und unauffällig.

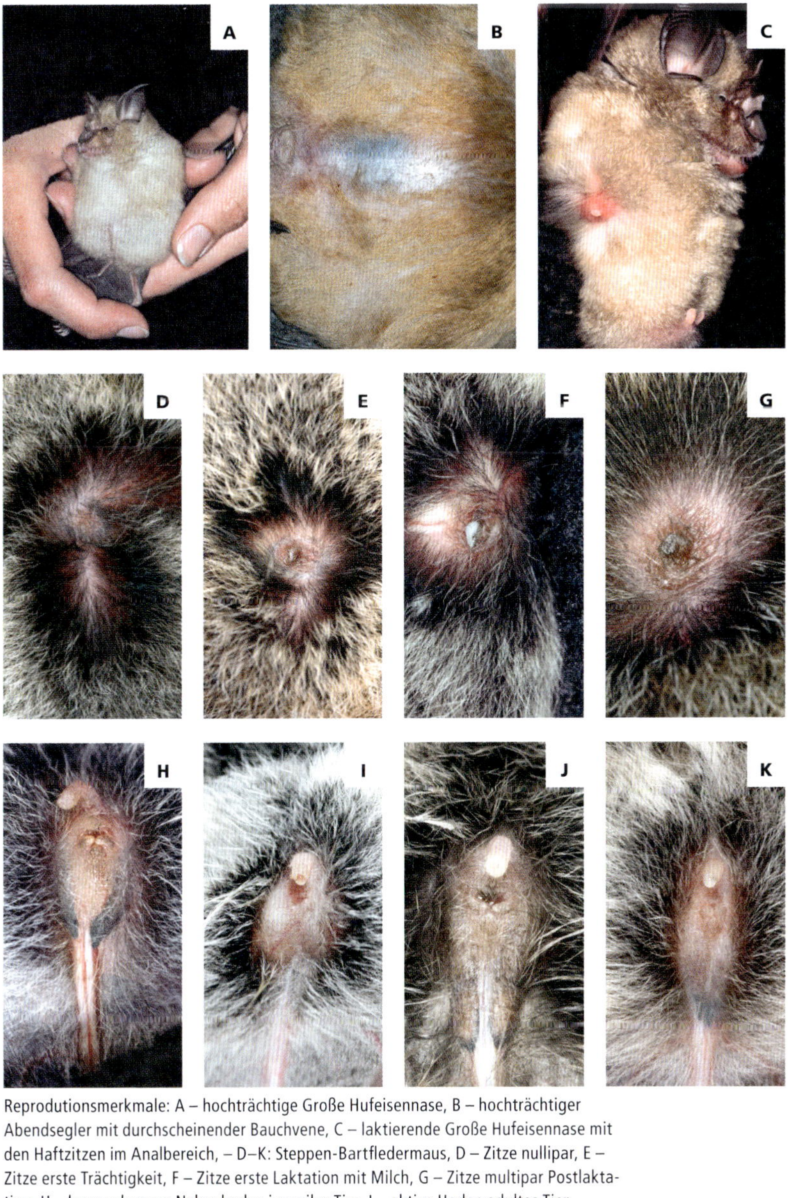

Reprodutionsmerkmale: A – hochträchtige Große Hufeisennase, B – hochträchtiger Abendsegler mit durchscheinender Bauchvene, C – laktierende Große Hufeisennase mit den Haftzitzen im Analbereich, – D–K: Steppen-Bartfledermaus, D – Zitze nullipar, E – Zitze erste Trächtigkeit, F – Zitze erste Laktation mit Milch, G – Zitze multipar Postlaktation, H – leere schwarze Nebenhoden juveniles Tier, I – aktive Hoden adultes Tier, J – entleerte Hoden, gefüllte Nebenhoden, K – teilentleerte Nebenhoden.

Kurzbestimmungsschlüssel …

Es wurden die jeweils sichersten und unmissverständlichsten Merkmale ausgewählt. ○ steht für in Deutschland vorkommende, ? für möglicherweise in Deutschland vorkommende und ✖ nur für außerhalb Deutschlands vorkommende Arten/Merkmale. Im Zweifelsfall ist der ausführliche Schlüssel ab Seite 170 anzuwenden.

1A ○ Der Schwanz ragt zur Hälfte aus der schmalen Schwanzflughaut heraus.
→ **Europäische Bulldoggfledermaus** *Tadarida teniotis*
1B ○ Der Schwanz ist ganz in die breite Schwanzflughaut integriert.
→ **2A**

2A ○ Schnauze mit auffälligem Nasenblatt und Hufeisen.
→ **3A**
2B ○ Schnauze ohne Nasenblatt und Hufeisen.
→ **7A**

3A ○ Oberer Sattelfortsatz kürzer als der untere Sattelfortsatz.
→ **4A**
3B ✖ Oberer Sattelfortsatz länger als der untere Sattelfortsatz.
→ **5A**

4A ○ Unterarm über 54 mm.
→ **Große Hufeisennase** *Rhinolophus ferrumequinum.*
4B ○ Unterarm unter 43 mm.
→ **Kleine Hufeisennase** *Rhinolophus hipposideros.*

5A ✖ 2. Fingerglied des 4. Fingers weniger als doppelt so lang als das 1. Fingerglied.
→ **Blasius Hufeisennase** *Rhinolophus blasii.*
5B ✖ 2. Fingerglied des 4. Fingers mehr als doppelt so lang als das 1. Fingerglied.
→ **6A**

6A ✖ Die Lanzette verschmälert sich nahezu gleichmäßig zur Spitze.
→ **Mittelmeer-Hufeisennase** *Rhinolophus euryale.*
6B ✖ Die Lanzette verschmälert sich sehr plötzlich und weist eine schmale Spitze auf.
→ **Mehely-Hufeisennase** *Rhinolophus mehelyi.*

7A ○ Ohren in Seitenansicht nicht über den Scheitel hinausragend.
→ **8A**
7B ○ Ohren in Seitenansicht deutlich den Scheitel überragend.
→ **9A**

8A ✖ Verbreitung vom östlichen Anatolien ostwärts, siehe Detailschlüssel.
→ **Steppen-Langflügelfledermaus** *Miniopterus pallidus.*
8B ○ Ganz Europa. Für Anatolien siehe Detailschlüssel.
→ **Langflügelfledermaus** *Miniopterus schreibersii.*

9A ○ Ohren durch eine Hautfalte auf der Stirn verbunden.
→ **10A**
9B ○ Ohren durch das Fell auf der Stirn getrennt, keine Hautfalte zwischen den Ohren.
→ **16A**

10A ○ Ohren mit maximal 18 mm kurz und breit.
→ **Mopsfledermaus** *Barbastella barbastellus.*
10B ○ Ohren über 30 mm lang und mit vielen Querfalten.
→ **11A**

11A ○ kurzer Daumen (< 6,5 mm) und Hinterfuß (< 8 mm).
→ **12A**
11B ○ langer Daumen (> 6,5 mm) und Hinterfuß (> 8 mm).
→ **15A**

12A ✕ langer Tragus (> 18 mm), Penis parallel begrenzt, endemisch auf Sardinien.
→ **Sardisches Langohr** *Plecotus sardus.*
12B ○ kurzer Tragus (< 18 mm), Penis oval verdickt.
→ **13A**

13A ✕ Vorkommen in Nordafrika, auf Pantelleria und Malta.
→ **Libysches Langohr** *Plecotus gaisleri.* Zusätzlich DNA-Bestätigung empfohlen.
13B ○ Vorkommen in Europa und Anatolien.
→ **14A**

14A ○ Unterarm bei Männchen > 38 mm, bei Weibchen > 39 mm, Unterschenkel > 18 mm, Obere Zahnreihe > 5,7 mm.
→ **Graues Langohr** *Plecotus austriacus.*
14B ✕ Unterarm bei Männchen < 38mm, bei Weibchen < 39 mm, Unterschenkel < 18 mm, Obere Zahnreihe < 5,7 mm, Küstenbereiche des östlichen Mittelmeers.
→ **Balkan-Langohr** *Plecotus kolombatovici.*

15A ○ Lange Haare auf den Zehen, Bauchfell grau oder gelb-braun, Unterlippenfeld gebogen, nicht dreieckig, Penis zur Spitze hin verjüngt. → **Braunes Langohr** *Plecotus auritus.* Die Populationen der Iberischen Halbinsel (‚*begognae*') stellen möglicherweise eine eigenständige Art dar, sind aber nach äußeren Merkmalen nicht vom Braunen Langohr zu trennen.
15B ○ Kurze Haare auf den Zehen, Bauchfell weißlich, Unterlippenfeld dreieckig ausgezogen, Penis parallel begrenzt.
→ **Alpenlangohr** *Plecotus macrobullaris.*

16A ○ Tragus meist lang, zugespitzt, speerförmig, wenn kurz und gebogen erscheinend, dann ist die Ohrmuschel knapp doppelt so hoch als breit.
→ **17A**
16B ○ Tragus kurz und gebogen mit gerundeter Spitze.
→ **30A**

17A ○ Große Arten, Unterarm > 50 mm.
→ **18A**
17B ○ Kleine Arten, Unterarm < 50 mm.
→ **20A**

18A ✕ auf Sardinien, Korsika, Malta, Pantelleria und in Nordafrika.
→ **Punisches Mausohr** *Myotis punicus.*
18B ○ Europa ohne Sardinien, Korsika, Malta, Pantelleria.
→ **19A**

19A ○ groß, kräftig, lange Schnauze, Ohren > 16 mm breit, dunkler Punkt an der Tragusspitze, Obere Zahnreihe > 9,4 mm.
→ **Mausohr** *Myotis myotis*.

19B ✕ wenig kleiner, kürzere Schnauze, Ohren < 16 mm breit, kein schwarzer Fleck an der Tragusspitze, Obere Zahnreihe < 9,4 mm.
→ **Kleines Mausohr** *Myotis oxygnathus*.

20A ○ Ohren über 20 mm lang.
→ **Bechsteinfledermaus** *Myotis bechsteinii*.

20B ○ Ohren weniger als 20 mm lang.
→ **21A**

21A ○ Sporn sehr lang und s-förmig gebogen.
→ **22A**

21B ○ Sporn gerade oder leicht zu einer Seite gebogen, nicht s-förmig gebogen.
→ **23A**

22A ✕ Entlang des freien Randes der Schwanzflughaut vielreihiger bürstenartiger dichter Fransensaum, nur Iberische Halbinsel, Pyrenäen, Balearen und Nordafrika.
→ **Iberische Fransenfledermaus** *Myotis escalerai*.
Die Populationen Nordafrikas (‚*zenatius*') stellen möglicherweise eine eigenständige Art dar, sind aber nach äußeren Merkmalen nicht von der Iberischen Fransenfledermaus zu trennen.

22B ○ Entlang des freien Randes der Schwanzflughaut zwei Reihen gebogener Fransen, ganz Europa.
→ **Fransenfledermaus** *Myotis nattereri*.
Die Populationen des Alpenraumes, der Apennin-Halbinsel, Südfrankreichs und der Iberischen Halbinsel (‚*crypticus*') stellen möglicherweise eine eigenständige Art dar, sind aber nach äußeren Merkmalen nicht von der Fransenfledermaus zu trennen. Von der Südküste Anatoliens südostwärts und auf Zypern kommt die Levante-Fransenfledermaus (*Myotis hoveli*), von der Krim ostwärts die Kauskasus-Fransenfledermaus (*Myotis tschuliensis*) vor.

23A ○ großer Hinterfuß der mindestens halb so lang wie der Unterschenkel ist.
→ **24A**

23B ○ Hinterfuß kurz, maximal halb so lang wie der Unterschenkel.
→ **26A**

24A ○ Unterarm > 42 mm, kurzer gebogener Tragus.
→ **Teichfledermaus** *Myotis dasycneme*.

24B ○ Unterarm < 42 mm. Tragus länger als halbe Ohrlänge.
→ **25A**

25A ○ Armflughaut setzt am Hinterfuß an, Unterschenkel nicht dicht behaart, Tragus nicht s-förmig gebogen.
→ **Wasserfledermaus** *Myotis daubentonii*.

25B ✕ Armflughaut setzt am Unterschenkel an, dieser dicht behaart, Tragus s-förmig.
→ **Langfußfledermaus** *Myotis capaccinii*.

26A ○ Unterarm > 37 mm, deutliche rechtwinklige Stufe im Ohrrand, Rückenfell meist rötlich getönt.
→ **Wimperfledermaus** *Myotis emarginatus*.

26B ○ Unterarm < 37 mm, Stufe im Ohrrand nicht rechtwinklig, Rückenfell in Brauntönen oder mit Goldglanz.
→ **27A.** Empfehlung: Weiter im Detailschlüssel.

27A ○ Unterarm meist < 33 mm, Ohren kurz, Tragus kürzer oder nur knapp die Stufe am Ohrrand erreichend, Daumen < 4,7 mm, Unterschenkel < 14,8 mm und Hinterfuß < 5,6 mm.
→ **Nymphenfledermaus** *Myotis alcathoe.* Siehe auch Detailschlüssel.

27B ○ Unterarm meist > 33 mm, Ohren länger, Tragus überragt die Stufe am Ohrrand leicht. Daumen > 4,7 mm, Unterschenkel > 14,6 mm, Hinterfuß > 5,6 mm.
→ **28A.** Bei Weibchen weiter im Detailschlüssel.

28A ○ Penis keulenförmig, Paraconuli vorhanden, Zingulumhöcker des oberen großen Prämolaren höher als davor stehender Prämolar.
→ **Brandtfledermaus** *Myotis brandtii.*

28B ○ Penis gleichmäßig dünn, keine Paraconuli vorhanden, Zingulumhöcker am großen oberen Prämolaren fehlend oder niedriger als davorstehender Prämolar.
→ **29A**

29A ○ große Teile Europas, morphologische Artabgrenzung jedoch schwierig.
→ **Bartfledermaus** *Myotis mystacinus.*

29B ✕ vom Balkan ostwärts, Ohrvorderrand stärker nach vorne gebogen, Ohrspitze schmaler, Unterschenkel länger, Füße größer, morphologische Abgrenzung schwierig.
→ **Steppen-Bartfledermaus** *Myotis davidii.*

30A ○ kleine Arten, Unterarm < 38 mm
→ **31A**

30B ○ Größere Arten, Unterarm > 38 mm
→ **36A**

31A ○ Letzte 1–2 Schwanzwirbel schauen aus der Schwanzflughaut hervor, Epiblema schmal ohne Steg.
→ **Alpenfledermaus** *Hypsugo savii.*

31B ○ Der letzte Schwanzwirbel ragt maximal 2 mm über den Rand der Schwanzflughaut. Epiblema breit mit Steg.
→ **32A**

32A ○ Erster oberer Schneidezahn einspitzig, zweiter oberer Schneidezahn klein.
→ **Weißrandfledermaus** *Pipistrellus kuhlii.*

32B ○ Erster oberer Schneidezahn zweispitzig, zweiter oberer Schneidezahn deutlich sichtbar.
→ **33A**

33A ✕ Fünfter Finger > 43 mm, zweiter oberer Schneidezahn länger als die Höhe der zweiten Spitze des ersten oberen Schneidezahns.
→ **Rauhautfledermaus** *Pipistrellus nathusii.*

33B ✕ Fünfter Finger < 43 mm, zweiter oberer Schneidezahn kürzer als die Höhe der zweiten Spitze des ersten oberen Schneidezahns.
→ **34A**

34A ✕ nur auf Kreta und der Kyrenaika in Libyen.
→ **Hanaks Zwergfledermaus** *Pipistrellus hanaki.*

34B ○ ganze Europa, Kleinasien und Nordwest-Afrika.
→ **35A.** Empfehlung: Weiter im Detailschlüssel.

35A ○ Kleiner Wulst zwischen den Nasenlöchern, Vaginalbereich und Penis gelblich bis orange gefärbt, Gesicht und Ohren hell.
→ **Mückenfledermaus** *Pipistrellus pygmaeus.* Siehe Detailschlüssel.

35B ○ Kein Wulst zwischen den Nasenlöchern, Vaginalbereich und Penis graubraun, Penis mit hellem Mittelstreifen, Gesicht und Ohrendunkel.
→ **Zwergfledermaus** *Pipistrellus pipistrellus. Siehe Detailschlüssel.*

36A ○ Die vom Ohrhinterrand ausgehende Hautfalte endet deutlich vor dem Mundwinkel. Die Flügel sind sehr breit.
→ **37A**

36B ✕ Vom Hinterende des Ohrs zieht eine Hautfalte bis an den Mundwinkel. V.a. im Spitzenbereich schmale Flügel.
→ **40A**

37A ○ Schwarzbraune Färbung mit goldenen Fellspitzen, obere Zahnreihenlänge < 6,0 mm.
→ **Nordfledermaus** *Eptesicus nilssonii.*

37B ○ Fellfärbung in Brauntönen oder fahler, keine Schwarzfärbung, obere Zahnreihenlänge > 6,0 mm.
→ **38A**

38A ○ obere Zahnreihenlänge > 7,2 mm, ganz Europa. Penis zum Ende hin gleichmäßig verbreitert.
→ **Breitflügelfledermaus** *Eptesicus serotinus*.

38B ✕ Obere Zahnreihenlänge meist < 7,2 mm, wenige große Tiere länger, Iberische Halbinsel, Nordafrika, Anatolien, Zypern und Rhodos. Penis mit schmalem Schaft zum Ende hin keulenförmig verbreitert oder mit ringförmigem Wulst an der Spitze.
→ **39A**

39A ✕ Iberische Halbinsel, Nordafrika.
→ **Isabellfledermaus** *Eptesicus isabellinus.*

39B ✕ Anatolien und vorgelagerte Inseln, Zypern.
→ **Küstenfledermaus** *Eptesicus anatolicus*.

40A ○ Kurzer Tragus, zum Ende etwas verbreitert aber nicht pilzförmig. Silbrige Fellspitzen.
→ **Zweifarbfledermaus** *Vespertilio murinus.*

40B ○ Kurzer Tragus verbreitert sich zur Spitze pilzförmig. Braune Fellspitzen.
→ **41A**

41A ○ Unterarm > 64 mm.
→ **Riesenabendsegler** *Nyctalus lasiopterus.*

41B ○ Unterarm < 56 mm.
→ **42A**

42A ○ Unterarm > 48 mm.
→ **Abendsegler** *Nyctalus noctula.*

42B ○ Unterarm < 46 mm.
→ **Kleiner Abendsegler** *Nyctalus leisleri.*

Rechte Seite Nasenaufsätze der Hufeisennasen: A – Lanzette, B- horizontale Querfalte unter der Lanzette, C – oberer Sattelfortsatz, D – unterer Sattelfortsatz, E – Hufeisen, F – Nasenlöcher, G – Einkerbungen der Unterlippe, H – Antitragus. Zeichnung: R. Roesler

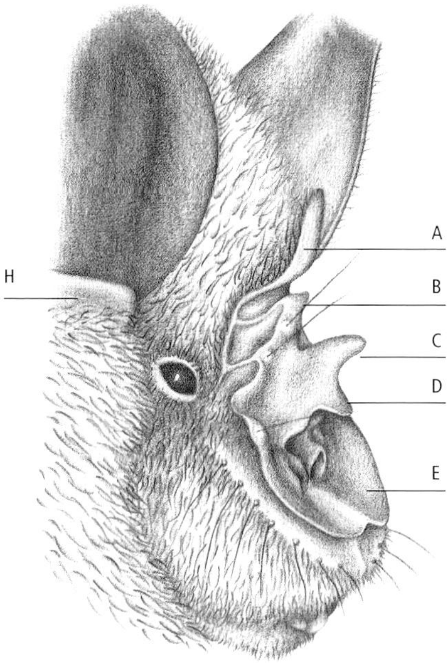
A
B
C
D
E
H

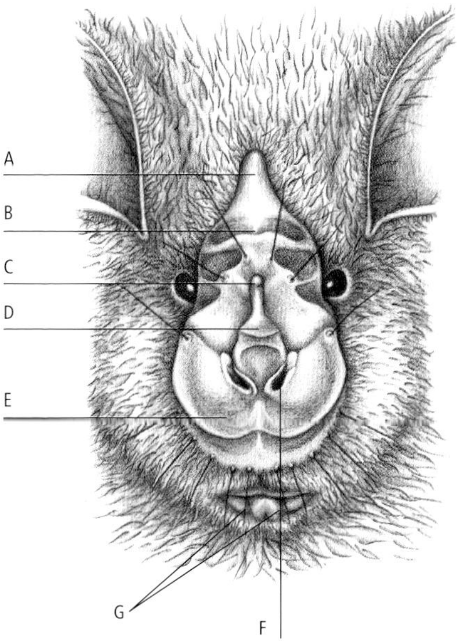
A
B
C
D
E
G
F

1A Sehr große Fledertiere, Unterarmlänge > 80 mm. Ohr einfach, ohne Tragus oder Antitragus (B). Daumen und zweiter Finger tragen je eine Klaue (C). – **Flughunde** Pteropodidae.
→ Nur eine Art im Bearbeitungsgebiet: **Nilflughund** *Rousettus aegyptiacus.*

1B Kleinere Fledertiere, Unterarmlänge < 80 mm. Ohr komplizierter gebaut, mit Tragus (K, N) oder Antitragus (E, H). Zweiter Finger ohne Klaue (L).
→ **2A**

2A Nasenrücken mit komplizierten hufeisenförmigen Hautausstülpungen und einer aufrechten Lanzette (D). Ohren ohne Tragus, aber mit deutlichem Antitragus (E). Schwanz kürzer oder von gleicher Länge wie die Hinterbeine (F). – **Hufeisennasen** Rhinolophidae
→ **siehe Teil 2 auf S. 172.**

2B Nasenrücken ohne komplizierte Hautausstülpungen (G, J, M). Ohren meist mit Tragus (H, K, N). Der Schwanz ist ganz in die Schwanzflughaut einbezogen und länger als die Hinterbeine (O) oder der Schwanz ragt über eine schmale Schwanzflughaut hinaus (I).
→ **3A**

3A Der Schwanz steht zur Hälfte über die schmale Schwanzflughaut hinaus (I). Ohr ohne Tragus aber mit Antitragus (H).
→ **Bulldoggfledermäuse** *Molossidae.*
→ Nur eine Art im Bearbeitungsgebiet: **Europäische Bulldoggfledermaus** *Tadarida teniotis.*

3B Der Schwanz ist komplett in eine breite Schwanzflughaut einbezogen (O), maximal zwei Schwanzwirbel ragen für wenige Millimeter über den Rand der Schwanzflughaut hinaus.
→ **4A**

4A Die Flügelspitzen werden in Ruhe eingeklappt (L) und das zweite Fingerglied am dritten Finger ist etwa dreimal so lang wie das erste Fingerglied am dritten Finger (L). Die Ohren überragen das Fell am Kopf nicht (J).
→ **Langflügelfledermäuse** *(Miniopteridae).* → **siehe Teil 3 auf S. 174**.

4B Flügelspitzen werden in Ruhe nicht eingeklappt und das zweite Fingerglied am dritten Finger ist maximal doppelt so lang wie das erste. Meist überragen die Ohren das Kopffell (M).
→ **Glattnasenfledermäuse** *Vesperlilionidae*. → **siehe Teil 4 auf S. 175.**

Rechts Merkmale der europäischen Fledermaus-Familien: A–C: Flughunde (Pteropodidae), D–F: Hufeisennasen (Rhinolophidae), G–I: Bulldoggfledermäuse (Molossidae), J–L: Langflügelfledermäuse (Miniopteridae), M–O: Glattnasenfledermäuse (Vespertilionidae).

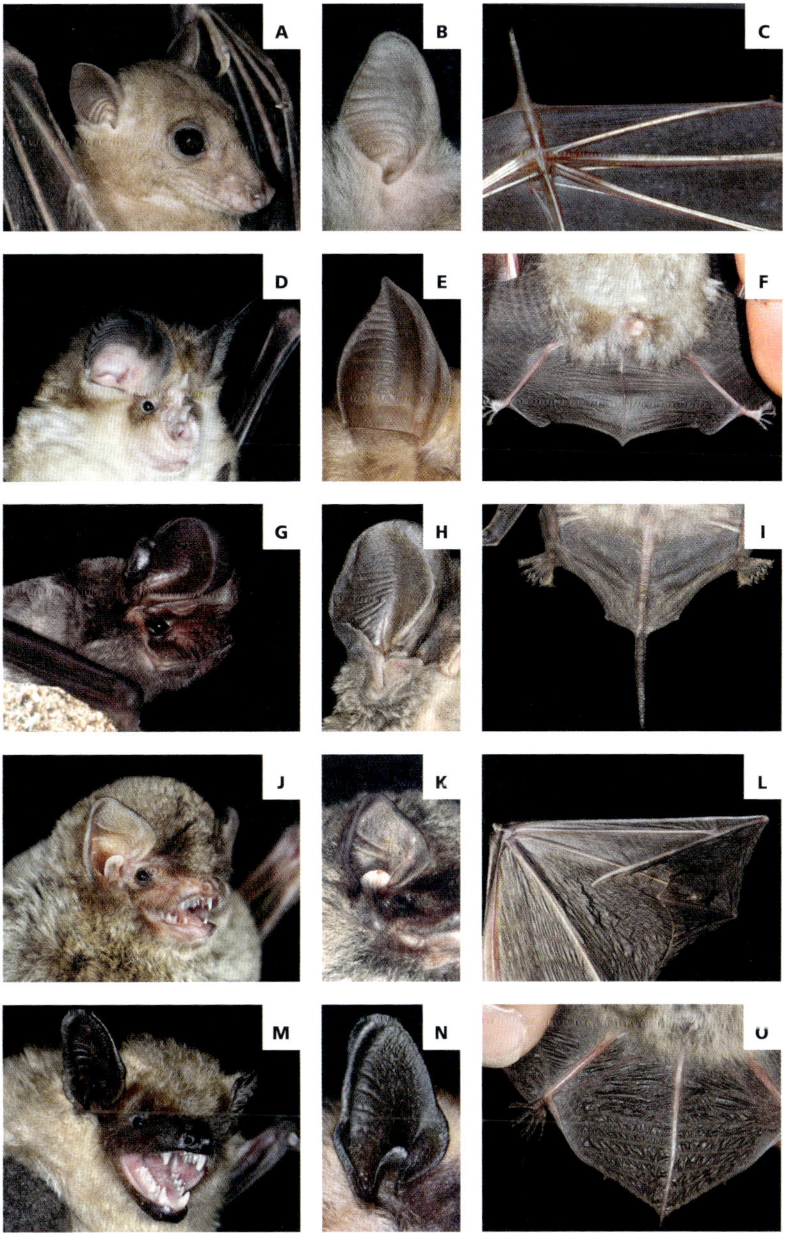
A
B
C
D
E
F
G
H
I
J
K
L
M
N
O

Bild-Bestimmungsschlüssel –

1A Oberer Sattelfortsatz breit abgerundet und kurz (B, F). Eine oder drei kleine Kerben in der Unterlippe (C). Unterarmlänge < 43 mm oder > 53 mm.
→ **2A**

1B Oberer Sattelfortsatz deutlich länger als der untere Sattelfortsatz (J, N, R). Zwei kleine Kerben in der Unterlippe (O). Unterarmlänge 43–54 mm.
→ **3A**

2A Die größte der Hufeisennasen, Unterarm > 54 mm (nur selten auch 53 mm).
→ **Große Hufeisennase** *Rhinolophus ferrumequinum*.

2B Die kleinste der Hufeisennasen, Unterarm < 43 mm.
→ **Kleine Hufeisennase** *Rhinolophus hipposideros.*

3A Das zweite (äußere) Fingerglied am vierten Finger ist weniger als doppelt so lang wie das erste Fingerglied (L). Der untere Sattelfortsatz ist in Frontalansicht schmal, von unten betrachtet verjüngt er sich nach vorne keilförmig. Die horizontale Querfalte unter der Lanzette ist in der Mitte deutlich eingekerbt (K). CF-Frequenz 92–98 kHz.
→ **Blasius-Hufeisennase** *Rhinolophus blasii.*

3B Das zweite (äußere) Fingerglied am vierten Finger ist mehr als doppelt so lang wie das erste Fingerglied (P, T). Der untere Sattelfortsatz ist in Frontal ansicht breit, von unten betrachtet verlaufen die Seiten parallel. Die horizontale Querfalte unter der Lanzette ist in der Mitte nur sehr selten schwach eingekerbt (O, S). CF-Frequenz über 100 kHz.
→ **4A**

4A Die Lanzette verschmälert sich in Frontalansicht gleichmäßig zur Spitze hin (O). Der obere Sattelfortsatz ist spitz und in Seitenansicht leicht nach unten gebogen (N). Unterarmlänge 45–51 mm, meist < 50 mm. Keine klare Grenze zwischen Bauch- und Rückenfärbung.
→ **Mittelmeer-Hufeisennase** *Rhinolophus euryale.*

4B Die Lanzette verschmälert sich in Frontalansicht an der Basis sehr plötzlich und läuft in eine schmale Spitze aus (S). Der obere Sattelfortsatz ist (außer in Nordafrika) abgerundet und in Seitenansicht nicht nach unten gebogen (R). Unterarmlänge 48–55 mm, meist > 49 mm. Bei adulten Tieren klare Grenze zwischen Bauch- und Rückenfärbung.
→ **Mehely-Hufeisennase** *Rhinolophus mehelyi.*

Rechts Merkmale der europäischen Hufeisennasen: A–D: Große Hufeisennase, E–H: Kleine Hufeisennase, I–L: Blasius-Hufeisennase, M–P: Mittelmeer-Hufeisennase, Q–T: Mehely-Hufeisennase.

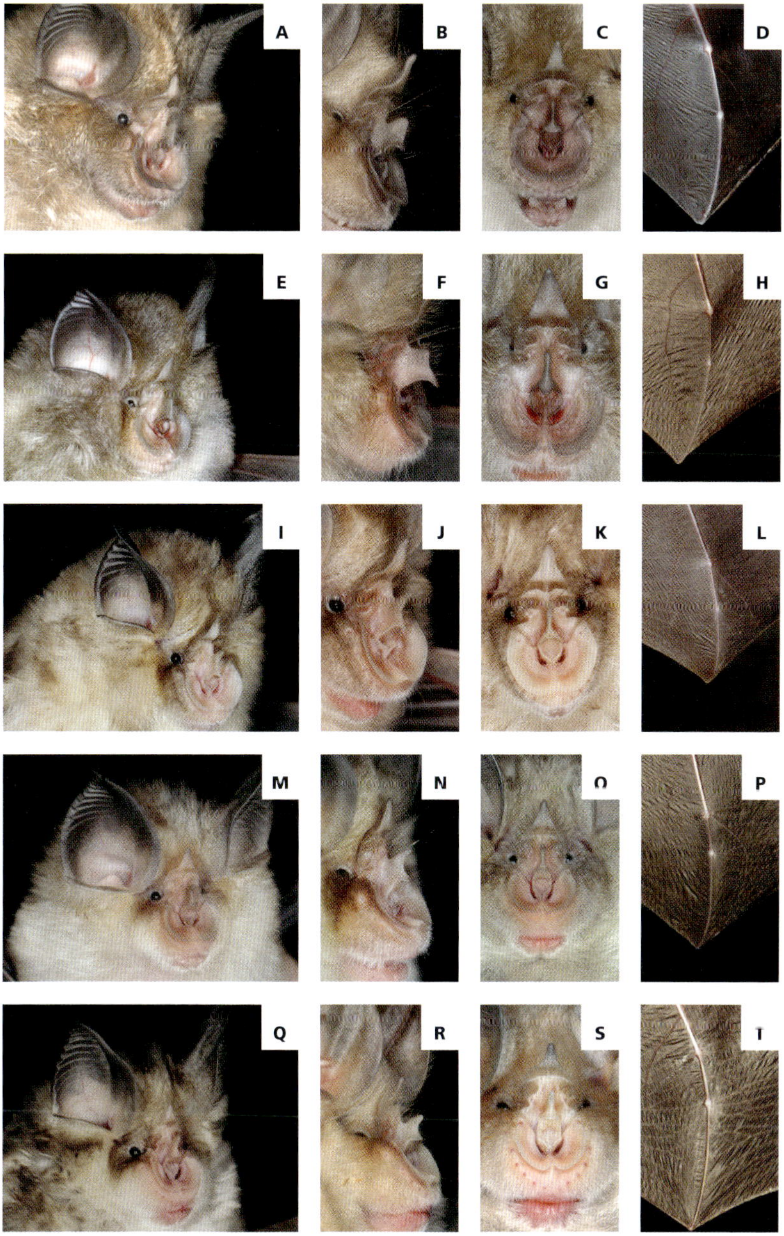
A
B
C
D
E
F
G
H
I
J
K
L
M
N
O
P
Q
R
S
T

1A Kleinere Art, relativ einheitlich gefärbt, zwischen Rücken und Kopf nur geringe Färbungsunterschiede. Das Rückenfell wirkt meist nicht zweifarbig, da die Haarspitzen meist nicht fahl sind. Adulte Männchen im Herbst ohne rostrote Kopf-, und Nackenfärbung. Bei größeren Serien (ab 10–20 Individuen) Mittelwert der Unterarmlängen < 46 mm, einzelne Unterarmmaße meist < 46,3 mm. Europa, rund ums Schwarze Meer bis Georgien, westliches Kleinasien und Teile des Nahen Ostens und Nordwestafrika. Genetisch eindeutig zu unterscheiden.
→ **Langflügelfledermaus** *Miniopterus schreibersii.*

1B Größere Art, etwas „bunter" gefärbt, durch Färbungsunterschiede zwischen Rücken und Kopf. Fahle Töne an den Haarspitzen v.a. des Rückenfells. Adulte Männchen im Herbst mit auffällig rostrotem bis orangerotem Haarkleid an Kopf, Nacken, Wangen und Kehle. Bei größeren Serien (ab 10–20 Individuen) Mittelwert der Unterarmlängen > 47 mm, einzelne Unterarmmaße meist > 46 mm. Von Zentralanatolien, dem Nahen Osten und dem östlichen Kaukasus nach Osten verbreitet. Genetisch eindeutig zu unterscheiden.
→ **Steppen-Langflügelfledermaus** *Miniopterus pallidus.*

Oben Adultes Männchen der Langflügelfledermaus vom Balkan.
Unten Adultes Männchen der Steppen-Langflügelfledermaus aus Anatolien mit typischer Herbst-Färbung und orange-braunem Kopf.

1A Die Ohren an ihrer Basis durch eine Hautfalte verbunden (A) und sich berührend, wenn sie aufgerichtet sind. Nasenlöcher kompliziert gebaut, öffnen sich im hinteren Bereich nach oben (C).
→ **2A**

1B Ohren sind getrennt. Zwischen ihnen befindet sich auf dem Scheitel Fell und keine verbindende Hautfalte (B). Nasenlöcher einfacher gebaut, öffnen sich nach seitlich, vorne oder leicht nach unten (D).
→ **3A**

2A Die Ohren sind kürzer als 20 mm und haben 5–6 Querfalten (E). Sie werden in Ruhe nicht eingefaltet. Sporn mit einem durch einen Kiel stabilisierten Epiblema (G).
→ **Mopsfledermaus** *Barbastella barbastellus.*

2B Die Ohren sind über 30 mm lang und haben zahlreiche Querfalten (F), in Ruhe werden sie eingefaltet. Sporn ohne Epiblema (H). – **Langohrfledermäuse** (Gattung *Plecotus*).
→ **Teil 4–7 (Langohren) auf Seite 196.**

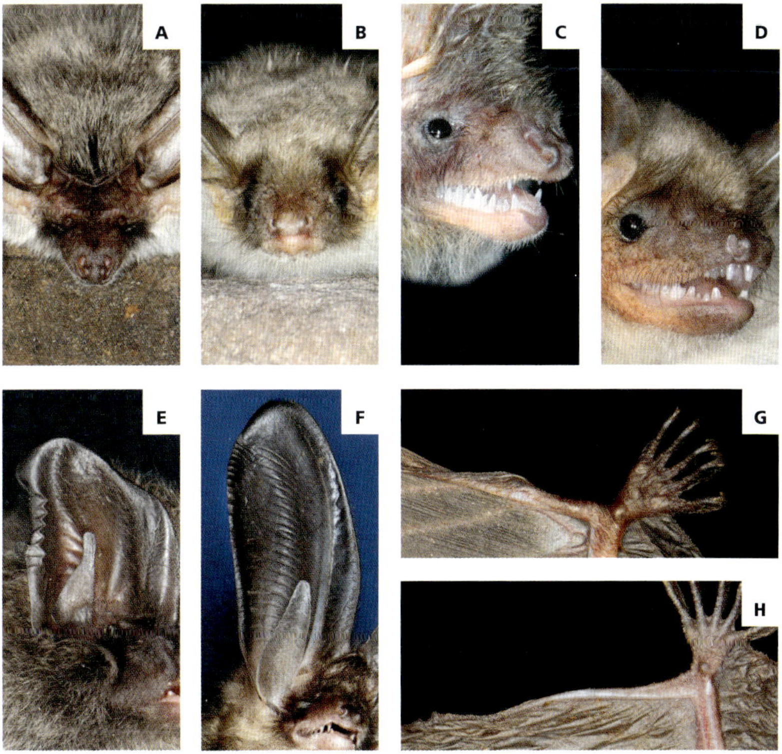

Merkmale von Balkan-Langohr (A, H), Mausohr (B, D), Braunem Langohr (C, F) und Mopsfledermaus (E, G).

3A Der Tragus ist kurz, nach vorne gebogen (A) und mit abgerundeter Spitze (A) oder pilzförmig verbreitert. Meist deutliches Epiblema entlang des Sporns. Nur ein oder zwei Prämolaren im Ober- und Unterkiefer.
→ **10a**

3B Der Tragus ist lang und aufrecht (B, E, F). (Nur Teich- und Wasserfledermaus haben einen kürzeren und abgerundeten Tragus, beide Arten haben sehr große Füße und die Ohren sind mindestens doppelt so hoch wie breit.) Kein Epiblema entlang des Sporns (nur „Bart"fledermäuse und die Bechsteinfledermaus haben manchmal ein sehr schmales Epiblema. Bei diesen ist aber der Tragus eindeutig aufrecht und an der Spitze nicht breit abgerundet). Drei Prämolaren im Ober- und Unterkiefer.
→ **4A**

4A Große Fledermäuse, Unterarm > 50 mm. → **Teil 4–3 (Mausohren) auf Seite 186.**

4B Kleine bis mittelgroße Fledermäuse, Unterarm < 50 mm. → **5A**

5A Sehr lange Ohren, mehr als 20 mm lang; werden sie nach vorne umgebogen, überragen sie die Schnauze zur Hälfte. 9–11 Ohrfalten (E). → **Bechsteinfledermaus** *Myotis bechsteinii.*

5B Ohren kürzer als 20 mm; werden sie nach vorne umgebogen, überragt weniger als die Hälfte der Ohrlänge die Schnauze. Weniger als 9 Ohrfalten (F). → **6A**

6A Sporn lang und s-förmig gebogen (I). Der freie Rand der Schwanzflughaut ist mit kräftigen gebogenen Borsten besetzt. Tragus lang und speerförmig. → **7A**

6B Sporn gerade oder leicht gebogen, aber nicht s-förmig geschwungen (J). Rand der Schwanzflughaut höchstens mit spärlichen und weichen Haaren besetzt. → **8A**

7A Fransensaum entlang des freien Randes der Schwanzflughaut mit weitest gehend gleich langen und nur leicht gebogen Haaren (K), nicht lang und hakenförmig, nicht mehrreihig in Richtung Bauchseite umgebogen. Armflughaut setzt an der Zehenbasis an. Ganz Europa, Kleinasien und Naher Osten, allerdings mehrere kryptische Formen mit teilweise ungeklärtem Artstatus.
→ **Fransenfledermaus** *Myotis nattereri.*
Die Populationen des Alpenraumes, der Apennin-Halbinsel, Südfrankreichs und der Iberischen Halbinsel (‚*crypticus*') stellen möglicherweise eine eigenständige Art dar, sind aber nach äußeren Merkmalen (meist konvexer Innenrand des Tragus, deutlichere Haare entlang des Sporns und etwas dichterer Fransensaum an der Schwanzflughautrand) nicht sicher von der Fransenfledermaus (meist gerader oder an der Spitze konkaver Innenrand des Tragus) zu trennen.
Von der Südküste Anatoliens südostwärts und auf Zypern kommt die Levante-Fransenfledermaus (*Myotis hoveli*) vor. Der Unterschenkel dieser Art ist meist etwas länger und die Fransen am Schwanzflughautrand kürzer als bei der Fransenfledermaus.
Von der Krim ostwärts kommt die Kaukasus-Fransenfledermaus (*Myotis tschuliensis*) vor. Deren obere Zahnreihenlänge ist etwas größer, die Schnauze länge rund flacher als bei der Fransenfledermaus.

7B Fransensaum entlang des freien Randes der Schwanzflughaut borstenartig, mehrreihig und mit unterschiedlich langen, darunter auch sehr langen gebogenen Haaren, die in Richtung Bauchseite zeigen (L). Armflughaut setzt am Mittelfuß an, nur ein sehr schmaler Saum zieht bis an den Zehen. Ab den Pyrenäen über die Iberische Halbinsel und Nordafrika.
→ **Iberische Fransenfledermaus** *Myotis escalerai.*
Die Populationen Nordafrikas (‚zenatius') stellen möglicherweise eine eigenständige Art dar, sind aber nach äußeren Merkmalen nicht sicher von der Iberischen Fransenfledermaus zu trennen. Nordafrikanische Populationen haben meist sehr stark gebogene Tragi, europäische weitgehend gerade Tragi.

Rechts Merkmale von Nordfledermaus (A), Kleinem Mausohr (B, D), Breitflügelfledermaus (C), Bechsteinfledermaus (E, G), Fransenfledermaus (F, H, I, K, M), Bartfledermaus (J) und Iberischer Fransenfledermaus (L, N).

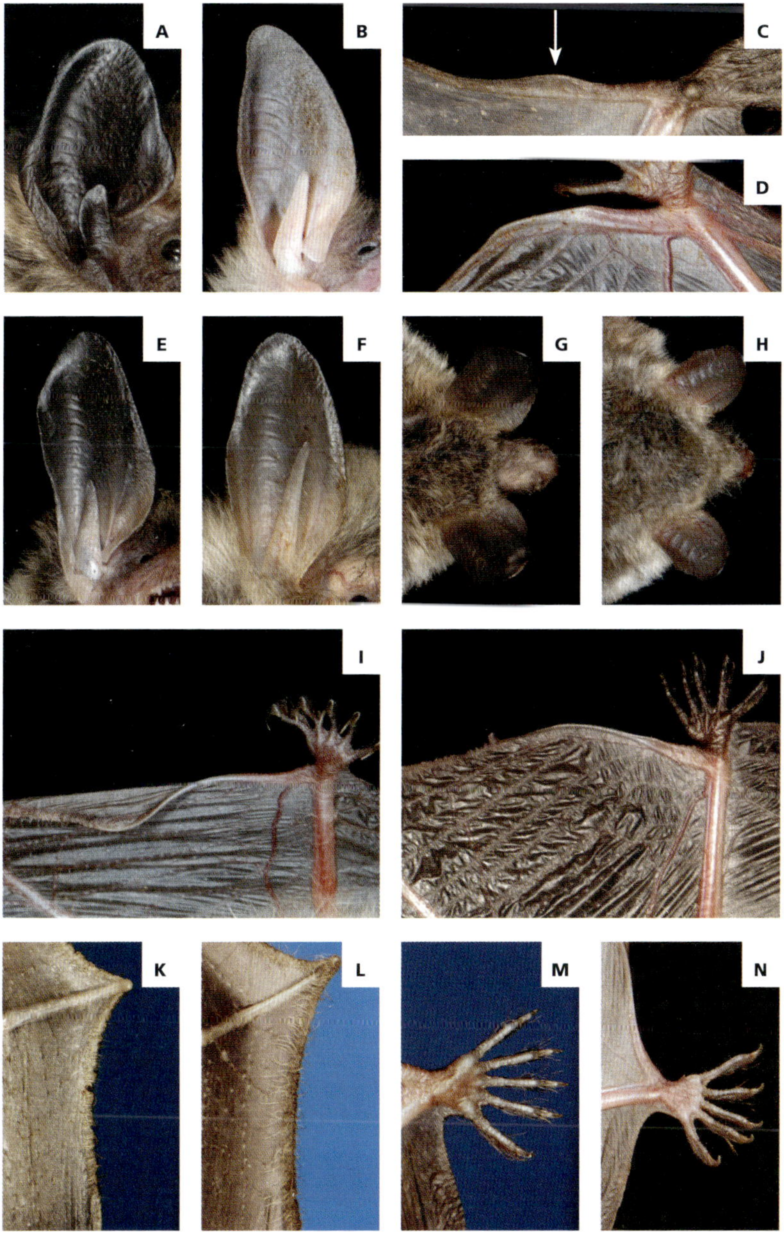
A
B
C
D
E
F
G
H
I
J
K
L
M
N

8A Große Hinterfüße, länger als die Hälfte der Unterschenkellänge (A). Armflughaut setzt an der Sohlenmitte des Fußes oder am Unterschenkel an. Ohraußenkante ohne auffällige Einbuchtung (C).
→ **Teil 4-1 ("Wasserfledermäuse") auf Seite 180**

8B Hinterfüße erreichen in der Länge maximal die Hälfte der Unterschenkellänge (B). Armflughaut setzt an der Zehenbasis an. Hinterrand des Ohres mit deutlicher Einbuchtung (D).
→ **9A**

9A Einbuchtung am Außenrand des Ohres nahezu rechtwinklig (E–F). Tragus reicht nicht bis zu dieser Einbuchtung. Unterarm meist > 37 mm.
→ **Wimperfledermaus** *Myotis emarginatus.*

9B Einbuchtung am Ohraußenrand nicht rechtwinklig (D). Tragus überragt diese Einbuchtung meist (eine Art hat einen kürzeren Tragus, dann Unterarm < 35 mm). Unterarmlänge meist < 37 mm.
→ **Teil 4-2 ("Bart"fledermäuse) auf Seite 182.**

10A Kleinere Arten: Unterarmlänge < 38 mm.
→ **13A**

10B Größere Arten: Unterarmlänge > 38 mm.
→ **11A**

11A Hinterrand des Ohres mit einer Hautfalte, die in Richtung Mundwinkel zieht, diesen aber nicht erreicht (G). Tragus länger, bzw. höher als breit (G). Epiblema schmal und in der Regel ohne sichtbaren Steg (I).
→ **Teil 4–5 (Breitflügelfledermäuse) auf Seite 190.**

11B Hinterrand des Ohres mit einer Hautfalte, die bis zum Mundwinkel zieht (H). Tragus verbreitert sich nach oben (H). Epiblema breit mit deutlich sichtbarem Steg (J).
→ **12A**

12A Kurzer Tragus, nach oben verbreitert, aber nicht pilzförmig (K). Dunkel braunschwarzes Rückenfell mit silberweißen Spitzen (L). Unterseite weißlich grau oder weiß, stark zur Oberseite kontrastierend.
→ **Zweifarbfledermaus** *Vespertilio murinus.*

12B Tragus nach oben pilzförmig verbreitert (H). Rückenfell braun bis rotbraun, Unterseite nur wenig heller gefärbt als die Oberseite.
→ **Teil 4-4 (Abendsegler) auf Seite 188.**

13A Die letzten beiden Schwanzwirbel überragen den Rand der Schwanzflughaut um 4–5 mm. Epiblema fehlend oder schmal, ohne Steg (M). Gesicht und Ohren lackschwarz. Rückenfell meist mit goldenen Spitzen, Bauchseite hell. Der kurze Tragus verbreitert sich leicht zur Spitze hin (O). Penis in charakteristischer Weise an der Basis rechtwinklig abgebogen.
→ **Alpenfledermaus** *Hypsugo savii.*

13B Der letzte Schwanzwirbel überragt die Schwanzflughaut um maximal 1–2 mm. Epiblema breit mit deutlichem Steg (N). Gesicht und Ohren dunkel, aber nicht lackschwarz. Das Rückenfell bräunlich, auch mit blonden Spitzen, aber nicht golden. Tragus zur Spitze nicht verbreitert (P). Penis nicht rechtwinklig abgebogen.
→ **Teil 4–6 (Zwergfledermäuse) auf Seite 192.**

Rechts Merkmale von Wasserfledermaus (A, C), Bartfledermaus (B, D), Wimperfledermaus (E, F), Breitflügelfledermaus (G, I), Abendsegler (H, J), Zweifarbfledermaus (K, L) Alpenfledermaus (M, O) und Zwergfledermaus (N, P).

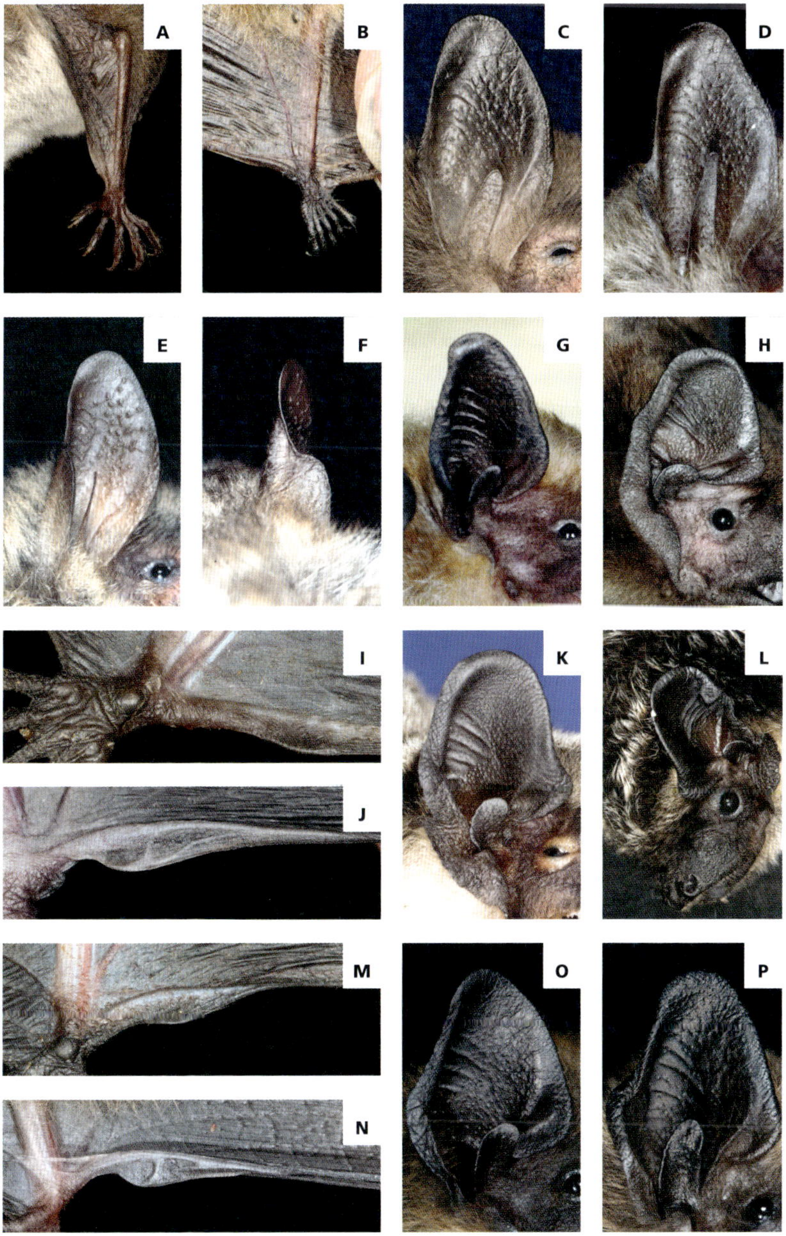
A
B
C
D
E
F
G
H
I
J
K
L
M
N
O
P

1A Unterarm > 42 mm (meist > 43 mm) und damit mittelgroße Art. Tragus kürzer als die halbe Ohrlänge (B). Armflughaut setzt am Fußgelenk an (C).
→ **Teichfledermaus** *Myotis dasycneme.*

1B Unterarm < 42 mm, damit kleinere Arten. Tragus meist länger als die halbe Ohrlänge (E, H). Armflughaut setzt am Unterschenkel oder an der Sohle des Hinterfußes (F, I), nicht aber am Fußgelenk an.
→ **2A**

2A Flughaut des Flügels setzt an der Mitte der Fußsohle an (F). Hinterfüße groß (F). Der Tragus erreicht die halbe Ohrlänge und ist nach vorne gebogen, aber nicht s-förmig geschwungen (E). Unterschenkel und Schwanzflughaut nicht dicht behaart (F). Nasenbereich und Nasenlöcher nicht auffällig vorstehend (D), Brauntöne überwiegen im Rückenfell (D).
→ **Wasserfledermaus** *Myotis daubentonii.* Populationen der iberischen Halbinsel sind etwas kleiner und meist dunkler gefärbt (‚*nathalinae*').

2B Flughaut des Flügels setzt am Unterschenkel an (I). Hinterfüße sehr groß (I). Langer Tragus mit leichtem s-förmigem Schwung (H). Unterschenkel und Schwanzmembran mit dichtem Haarflaum bedeckt (I). Nasenlöcher auffällig vorstehend (G), Grautöne überwiegen im Rückenfell (G).
→ **Langfußfledermaus** *Myotis capaccinii.*

Rechts Merkmale von Teichfledermaus (A–C), Wasserfledermaus (D–F) und Langfußfledermaus (G–I).

A
B
C
D
E
F
G
H
I

Bild-Bestimmungsschlüssel –

Die „Bart"fledermäuse sind relativ schwierig zu bestimmen. Aufgrund einer großen innerartlichen Variationsbreite und deutlichen altersbedingten Färbungsunterschieden können die Arten nur mit viel Erfahrung zuverlässig unterschieden werden. Steppen-Bartfledermaus (*Myotis davidii*) und Bartfledermaus (*Myotis mystacinus*) sind sich oft sehr ähnlich. Nymphen- und Brandtfledermaus lassen sich dahingegen meist sicher abtrennen, genetische Verfahren sind bei dieser Gruppe jedoch hilfreich.

1A Sehr kleine Fledermaus, Unterarm meist < 32,8 mm – nur wenige Individuen bis 34,8 mm – mit wasserfledermausartigem Erscheinungsbild und ähnlicher Färbung, jedoch mit sehr zierlichen Füßen. Kurze Ohren mit kurzem Tragus, der die Einbuchtung am Außenrand des Ohres nicht überragt (B). Kurze Schnauze, die Rundung der Fellspitzen am Kopf reicht damit bis fast an die Nasenspitze (A). Kurzer Daumen (< 4,5 mm, selten bis 5,0 mm), kurzer Unterschenkel (< 14,5 mm, selten bis 15,9 mm), kurze Hinterfüße (< 5,6 mm, selten bis 5,8 mm). Das Gebiss ähnelt mit einem gut ausgeprägten Cingulumhöcker des dritten oberen Prämolars (P^4), der in der Höhe meist die Spitze des zweiten Prämolar (P^3) überragt, und den meist deutlichen Paraconuli-Höckern auf den oberen Molaren stark der Brandtfledermaus. Damit unterscheidet sie sich deutlich von der Bart- und Steppen-Bartfledermaus. Die Nasenlöcher sind meist wie bei der Brandt-Fledermaus herzförmig.
→ **Nymphenfledermaus** *Myotis alcathoe.*

1B Kleine Fledermäuse, Unterarm meist > 33 mm (selten 32,0 mm). Aufgrund der vorherrschenden dunklen Braunfärbung mit oft gelblichblonden Spitzen und den längeren Ohren erinnern die Tiere in keiner Weise an Wasserfledermäuse. Der Tragus überragt fast immer die Ausbuchtung am Außenrand des insgesamt längeren Ohres (E, H, K). Längere Schnauze, die von der Stirnbehaarung deutlich abgesetzt ist. Längerer Daumen (> 4,6 mm, selten nur 4,3 mm), längerer Unterschenkel (> 14,6 mm), größere Hinterfüße (> 5,8 mm).
→ **2A**

2A Eine große „Bart"fledermaus, der zweite obere Prämolar (P^3) steht in der Zahnreihe und erreicht in der Höhe zwei Drittel der Höhe des ersten oberen Prämolars (P^2). Auch im Unterkiefer ist der zweite untere Prämolar (P_3) beinahe so groß wie der erste untere Prämolar (P_2). Der Cingulumhöcker des dritten oberen Prämolars (P^4) ist gut ausgeprägt und überragt in der Höhe meist die Spitze des zweiten Prämolars (P^3). Meist sind Paraconuli-Höcker auf den oberen Molaren sichtbar. Der Penis ist zum Ende hin deutlich verdickt und damit kolbenförmig (F). Bereits juvenile Männchen haben einen zum Ende hin verdickten Penis, der sich deutlich von dem gleichmäßig dünnen Penis der Bart- und Steppen-Bartfledermaus unterscheidet. Die Nasenlöcher sind meist herzförmig.
→ **Brandtfledermaus** *Myotis brandtii.*

2B Mittelgroße bis große „Bart"fledermäuse, der zweite obere Prämolar (P^3) ist oft aus der Zahnreihe nach innen verdrängt und erreicht in der Höhe nur die Hälfte der Höhe des ersten oberen Prämolars (P^2). Auch im Unterkiefer ist der zweite untere Prämolar (P_3) deutlich kleiner als der erste untere Prämolar (P_2). Der Cingulumhöcker des dritten oberen Prämolars (P^4) ist nur schwach ausgeprägt oder fehlend und ist nahezu immer viel niedriger als die Spitze des zweiten Prämolars (P^3). Paraconuli-Höcker auf den oberen Molaren sind nur sehr selten ausgeprägt. Der Penis ist auf ganzer Länge gleichmäßig dünn (I, L). Die Nasenlöcher sind meist kommaförmig, der hintere Teil ist schmal und lang ausgezogen.
→ **3A**

Rechts Rechte Seite Merkmale von Nymphenfledermaus (A-C), Brandtfledermaus (D-F), Bartfledermaus (G–I) und Steppen-Bartfledermaus (J–L).

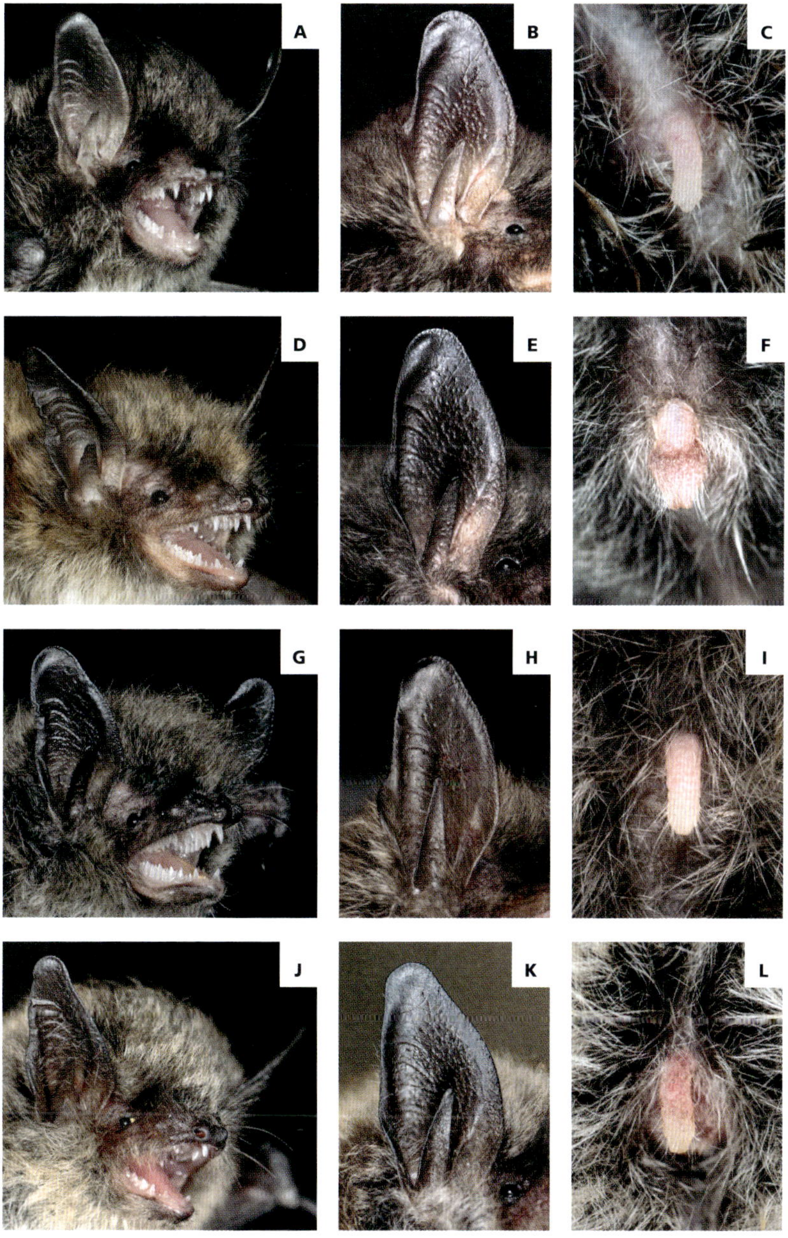
A
B
C
D
E
F
G
H
I
J
K
L

3A Die Variationsbreite innerhalb dieser Art ist im Hinblick auf die Fellfärbung und Größenunterschiede sehr ausgeprägt. Im Vergleich zur Steppen-Bartfledermaus ist die Bartfledermaus etwas kleiner (Unterarm meist < 35 mm) und insbesondere die Hinterfüße (meist < 7,0 mm) und Unterschenkel (meist < 16,8 mm). Die Ohren sind an der Spitze breiter als bei der Steppen-Bartfledermaus (H). Ohrgrund und Ohrbasis oft nicht stark aufgehellt und damit von ähnlicher Farbe wie die Ohrmuschel. Der Cingulumrand der oberen Eckzähne ist in Aufsicht dreieckig oder gerundet. In ganz Europa relativ häufige Art. Die Verbreitung auf der Balkanhalbinsel und in Anatolien ist unklar.
→ **Bartfledermaus** *Myotis mystacinus.*

3B Von der Adria über Südosteuropa aus ostwärts vorkommend. Im Vergleich zur Bartfledermaus etwas größere (Unterarm meist > 36 mm) und im Alterskleid bunter gefärbte Art (hellerer weißlicher Bauch, goldenes Rückenfell), größeren an die Wasserfledermaus erinnernden Hinterfüßen (meist > 7,4 mm) und längeren Unterschenkeln (meist > 16,8 mm). Die Ohren sind etwas schmaler, an ihrem Vorderrand etwas stärker konvex gebogen und vor allem die Ohrspitze deutlich schmaler als bei der Bartfledermaus (K). Ohrbasis und Ohrgrund oft heller als der Rest der Ohrmuschel. Der Cingulumrand der oberen Eckzahne ist in Aufsicht oval oder rautenformig, nicht dreieckig oder rund wie bei der Bartfledermaus. Eine sichere Artbestimmung ist derzeit nur mit genetischen Methoden möglich.
→ **Steppen-Bartfledermaus** *Myotis davidii.*

Teil 4-2: „Bart“-Fledermäuse

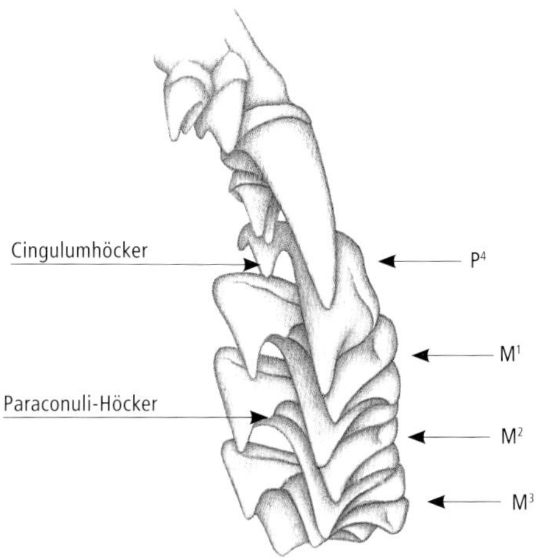

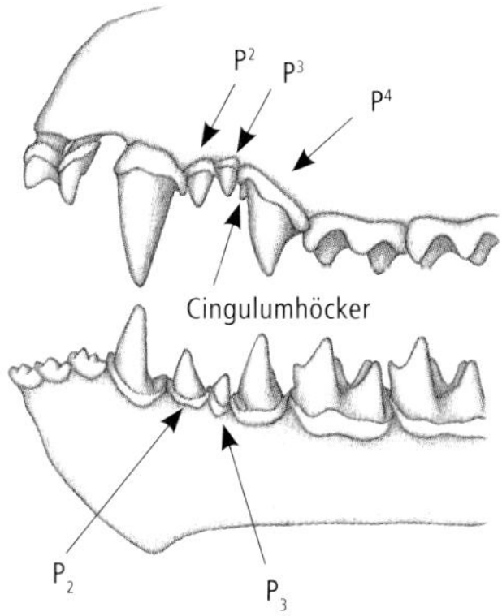

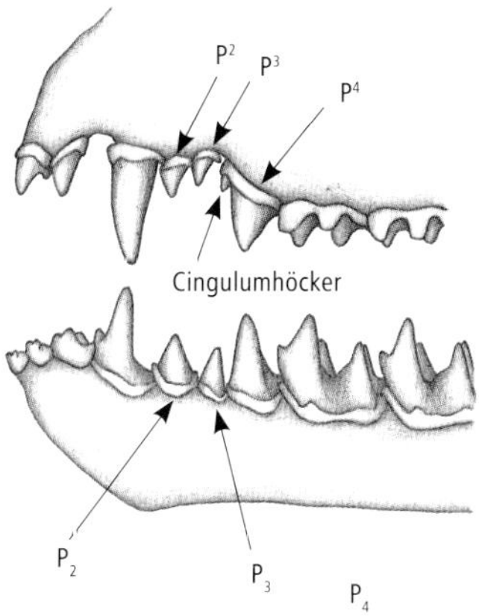

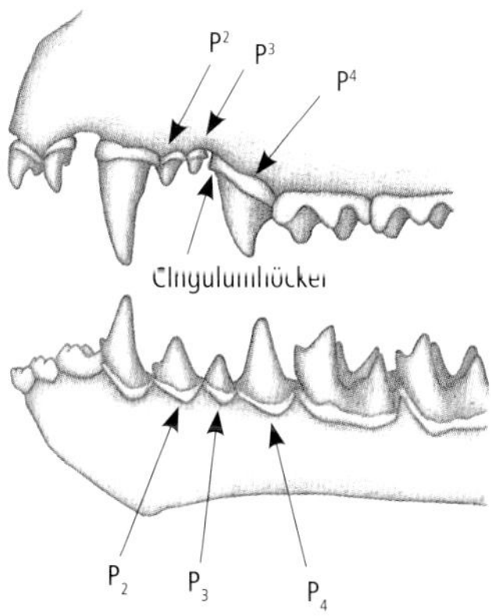

Links Beim Blick von vorne unten in den Oberkiefer der Brandtfledermaus kann man die meist deutlich ausgebildeten Paraconuli-Höcker und den großen Cingulumhöcker erkennen. Ähnlich sieht dies bei der Nymphenfledermaus aus, bei der Bartfledermaus und der Steppen-Bartfledermaus fehlen sie jedoch. Zeichnung: R. Roesler

Rechts oben Typisches Gebiss der Nymphenfledermaus mit deutlichem Cingulumhöcker im Oberkiefer, der die Spitze des davorstehenden Prämolaren überragt. Bei einem Teil der Tiere sind die Merkmale jedoch weniger deutlich ausgeprägt. Zeichnung: R. Roesler.

Rechts Mitte Typisches Gebiss der Brandtfledermaus mit deutlichem Cingulumhöcker im Oberkiefer, der die Spitze des davorstehenden Prämolaren überragt. Die beiden kleinen Prämolaren im Ober- und Unterkiefer sind jeweils ähnlich groß. Bei einem Teil der Tiere sind die Merkmale jedoch weniger deutlich ausgeprägt. Zeichnung: R. Roesler.

Rechts unten Typisches Gebiss der Bartfledermaus ohne deutlichem Cingulumhöcker im Oberkiefer. Der jeweils zweite kleine Prämolar ist deutlich kleiner als der jeweils erste Prämolar in Ober- und Unterkiefer, oft auch nach innen gerückt. Bei einem Teil der Tiere sind die Merkmale jedoch weniger deutlich ausgeprägt. Gebiss der Steppen-Bartfledermaus ähnlich, die kleinen Prämolaren aber oft noch stärker nach innen gerückt. Zeichnung: R. Roesler.

Eine sichere Bestimmung von Einzeltieren kann durch mögliche Hybride zwischen Mausohr und Kleinem Mausohr nahezu unmöglich sein. Bei der Messung der oberen Zahnreihenlängen ist große Vorsicht geboten, um die Tiere nicht zu verletzen.

1A Vorkommen auf Sardinien, Korsika, Malta, Pantelleria und in Nordwest-Afrika. Ohrlänge 26–29 mm und kein kleiner verdunkelter Fleck an der Spitze des Tragus (I). Anhand äußerer Merkmale ist keine sichere Trennung von den beiden anderen Mausohrarten möglich. Genetisch ist eine sichere Abtrennung möglich.
→ **Punisches Mausohr** *Myotis punicus.*

1B Vorkommen in Europa oder Kleinasien, nicht auf Korsika, Sardinien, Malta, Pantelleria oder in Nordwest-Afrika. Ohrlänge entweder kürzer als 25 mm oder Tragusspitze mit kleinem verdunkeltem Fleck. Anhand äußerer Merkmale ist keine sichere Trennung vom Punischen Mausohr möglich.
→ **2A**

2A Große Fledermaus, Unterarm 55–67 mm. Ohren breit (> 16 mm) und lang (> 24,5 mm) oft mit 7–8 Querfalten. Obere Zahnreihenlänge > 9,4 mm. Nahezu immer ein kleiner verdunkelter Fleck an der Spitze des Tragus (C). Keine weißlichen Haare auf der Stirn. Oft etwas schmutziger wirkend, Unterseite meist leicht gelblich oder bräunlich. Schnauze länger und dadurch spitzer wirkend, leichter Knick im Übergang zwischen Stirnbehaarung und Schnauzenlinie.
→ **Mausohr** *Myotis myotis.*

2B Wenig kleiner, Unterarm 50–62 mm. Ohren schmaler (< 16 mm) und kürzer (< 24,5 mm) oft nur mit 5–6 Querfalten. Obere Zahnreihenlänge < 9,5 mm. Meist kein verdunkelter Fleck an der Spitze des Tragus (F). In Mitteleuropa meist weißliche Haare auf der Stirn, im Osten des Verbreitungsgebietes oft undeutlicher Fleck. Meist sauberer wirkend, Unterseite oft reiner weiß als beim Mausohr. Schnauze kürzer, dadurch gedrungener wirkend, Auge dadurch oft größer wirkend. Stirnbehaarung geht in gleichmäßiger Linie in Schnauze über.
→ **Kleines Mausohr** *Myotis oxygnathus.*

Rechts Merkmale von Mausohr (A–C), Kleinem Mausohr (D–F) und Punischem Mausohr (G–I).

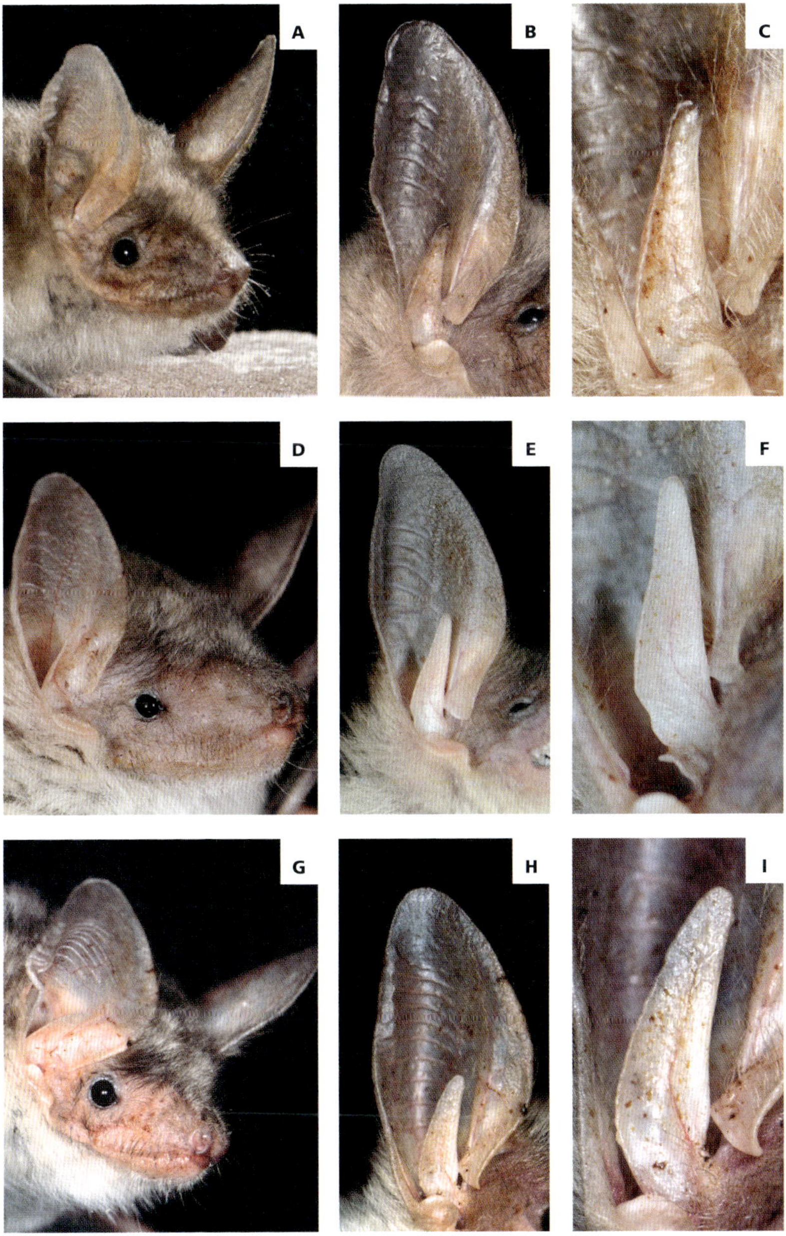
A
B
C
D
E
F
G
H
I

1A Sehr große Art, Unterarm 61–68 mm. Durch langes Nackenfell löwenartige Mähne.
→ **Riesenabendsegler** *Nyctalus lasiopterus.*

1B Unterarmlänge < 59 mm. Nackenfell nicht auffallend länger.
→ **2A**

2A Unterarmlänge 48–59 mm. Ohrgrund nicht aufgehellt.
→ **Abendsegler** *Nyctalus noctula.*

2B Unterarmlänge < 47 mm. Ohrgrund und die Hautfalte unter dem Ohr häufig aufgehellt.
→ **Kleiner Abendsegler** *Nyctalus leisleri.*

Diese Seite Flugsilhouetten von Großer Hufeisennase (A), Bechsteinfledermaus (B), Großem Mausohr (C), Abendsegler (D), Zwergfledermaus (E), Breitflügelfledermaus (F), Grauem Langohr (G), Langflügelfledermaus (H) und Bulldoggfledermaus (I). Zeichnungen: W. Lang
Rechte Seite Merkmale von Riesenabendsegler (A–C), Abendsegler (D–F) und Kleinem Abendsegler (G–I).

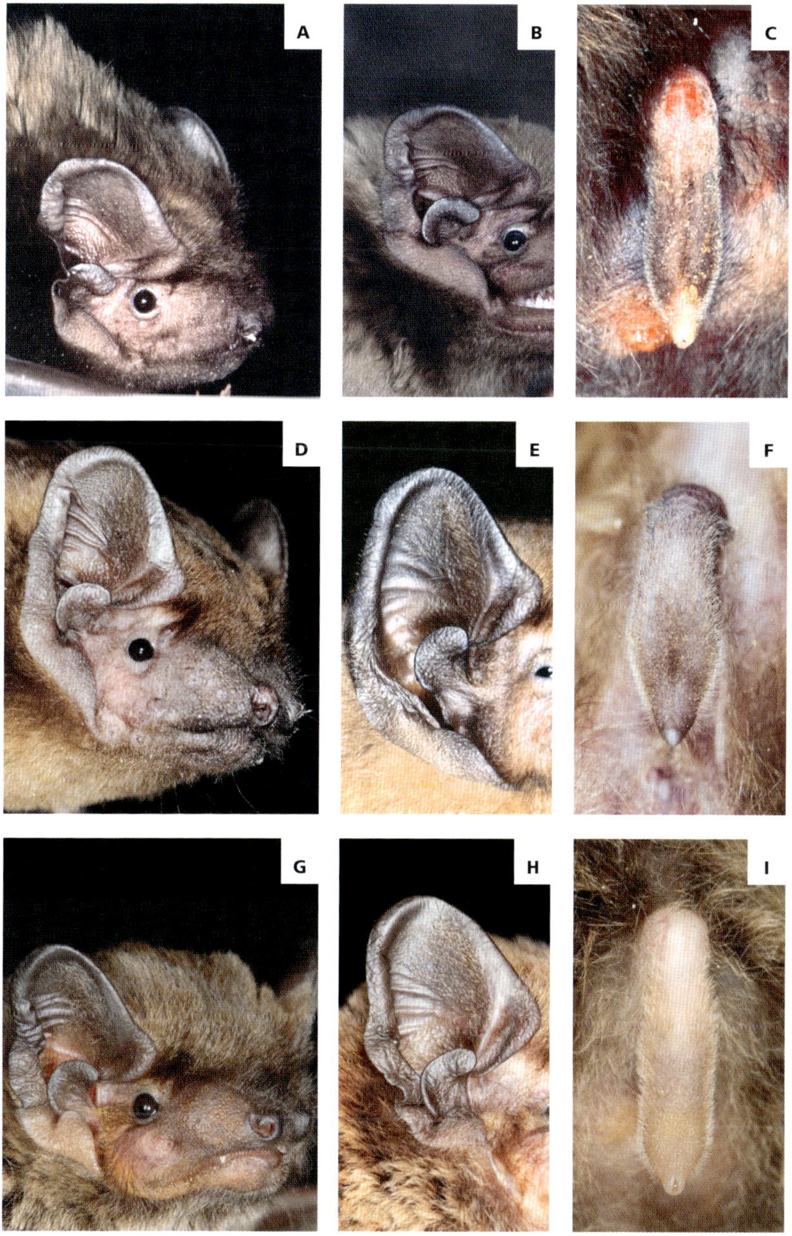
A
B
C
D
E
F
G
H
I

1A Schwarzbrane Färbung mit goldenen Fellspitzen, obere Zahnreihenlänge < 6,0 mm. Penis eiförmig mit breitester Stelle in der Mitte (C). Nordeuropäische Art, die auf der Balkanhalbinsel und im Kaukasus ihre südliche Verbreitungsgrenze erreicht. Kommt nicht im Mittelmeergebiet vor.
→ **Nordfledermaus** *Eptesicus nilssonii.*

1B Fellfärbung in Brauntönen oder fahler, keine Schwarzfärbung, obere Zahnreihenlänge > 6,0 mm. Penis nicht eiförmig, sondern zum Ende hin am breitesten (F, I, L).
→ **2A**

2A Obere Zahnreihenlänge > 7,2 mm. Unterarmlänge > 48 mm, Länge des fünften Fingers > 60 mm. Gesicht und Ohren schwarzbraun bis tiefschwarz gefärbt (D). Penis zum Ende hin gleichmäßig verbreitert (F), Vorkommen in ganz Europa und Kleinasien, nicht in Nordafrika.
→ **Breitflügelfledermaus** *Eptesicus serotinus.*

2B Obere Zahnreihenlänge meist < 7,2 mm, Unterarmlänge meist < 50 mm, Länge des fünften Fingers meist < 60 mm. Iberische Halbinsel, Nordafrika, Anatolien, Zypern und Rhodos. Penis mit schmalem Schaft und zum Ende hin keulenförmig verbreitert (L) oder mit ringförmigem Wulst vor der Spitze (I).
→ **3A**

3A Obere Zahnreihe (CM^3) meist 7,0 – 7,4 mm lang. Gesicht und Ohren bräunlich gefärbt, nicht braunschwarz oder schwarz. Penis nicht gleichmäßig, sondern plötzlich von einem schmaleren Schaft aus verbreitert und mit ringförmigem Wulst am Ende (I). In Nordwest-Afrika (Marokko, Algerien, Tunesien, Libyen) und im südlichen Teil der Iberischen Halbinsel vorkommend.
→ **Isabellfledermaus** *Eptesicus isabellinus.*

3B Gesicht und Ohren braunschwarz gefärbt. Penis keulenförmig ohne ringförmigen Wulst am Ende (L). Kleinasiatische Art, die nur entlang der Küste Anatoliens und auf wenigen vorgelagerten Inseln (Rhodos) und auf Zypern vorkommt.
→ **Küstenfledermaus** *Eptesicus anatolicus.*

Rechts Merkmale von Nordfledermaus (A–C), Breitflügelfledermaus (D–F), Isabellfledermaus (G–I) und Küstenfledermaus (J–L).

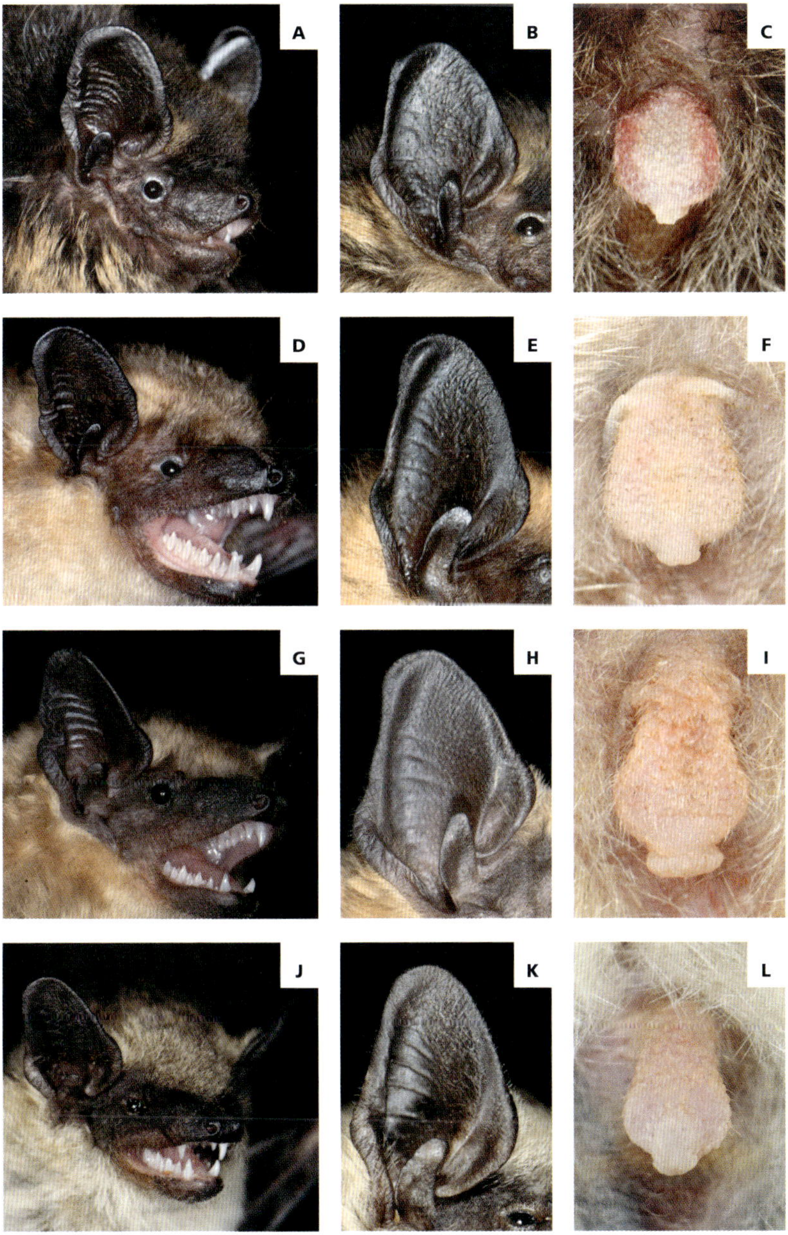
A
B
C
D
E
F
G
H
I
J
K
L

1A Erster oberer Schneidezahn (I^2) einspitzig. Der obere Eckzahn (C^1) und der große obere Prämolar (P^4) stehen sehr nahe oder in direktem Kontakt, dazwischen ist in Seitenansicht kein kleiner Prämolar (P^3) sichtbar. Unterseite heller als die Oberseite, diese braun, häufig mit helleren Spitzen. Rückenhaare von der Basis bis zu zwei Drittel der Länge schwarzbraun gefärbt. Endfrequenz der Echoortungslaute in aller Regel < 42 kHz.
→ **Weißrandfledermaus** *Pipistrellus kuhlii.*

1B Erster oberer Schneidezahn (I^2) zweispitzig. Zwischen dem oberen Eckzahn (C^1) und dem großen oberen Prämolar (P^4) ist in Seitenansicht noch ein kleiner Prämolar (P^3) sichtbar.
→ **2A**

2A Fünfter Finger > 43 mm. Der erste obere Prämolar (P^3) befindet sich in der Zahnreihe und ist von außen gut sichtbar. Die Spitze des zweiten oberen Schneidezahns (I^3) überragt die kurze Spitze des ersten Schneidezahns (I^2). Das Flügelfeld zwischen dem ersten Fingergelenk am fünften Finger und dem Ellbogen ist bei über 80 % der Tiere durch einen Steg geteilt. Unterseite der Schwanzflughaut entlang des Unterschenkels und Oberseite der Schwanzflughaut dicht und lang behaart. Rückenfell dunkelbraun bis graubraun.
→ **Rauhautfledermaus** *Pipistrellus nathusii*.

2B Fünfter Finger < 43 mm. Der erste obere Prämolar (P^3) ist aus der Zahnreihe nach innen verdrängt, meist ist nur die Spitze zwischen den anderen Zähnen sichtbar. Die Spitze des zweiten oberen Schneidezahnes (I^3) ist kürzer als die kleine Spitze des ersten oberen Schneidezahnes (I^2), die drei Spitzen stehen daher gestaffelt. Das Flügelfeld zwischen dem ersten Fingergelenk am fünften Finger und dem Ellbogen ist bei über 99 % der Tiere nicht geteilt. Unterseite der Schwanzflughaut entlang des Unterschenkels und Oberseite der Schwanzflughaut nur mit spärlichen und kurzen Härchen.
→ **3A**

3A Nur auf Kreta und der Kyrenaika in Libyen, keine Vorkommen der anderen Arten im gleichen Gebiet. Unterarm der kretischen Unterart kurz: 26,9 –31,1 mm. Genetisch eindeutig von den anderen Arten abzutrennen.
→ **Hanaks Zwergfledermaus** *Pipistrellus hanaki*.

3B Verbreitung außerhalb von Kreta und der Kyrenaika in Libyen. Unterarmlängen von 27,7 – 34,5 mm.
→ **4A**

4A Im Durchschnitt größere Art, Unterarmlänge 28,0–34,5 mm. Zwischen den Nasenlöchern ist kein senkrechter Hautwulst vorhanden. Die Schnauze verjüngt sich gleichmäßig nach vorne. Die Buccaldrüsen sind weiß oder grauweiß gefärbt. Der Innenrand des Ohres ist 8–9 mm lang. Das Rückenfell ist braun gefärbt, Ohren und Gesicht dunkelbraun bis braunschwarz. (Anatolische Zwergfledermäuse sind jedoch wesentlich heller gefärbt. Diese ähneln damit der Mückenfledermaus). Die nur leicht aufgehellten Hautpartien im Gesicht kontrastieren zur Fellfärbung. Der Penis ist graubraun, entlang der Mitte verläuft ein heller Längsstreifen. Bei Weibchen sind die Hautpartien um die Vagina bräunlich hautfarben, nicht gelborange. (Bei nordafrikanischen Zwergfledermäusen trifft dies jedoch nicht zu. Hier treten Färbungen wie bei der Mückenfledermaus auf.) Über dem zwischen dem fünften Finger und dem Ellbogen verlaufenden Feld in der Flugmembran befindet sich ein weiteres Feld, das bei 80–90 % der Tiere geteilt ist und daher zwischen fünftem Finger und Unterarm

Rechts Merkmale von Weißrandfledermaus (A–D), Rauhautfledermaus (E–H), Hanaks Zwergfledermaus (I-L), Zwergfledermaus (M-P) und Mückenfledermaus (Q–T).

Teil 4-6: Zwergfledermäuse

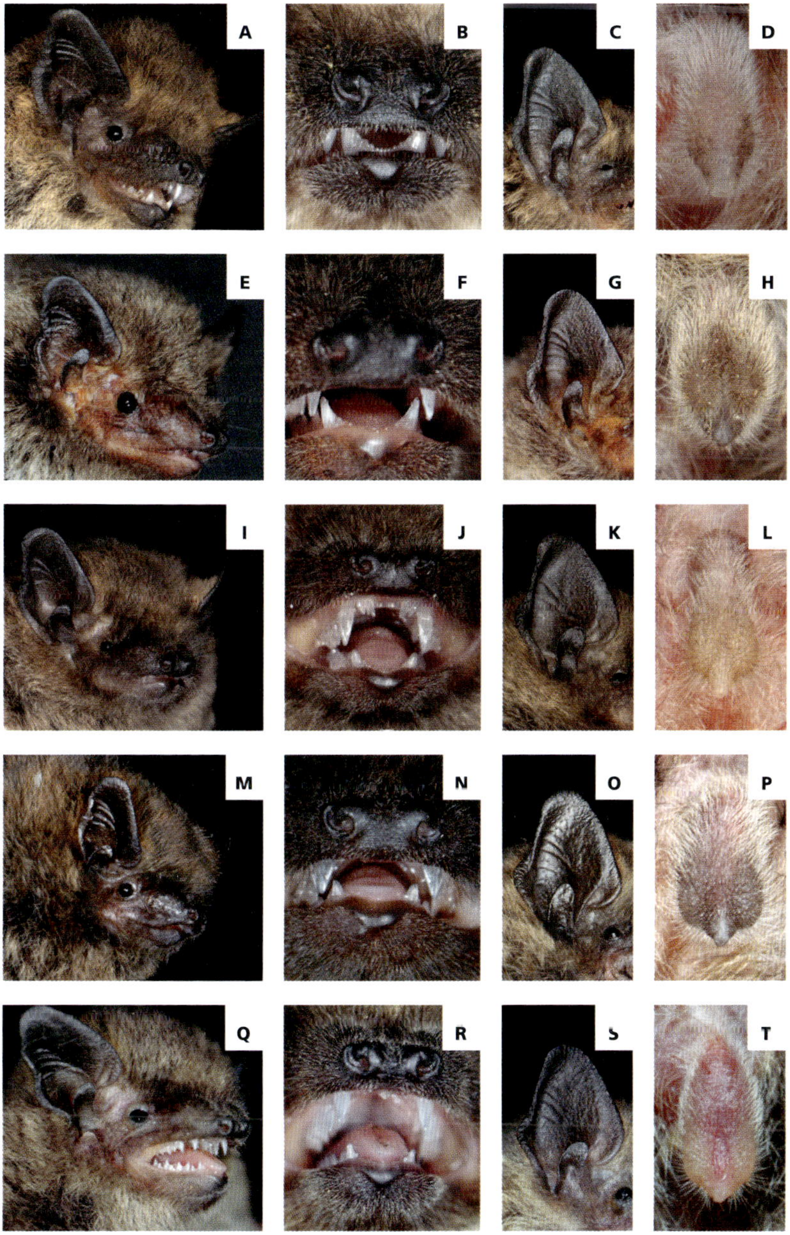

nicht durchgängig ist. Die Oberseite der Schwanzflughaut ist nicht dicht behaart. Die Tiere riechen nur schwach und nicht moschusartig. Meist keine Lücke zwischen zweitem und drittem unterem Schneidezahn (I_2 und I_3). Echoortungslaute im freien Luftraum mit Endfrequenzen von 44–49 kHz, selten bis 52 kHz.

→ **Zwergfledermaus** *Pipistrellus pipistrellus.*

4B Im Durchschnitt kleinere Art, Unterarmlänge 27,7–32,2 mm. Zwischen den Nasenlöchern ist meist ein deutlicher senkrechter Hautwulst vorhanden. Die kurze Schnauze verläuft auf etwa zwei Drittel der Länge näherungsweise parallelseitig und verjüngt sich dann plötzlich nach vorne. Die Buccaldrüsen sind gelblichweiß oder orangegelblich gefärbt. Der Innenrand des Ohres ist nur 7–8 mm lang. Das Rückenfell ist sandfarben bis rötlichbraun, im Winter auch olivbraun gefärbt, die Unterseite gelblichgrau. Ohren und Gesicht hellbraun. Deutlich aufgehellte Hautpartien im Gesicht, vor allem zwischen Auge und Ohr. Die nackten Hautpartien kontrastieren nur wenig zur Fellfärbung. Der Penis ist gelblichgrau und ohne hellen Längsstreifen in der Mitte. Bei sexuell aktiven Tieren können die Seitenpolster des Penis gelb bis kräftig orange gefärbt sein. Bei Weibchen ist zumindest zur Reproduktionszeit die Hautregion um die Vagina gelblich gefärbt. Im Armflügel gibt es bei ca. 90 % der Tiere zwei ungeteilte Felder: Sowohl das zwischen dem fünften Finger und dem Ellbogen verlaufende Feld als auch das darüber liegende sind zwischen fünftem Finger und Unterarm durchgängig. Schwanzflughaut auf der Oberseite relativ dicht behaart. Die Tiere riechen zur Paarungszeit intensiv nach Moschus. Meist deutliche Lücke zwischen zweitem und drittem unterem Schneidezahn (I_2 und I_3). Echoortungslaute im freien Luftraum mit Endfrequenzen von 52–58 kHz, nur selten bis 50 kHz.

→ **Mückenfledermaus** *Pipistrellus pygmaeus.*

Auf dem Nasenspiegel der Mückenfledermaus ist zwischen den Nasenöffnungen meist ein deutlicher senkrechter Hautwulst vorhanden, der bei den anderen Arten nur in dehydriertem Zustand und selten auftritt.

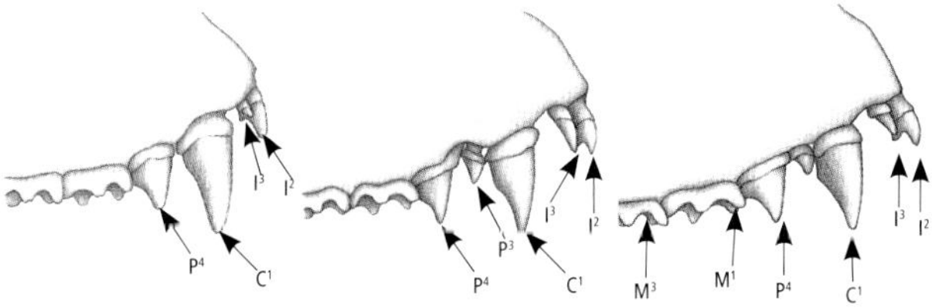

Oben links Oberkiefer der Weißrandfledermaus mit dem einspitzigen ersten Schneidezahn. Eine kleine zweite Spitze kann vorhanden sein, ist dann aber im Zahnfleisch versteckt. Der zweite Schneidezahn ist sehr klein. Von außen ist kein kleiner Prämolar zwischen Eckzahn und großem Prämolar sichtbar. Zeichnung: R. Roesler
Oben **Mitte** Oberkiefer der Rauhautfledermaus mit dem zweispitzigen ersten Schneidezahn. Dabei ist die zweite Spitze am ersten Schneidezahn niedriger als die Spitze des zweiten Schneidezahns. Von außen ist der kleine Prämolar zwischen Eckzahn und großem Prämolar gut sichtbar. Zeichnung: R. Roesler
Oben rechts Oberkiefer der Zwergfledermaus, die Ansicht ist bei Mückenfledermaus und Hanaks Zwergfledermaus identisch. Die zweite Spitze am ersten Schneidezahn liegt von der Höhe her zwischen der großen Spitze des ersten Schneidezahns und derjenigen des zweiten Schneidezahns. Von außen ist der kleine Prämolar zwischen Eckzahn und großem Prämolar gut sichtbar. Zeichnung: R. Roesler

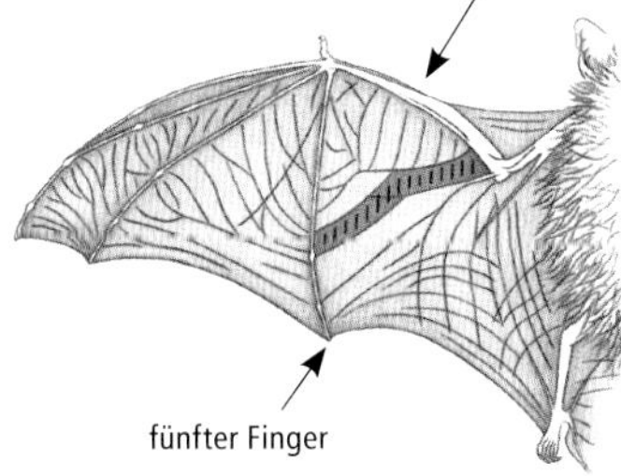

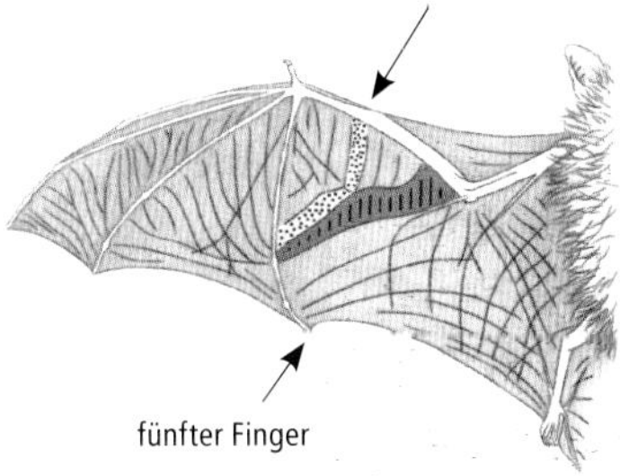

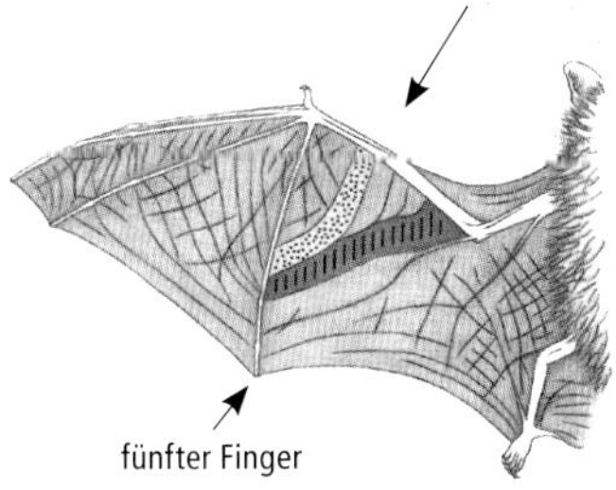

Rechts oben Flügelfelderung der Rauhautfledermaus mit deutlich geteiltem Feld zwischen erstem Fingergelenk des fünften Fingers und dem Ellbogen. Diesen Zustand zeigen über 80 % der Rauhautfledermäuse und nur wenige meist große Zwerg- und nur 30 % der Weißrandfledermäuse. Zeichnung: R. Roesler
Rechts Mitte Flügelfelderung der Zwergfledermaus mit ungeteiltem Feld zwischen erstem Fingergelenk des fünften Fingers und dem Ellbogen. Diesen Zustand zeigen über 80 % der Zwergfledermäuse, über 90 % von Hanaks Zwergfledermaus, rund 70 % der Weißrandfledermäuse, aber nur weniger als 10 % meist großer Mückenfledermäuse. Zeichnung: R. Roesler
Rechts unten Flügelfelderung der Mückenfledermaus mit dem zusätzlichen ungeteilten Feld zwischen Phalange des fünften Fingers und dem Unterarm. Diesen Zustand zeigen über 90 % der Mückenfledermäuse aber nur weniger als 15 % meist kleiner Zwergfledermäuse. Zeichnung: R. Roesler

1A Vorkommen in Nordwest-Afrika (Marokko, Algerien, Tunesien), Malta und Pantelleria. Fahl bräunlich gefärbte Tiere. Zusätzlich DNA-Analyse empfehlenswert.
→ **Libysches Langohr** *Plecotus gaisleri.*

1B Vorkommen in Europa, Kleinasien, auf den Mittelmeerinseln und Madeira, nicht in Nordafrika, auf Pantelleria und Malta.
→ **2A**

2A Auf Sardinien vorkommend. Langer Tragus (> 18 mm). Daumen mittellang (6,0 – 6,5 mm). Hinterfuß mittelgroß (6,7 – 7,7 mm). Feld an der Unterlippe dreieckig nach unten erweitert (F). Penis parallelseitig, nur an der Spitze verjüngt (H).
→ **Sardisches Langohr** *Plecotus sardus.*

2B Europa, Kleinasien und Mittelmeerinseln, keine bekannten Vorkommen auf Sardinien oder wenn auf Sardinien vorkommend, dann kurzer Tragus (< 16 mm), kein dreieckig nach unten ausgezogenes Unterlippenfeld und kein parallelseitiger Penis, sondern dieser konisch zur Spitze verjüngt oder breit eiförmig.
→ **3A**

3A Daumen lang (> 6,5 mm), Daumenkralle lang und stark gebogen (> 2 mm), Hinterfuß groß (> 8 mm lang). Haare auf den Zehen lang und abstehend. Penis entweder mit parallelen Seiten und nur an der Spitze verjüngt (P), oder gleichmäßig konisch zu Spitze verjüngt (L). Sinneshügel über dem Auge groß.
→ **4A**

3B Daumen kurz (< 6,5 mm), kurze Daumenkralle (< 2 mm), kurzer Hinterfuß (< 8 mm). Haare auf den Zehen kurz und anliegend. Penis breit eiförmig (T). Sinneshügel über dem Auge klein.
→ **5A**

4A An der Oberkante der Unterlippe befindet sich ein schmales glattes und glänzendes Hautfeld, dessen Unterkante gerundet ist, im weitesten Sinne ist dieses Hautfeld bananenförmig und meist nicht pigmentiert (J). Der ganze Hinterfuß ist sehr dicht behaart. Tragus kurz (meist < 15,5 mm, selten bis 16,7 mm), fünfter Finger kurz (< 55 mm), dritter Finger kurz (<67 mm). Rückenfell braun oder rotbraun. Unterseite heller, meist gelblich braun. Penis gleichmäßig zur Spitze verjüngt, dadurch konische Form (L).
→ **Braunes Langohr** *Plecotus auritus.*

4B An der Oberkante der Unterlippe befindet sich ein glattes Feld, das dreieckig nach unten ausgezogen ist (N). Bei vielen Individuen ist dieses Feld dunkel pigmentiert. Der Hinterfuß ist kaum behaart, lange Borsten finden sich nur auf den Zehen. Der Tragus ist meist länger als 16 mm. Der fünfte Finger ist lang (> 51 mm), der dritte ebenfalls (> 63 mm). Das Fell ist lang und locker, am Rücken graubraun gefärbt und auf der Unterseite auffällig hell weiß, nur manchmal grauweiß. Der Penis ist parallelseitig und nur an der Spitze verjüngt (P).
→ **Alpenlangohr** *Plecotus macrobullaris.*

Rechts Rechte Seite Merkmale von Libyschem Langohr (A–D), Sardischem Langohr (E–H), Braunem Langohr (I–L), Alpenlangohr (M–P), Grauem Langohr (Q–T) und Balkan-Langohr (U–X).

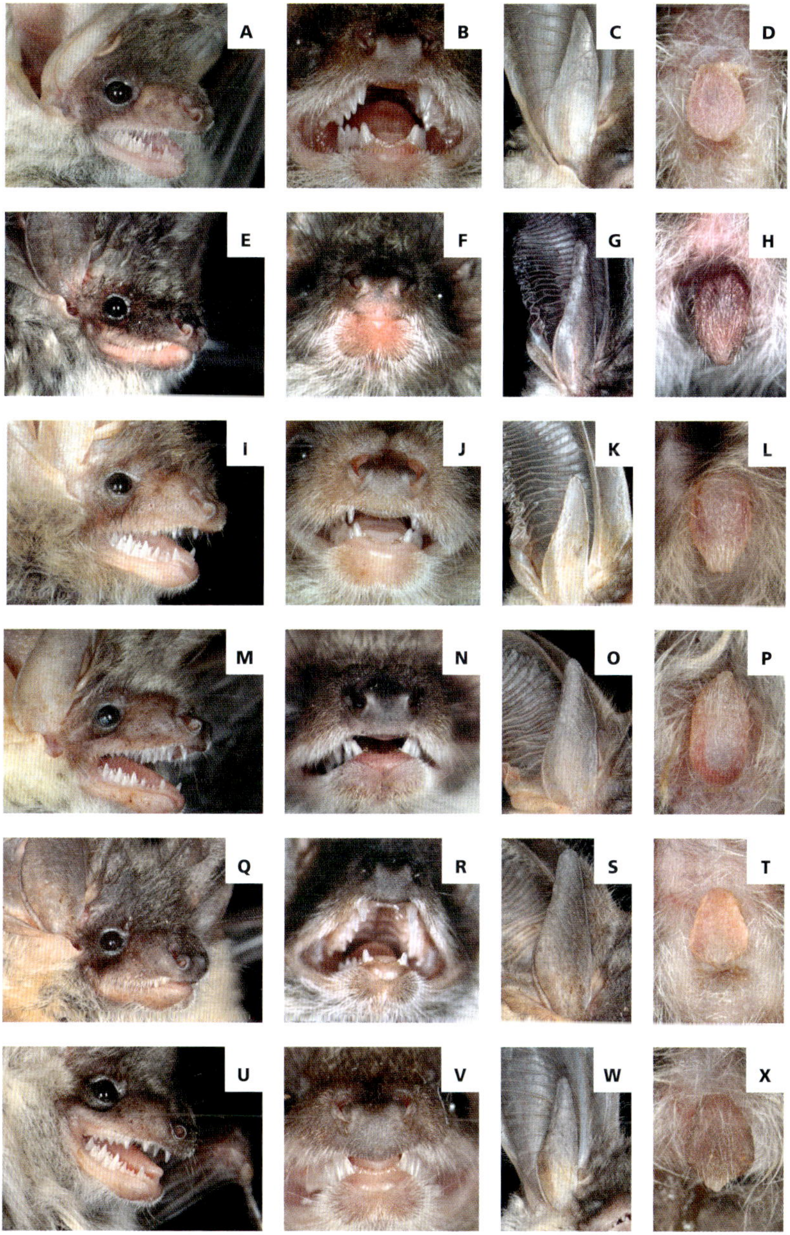
A
B
C
D
E
F
G
H
I
J
K
L
M
N
O
P
Q
R
S
T
U
V
W
X

5A Große Teile Europas, auch an der Adriaküste und in Griechenland. Größere Art. Unterarmlänge bei Männchen meist > 38 mm, bei Weibchen meist >39 mm. Dritter Finger lang (> 64 mm), fünfter Finger lang (> 51 mm, selten nur 48,0 mm), Unterschenkel lang (> 18 mm), Tragus mittellang (14–16 mm) und breit (> 5,4 mm). Obere Zahnreihenlänge > 5,7 mm.
→ **Graues Langohr** *Plecotus austriacus.*

5B Entlang der Adriaküste, in Griechenland und in der Türkei vorkommend. Kleine Art, Unterarmlänge bei Männchen < 38 mm, bei Weibchen < 39 mm (nur selten bis 41,0 mm). Dritter Finger kurz (< 65 mm), fünfter Finger kurz (< 52 mm), Unterschenkel kurz (< 18 mm, selten bis 18,3 mm). Tragus kurz (< 14 mm) und schmal (< 5,2 mm). Obere Zahnreihenlänge < 5,7 mm.
→ **Balkan-Langohr** *Plecotus kolombatovici.*

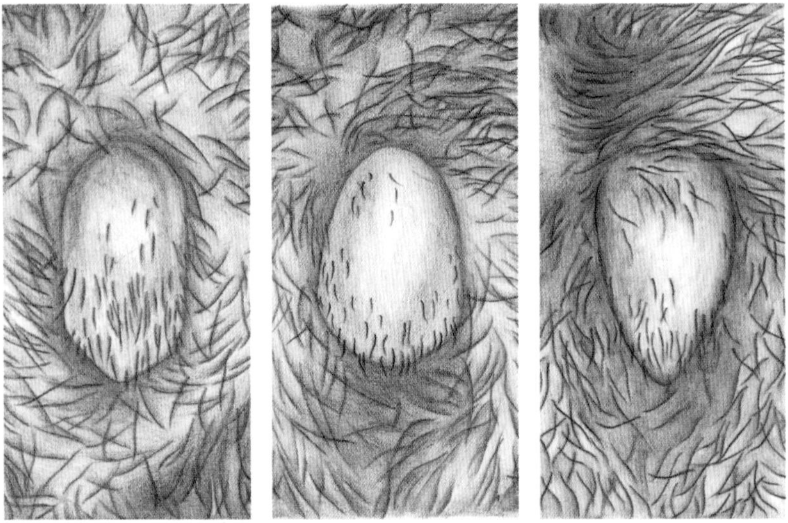

Links Penisform von Alpenlangohr und Sardischem Langohr mit parallelen Seiten und nur an der Spitze verjüngt, wie dies für über 95 % der Männchen typisch ist und nur bei wenigen Prozent der anderen Arten auftritt.
Mitte Breit eiförmige Penisform von Grauem Langohr, Balkan Langohr und Libyschem Langohr, wie dies für über 98 % der Männchen typisch ist, und bei den anderen Arten nicht auftritt.
Rechts Gleichmäßig dreieckig verjüngte Penisform von Braunem Langohr und Iberischem Langohr, wie dies für über 98 % der Männchen typisch ist aber nur bei wenigen Prozent des Alpenlangohrs auftritt. Zeichnung: R. Roesler

Rätsel-Fledermäuse

Selten gibt es Fledermäuse, die anders aussehen. Am häufigsten sind Färbungsanomalien, die dennoch bei unter einem Promille der Tiere auftreten. Lediglich bei manchen Populationen der Mopsfledermaus hat bis zur Hälfte der Individuen weiße Fellpartien. Für eine Bestimmung erschwerend sind Veränderungen an Ohren oder den Nasenblättern durch Verletzungen oder Infektionen. Schließt man diese anormalen Bereiche bei der Bestimmung aus, lassen sich die Tiere trotzdem gut bestimmen. Nur 0,4 % der untersuchten „Bart"fledermäuse hatten gravierende Ohrveränderungen (A), 0,08 % der Mausohren weiße Fellpartien (B), 0,05 % der Braunen Langohren Pigmentflecken (C) und 0,3 % der Hufeisennasen veränderte Nasenaufsätze (D–F).

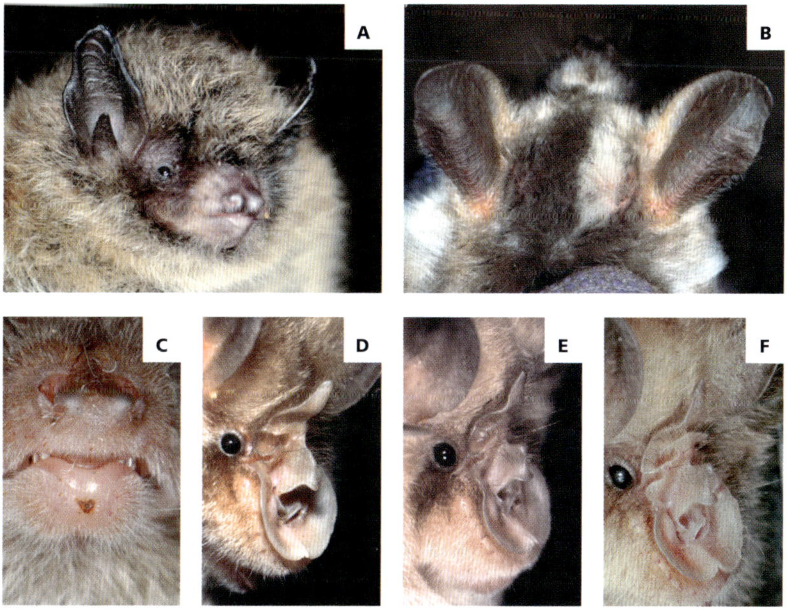

Außergewöhnliche Merkmale: Brandtfledermaus (A) mit stark reduzierten Ohrmuscheln, verkürztem Tragus und Hautveränderungen an der Schnauze. – Mausohr (B) mit asymmetrischem weißem Haarbüschel auf dem Kopf, das an den Stirnfleck des Kleinen Mausohrs denken lässt. – Braunes Langohr (C) mit einem dunklen Pigmentfleck am Kinn, das an das dreieckige Unterlippenfeld des Alpenlangohrs erinnert.–Blasius-Hufeisennase (D) mit stark verkürztem oberem Sattelfortsatz ähnlich der Kleinen Hufeisennase. – Mittelmeer-Hufeisennasen mit stark (E) bzw. schwach (F) verkürztem oberem Sattelfortsatz. Ersteres erinnert an die Kleine Hufeisennase, letzteres an die Mehely-Hufeisennase.

Die Fledermausarten

Vorbemerkungen zum Artenteil

In den Artkapiteln werden alle 44 bis Februar 2014 für Europa und die westliche Türkei nachgewiesenen Arten dargestellt. Die aktuellen Neubeschreibungen von bisher der Fransenfledermaus bzw. der Iberischen Fransenfledermaus zugeordneten Arten wurden in den Bestimmungsschlüsseln und in den Arttexten erwähnt, eigenständige Artkapitel haben wir aber nicht ergänzt. Dies liegt einerseits daran, dass für die beiden genetisch abgegrenzten Linien ‚*crypticus*' und ‚*zenatius*' bisher weder der Artstatus klar belegt ist noch deutliche morphologische Merkmale und auch keine ökologischen Besonderheiten vorliegen. Die beiden östlichen Arten ‚*hoveli*' und ‚*tschuliensis*' kommen nur randlich vor und ökologische Besonderheiten sind erst ansatzweise bekannt. Darüber hinaus werden knapp 30 weitere Arten der Makaronesischen Inseln, Nordafrikas, des Nahen Ostens und aus dem Kaukasus-Gebiet und drei nordamerikanische Ausnahmeerscheinungen mit jeweils einem Bild und Kurzbeschreibungen vorgestellt.
Bei einigen Fledermausformen ist derzeit noch unklar, wie viele Arten sie tatsächlich umfassen und wie sie sich voneinander abgrenzen. Die genetischen Daten, meist von mitochondrialen Genen, belegen z.B. bei der Fransenfledermaus tiefgreifende Unterschiede zwischen Populationen, die für eine Aufteilung in bis zu fünf Arten sprechen. Die aktuell veröffentlichten Studien sind aber teilweise widersprüchlich und es sind kaum ökologische Informationen verfügbar. Ähnliche Unsicherheiten gibt es bei der Alpenfledermaus, der Weißrandfledermaus, dem Braunen Langohr und der Langflügelfledermaus. Bei Hanaks Zwergfledermaus ist unklar, ob die beiden Populationen auf Kreta und der Kyrenaika zu einer Art gehören oder auf Artniveau zu trennen sind. Die Trennung von Balkan-Langohr, Libyschem Langohr und Kanarenlangohr auf Artniveau wird von manchen Autoren angezweifelt. Andererseits gibt es bei Mausohr und Kleinem Mausohr und anderen Arten starke Belege für eine aktuelle Hybridisierung. Obwohl die Ergebnisse teilweise verwirrend sind, tragen sie dennoch dazu bei, dass die Artkomplexe und die jeweiligen ökologischen Ansprüche der einzelnen genetischen Linien viel besser verstanden werden können. Da es bisher jedoch kaum synoptische Betrachtungen über die gesamten Verbreitungsgebiete mit verschiedenen mitochondrialen Genen und Kerngenen sowie mit morphologischen Daten und ökologischen Merkmalen gibt, ist auch in Zukunft mit Umstrukturierungen in der Artaufteilung zu rechnen. Wo es sinnvoll erschien, sind die aktuellen Ansichten dazu in den Artkapiteln dargestellt, einige der kryptischen Formen tauchen bei den Kurzbeschreibungen ein weiteres Mal auf.
Für die in Deutschland vorkommenden Arten gibt es derzeit nur beim Braunen Langohr Hinweise auf ungelöste tiefgreifende DNA-Unterschiede: Die Gebäudeform und die Waldform des Braunen Langohrs könnten durchaus getrennt sein, umfassende Studien stehen aber noch aus. Da es zudem sehr wahrscheinlich ist, dass das Alpenlangohr auch im deutschen Alpenraum vorkommt, dürfte auch bei uns die Artenzahl leicht zunehmen.

Verbreitung

Die Verbreitungskarten sind ein Gemeinschaftswerk: Basierend auf den Karten des Kosmos-Handbuches wurde die aktuelle Literatur eingearbeitet und durch die akribische Überarbeitung von 120 Fledermausforschern aus dem gesamten Verbreitungsgebiet ergänzt. So spiegeln die Karten den Wissensstand des Jahres 2014 wider. Dabei sind Einzelnachweise außerhalb des mehr oder weniger zusammenhängenden Verbreitungsgebietes mit Punkten dargestellt. Die eigentliche Verbreitung kann wie bei der Zwergfledermaus tatsächlich flächendeckend sein, oder aber wie im Falle der Nymphenfledermaus auf eng begrenzte und oftmals stark isolierte Alteichenbestände innerhalb dieses scheinbar durchgehenden Verbreitungsgebietes beschränkt sein.
Bei den Verbreitungskarten ist zu berücksichtigen, dass durch die Generalisierung der Verbreitungsdaten saisonale und lokale Unterschiede in der Nachweishäufigkeit oder kleinere Verbreitungslücken nicht darstellbar sind. Die saisonal sehr unterschiedlichen Verbreitungsmuster der wandernden Arten mit einer teilweise großräumigen Trennung von Reproduktions- und Wintergebieten sind ebenfalls nicht darstellbar. Lokale Wochenstubenvorkommen außerhalb der eigentlichen Reproduktionsgebiete sind bei allen wandernden Arten möglich. Die Karten sind als Überblick zu verstehen, in welchen Bereichen ein Vorkommen sehr wahrscheinlich oder eher unwahrscheinlich ist. Sie ersetzen keine nationalen oder gar regionalen Kartierungswerke und sollten daher mit Bedacht verwendet werden.

Kennzeichen und ähnliche Arten

Bei den Kennzeichen sind die wichtigsten, meist nicht metrischen Angaben dargestellt. Diese sind für den Anfänger manchmal schwer nachvollziehbar, da

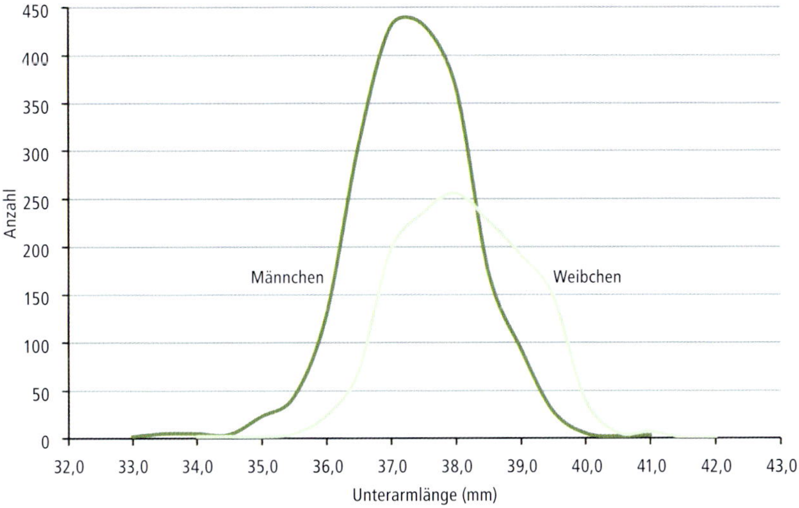

Verteilung der Unterarmlängen von 2.051 männlichen und 1.417 weiblichen Wasserfledermäusen. Beide Geschlechter überlappen in der Größe deutlich, Männchen sind im Mittel kleiner als Weibchen. In den Artkapiteln wurde die Gesamtspanne der Messwerte angegeben.

Angaben wie „relativ lange Schnauze" eben nur dann zu verstehen sind, wenn man zumindest die ähnlichen Arten kennt. Daher sei ausdrücklich auf die Bestimmungsschlüssel verwiesen: für Anfänger und bei den schwierigen Arten auf den ausführlichen Schlüssel mit seinen Teilschlüsseln, für Fortgeschrittene auf den Kurzbestimmungsschlüssel. Nicht alle darin enthaltenen Angaben wurden in den Artkapiteln wiederholt. Die angegebenen Maße gehen auf über 70.000 vermessene Tiere, größtenteils im Freiland, bei seltenen Arten aber auch auf Museumsbestände zurück. Bei den neu entdeckten Arten wurden nur Angaben von genetisch überprüften Populationen verwendet. Bei den Längenmaßen wurden die Extremwerte angegeben, auf eine Trennung zwischen Männchen und Weibchen wurde wegen des sehr breiten Überlappungsbereiches verzichtet. Beim Körpergewicht wurde die Masse nicht reproduzierender Tiere im Sommer angegeben, Extremwerte während der Trächtigkeit oder zu Beginn oder Ende des Winterschlafes wurden weggelassen. Auf Angaben zu Färbungsanomalien wurde bewusst verzichtet, da diese grundsätzlich bei allen Arten auftreten können.

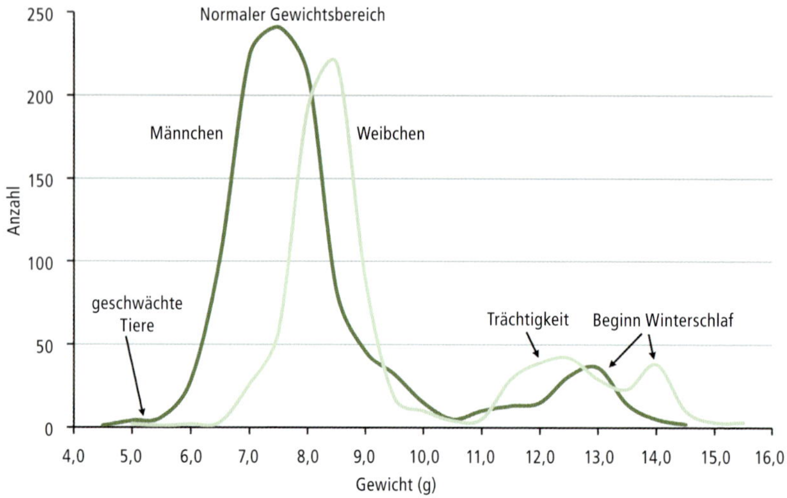

Verteilung des Gewichtes von 1.124 männlichen und 845 weiblichen Wasserfledermäusen von März bis Oktober. Die Gewichte sind im Jahresverlauf starken Schwankungen unterworfen, in den Artkapiteln wurde der sommerliche Normalbereich angegeben.

Ortungslaute

Die Beschreibungen sind knapp gehalten und spiegeln sicherlich nicht die große Bandbreite der situationsabhängigen Variabilität wieder. Es sei darauf verwiesen, dass Fledermäuse ihre Ortungslaute zur Lösung von Detektionsproblemen nutzen und nicht wie die Gesänge der Vögel zur eindeutigen Artabgrenzung. Daher rufen viele Arten in gleicher Ortungssituation ähnlich, was eine Unterscheidung erschwert. Bei Hufeisennasen wurde die Bestfrequenz innerhalb des CF-Lautteiles angegeben, bei QCF- bzw. FM-QCF-Arten die Bestfrequenz innerhalb des konstant-frequenten Lautendes. Bei FM-Arten wurden Anfangs- und Endfrequenz angegeben.

Lebensraum, Quartiere, Verhalten und Fortpflanzung

Anspruch des Buches ist es, einen Überblick über die Ökologie der Arten in ganz Europa und angrenzender Gebiete zu verschaffen. Daher konnte nicht auf regionale Besonderheiten eingegangen werden. Es werden vielmehr die grundsätzlich für die Art abzuleitenden Daten dargestellt. Manche Populationen kommen heute in Gebieten vor, die durch menschliche Eingriffe weit vom ursprünglichen Lebensraum entfernt sind oder haben sich an Situationen angepasst, die den allgemeinen Aussagen zu widersprechen scheinen. Ein Beispiel ist die Mopsfledermaus: Eine typische Waldart, die aber in Kappadokien in Steppenlebensräumen vorkommt.

Nahrungserwerb und Nahrung

Grundsätzlich können alle Arten ihre Beute in der Luft fangen und bei Massenauftreten von geflügelten Ameisen oder Maikäfern können alle Arten diese als alleinige Beute nutzen. Es wurde versucht bei den einzelnen Arten die grundlegenden Ansprüche darzustellen, regionale und saisonale Abweichungen sind jedoch sicher eher die Regel als die Ausnahme.

Raumnutzung

Angaben zu Fledermauswanderungen wurden nur knapp dargestellt, Details finden sich in der Arbeit von Hutterer et al. (2005) und der jeweiligen speziellen Literatur. Die Angaben zu Jagdgebieten stammen v.a. aus Telemetriestudien, die methodisch bedingt nur wenige Individuen an wenigen Standorten umfassen, daher ist mit starken regionalen Unterschieden zu rechnen. Soweit aus den Veröffentlichungen ableitbar wurden die Begriffe „Gesamtjagdgebiet" für individuelle Minimum-Konvex-Polygone (MCP) und „Teiljagdgebiete" für individuelle Kernel-Analysen verwendet. Starke Unterschiede in der Anzahl verwendeter Peilpunkte und der Datenauswertung erschweren eine Vergleichbarkeit jedoch erheblich.

Gefährdung

Neben den Einstufungen in die Roten Listen der IUCN, der EU und der Bundesrepublik wurden die wichtigsten Gefährdungsursachen benannt. Für alle Arten stellen Zerschneidungswirkungen, Quartierzerstörung und Verlust der Nahrungsgrundlage die Hauptgefährdung dar. Neue Studien zeigen, dass die Pestizidbelastung aus der Landwirtschaft zu einem noch viel höheren Maße als bisher vermutet zu einer Verarmung der Insektenbestände führt. Dabei sind nicht nur die Offenland-Arten betroffen, sondern alle Insektenarten und ihre Entwicklungsstadien. Die dramatische Reduktion der Insektenarten und ihrer Populationsgrößen betrifft alle Arten der darauf aufbauenden Nahrungskette. Man kann davon ausgehen, dass Fledermäuse zumindest so stark davon betroffen sind wie die insektenfressenden Vögel. So wie Rotkopf- oder Raubwürger aus Mitteleuropa großflächig verschwunden sind, betrifft das verminderte Beuteangebot auch Fledermausarten wie die Große Hufeisennase.

Zusätzliche Angaben

Aus Platzgründen werden die Zusatzangaben über das Internetangebot des KOSMOS-Verlags bereitgestellt. Dieses enthält Angaben zu Taxonomie und Unterarten, soweit bekannt zum Höchstalter und der Populationsgröße und knappe Angaben möglicher Schutzmaßnahmen.

Literatur

Ebenfalls aus Platzgründen wird die verwendete Literatur über das Internetangebot von KOSMOS bereitgestellt. Für die meisten Arten werden jeweils 20 Zitate der Fachliteratur aufgelistet (zusammen über 800 Arbeiten). Diese wurden so ausgewählt, dass sie die bis Januar 2014 erschienene relevante Literatur erschließen. Für weitere v.a. ältere verwendete Literatur sei auf die in diesen Arbeiten zitierten Werke, auf die am Ende des Buches aufgelisteten Überblicksarbeiten oder die Zitate aus dem Kosmos-Handbuch: Dietz, Helversen, Nill (2016) verwiesen.

Nilflughund

Rousettus aegyptiacus
(Geoffroy, 1810)
— Egyptian Fruit Bat

Maße
Unterarm 83,0–99,0 mm
Fünfter Finger 100–112 mm
Dritter Finger 135–154 mm
Normalgewicht 108–140 g

VERBREITUNG Über weite Teile Afrikas südlich der Sahara, Ägypten, Zypern, die Südküste Kleinasiens, den Nahen Osten und die Randbereiche der Arabischen Halbinsel bis in den Iran und das westlichste Pakistan verbreitet. Die nördlichen Vorkommen im Mittelmeerraum wurden vermutlich erst im Zuge der landwirtschaftlichen Nutzung durch den Menschen besiedelt, da erst seither genügend Fruchtbäume zur Verfügung standen. Auf Teneriffa gab es zwischen 2000 und 2011 zwei kleine Populationen, die von entkommenen Haltungstieren aus Tierparks abstammten.

Portrait des Nilflughundes mit den großen Augen, einfach gebauten Ohren und den Krallen an Daumen und zweitem Finger.

Familie Flughunde — Pteropodidae

KENNZEICHEN Große Tiere mit sehr kräftigen Füßen und Daumen. Typischer fuchsartiger Flughundkopf mit großen Augen und einfach gebauten Ohren. Das Fell ist kurz, Ober- und Unterseite sind gleichmäßig grau oder bräunlich gefärbt, Bauch und Kehle bei manchen Tieren gelblich. Jungtiere grauer und spärlicher behaart als die Erwachsenen.
ÄHNLICHE ARTEN Im Flug sind Verwechslungen mit Ziegenmelkern (*Caprimulgus spec.*) möglich.
ORTUNGSLAUTE Es werden kurze gepaarte Klicks ausgestoßen, die zwischen 70 und 12 kHz, auf der Sinai-Halbinsel zwischen 60 und 7 kHz liegen und 0,3–0,6 ms lang sind. Die Klicks werden mit der Zunge erzeugt. Die Doppelklicks kommen durch je einen Zungenschlag auf der rechten und linken Seite zu Stande. Solange die Helligkeit ausreicht, erfolgt die Orientierung optisch.
LEBENSRAUM Subtropisch mediterranes Kulturland mit Obst- und Fruchtbäumen, Oasen, auch Städte mit Obstbäumen und Gärten. In Kleinasien, auf Zypern und der Levante auf küstennahe Bereiche beschränkt.
QUARTIERE Höhlenflughund, der meist in den höchsten Bereichen der Höhlen und in großräumigen anderen unterirdischen Gängen anzutreffen ist. Durch die Fähigkeit zur Echoortung mit Zungenklicks können Nilflughunde auch tiefe dunkle Höhlen als Quartier nutzen. Auf Zypern im Winter ausschließlich in Höhlen, im Sommer werden daneben auch Quartiere in Gebäuden oder frei in Bäumen bezogen. In Ägypten zum Teil große Sommerkolonien in Bäumen, auch mitten in Großstädten wie Kairo.
VERHALTEN UND FORTPFLANZUNG
Es werden Kolonien von meist 50–500, in manchen Höhlen von mehreren Tausend Tieren gebildet. Im Winter hangen beide Geschlechter gemischt, im Sommer bilden die Weibchen Wochenstuben und die Männchen kleinere separate Kolonien. Die Art kann

Nilflughunde können dank ihrer einfachen Echoortung auch dunkle Höhlen besiedeln.

Nilflughund beim Verzehr von Früchten des Paternosterbaumes, die im Winter eine wichtige Nahrung darstellen. Foto: T. Pröhl

vergesellschaftet mit allen Höhlenfledermäusen vorkommen. Es erfolgt kein Winterschlaf, kühle und nasse Perioden werden mit reduzierter Aktivität im Quartier verbracht. In Nordafrika, auf Zypern und in Kleinasien ist der Zeitraum hohen Futterangebotes zu kurz, um wie in den Tropen zweimal pro Jahr zu reproduzieren. Entsprechend durchlaufen die Weibchen pro Jahr nur eine Reproduktionsphase mit einem Jungen oder selten mit Zwillingen. Nach der Paarung, die entweder im Winter oder im Frühjahr stattfindet, sind die Weibchen 4 Monate lang trächtig. Je nach Zeitpunkt der Paarung erfolgt die Geburt von März bis April oder von August bis September. Ausnahmsweise können Weibchen zwei verschieden große Embryonen tragen und so an beiden Fortpflanzungsphasen teilnehmen. Neugeborene haben eine Unterarmlänge von etwa 38 mm und beginnen im Alter von 7 Wochen zu fliegen. Sie werden mit 12 Wochen entwöhnt. Die Geschlechtsreife tritt mit 9–12 Monaten ein.

NAHRUNGSERWERB UND NAHRUNG Die Nahrung wird optisch oder mit dem sehr gut ausgeprägten Geruchssinn aufgespürt und ausgewählt. Die Früchte werden im Hängen gepflückt und teilweise an bis zu 400 Meter entfernte Fresswarten getragen und dort verzehrt. Hartschalige Früchte werden geschält. Dabei werden Flügel, Füße und Daumenkrallen eingesetzt, um sie festzuhalten. Durch den Transport von Samen werden Nahrungspflanzen, v.a. der Johannisbrotbaum, verbreitet. Nilflughunde konsumieren pro Nacht 50– 150 % ihres Körpergewichtes an Früchten. Unverdauliche Teile und große Samen, z.B. von Datteln, werden ausgespuckt, kleine Samen passieren Magen und Darm. Flughunde fressen verschiedene, vor allem vom Menschen angebaute Früchte: Feigen, Aprikosen, Pfirsiche, Äpfel, Zitrusfrüchte, Bananen, aber auch Maulbeeren, Granatäpfel und Datteln. In Zeiten von Nahrungsknappheit, vor allem im Winter, werden auch Blätter und Früchte von Johannisbrotbaum und Blätter von Feigen sowie Triebe von Maulbeerbäumen gefressen. Lokal spielt der Paternosterbaum (=Zedrachbaum, *Melia azedarach*) eine große Rolle. In Plantagen werden oft überreife oder geschädigte Früchte gefressen. Dadurch hält sich der Schaden für Obstbauern, die für den Export meist unreife Früchte ernten, in Grenzen. Als Früchtefresser spielen Nilflughunde eine wichtige Rolle bei der Samenausbreitung ihrer Nahrungspflanzen.

RAUMNUTZUNG Nahrungsgebiete werden in Entfernungen von bis zu 24 km vom Quartier aufgesucht. Besenderte Tiere in Israel suchten ihre Fruchtbäume in direkten Streckenflügen mit Geschwindigkeiten von im Mittel 33,5 und bis zu 55 km/h auf. Dabei wurden Strecken von über 20 km in Flughöhen von bis über 200 Meter über Grund zurückgelegt. Das Jagdgebiet südafrikanischer Tiere umfasst bis zu 10 Quadratkilometer. Weite Wanderungen sind nicht bekannt, auf Zypern und im Nahen Osten kommen jedoch lokale Wanderungen zwischen Sommer- und Wintergebieten vor. Auf der Sinai-Halbinsel scheinen die Tiere größere Wüstengebiete zu überqueren, um an Nahrungsplätze in Oasen zu gelangen.

GEFÄHRDUNG Rote Liste der IUCN 2016: LC (Least Concern) bei stabilem Populationstrend,

Die Kolonien des Nilflughundes können mehrere Tausend Tiere umfassen und befinden sich meist in Höhlen.

EU 2007: NA (nicht bewertet), FFH-Anhang II & IV. Starke Gefährdung durch Quartiervernichtung und Tötung v.a. in den nördlichen Populationen. Wenn die Quartiere geschützt werden und das Nahrungsangebot ausreicht, können sich Populationen schnell erholen.

FORSCHUNGSANSÄTZE

—Kommt es zu saisonalen Wanderungen und welche Populationen führen diese aus?

—Wie entwickeln sich die Flughundpopulationen auf Zypern und in der Türkei?

—Breitet sich die Art aufgrund von Obstanbau im Mittelmeergebiet aus?

Kleine Hufeisennase

Rhinolophus hipposideros
(Bechstein, 1800)
—Lesser Horseshoe Bat

Maße
Unterarm 36,1–39,6 mm
Fünfter Finger 47–53 mm
Dritter Finger 51–57 mm
Erstes Glied am vierten Finger 5,7–7,5 mm
Zweites Glied am vierten Finger 12,0–14,2 mm
Normalgewicht 4–7 g

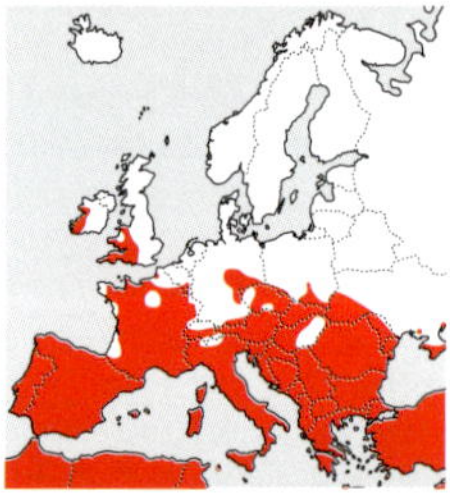

VERBREITUNG Die Art erreicht West-Irland und das westliche Großbritannien. Ursprünglich lag die Verbreitungsgrenze bei 51–52°N durch die Niederlande, Deutschland, Polen und die Ukraine. Seit den Bestandseinbrüchen in den 1960er Jahren gibt es im Großteil Deutschlands und angrenzender Länder heute keine Kleinen Hufeisennasen mehr. Größere Bestände gibt es hier noch in Sachsen-Anhalt, Sachsen und Thüringen und in Teilen Bayerns. Im Mittelmeergebiet ist die Art immer noch weit verbreitet. Sie kommt in Nordafrika und auf allen größeren Inseln bis Kleinasien und rund um das Schwarze Meer vor. Bis Zentralasien, den Nahen Osten, Iran, Irak, die

Portrait der Kleinen Hufeisennase mit den charakteristischen Nasenaufsätzen die zur Bündelung der sehr hohen und gerichteten Ortungslaute dienen.

Die Jungtiere der Kleinen Hufeisennasen werden am Bauch getragen und können sich an Haftzitzen in der Analgegend festsaugen. Foto: D. Nill

Arabische Halbinsel und über Teile Ostafrikas verbreitet.

KENNZEICHEN Eine der kleinsten einheimischen Arten, das Hufeisen und vor allem die Lanzette wirken daher besonders groß. Der obere Sattelfortsatz ist kurz und gerundet, der untere länger und spitz ausgezogen. Das lockere Rückenfell ist bräunlich bis gelblichbraun, auf der Unterseite hell grauweiß. Jungtiere sind insgesamt wesentlich grauer. Flughäute und Ohren sind braun gefärbt. Die Flügel sind breit, kurz und abgerundet. Im Winterschlaf hüllt sich die Kleine Hufeisennase komplett in die Flughäute ein.

ÄHNLICHE ARTEN Durch die geringe Größe (Unterarmlänge < 43 mm) und den breit abgerundeten und kurzen oberen Sattelfortsatz unverwechselbar.

ORTUNGSLAUTE Leise CF-Laute, die kaum weiter als 5 Meter detektiert werden können. Die bis zu 60 ms langen frequenzkonstanten Teile der Laute liegen bei 106–116 kHz. Die CF-Frequenzen überlappen mit der Mittelmeer- und der Mehely-Hufeisennase.

LEBENSRAUM Als Lebensräume werden im Norden ausschließlich wärme begünstigte Tieflagen, weiter nach Süden aber auch das Bergland, in klimatisch begünstigten Bereichen bis in Höhen von 2.000 m ü. NN besiedelt. Habitate zeichnen sich durch einen hohen Strukturreichtum aus. In Westeuropa liegen Jagdgebiete nahezu ausschließlich im Wald.

Nur bei kühler Witterung bilden die sonst einzeln hängenden Kleinen Hufeisennasen dichte Cluster. Foto: D. Nill

In Südost-Europa wird ein breiteres Lebensraum-Spektrum von Hochstaudenfluren, Heckengebieten, waldähnlichen Biotopen bis hin zu Wassergräben und Dörfern zur Jagd genutzt. In Nordafrika werden halbwüstenartige Flächen, Gärten und Oasen bejagt.
QUARTIERE Wochenstuben liegen im Norden oft in zugluftfreien Dachräumen von Kirchen, Schlössern und anderen größeren Gebäuden, aber auch in engen Kammern oder in Heizungskellern. Oft in unbewohnten Gebäuden, die meist sehr gut durch Hecken und Alleen an die umgebenden Wälder angebunden sind. Es werden ganze Gebäudekomplexe im Verbund genutzt und die Hangplätze je nach Temperatur gewechselt. Im Süden befinden sich Wochenstuben häufig in Höhlen. Männchen nutzen ein breites Quartierspektrum bis hin zu größeren Felsspalten als Sommerquartier. Im Winter in Karsthöhlen und Stollen oder in großen Bergkellern. Als Nachthangplätze wird ein sehr breites Quartierspektrum angenommen.
VERHALTEN UND FORTPFLANZUNG Die Wochenstuben umfassen 1–200, selten bis 800 Weibchen, der Männchenanteil kann bis zu einem Fünftel betragen. Die Tiere hängen locker verteilt im Quartier. Nur bei niedrigen Temperaturen und vor der Geburt bilden sie dichte Cluster. Mitte August und im September schwärmt die Art an Höhlen, wobei Männchen deutlich überwiegen. Im Winterquartier hängen die Tiere einzeln mit einem Individualabstand von 20–30 cm. Es gibt nur wenige große Winterquartiere mit über 100 Tieren, die größte Quartierhöhle in Slowenien beherbergt über 1.000 Tiere. Männchen und die meisten Weibchen erreichen die Geschlechtsreife erst im zweiten Herbst. Die Jungen werden Mitte Juni bis Mitte Juli geboren. Die sehr kurze Paarung, vor der sich die Partner jagen, findet frei hängend im Herbst in unterirdischen Quartieren oder im Winterquartier bis ins Frühjahr statt.
NAHRUNGSERWERB UND NAHRUNG Die Nahrung wird ausschließlich im Flug erbeutet. Der sehr wendige und schmetterlingsartige, oft schwirrende Flug ermöglicht Jagdflüge sehr nahe an der Vegetation. Beim engen Umkreisen von Büschen und Bäumen werden kleine Insekten aufgescheucht und dann erbeutet. Im Wald wird vor allem im Kronenbereich der Laubbäume gejagt. Die Nahrung besteht

Die Flügel der Kleinen Hufeisennase sind breit und kurz und erlauben sehr wendige und langsame Flugmanöver. Foto: D. Nill

vor allem aus kleinen Zweiflüglern (Schnaken), Hautflüglern, Florfliegen und kleinen Nachtfaltern. Dabei scheint die Kleine Hufeisennase in ihrer bevorzugten Größenklasse opportunistisch zu jagen, die Beutezusammensetzung entspricht der Verfügbarkeit.

RAUMNUTZUNG Ausgesprochen ortstreue Art, deren Aktionsradius weniger als 20 km beträgt. Einige wenige Überflüge von bis zu 50 km wurden nachgewiesen, die fünf weitesten betrugen 112–153 km. In Westeuropa liegen Jagdgebiete meist innerhalb eines 2,5 km-Radius um das Quartier, die weitesten Entfernungen liegen bei 4–6,4 km. Die Größe der individuellen Jagdgebiete beträgt 150–450 ha, innerhalb dieser werden bis zu 7 Teiljagdgebiete mit einer mittleren Fläche von 3–20, seltener bis 50 ha genutzt. Auf Transferflügen folgen Kleine Hufeisennasen in aller Regel linearen Strukturen wie Hecken, Gräben und Waldrändern, Einzeltiere können aber auch Offenland wie Ackerflächen und Wiesen überqueren und sogar bis zu 1,5 km weit über das Wasser fliegen.

GEFÄHRDUNG Rote Liste der IUCN 2016: LC (Least Concern) bei abnehmendem Populationstrend, Rote Liste der EU: NT (Near Threatened), FFH-Anhang II & IV, Rote Liste BRD 2009: 1 (Vom Aussterben bedroht) bei gleichzeitig hoher Verantwortlichkeit Deutschlands. In Deutschland und den Nachbarländern erfolgten Bestandseinbrüche auf teilweise unter 1 % der Ausgangspopulation durch die Anwendung hoch toxischer Pestizide wie DDT und Lindan. Seit den 1990er Jahren nehmen in Mitteleuropa die Zahlen wieder zu. Eine Ausbreitung scheint allerdings nur langsam zu erfolgen.
Im Mittelmeergebiet und auf dem Balkan sind die Vorkommen durch Veränderungen in der Landschaft, Habitatverlust, Lebensraumzerschneidung und die negativen Auswirkungen von Pestizidanwendungen gefährdet.

FORSCHUNGSANSÄTZE

— Lässt sich ein europaweites Monitoring etablieren?
— Welche Maßnahmen begünstigen eine Wiederbesiedlung von Gebieten, aus denen die Art verschwunden ist?
— Wie groß ist der genetische Austausch zwischen Populationen? Stellen die Populationen mit unterschiedlichen Chromosomenzahlen eigene Arten dar?

Große Hufeisennase

Rhinolophus ferrumequinum
(Schreber, 1774)
—Greater Horseshoe Bat

Maße
Unterarm 53,0–62,4 mm
Fünfter Finger 63–77 mm
Dritter Finger 79–94 mm
Erstes Glied am vierten Finger 9,5–13,4 mm
Zweites Glied am vierten Finger 16,0–22,5 mm
Normalgewicht 18–24 g

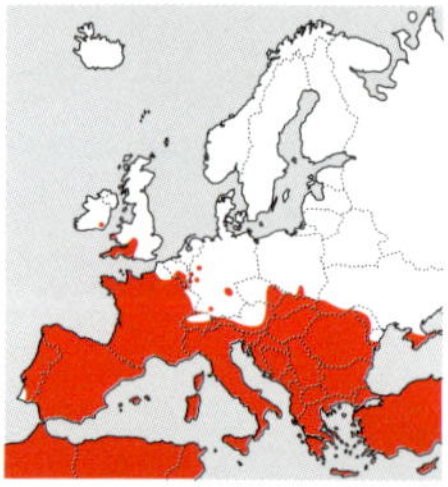

VERBREITUNG Die Verbreitung erstreckt sich von Nordafrika über den ganzen europäischen Mittelmeerraum mit allen größeren Inseln bis nach Mitteleuropa. In Wales erreicht sie ihr nördlichstes Vorkommen. Die ehemalige Verbreitung auf dem Kontinent reichte bis in die südlichen Teile der Niederlande, Deutschlands, Polens und der Ukraine. Vor allem in Mitteleuropa hat sich die Verbreitungsgrenze nach katastrophalen Bestandseinbrüchen weit nach Süden verlagert. In Deutschland ist die Art bis auf eine isolierte Wochenstube in der Oberpfalz, einen grenzüberschreitenden Kolonieverbund Luxemburg-Saarland-Lothringen und einzelne meist winterschlafende Tiere aus Sommervorkommen benachbarter Länder

Portrait der Kleinen Hufeisennase mit den charakteristischen Nasenaufsätzen die zur Bündelung der sehr hohen und gerichteten Ortungslaute dienen.

Die Altersklassen der Großen Hufeisennase unterscheiden sich deutlich in der Färbung: braunes Muttertier und graues Jungtier.

ausgestorben. Nach Osten reicht die Verbreitung bis Nordindien und Zentralasien

KENNZEICHEN Die größte europäische Hufeisennase hat ein braunes bis graubraunes Rückenfell, oft mit leicht gelblichem oder rötlichem Überflug. Die Unterseite ist nur leicht abgesetzt und heller grauweiß bis gelblichweiß gefärbt. Jungtiere sind wesentlich grauer. Der obere Sattelfortsatz ist breit abgerundet und stumpf. Im tiefen Winterschlaf hüllen sich einzeln hängende Tiere nahezu ganz in die Flughäute ein, oft wird der Körper nur teilweise verhüllt.

ÄHNLICHE ARTEN Aufgrund der Größe (Unterarm meist > 54,0 mm) und durch den breit abgerundeten und kurzen oberen Sattelfortsatz unverwechselbar.

ORTUNGSLAUTE Der lange frequenzkonstante Anteil der Rufe liegt in Ruhe zwischen 79 und 84 kHz, diese Ruhefrequenz variiert leicht innerhalb des Verbreitungsgebietes. Da keine Überlappung mit den Ruffrequenzen der anderen Hufeisennasen vorliegt, kann die Art eindeutig bestimmt werden. Die Laute sind relativ leise, daher können sie kaum weiter als 10 Meter detektiert werden.

LEBENSRAUM Die Art hat in Europa ihren Verbreitungsschwerpunkt im Mittelmeergebiet und kommt in Mitteleuropa nur in reich strukturierten und klimatisch begünstigten Lagen vor. Meist werden die warmen Tieflagen besiedelt, im Mittelmeerraum aber auch Gebirge bis über 1.500 m ü. NN. Wichtig für die Art sind ein hoher Strukturreichtum und ein Habitatmosaik aus Laubwald, Weiden, Hecken und Baumreihen. Weidevieh-Haltung trägt maßgeblich dazu bei, eine ausreichende Nahrungsgrundlage durch kotfressende Käfer zu schaffen. Au- und Laubwälder sind bei kühlerer Witterung und bei Massenauftreten von Maikäfern die hauptsächlich genutzten Jagdgebiete.

QUARTIERE Im Norden des Verbreitungsgebietes nahezu ausschließlich in thermisch ausgeglichenen Dachräumen oder anderen warmen Quartieren. Im südlichen Teil des Verbreitungsgebietes vor allem in Höhlen, es gibt aber auch Wochenstuben in Gebäuden und Kellern, vor allem außerhalb von Karstgebieten. Die Winterquartiere liegen in Höhlen und Bergwerken, meist bei Temperaturen von 7–12°C.

VERHALTEN UND FORTPFLANZUNG Die Wochenstuben umfassen im nördlichen Verbreitungsgebiet meist 20–200, im Süden auch bis zu 1.000 Tiere. Meist werden dichte Cluster gebildet, bei hohen Temperaturen hängen die Tiere oft einzeln. Neben dem zentralen Wochenstubenquartier werden weitere Quartiere als Nachthangplätze, Einzelquartiere oder von kleineren Verbänden in der Umgebung genutzt. Große Hufeisennasen kommen im Süden meist vergesellschaftet mit anderen Arten vor. Im Mittelmeergebiet liegt der Männchenanteil bei unter 1 %, in Großbritannien bei bis zu 25 %. Im Winter werden Cluster von 30–1.000 Tieren gebildet, häufig mit anderen Arten gemischt. Einzeltiere überwintern frei hängend. Die größten Winterkolonien umfassen 1.600 Tiere in Rumänien und Bulgarien. Die Geburt des einzelnen Jungen erfolgt Ende Juni bis Ende Juli, im Mittelmeerraum und in Bulgarien meist Anfang Juni. In Großbritannien gebären die Weibchen im Mittel erst mit 5,7 Jahren, in Bulgarien nahezu alle im Alter von 2 Jahren. Die Männchen besetzen ab Spätsommer Paarungsquartiere in Dachstühlen, Höhlen und Stollen, in denen sie von den Weibchen teilweise bis ins Frühjahr (April) aufgesucht werden.

NAHRUNGSERWERB UND NAHRUNG Der langsame Flug erfolgt oft niedrig über dem Boden oder nahe an der Vegetation, über Weiden bei der Jagd auf Dungkäfer aber auch in Höhen von 4–6 Metern. Mindestens die Hälfte der Zeit führt die Große Hufeisennase Wartenjagd aus, diese überwiegt bei geringerer Insektendichte und in der zweiten Nachthälfte, dabei werden vor allem große Beutetiere gefangen. Große Insekten werden im Hängen an Fraßplätzen oder an den Jagdwarten verzehrt. Die Nahrung besteht vor allem aus Käfern (Mai-, Juni-,

Wochenstubenkolonie mit bereits selbstständigen Jungtieren, die anhand der grauen Färbung gut zu erkennen sind. In der oberen Bildmitte hängen Mehely-Hufeisennasen und wenige Mittelmeer-Hufeisennasen.

Mist-, Mondhorn- und Brachkäfer) und Nachtfaltern (Eulenfalter, Schwärmer). Wie bei allen Fledermäusen ändert sich die Nahrung im Laufe des Jahres deutlich, saisonal spielen neben Käfern und Faltern andere Beutetiere, vor allem Zweiflügler und Hautflügler, aber auch Köcherfliegen und Spinnen eine Rolle

RAUMNUTZUNG In Westeuropa halten sich Große Hufeisennasen meist innerhalb eines 5 km-Radius um das Quartier auf, im Mittel in 2,1 km Entfernung. In Bulgarien werden Strecken von bis zu 10 km zurückgelegt, die mittlere Entfernung der Jagdgebiete liegt bei 5 km. Je Nacht werden bis zu 8 Teiljagdgebiete aufgesucht. Die Große Hufeisennase ist ortstreu, nur vereinzelt kommen Wanderungen von über 100 km vor. Die längsten Überflüge betrugen 320 km in Ungarn und 500 km in Frankreich.

GEFÄHRDUNG Rote Liste der IUCN 2016: LC (Least Concern) bei abnehmendem Populationstrend, Rote Liste der EU: NT (Near Threatened), FFH-Anhang II & IV, Rote Liste BRD 2009: 1 (Vom Aussterben bedroht). Seit den 1950er Jahren sind die Bestände im nördlichen Verbreitungsgebiet auf unter 1 % der ursprünglichen Populationsstärke eingebrochen. Hauptgründe dürften vor allem der Einsatz von Lindan und DDT gewesen sein. Heute stellen Habitatverluste und –zerschneidung und die Reduktion der Nahrung durch Pestizide die hauptsächlichen Gefährdungsursachen dar. Störungen und Quartierzerstörungen tragen zum Verlust von Hangplatzen bei. Der Einsatz von Medikamenten gegen Endoparasiten von Weidevieh reduziert die Zahl kotfressender Insekten und damit die Nahrungsverfügbarkeit drastisch.

FORSCHUNGSANSÄTZE

—Wie können die Vorkommen auf dem Balkan wirkungsvoll geschützt werden?

—Weshalb erreichen bulgarische Große Hufeisennasen so viel früher die Reproduktionsreife als die britischen?

—Kommt es bei kleinen isolierten Populationen zu weiteren negativen Effekten durch eine Verarmung des Genpools?

Trotz ihrer Größe sind Große Hufeisennasen sehr wendige Flieger und weichen Hindernissen geschickt aus.

Mittelmeer-Hufeisennase
Rhinolophus euryale
Blasius 1853
—Mediterranean Horseshoe Bat

Maße
Unterarm 45,0–51,0 mm
Fünfter Finger 53–62 mm
Dritter Finger 63–76 mm
Erstes Glied am vierten Finger 5,7–8,2 mm
Zweites Glied am vierten Finger 16,4–20,1 mm
Normalgewicht 9–14 g

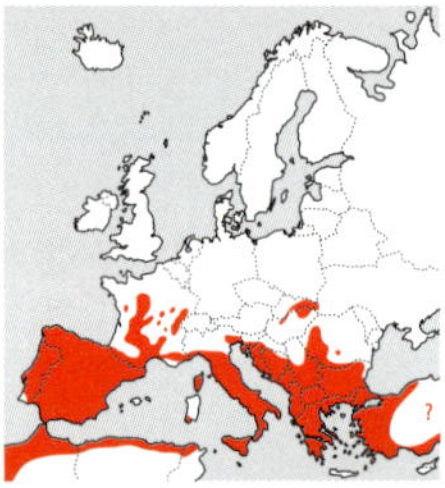

VERBREITUNG Im Mittelmeergebiet von Nordwest-Afrika über die meisten Mittelmeerinseln (nicht auf den Balearen, Kreta und Zypern), die ganze Iberische Halbinsel, das südliche Frankreich, Italien, die gesamte Balkanhalbinsel, die Slowakei, Ungarn und Teile Kleinasiens verbreitet. Die slowakisch-ungarische Population ist mit ziemlicher Sicherheit vom restlichen Verbreitungsgebiet isoliert. Außerhalb des Bearbeitungsgebiets gibt es Vorkommen im Mittleren Osten und vom Kaukasus bis Turkmenistan.
KENNZEICHEN Mittelgroße Hufeisennase mit relativ gleichmäßiger Färbung: Das graubraune bis rotbraune Rückenfell kontrastiert nur wenig zur grauen oder grauweißen Unterseite. Jungtiere sind

Portrait eines erwachsenen Weibchens der Mittelmeer-Hufeisennase. Die Form der Nasenaufsätze und die relativ einheitliche Fellfärbung sind charakteristisch.

Adultes Männchen der Mittelmeer-Hufeisennase am Nachthangplatz. Die Art kann auch in dichter Vegetation im Flug jagen.

einheitlicher grau gefärbt. Die Lanzette verschmälert sich nach oben gleichmäßig. Der obere Sattelfortsatz läuft schmal zu und ist an seiner Spitze leicht nach unten gekrümmt, die Ausbuchtung zwischen den Sattelfortsätzen ist dadurch halbmondförmig. In Frontalansicht ist der untere Sattelfortsatz breit, von unten betrachtet weist er parallele Seiten auf. Am Flügel ist das zweite Glied am vierten Finger mehr als doppelt so lang wie das erste Glied.

ÄHNLICHE ARTEN Bei der Mehely-Hufeisennase verschmälert sich die Lanzette plötzlich zu einer schmalen Spitze und der obere Sattelfortsatz ist breiter gerundet und nicht nach unten gebogen. Die Blasius-Hufeisennase hat eine deutliche Einkerbung in

Große Hauptkolonie der Mittelmeer-Hufeisennase in einer Höhle. Die Art hängt meist gemischt mit anderen Höhlenfledermäusen.

der horizontalen Hautfalte unter der Lanzette und das zweite Glied am vierten Finger ist weniger als doppelt so lang wie das erste.

ORTUNGSLAUTE Die langen frequenzkonstanten Lautanteile haben in Ruhe eine Frequenz um 102–109 kHz. Diese Ruhefrequenz ist in Westeuropa niedriger als auf dem Balkan. Die Laute der Kleinen Hufeisennase (> 106 kHz) und Mehely-Hufeisennase sind meist höher, die Verteilungen können aber durchaus mit der Mittelmeer-Hufeisennase überlappen.

LEBENSRAUM Durch die Bevorzugung von Höhlen als Quartiere weitgehend auf Karstgebiete beschränkt. Wochenstuben liegen meist in klimatisch begünstigten Gebieten unter 800 m Meereshöhe. Als Jagdgebiete werden Saumstrukturen, Heckenzüge, Laubwälder (Eichen-, Steineichen- und Laubmischwälder), Auwälder, Olivenhaine und Gebüschland aufgesucht. Offenland und Nadelwald werden gemieden. Die größten bekannten Wochenstuben mit über 10.000 Individuen in Bulgarien liegen in laubwaldreichen Gebieten. Kleine Kolonien können sich auch in entwaldeten Gebieten halten.

QUARTIERE Sommerquartiere und Wochenstuben liegen vor allem in Höhlen. Die Karpaten-Population nutzt jedoch auch zu einem größeren Anteil Dachstühle und Gebäude. Dabei sind v.a. die nördlichsten Populationen auf Dachböden angewiesen, da Höhlen in diesen Bereichen zu kühl sind. Winterquartiere vor allem in Höhlen, seltener in Stollen.

VERHALTEN UND FORTPFLANZUNG Die Populationen bestehen meist aus sehr individuenreichen zentralen Sommer- und Winterkolonien, die von kleinen Satellitenkolonien umgeben sind. Die Hauptkolonien befinden sich meist in Höhlen und können über 5.000 Tiere umfassen, die Satellitenkolonien umfassen Dutzende bis Hunderte Tiere. So weist die Karpatenpopulation Wochenstuben in Gebäuden mit 20–300, in ungarischen und slowakischen Höhlen auch bis zu 5.000 Tieren auf. Im

Sommer werden häufig dichte Cluster gebildet und die Tiere hängen vergesellschaftet mit anderen Arten. Auch im Winter werden sehr dichte gemischte Cluster gebildet. Die Art ist sehr störungsempfindlich. Die Geburt der Jungen erfolgt meist ab Mitte Juni, einige Weibchen können auch erst im Juli gebären. Im Alter von 4 Wochen werden die Jungen selbstständig. Jungweibchen gebären erstmals im Alter von 2–3 Jahren. Die Paarungen erfolgen im Herbst in Höhlen, aber auch im Winter im Quartier.

NAHRUNGSERWERB UND NAHRUNG Die Mittelmeer-Hufeisennase kann sehr wendige Flugmanöver ausführen und in nahezu undurchdringlichem Gebüsch jagen. Die Art führt meistens eine Flugjagd durch, nur bei sehr geringer Beutedichte (Regen, niedrige Temperaturen) und von trächtigen Weibchen oder Jungtieren wird länger andauernd Wartenjagd betrieben. Dichte Vegetation kann von außen in sehr geringem Abstand abgeflogen werden, oder die Tiere jagen innerhalb der Kronen zwischen Zweigen und Ästen.

In der Regel machen mittelgroße Nachtfalter bis zu 90 % der Nahrung aus, Florfliegen, Schaben, kleinere Käfer und Kohlschnaken bilden neben weiteren selten aufgenommen Beutetieren weitere 10–15 %.

RAUMNUTZUNG Quartierwechsel wurden meist in Entfernungen von unter 50 km festgestellt, für die Karpatenpopulation sogar unter 20 km. Die weitesten Überflüge im Mittelmeerraum betrugen 83 und 134 km. In Bulgarien wurden mehrfach Überflüge in Entfernungen von bis zu 60 km registriert. Einzelne Weibchen reproduzierten in bis zu 43 km auseinander liegenden Höhlen.

Telemetriestudien in Spanien ergaben mittlere Entfernungen der Jagdgebiete vom Quartier von 1,4–5,3 km, in Italien von 2,2 km und in Bulgarien von 9,3 km. Maximalentfernungen betrugen in Spanien 4,2–10 km, in Italien 5 km und in Bulgarien 24 km. Jagdgebiete einzelner Tiere umfassen in Italien bis zu 1.300 ha und in Bulgarien bis zu 10.000 ha.

GEFÄHRDUNG Rote Liste der IUCN 2016: NT (Near Threatened) bei abnehmendem Populationstrend, Rote Liste der EU 2007: VU (Vulnerable), FFH-Anhang II & IV. In Frankreich starke Bestandseinbrüche seit den 1950er Jahren. Dabei spielen v.a. negative Auswirkungen durch Störungen der Kolonien in Höhlen und Pestizideinsätze in Wäldern, Auwäldern und Obstplantagen eine Rolle beim Rückgang der Art. Die größten Bestände kommen auf der Iberischen Halbinsel, in Bulgarien und möglicherweise in Serbien, Albanien und Nordmakedonien vor.

Kleine Satellitenkolonie der Mittelmeer-Hufeisennase mit Langfuß- und Langflügelfledermäusen. Am oberen Bildrand sind noch einige fast erwachsene Jungtiere am Bauch ihrer Mütter zu sehen.

FORSCHUNGSANSÄTZE

— Wie groß sind die Populationen der Art in Europa?

— Was sind die wichtigsten Gefährdungsursachen und wie kann diesen begegnet werden?

— Wie erfolgt eine mögliche Ressourcenaufteilung mit der sehr ähnlichen Blasius-Hufeisennase?

— Benötigt die Art auch im Winter regelmäßig Nahrung und wird die nördliche Verbreitungsgrenze durch die Dichte der im Winter verfügbaren Nahrung bestimmt?

Mehely-Hufeisennase
Rhinolophus mehelyi
Matschie, 1901
—Mehely's Horseshoe Bat

Maße
Unterarm 48,3–54,8 mm
Fünfter Finger 57–67 mm
Dritter Finger 71–83 mm
Erstes Glied am vierten Finger 6,5–9,3 mm
Zweites Glied am vierten Finger 17,4–21,5 mm
Normalgewicht 12–17 g

VERBREITUNG In einem engen Band rund um das Mittelmeer verbreitet: von Nordwest-Afrika über Portugal, Spanien, die Balearen, Südfrankreich, Sardinien, Sizilien und die Balkanhalbinsel bis Kleinasien. Ehemalige Vorkommen an der kroatischen Adriaküste, in Italien und Frankreich sind seit Langem nicht mehr bestätigt. Insgesamt ist die Verbreitung auf der Balkanhalbinsel nur ungenügend bekannt. Außerhalb des Bearbeitungsgebiets nur vom Südrand des Kaukasus, den Iran und über den Mittleren Osten, nach Süden bis Ägypten vorkommend.
KENNZEICHEN Die größte der drei mittelgroßen Hufeisennasen ist kontrastreich gefärbt: Die helle, oft fast weiße Unterseite ist entlang einer scharfen

Im Portrait der Mehely-Hufeisennase fällt die kontrastreiche Färbung auf. Für die europäischen Populationen ist der relativ stumpfe obere Sattelfortsatz charakteristisch.

Die Mehely-Hufeisennase betreibt oft Wartenjagd, dabei wird die Umgebung abgescannt und lohnende Beute in kurzen Flügen erbeutet.

Grenzlinie deutlich zu dem graubraunen Rückenfell abgesetzt. Auf Sardinien treten relativ häufig Tiere mit einer intensiv rotbraunen Färbung auf, im Rest der Verbreitung dagegen nur selten. Bei den meisten älteren Tieren ist eine dunkle Brille um die Augen ausgebildet, diese kann jedoch auch bei anderen Arten auftreten. Die Lanzette verschmälert sich nach oben nicht gleichmäßig, sondern sehr plötzlich, und läuft dann in eine dünne Spitze aus. Der obere Sattelfortsatz ist meist stumpf abgerundet und länger als der untere. In Frontalansicht ist der untere Sattelfortsatz breit, von unten betrachtet weist er parallele Seiten auf. Das zweite Glied am vierten Finger ist mehr als doppelt so lang wie das erste Glied.

ÄHNLICHE ARTEN Bei der Mittelmeer-Hufeisennase verschmälert sich die Lanzette allmählich und gleichmäßig zur Spitze hin. Der obere Sattelfortsatz ist zugespitzt und leicht nach vorne unten gebogen. Die Blasius-Hufeisennase hat eine deutliche Einkerbung in der horizontalen Hautfalte unter der Lanzette und das zweite Glied am vierten Finger ist weniger als doppelt so lang wie das erste.

ORTUNGSLAUTE Die langen frequenzkonstanten Lautanteile liegen in Ruhe zwischen 104 und 112 kHz. Die Verteilung der Frequenzen überlappt sich mit denen von Mittelmeer- und Kleiner Hufeisennase. Durch Sichtbeobachtungen kann letztere meistens anhand der geringen Größe unterschieden werden. Frequenzen über 108 kHz schließen mit ziemlicher Sicherheit die Mittelmeer-Hufeisennase aus.

LEBENSRAUM Mehely-Hufeisennasen kommen meist in niedrigen Lagen von unter 700 m vor und sind auf höhlenreiche Karstgebiete angewiesen. Als Jagdgebiete werden Steppen, Halbsteppen, Wiesen, Weiden, Ackerland und savannenartige Biotope wie lichte Kork- und Steineichenwälder und Olivenhaine genutzt. In Spanien werden auch dichtere Waldhabitate (Dehesa) von der Mehely-Hufeisennase genutzt. In Nordbulgarien jagt die Art nahezu ausschließlich über Wiesen, extensiv genutzten Weideflächen, Ackerbrachen und Sonnenblumenfeldern. Eine eindeutige Bevorzugung von Offenlandbiotopen ist nachweisbar.

QUARTIERE Sommer- und Winterquartiere ausschließlich in Höhlen, vereinzelt auch in Bergwerken. Sehr selten können Einzeltiere auch in Gebäuden oder Kellerräumen übertagen.

VERHALTEN UND FORTPFLANZUNG Wochenstuben umfassen 20–200, selten auch bis zu 500 Tiere. In Nordbulgarien gab es eine Wochenstube mit bis zu 5.000 adulten Tieren, die jedoch stark zurückgegangen ist. Männchen können bis zu einem Drittel der Tiere in einer Kolonie ausmachen. In den Quartieren häufig gemischt mit Mittelmeer-Hufeisennasen und anderen Höhlenarten. In Bulgarien gemischte Winterschlaf-Kolonien mit bis zu 10.000 mittelgroßen Hufeisennasen. Es wird nur ein Junges geboren, der Geburtszeitpunkt kann relativ weit streuen, in manchen Jahren erfolgen die Geburten in Bulgarien in den ersten Juni-Tagen, in anderen

Viele Kolonien der Mehely-Hufeisennase umfassen nur wenige Dutzend Individuen, die gemischt mit anderen Arten, hier der Großen Hufeisennase und der Mittelmeerhufeisennase hängen. Die Mehely-Hufeisennasen sind an den hellen Bäuchen zu erkennen.

erst Anfang Juli. Die ersten Jungtiere fliegen drei Wochen nach den ersten Geburten innerhalb der Quartiere und können eine Woche später außerhalb der Höhlen gefangen werden. Der hohe Anteil an nicht-reproduzierenden Weibchen legt nahe, dass die Geschlechtsreife erst im zweiten Jahr eintritt. Die Paarung erfolgt in Bulgarien ab Ende September.

NAHRUNGSERWERB UND NAHRUNG Der manövrierfähige Flug erfolgt meist sehr niedrig über der Grasnarbe, oft zwischen den Grasspitzen, entlang von Gebüschsäumen auch bis in 6 m Höhe. Wartenjagd wird ab der zweiten Nachthälfte betrieben, von trächtigen Tieren auch während der ganzen Nacht. Dabei hängen die Tiere an einzelnen höheren Pflanzen (Königskerzen, hohen Sonnenblumen, Sträuchern) und suchen die Umgebung ab. Beuteflüge dauern meist weniger als eine halbe Minute. Nachtfalter machen mit über 90 % der Beutetiere den Großteil der Nahrung aus, saisonal spielen aber auch Kohlschnaken und Käfer (Junikäfer) eine große Rolle, nur vereinzelt finden sich Florfliegen und andere Insekten.

RAUMNUTZUNG Maximalentfernungen von Wiederfunden lagen bei bis zu 90 km in Portugal und bis zu 94 km in Bulgarien. Mehely-Hufeisennasen jagen in Entfernungen von bis zu 15 km vom Quartier. Die mittlere Entfernung der Jagdgebiete vom Quartier betrug in Spanien 3,3–8,2 km und in Bulgarien 5,3 km. Die Jagdgebiete waren in Spanien im Mittel mit 2,3–4,5 km^2 wesentlich kleiner als in Bulgarien mit im Mittel 10,5 km^2 und im Extrem von bis zu 30 km^2.

GEFÄHRDUNG Rote Liste der IUCN 2016: VU (Vulnerable) bei abnehmendem Populationstrend, Rote Liste der EU: VU (Vulnerable), FFH-Anhang II & IV. Mit Abstand die seltenste der mittelgroßen Hufeisennasen, in Teilen der historischen Verbreitung bereits ausgestorben. Diese Art reagiert besonders sensibel auf den Wegfall insektenreicher extensiv bewirtschafteter Wiesen- und Weideflächen und den Rückgang geeigneter Offenlandbiotope. Zusammen mit einer sehr großen Störanfälligkeit in den Quartieren sorgt dies für eine negative Zukunftsprognose für die europäischen Vorkommen.

FORSCHUNGSANSÄTZE

— Wie können die Bestände erhalten und der negative Populationstrend umgekehrt werden?

— Welche Habitate werden von Mehely-Hufeisennasen bevorzugt, und lassen sich die Ergebnisse erster Untersuchungen in Spanien und Bulgarien auf andere Bereiche des Verbreitungsgebietes übertragen?

— Ist die Mehely-Hufeisennase eine ursprüngliche Steppenart, die erst im Zuge einer menschlichen Habitatveränderung weite Teile des Mittelmeerraumes besiedeln konnte?

— Gibt es noch Vorkommen in Südfrankreich, entlang der Adriaküste und Italien?

Eine der größten bekannten Winterkolonien mittelgroßer Hufeisennasen befindet sich in Nordbulgarien, auf dem Foto sind 8.000–9.000 Mittelmeer- und Mehely-Hufeisennasen zu sehen. Foto: B. Petrov

Blasius-Hufeisennase

Rhinolophus blasii
Peters, 1866
—Blasius's Horseshoe Bat

Maße
Unterarm 42,6–50,1 mm
Fünfter Finger 53–61 mm
Dritter Finger 63–74 mm
Erstes Glied am vierten Finger 7,6–9,2 mm
Zweites Glied am vierten Finger 13,3–17,4 mm
Normalgewicht 10–14 g

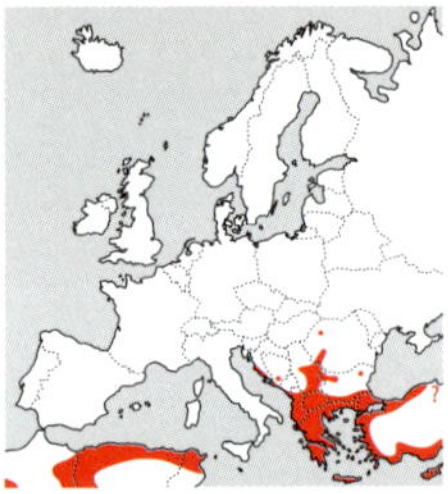

VERBREITUNG Im Bearbeitungsgebiet auf Südosteuropa, einige ostmediterrane Inseln (Kreta, Zypern), Kleinasien und Nordafrika beschränkt. Das (historische) europäische Verbreitungsgebiet umfasst die ganze östliche Adriaküste bis Triest, Teile Serbiens und Montenegros, Rumänien im Bereich des südlichen Karpatenbogens, ganz Bulgarien, Griechenland und die europäische Türkei. Allerdings ist die Art in Italien und Slowenien vermutlich ausgestorben und es gibt nur wenige Nachweise im nördlichen Adriagebiet. Im Osten über Kleinasien entlang des Kaukasus bis Pakistan, im Nahen und Mittleren Osten und der Arabischen Halbinsel. Südlich der

Der obere Sattelfortsatz ist bei der Blasius-Hufeisennase spitz und nach oben gerichtet.

Bei der in den frühen Morgenstunden an der Jagdwarte hängenden Blasius-Hufeisennase ist der charakteristische scheckige Eindruck am Rückenfell gut zu sehen

Sahara bis Südafrika in Savannen-Landschaften vorkommend.

KENNZEICHEN Eine mittelgroße Hufeisennase mit hellbraun bis sandfarben oder gelblich getönter Fellfarbe. An den Stellen, an denen das lockere Fell auseinanderfällt, ist bei erwachsenen Tieren das weißliche Unterfell auffällig sichtbar, die Blasius-Hufeisennase wirkt daher oft gescheckt. Die Unterseite ist nur wenig heller gefärbt als die Oberseite, es gibt einen graduellen Farbübergang an den Seiten. Der obere Sattelfortsatz ist zugespitzt und gerade, nicht abwärts gebogen. Der untere Sattelfortsatz ist von vorne betrachtet schmal. Von unten ist der Sattelfortsatz nach vorne dreieckig zulaufend

Bei der Jagd umfliegt die Blasius-Hufeisennase eng Büsche und Saumstrukturen, sucht aber auch den Boden nach Insekten ab.

mit eingebuchteten Seiten. Die Querfalte unter der Lanzette ist in der Mitte eingekerbt. Das erste Fingerglied des vierten Fingers ist länger als die Hälfte des zweiten Fingergliedes.
ÄHNLICHE ARTEN Den anderen beiden mittelgroßen Hufeisennasen sehr ähnlich. Mehely- und Mittelmeer-Hufeisennase haben nur selten eine kleine Einkerbung im Oberrand der Querfalte unter der Lanzette, der untere Sattelfortsatz ist bei beiden in Frontalansicht breiter als der obere und von unten betrachtet parallelseitig. Bei beiden Arten ist das erste Fingerglied am vierten Finger weniger als halb so lang wie das zweite Fingerglied.
ORTUNGSLAUTE Die langen frequenzkonstanten Lautanteile liegen bei hängenden Tieren bei 92–98 kHz. In der Frequenz gibt es keine Überlappung mit den anderen europäischen Hufeisennasen, somit ist eine zweifelsfreie Artbestimmung möglich.
LEBENSRAUM Eine typische Fledermaus mediterraner Landschaften mit kleinräumigem Mosaik von Offenland-Habitaten und Gebüschland. Sie kommt in der Regel in niedrigeren Lagen vor und jagt vor allem in macchiaartig bewachsenem Gebüschland, in niederwüchsigen Hainbuchen- und Eichenwäldern und entlang von Hecken in einer kleingekammerten Landschaft. Bevorzugung von im weitesten Sinne savannenartigen Lebensräumen mit lockerem Baumbewuchs und eng verzahnten Offenlandbereichen.
QUARTIERE Es werden ganzjährig nahezu ausschließlich Karsthöhlen bewohnt. Einzeltiere können in Bergwerken und anderen unterirdischen Quartieren angetroffen werden. Im Winter werden oft andere Höhlen als im Sommer aufgesucht, die Überwinterungs-Temperaturen liegen meist bei 13,8–17°C.

VERHALTEN UND FORTPFLANZUNG Die Blasius-Hufeisennase bildet Wochenstuben von 30–500 Tieren, in einer südbulgarischen Höhle in manchen Jahren von bis zu 3.000 Tieren. In den Wochenstuben kommen zahlreiche adulte Männchen vor, diese hängen auch mit in den dichten Clustern. Männchen und nicht reproduzierende Weibchen können vor der Geburt je bis zu einem Drittel der Tiere in der Wochenstube ausmachen. Die Blasius-Hufeisennase bildet über den ganzen Sommer im Quartier dichte Cluster, nur bei Störungen, vor dem Ausflug, sowie teilweise im Winter hängen die Tiere mit Individualabstand voneinander. Im Quartier meist vergesellschaftet und gemeinsame Cluster bildend mit Mittelmeer-, Mehely- und Großer Hufeisennase, Mausohr und Kleinem Mausohr, Langflügel- und Langfußfledermaus, es gibt aber auch artreine Vorkommen. In Südbulgarien erfolgt die Geburt in der letzten Juni-Dekade. Es wird nur ein Junges geboren. Noch Mitte September können in den Rhodopen einige wenige laktierende Weibchen gefangen werden, was auf einen sehr späten Geburtstermin bei Einzeltieren hindeutet. Der hohe Anteil von Tieren, die noch kein Junges geboren haben, spricht für einen Eintritt der Geschlechtsreife frühestens im zweiten Lebensjahr. Die Paarung erfolgt zumindest teilweise im September: In Höhlen balzen Männchen im Hängen mit schlagenden Flügeln vor einem Weibchen und umwerben es, bevor es zur Paarung kommt.

NAHRUNGSERWERB UND NAHRUNG Die Jagd erfolgt ausschließlich im Flug, dabei werden Büsche und Hecken in 0,5–5 m Höhe umkreist und systematisch abgesucht. Blasius-Hufeisennasen sind äußerst wendig, können gut rütteln und fangen ihre Beute nahe an der Vegetation oder nehmen sie vom Boden auf. In den bulgarischen und griechischen Rhodopen ernähren sich Blasius-Hufeisennasen über das gesamte Sommerhalbjahr nahezu ausschließlich von Nachtfaltern, die in der Regel 95–100 % der Bestandteile ausmachen.

RAUMNUTZUNG Weitgehend ortstreu, Sommer- und Winterquartier liegen meist in verschiedenen, aber nahe benachbarten Höhlen. Bislang nachgewiesene Ortswechsel lagen innerhalb von 10 km um den Beringungsort und damit unter der durch Telemetrie nachgewiesenen Entfernung der Jagdgebiete vom Quartier. Wie die beiden anderen mittelgroßen Arten kann die Blasius-Hufeisennase vermutlich Saisonwanderungen von bis zu 100 km durchführen. Da die mittelgroßen Hufeisennasen mit einer hohen Verletzungsrate auf eine Markierung mit Unterarmklammern reagieren, ist von Beringungen abzusehen.

Die Blasius-Hufeisennase nutzt ausschließlich Höhlen und andere unterirdische Hohlräume als Quartier. Die Tiere sind sehr scheu und fliegen beim Betreten der Koloniehangplätze sofort auf.

GEFÄHRDUNG Rote Liste der IUCN 2016: LC (Least Concern) bei abnehmendem Populationstrend, Rote Liste der EU: VU (Vulnerable), FFH-Anhang II & IV. Insbesondere die europäischen Populationen sind stark bedroht. Im südöstlichen Bulgarien und in Griechenland gibt es noch stabile Bestände. Ein länderübergreifendes Schutzprogramm ist dringend erforderlich, um die europäischen Populationen zu erhalten.

FORSCHUNGSANSÄTZE

— Steht die Blasius-Hufeisennase in direkter Konkurrenz zur Mittelmeer-Hufeisennase und schließen sich größere Bestände beider Arten möglicherweise gegenseitig aus?
— Wie können Vorkommen der Blasius-Hufeisennase effektiv geschützt werden?
— Gehören die afrikanischen und asiatischen Formen wirklich zur Blasius-Hufeisennase oder handelt es sich um mehrere kryptische Arten?

Dreizack-Blattnase
Asellia tridens
(Geoffroy, 1813)

Mittelgroße Blattnase mit kompliziert geformtem Nasenblatt, das an seiner Oberkante drei senkrechte Fortsätze aufweist. In Afrika vor allem in der Sahara, auch in deren zentralen Bereichen, verbreitet. In Marokko und Algerien südlich des Hohen Atlas und des Sahara-Atlas vorkommend, in Tunesien, Libyen und Ägypten reicht die Verbreitung bis ans Mittelmeer. Im Nahen Osten von Ägypten bis Israel und Syrien, nach Osten bis Pakistan verbreitet. Die Art besiedelt gerne Höhlen, unterirdische Kanäle und Brunnen, manche Kolonien können mehrere Tausend Tiere umfassen. Die Art führt keinen Winterschlaf durch und weicht mit Saisonwanderungen Zeiten mit Nahrungsknappheit aus. Als Nahrung werden in Wüsten und Halbwüsten v.a. Falter und Käfer erbeutet. Jungtiere sind im Vergleich zu den Adulten deutlich grauer gefärbt. Ein Teil der adulten Tiere hat eine auffällige Orangefärbung.

Cabrera-Rundblattnase
Hipposideros tephrus
Cabrera, 1906

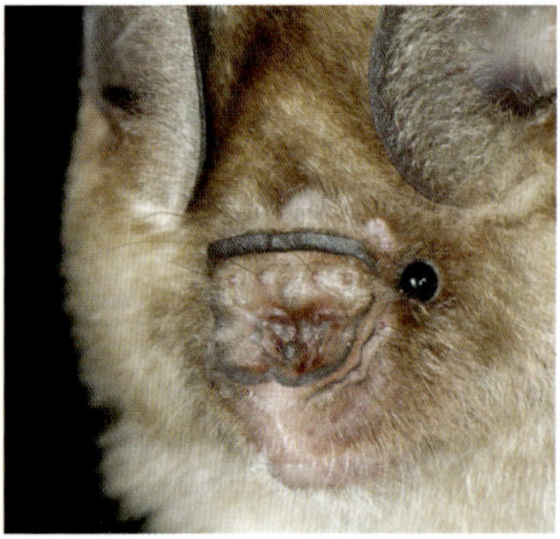

Die kleine Blattnase wurde lange zu der in Afrika weit verbreiteten *H. caffer* gezählt, stellt jedoch eine eigenständige Art dar, deren Vorkommen auf Marokko, den Südrand der Sahara und den südlichen Teil der Arabischen Halbinsel beschränkt ist. Die Insektenfresser kommen v.a. in savannenartigen Lebensräumen vor und bilden Kolonien in Höhlen und unterirdischen Gängen. Vorkommen sind oft mit anderen Arten (Hufeisennasen, Schlitznasen, Dreizack-Blattnasen) vergesellschaftet.

Arabische Hufeisennase
Rhinolophus clivosus
Cretzschmar, 1828

Die mittelgroße Art sieht der Großen Hufeisennase zum Verwechseln ähnlich, ist jedoch kleiner mit etwas schmalerem Nasenblatt. Sie kommt in Wüsten und Savannen Afrikas, der Arabischen Halbinsel und des Mittleren Ostens vor, im Jordantal reicht die Verbreitung bis Israel und Jordanien. Sie bildet Kolonien v.a. in Höhlen, Bunkern und Stollen, oft gemischt mit anderen Arten wie der Dreizack-Rundblattnase.

Kyrenaika-Hufeisennase
Rhinolophus horaceki
Benda & Vallo, 2012

Die erst 2012 von der Arabischen Hufeisennase abgetrennte Art kommt ausschließlich auf der Kyrenaika in Libyen vor. Über ihre Lebensweise ist noch kaum etwas bekannt. Die Fundorte liegen v.a. in mediterranen Hartlaubgesellschaften. Entsprechend unwahrscheinlich ist es, dass es Vorkommen außerhalb der Kyrenaika gib, da diese eine „mediterrane Insel" zwischen Mittelmeer und Sahara darstellt. Foto: A. Reiter

Ägyptische Schlitznasenfledermaus
Nycteris thebaica
Geoffroy, 1818

Mittelgroße Schlitznase mit langen Ohren. Der Nasenrücken ist kompliziert geformt und weist in Längsrichtung eine Furche auf, durch die Ortungslaute ausgestoßen werden. In ganz Afrika bis auf die zentrale Sahara und die Tropenwälder verbreitet, auf der Arabischen Halbinsel und nach Norden bis Israel und Jordanien vorkommend. Alte Angaben von Korfu und Sizilien sind Fundortverwechslungen.

Wasserfledermaus

Myotis daubentonii
(Kuhl, 1817)
—Daubenton's Bat

Maße
Unterarm 33,1–42,0 mm
Fünfter Finger 39–52 mm
Dritter Finger 53–65 mm
Normalgewicht 6–10 g

VERBREITUNG Nahezu über ganz Europa bis 63°N verbreitet, in Finnland Nachweise bis zum Polarkreis. Im Mittelmeergebiet ist die Verbreitung relativ lückig, Vorkommen sind oft auf Berggegenden beschränkt. Die Art fehlt auf den ostmediterranen Inseln. Außerhalb des Bearbeitungsgebietes bis in die Omsk-Region Russlands vorkommend. Von der Iberischen Halbinsel wurde *M. nathalinae* als eine mit der Nominatform sympatrisch vorkommende Art beschrieben und später als Unterart zur Wasserfledermaus gestellt. Sie ist kleiner und dunkler gefärbt.
KENNZEICHEN Eine kleine Fledermaus mit für eine *Myotis*-Art relativ kurzen Ohren. Das Rückenfell

Portrait einer zweijährigen Wasserfledermaus mit noch sichtbarem Fleck an der Unterlippe. Dieser hellt sich mit zunehmendem Alter weiter auf und verschwindet dann.

Bei der Wasserfledermaus fallen die großen zum Beutefang dienenden Hinterfüße auf.

ist meist braun, braungrau, dunkel bronzefarben oder mit leichtem rötlichem Überflug gefärbt und leicht glänzend. Die hellgraue bis weißlichgraue Unterseite ist meist deutlich abgesetzt. Das Gesicht ist bei älteren Tieren rötlichbraun gefärbt. Jungtiere haben ein dunkleres Gesicht und bis zu einem Alter von über einem Jahr einen scharf abgesetzten schwarzblauen Pigmentfleck an der Unterlippe. Mit zunehmendem Alter wird dieser Fleck immer diffuser und ist mit 4–5 Jahren meist ganz verschwunden. Die Ohren sind braun gefärbt, in ihrem Inneren meist deutlich aufgehellt. Der kurze helle Tragus ist abgerundet und leicht nach vorne gebogen. Die großen Füße sind etwa halb so lang wie der Unterschenkel und mit langen kräftigen Borsten besetzt.

Dichter Cluster aus Wasserfledermäusen an einem Männchenhangplatz. Die drei mit Flügelklammern markierten Tiere waren 9, 12 und 13 Jahre zuvor beringt worden.

ÄHNLICHE ARTEN Die Teichfledermaus ist wesentlich größer. Die Langfußfledermaus hat einen leicht s-förmig geschwungenen Tragus und eine dichte Behaarung auf Schenkeln und Schwanzflughaut. Die Fransenfledermaus hat viel längere Ohren, einen speerförmigen Tragus, eine spitzer wirkende Schnauze und einen s-förmig geschwungenen Sporn. Die Wimperfledermaus hat eine deutliche rechtwinklige Stufe am Außenrand des Ohres und eine rötliche Fellfärbung. Die iberischen Wasserfledermäuse erinnern auf den ersten Blick an „Bart"fledermäuse. Diese haben aber einen längeren und eher zugespitzten Tragus und deutlich kleinere Füße. Wiederholt wurden Tiere der nordamerikanischen Art *M. lucifugus* gefunden. Deren Ohren sind mit 14–18 mm länger als bei der Wasserfledermaus (10–14 mm).
ORTUNGSLAUTE Die 3–7 ms langen frequenzmodulierten Laute beginnen recht variabel bei 55–95 kHz und enden um 27–32 kHz, je nach Ortungssituation aber in einem weiten Bereich von 40–25 kHz. In bestimmten Situationen werden bogenförmige Laute (sogenannte Krückstocklaute) ausgestoßen, die Rufen der Mopsfledermaus ähneln. Wasserfledermäuse sind am besten anhand des typischen Jagdverhaltens über Gewässern zu bestimmen.
LEBENSRAUM Eine anpassungsfähige Fledermaus, deren Lebensraumansprüche sich nur im weitesten Sinne auf Wald und Wasser einengen lassen. Die Mehrzahl der Tiere jagt über Gewässern oder in Gewässernähe, einzelne Tiere können aber auch in Wäldern, Parks oder Streuobstwiesen jagen. Die Quartiergebiete liegen entweder in Auwäldern, den gewässerbegleitenden Gehölzstreifen oder aber in entfernt liegenden Waldgebieten und Siedlungen. Im Mittelmeergebiet zumindest teilweise eher an den Oberläufen über Stillwasserbereichen.
QUARTIERE Im Sommer bilden sich Wochenstuben vor allem in Baumhöhlen und Fledermauskästen, aber auch in Gewölbespalten und Dehnungsfugen von Brücken, seltener in Gebäuden. Die ursprünglichen Quartiere sind wahrscheinlich Baumhöhlen und im Süden auch Felsspalten. Es gibt vereinzelte Nachweise von Wochenstuben in unterirdischen Quartieren. Baumquartiere können sich in engen

Schwärmende Wasserfledermäuse unter einer Natursteinbrücke. Dieses Verhalten ist typisch für die Art und wird vor dem morgendlichen Rückflug ins Quartier gezeigt.

Stammanrissen, Fäulnis oder Spechthöhlen finden. Dabei werden randständige oder nahe am Waldrand gelegene Bäume bevorzugt. Geeignete Höhlungen können bis zu zwei Jahrzehnte lang genutzt werden. Männchenquartiere häufig in Spalträumen von Brücken, in Baumhöhlen oder in unterirdischen Kanälen. Winternachweise vor allem in Höhlen, Stollen, Bunkeranlagen und Kellern, ein Teil der Tiere dürfte aber in Baumhöhlen, Blockhalden und Felsspalten überwintern.

VERHALTEN Wochenstuben umfassen in der Regel 20–50 Weibchen, in Bäumen bis zu 200, in Gebäuden bis zu 600 Tiere. Die Sommerquartiere in Baumhöhlen werden alle 2–5 Tage gewechselt. Wochenstuben in Brücken und Gebäuden werden über wesentlich längere Zeiträume durchgängig genutzt. Männchen bilden eigene Kolonien von meist 20, vereinzelt bis zu 200 Tieren. Im Sommer kommen in höheren Lagen meist Männchen vor, während in den temperaturbegünstigten und meist auch gewässerreicheren niedrigeren Lagen Weibchen dominieren. Zwischen Quartieren und Jagdgebieten gibt es traditionelle Flugstraßen, die meist Leitlinien wie Wassergräben, Hecken, Waldrändern und -wegen folgen. Beim Schwärmen vor Höhlen ab August ist die Wasserfledermaus in Mittel-und Nordeuropa eine der häufigsten Arten. In einigen wenigen nordeuropäischen Winterquartieren, vor allem im Tiefland, gibt es große Winteransammlungen (bis zu 20.000 Wasserfledermäuse in Nietoperek, bis zu 5.000 Tiere in der Spandauer Zitadelle und den Kalkhöhlen von Bad Segeberg). Es werden Cluster aus bis zu 140 Tieren gebildet. Die meisten Wasserfledermäuse sind im Winter jedoch in Spalten oder auch im Bodengeröll versteckt.

FORTPFLANZUNG Der Geburtstermin wird maßgeblich durch die Apriltemperaturen beeinflusst. Ab Anfang Juni wird meist nur 1 Junges geboren. In der Tschechischen Republik hat sich der Geburtstermin von 1970 bis 2012 um 11 Tage auf Anfang Juni vorverschoben. Mit 3 Wochen fangen die Jungen an zu fliegen. Im Alter von etwa 4 Wochen verlassen sie das Quartier zu selbstständigen Jagdflügen. Zwei Wochen später lösen sich in der Regel die

Portrait einer Iberischen Wasserfledermaus mit dem für die Unterart typischen Bartfledermausartigen Aussehen.

Wochenstuben auf. Jungtiere beiderlei Geschlechts können bereits im ersten Herbst geschlechtsreif werden. Im August und Anfang September, mit einer Hauptaktivität in der zweiten Augustdekade, schwärmen Wasserfledermäuse an Höhlen, Stollen und großen Bunkeranlagen, dabei kommen die Tiere aus großen Gebieten zusammen. Die Paarung erfolgt teilweise während der Schwärmzeit, jedoch auch mit einem deutlichen Maximum im Oktober und November über den ganzen Winter bis ins Frühjahr.

NAHRUNGSERWERB Der schnelle und wendige Jagdflug erfolgt meist in 5–40 cm Höhe über dem Wasser. Insekten werden dabei meist direkt von der Wasseroberfläche mit den Füßen oder der Schwanzflughaut abgegriffen, Wasserfledermäuse sind typische „trawling bats". Es werden vor allem vegetationsfreie Stillwasserbereiche zur Jagd aufgesucht. Einzeltiere verbringen regelmäßig einen relativ hohen Zeitanteil im Wald, an Waldrändern oder über Feuchtwiesen. Dabei wird oft in Höhen von 1–5 m gejagt.

NAHRUNG Wasserfledermäuse jagen zum Teil opportunistisch über Gewässern. Die bevorzugte Beutegröße von etwa 7,2 mm wird entsprechend ihrer Verfügbarkeit ausgebeutet. So machen Zuckmücken und Köcherfliegen den Großteil der Nahrung aus. Je nach Jahreszeit werden auch andere Zweiflügler (Schnaken, Büschelmücken), Blattläuse, Eintagsfliegen, Netzflügler, Hautflügler und Falter erbeutet. Teilweise gehören auch Kleinfische zur Beute. Darüber hinaus gibt es Hinweise, dass über dem Meer Kleinkrebse gejagt werden.

RAUMNUTZUNG Die wanderfähige Art legt zwischen Sommer- und Winterquartier meist Strecken von unter 150 km zurück. Die weitesten Wiederfunde erfolgten in 257, 261 und 304 km Entfernung vom Beringungsort. Populationen der Tiefländer legen weitere Strecken zwischen Teillebensräumen zurück, als die Tiere der Bergregionen. Schwärmhöhlen werden aus knapp 30 km Entfernung angeflogen. Ein Wochenstubenverband kann durch regelmäßige Quartierwechsel im Jahresverlauf bis zu 40 Baumhöhlen aufsuchen, die mit Abständen von bis zu 2,6 km voneinander auf Flächen von bis zu 5,3 km^2 verteilt sind. Weibchen nutzen Jagdgebiete in einem 6–10 km-Radius um das Quartier, im Mittel in Entfernungen von 2,3 km. Männchen jagen dagegen im Mittel 3,7 km vom Quartier entfernt und Einzeltiere können bis über 15 km ins Jagdgebiet zurücklegen. Die Größe der Jagdgebiete schwankt stark. Es werden meist 2–8 Teiljagdgebiete von 0,1 ha bis zu 7,5 ha Größe aufgesucht.

GEFÄHRDUNG Rote Liste der IUCN 2008: LC (Least Concern) bei ansteigendem Populationstrend, Rote Liste der EU: LC (Least Concern), FFH-Anhang IV, Rote Liste BRD 2009: ★ (Ungefährdet). Die Wasserfledermaus hat in weiten Teilen des mitteleuropäischen Verbreitungsgebiets seit den 1950er Jahren stark zugenommen. Aktuell scheint sie in manchen Gegenden wieder seltener zu werden, ist aber immer noch sehr weit verbreitet. Starker Rückgang in manchen Winterquartieren.

FORSCHUNGSANSÄTZE
— Sind die Populationen der Wasserfledermaus nach einer langen Zunahme stabil oder gibt es bereits eine Abnahme?
— Wie unterscheiden sich die ökologischen Nischen der drei „trawling" *Myotis* Arten voneinander?
— Welche postkopulatorischen Mechanismen stehen Weibchen zur Spermienselektion zur Verfügung?

Im Hängen erinnert die Iberische Wasserfledermaus an eine Bartfledermaus, der sie auch in der Größe ähnelt.

Teichfledermaus
Myotis dasycneme
(Boie, 1825)
—Pond Bat

Maße
Unterarm 43,0–49,0 mm
Fünfter Finger 51–61 mm
Dritter Finger 72–77 mm
Normalgewicht 13–18 g

VERBREITUNG In Nordeuropa inselartige Verbreitung vom nördlichen Frankreich und Luxemburg durch Belgien und die Niederlande, Dänemark, das südliche Schweden und die baltischen Staaten nach Russland. Die Südgrenze läuft durch Nordfrankreich, Rheinland-Pfalz, Hessen, Thüringen und Sachsen. Im östlichen Mitteleuropa erreicht die südliche Verbreitungsgrenze Nordkroatien und Rumänien. Von der Ukraine und Weißrussland erstreckt sich die geschlossene Verbreitung zwischen 50°N und ca. 60°N durch Russland bis Kasachstan und bis an den Jenissei-Fluss in Zentral-Sibirien.

Portrait einer adulten Teichfledermaus mit der relativ kurzen Schnauze und einem kurzen Tragus.

KENNZEICHEN Eine mittelgroße Fledermaus mit dichtem fahl graubraun oder bräunlich gefärbtem Rückenfell und scharf abgesetzter weißlichgrauer Unterseite. Gesichtsfärbung bei Alttieren rötlichbraun, bei Jungtieren dunkler. Ohren und andere Hautpartien graubraun. Der Tragus ist für eine *Myotis*-Art ungewöhnlich kurz und nach innen gebogen. Die Tragusspitze ist abgerundet. Die Füße sind sehr groß und weisen dichte Borsten auf. Jungtiere sind durch einen dunklen Unterlippenfleck gekennzeichnet, der sich im Laufe der Zeit aufhellt.

ÄHNLICHE ARTEN Die einzige *Myotis*-Art mit einer Unterarmlänge über 43 mm und mit großen Füßen. Die Fußlänge ist größer als die halbe Unterschenkellänge. Ähnlich große Füße hat nur noch die kleinere Langfußfledermaus. Bei dieser setzt die Armflughaut allerdings am Unterschenkel, bei der Teichfledermaus an der Ferse an.

ORTUNGSLAUTE Die 4–8 ms langen frequenzmodulierten Laute beginnen bei 65–85 kHz und enden bei 25–35 kHz, meist unter 30 kHz. Diese Rufe sind denen der Wasserfledermaus sehr ähnlich. Sie hören sich jedoch kräftiger an. Zudem hat die Teichfledermaus charakteristische QCF-Rufe, die im hindernisfreien Flug v.a. über großen Wasserflächen ausgestoßen werden: Mit bis zu 15–25 ms Dauer und Endfrequenzen von 32–37 kHz sind diese sehr charakteristisch. Das Jagdverhalten ist ähnlich der Wasserfledermaus, die Flughöhe über dem Wasser aber meist höher (ca. 50 cm).

LEBENSRAUM Kommt in gewässerreichen Gegenden mit langsam fließenden breiten Flüssen, Kanälen, Seen und Teichen vor, im Sommerhalbjahr nahezu ausschließlich im Tiefland. Winterquartiere liegen oft in Mittelgebirgen.

QUARTIERE Sommerquartiere in Dachräumen von Kirchen und Kirchtürmen oder hinter Dachverblendungen und Verwahrungen, auch von Flachdachhäusern. Manche Populationen, z.B. in Ungarn, nutzen v.a. Baumhöhlen als Wochenstubenquartier. Einzeltiere und Paarungsgruppen nutzen neben Gebäuden auch Spalten unter Brücken, Baumhöhlen und Fledermauskasten. Winterquartiere in Höhlen, Stollen, Bunkern und Kellern.

VERHALTEN UND FORTPFLANZUNG
Wochenstuben bestehen in der Regel fast ausschließlich aus adulten Weibchen mit ihren Jungen und umfassen 20–750 Tiere, in den Niederlanden im Durchschnitt 132 Weibchen. Männchen können kleine separierte Kolonien von bis zu 70 Tieren bilden, im Durchschnitt mit 7 Tieren. Teilweise werden Wochenstuben regelmäßig gewechselt und können gemeinsam mit Fransen- und Zwergfledermäusen genutzt werden. Die Gebäudekolonien verlassen ihre Quartiere bereits ab Mitte Juli. Mitte August bis Anfang September suchen Teichfledermäuse Schwärmhöhlen auf, die in der Regel auch von zahlreichen anderen Arten genutzt werden. Aus Russland sind Quartiere mit bis zu 700 Tieren bekannt. In den

Die Teichfledermaus wirkt sehr kräftig und hat sehr große Hinterfüße.

Die Wochenstubenkolonien der Teichfledermaus finden sich oft in Dachstühlen. Die säugenden Weibchen bekommen kahle Stellen, die auf dem Foto gut zu sehen sind. Foto: T. Dolstra

jütländischen Stollen überwintern bis zu 6.000 Tiere. Die Jungen werden ab Ende Mai und in der ersten Junihälfte geboren. Die Weibchen erreichen die Geschlechtsreife vermutlich erst im zweiten Jahr. Männchen besetzen Paarungsquartiere in Gebäuden, Baumhöhlen und Fledermauskästen, in denen sie von den Weibchen aufgesucht werden. Paarungen erfolgen ab der zweiten Augusthälfte in den Männchenquartieren oder im Winterquartier, vermutlich auch an Schwärmhöhlen.

NAHRUNGSERWERB UND NAHRUNG Meist über ruhigen Wasserflächen, die nicht mit Vegetation wie Wasserlinsen bedeckt sind. Schneller, geradliniger und etwas höher fliegend als die Wasserfledermaus. Als Jagdgebiete werden aber auch ausgedehnte Schilfgebiete, Wiesen und Waldränder genutzt, jedoch zu einem geringeren Anteil als bei der Wasserfledermaus. Über dem Meer gelangen Beobachtungen v. a., wenn Kleinkrebse im Oberflächenwasser gehäuft auftraten. Die Nahrung besteht nahezu ausschließlich aus aquatischen Insekten wie Zuckmücken und Köcherfliegen, die direkt von der Wasseroberfläche abgesammelt werden können. Die Teichfledermaus nimmt – wie die Wasser- und Langfußfledermaus –Beute mit den langen Hinterfüßen oder dem Schwanz von der Wasseroberfläche auf. Über Wiesen und an Gebüschrändern werden Nachtfalter und Käfer erbeutet. Über dem Meer werden wahrscheinlich Kleinkrebse gefangen.

RAUMNUTZUNG Die Teichfledermaus ist ein Mittelstreckenwanderer. Die Populationen der Tiefländer (Norddeutsches Tiefland, Niederlande) überwintern in den angrenzenden Mittelgebirgen in Entfernungen von bis zu 300 km zu den

Wochenstubencluster in einer ungarischen Kolonie. Die adulten Tiere mit hellen Gesichtern und hellerem Fell sind deutlich von den jüngeren Tieren zu unterscheiden. Foto: D. Dobrosi

Sommerquartieren. In Russland finden ebenfalls Wanderungen aus den Tieflandgebieten in die Mittelgebirge statt. Der längste Überflug betrug 350 km in Belgien. Sind in der Umgebung der Sommerlebensräume geeignete Winterquartiere vorhanden, bleiben die Populationen teilweise ortstreu. In dicht von Teichfledermäusen besiedelten Gebieten der Niederlande finden sich etwa alle 10 km Wochenstubenkolonien.

GEFÄHRDUNG Rote Liste der IUCN 2016: NT (Near Threatened) bei abnehmendem Populationstrend, Rote Liste der EU 2007: NT (Near Threatened), FFH-Anhang II & IV, Rote Liste BRD 2009: D (Daten unzureichend) bei gleichzeitiger hoher Verantwortlichkeit Deutschlands. In der Mitte des letzten Jahrhunderts gab es gravierende Bestandseinbrüche durch Verschluss von Koloniestandorten oder Sanierungen mit giftigen Holzschutzmitteln. Heute stellt die Aufnahme von Giftstoffen über die Nahrung eine ernstzunehmende Gefährdungsursache dar. Die Teichfledermaus ist aufgrund ihrer isolierten Vorkommen und relativ geringer Populationsdichte eine stark gefährdete Art. Die Prognosen zur Arealveränderung durch den Klimawandel sagen gravierende Einschränkungen voraus.

FORSCHUNGSANSÄTZE

— Kommt die Teichfledermaus entlang der Donau vor? Wie groß sind die europäischen Bestände?

— Gibt es noch unentdeckte Vorkommen vor allem im östlichen Europa? Lassen sich anhand der derzeitigen Klimavorhersagemodelle tatsächlich realistische Aussagen über zu erwartende Arealveränderungen treffen?

Langfußfledermaus
Myotis capaccinii
(Bonaparte, 1837)
—Long-fingered Bat

Maße
Unterarm 38,4–44,0 mm
Fünfter Finger 48–56 mm
Dritter Finger 64–71 mm
Normalgewicht 7–10 g

VERBREITUNG Im Mittelmeerraum von Nordwest-Afrika (Marokko, Algerien, Tunesien) und nahezu allen Inseln, sowie entlang der Küste des Mittelmeeres bis 46°N vorkommend. Im westlichen Mittelmeerraum ist die Verbreitung lückenhaft und auf wenige küstennahe Gebiete beschränkt. Aus Österreich nur ein Winterfund von 1957. Nur auf der Balkanhalbinsel reichen die Vorkommen weit in kontinentale Bereiche hinein. Im Osten von der Osttürkei über Syrien und den Libanon bis Israel. Weitere Vorkommen im Iran und im Irak.
KENNZEICHEN Eine mittelgroße *Myotis*-Art mit grauem bis graubraunem Rückenfell und einer

Im Portrait fallen bei der Langfußfledermaus die vorstehende Schnauze und der s-förmig gebogene Tragus auf.

Bei der einzeln hängenden Langfußfledermaus ist der sehr große Hinterfuß, der zum Beutefang über dem Wasser eingesetzt wird, gut erkennbar.

grauweißen Unterseite. Jungtiere sind einheitlicher grau gefärbt. Die Ohren und Flughäute sind graubraun. Der Tragus ist leicht s-förmig geschwungen. Im Portrait fallen bei der Langfußfledermaus die vorstehende Schnauze und der s-förmig gebogene Tragus auf. Die Nasenlöcher ragen auffällig vor. Auffällig sind sehr große und kräftige Füße. Die Behaarung reicht flaumartig entlang des ganzen Unterschenkels weit auf die Schwanzflughaut. Die Flughaut des Flügels setzt am Unterschenkel an.

ÄHNLICHE ARTEN Nur die Langfußfledermaus hat so stark behaarte Schenkel und vorspringende Nasenlöcher. Sie ist die einzige europäische Fledermaus, bei der die Armflughaut am Unterschenkel und nicht am Fuß ansetzt.

ORTUNGSLAUTE Die 3–7 ms langen frequenzmodulierten Laute fallen von 70–90 kHz auf meist 35–39 kHz ab. Es werden aber auch 27 kHz erreicht. Die Laute sind der Wasserfledermaus sehr ähnlich und die Verteilungen der Endfrequenzen überlappen sich. Meist liegt die Endfrequenz der Langfußfledermaus jedoch höher, und die Laute sind meist länger als bei Wasser oder Teichfledermaus in gleicher Jagdsituation.

LEBENSRAUM Mediterrane und milde kontinentale Lebensräume in höhlenreichen Karstgebieten mit großen Gewässern. Sowohl im Einzugsgebiet großer Tieflandflüsse wie Rhône, Ebro, Po, Donau und Maritza/Evros und deren Nebenflüssen mit ausgeprägten Auwäldern oder an großen Seen als auch über kleineren Karstflüssen mit teilweise unterirdischem Verlauf. Nahezu ausschließlich in Karstgebieten, andere Gegenden werden nur besiedelt, wenn es geeignete Stollen gibt. Jagdgebiete vor allem über stehenden oder träge fließenden Gewässern und Stillwasserbereichen kleinerer Gewässer. An der Küste häufig über Lagunen jagend, manchmal aber auch über dem offenen Meer.

QUARTIERE Ganzjährig in Höhlen oder Bergwerken, es sind nur wenige Gebäudequartiere bekannt. Einzeltiere können eine Vielzahl anderer Quartiere wie Spalten an Brücken, Gebäude, Keller oder größere Felsspalten nutzen.

VERHALTEN UND FORTPFLANZUNG Die Art bildet ganzjährig Kolonien mit dichten Clustern von 30–500 Tieren und kommt sehr oft mit anderen Höhlenfledermäusen z.B. mit der Langflügelfledermaus gemeinsam vor. In Bulgarien und Albanien gibt es wenige Riesenwochenstuben mit über 10.000 Tieren. In den drei zentralen bulgarischen Winterquartieren konzentrieren sich in manchen Wintern jeweils 20.000–50.000 Tiere. In Bulgarien finden Geburten schon Anfang bis Ende Mai statt, im östlichen Griechenland schon Ende April. Bereits 18 Tage alte Jungtiere fliegen in der Höhle und verlassen wenig später das Quartier. Paarungen erfolgen Ende September und Anfang Oktober in als Winterquartier genutzten Höhlen. Bis zu 70 % der Jungweibchen bekommen im ersten Jahr Nachwuchs. Männchen erreichen die Geschlechtsreife in ihrem zweiten Herbst im Alter von 1 ½ Jahren.

NAHRUNGSERWERB UND NAHRUNG Meist werden Gewässer in weiten Bögen ähnlich der Wasserfledermaus in 10–25 cm Höhe beflogen. Eine lokalisierte Beute wird mit den langen Füßen oder der Spitze der Schwanzflughaut von der Wasseroberfläche abgekeschert. Über Gewässern jagen oft bis zu 4, manchmal bis zu 10 Tiere im gleichen eng

Cluster der Langfußfledermaus zur Paarungszeit im Herbst: Die Tiere sind sehr aktiv und es kommt immer wieder zu Paarungen innerhalb des Clusters oder es separieren sich Tiere.

begrenzten Gebiet. Manche Tiere verbringen einen Teil der Jagdzeit auch in Wäldern oder im Gebüsch abseits des Flusses. Die Nahrung besteht größtenteils aus Zweiflüglern (Zuckmücken) und Köcherfliegen, zu geringen Anteilen aber auch aus Rückenschwimmern, Nachtfaltern und Hautflüglern. In Spanien wurden regelmäßig Fische als Beute nachgewiesen. Manche Tiere hatten bis zu 15 Koboldkärpflinge *Gambusia holbrooki* gefressen. In Israel fanden sich in 12 % der Kotpellets Schuppen und Knochen von Koboldkärpflingen *Gambusia affinis*.

RAUMNUTZUNG Die Langfußfledermaus ist ein Kurz- bis Mittelstreckenwanderer. Tiere aus den weit verteilten Sommerkolonien in Bulgarien und Nordgriechenland aggregieren in wenigen großen Winterkolonien von über 20.000 Tieren. Die bislang nachgewiesenen Entfernungen liegen meist um 100 km, die weitesten Strecken um 150 km. Vermutlich erstreckt sich das Einzugsgebiet von zwei großen Winterkolonien in den bulgarischen Rhodopen bis weit nach Nordgriechenland, den europäischen Teil der Türkei und die bulgarische Maritza-Ebene. Die Langfußfledermäuse der Donauebene überwintern vor allem in einer Höhle am nördlichen Balkanfuß. Bei den saisonalen Wanderungen wird auch das Meer überflogen, so zwischen Mallorca und Menorca. Jagdgebiete liegen in Spanien in bis zu 10 km Entfernung vom Quartier, in Italien bis zu 21 km und in Griechenland von mindestens 26 km (im Mittel 13,6 km). Die bis zu 5 genutzten Teiljagdgebiete haben Größen von bis zu 11 ha. In Griechenland scheint die Art sehr mobil zu sein, Quartierwechsel erfolgen auch im Sommerhalbjahr großräumig in Entfernungen von bis zu 39 km. In Nordbulgarien werden häufig nahe beieinander liegende Höhlen im Verbund genutzt.

GEFÄHRDUNG Rote Liste der IUCN 2016: VU (Vulnerable) bei abnehmendem Populationstrend, Rote Liste der EU 2007: VU (Vulnerable), FFH-Anhang II & IV. Am Nordrand der Verbreitung sehr starker Rückgang, in der südlichen Schweiz und Teilen Norditaliens ausgestorben. In Frankreich und Spanien gibt es nur noch wenige Fortpflanzungskolonien. In Bulgarien noch große Bestände, allerdings sind in den letzten Jahren nach Schnakenbekämpfungen und Pestizideinsätzen auf Agrarflächen mit Sprühflugzeugen einige traditionelle Quartierhöhlen verwaist. In Nordgriechenland starke Schadstoffbelastung durch pestizidbelastetes Beregnungswasser.

FORSCHUNGSANSÄTZE

—Wie können die derzeit noch großen Bestände in Bulgarien und insgesamt die Vorkommen auf der Balkan-Halbinsel wirkungsvoll geschützt werden?

—Was sind die hauptsächlichen Gefährdungsursachen?

—Wie wirken sich Flussbegradigungen und die Anlage von Stauseen an natürlichen Bachläufen (langfristig) auf die Langfußfledermaus aus?

—Welches Paarungssystem kommt bei der Langfußfledermaus vor?

Teil einer zehntausende Tiere umfassenden Winterkolonie in Bulgarien. Foto: B. Petrov

Brandtfledermaus
Myotis brandtii
(Eversmann, 1845)
—Brandt's Bat

Maße
Unterarm 33,0–38,2 mm
Fünfter Finger 40–49 mm
Dritter Finger 48–61 mm
Normalgewicht 5–7 g

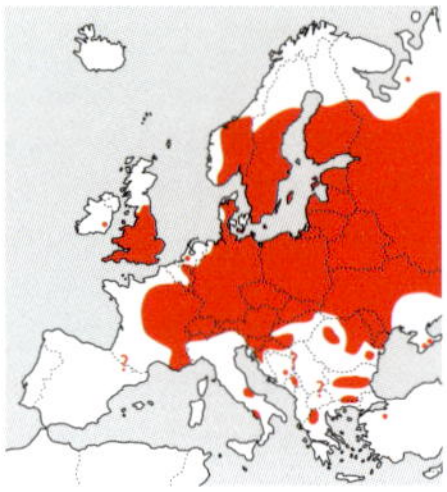

VERBREITUNG Vor allem in Mittel- und Nordeuropa, in Skandinavien und Russland bis 65° N. In weiten Bereichen Westeuropas und des Mittelmeerraumes bislang nicht nach gewiesen. Auf dem Balkan auf die Gebirge beschränkt. Die Hauptverbreitung erstreckt sich durch weite Bereiche Russlands bis zum Ural und Westsibirien. Die östliche Verbreitungsgrenze ist durch mögliche Verwechslungen mit anderen Arten unklar. Isoliertes Vorkommen im Kaukasus.
KENNZEICHEN Eine kleine Fledermaus mit langen Ohren. Das lange Fell ist bei mehrjährigen Tieren hellbraun mit goldglänzenden Spitzen. Die farblich wenig abgesetzte Unterseite ist hellgrau mit

Portrait eines subadulten Männchens der Brandtfledermaus mit dem typischen dunklen Jugendkleid.

Portrait eines mehrjährigen adulten Weibchens der Brandtfledermaus mit dem typischen Erwachsenenkleid mit aufgehellten Haarspitzen und hellen Ohrinnenbereichen.

gelblichen Farbanteilen. Die Hautpartien sind bräunlich. Das Adultkleid erreicht sie mit etwa 7 Jahren. Jungtiere sind nahezu schwarz und werden von Jahr zu Jahr heller. Der untere Teil des Tragus und das Innere der Ohrmuschel und des Ohrrandes sind aufgehellt. Der Penis ist bereits bei Juvenilen zum Ende deutlich keulenförmig verdickt. Der große obere Prämolar (P^4) hat einen deutlichen Cingulumhöcker, der oftmals die Höhe des davor stehenden kleinen Prämolars (P^3) erreicht. Die beiden kleinen oberen Prämolaren (P^{2+3}) sind nahezu gleich groß. Bei den beiden kleinen unteren Prämolaren (P_{2+3}) erreicht der zweite kleine Prämolar mindestens 2/3 der Höhe des ersten. Die oberen Molaren (M_{1-3}) haben im nicht abgenutzten Gebiss kleine Paraconuli-Höcker.

ÄHNLICHE ARTEN Von Nymphen-, Bart- und Steppen-Bartfledermaus am Penis eindeutig zu unterscheiden. Diese haben einen gleichmäßig dünnen Penis. Zu den Zahnmerkmalen siehe Bestimmungsschlüssel. Die Nymphenfledermaus ist zumeist kleiner. Die Wasserfledermaus hat sehr große Füße und einen kürzeren Tragus. Die Wimperfledermaus zeigt eine deutlich rechtwinklige Stufe am Ohraußenrand.

ORTUNGSLAUTE Meist 4–7 ms lange frequenzmodulierte Laute, die von knapp 100 kHz auf 26 kHz abfallen. In bestimmten Ortungssituationen enden die Laute aber auch bei über 30 kHz (oft um 34 kHz), andere bei 18 kHz. Den Lauten der Bartfledermaus sehr ähnlich.

Bei der hängenden adulten Brandtfledermaus fällt der helle Bereich innen im Ohr auf, der sie von der Bartfledermaus unterscheidet.

LEBENSRAUM Die wichtigsten Lebensraum-Elemente der Brandtfledermaus sind Wälder und Gewässer. So ist die Art viel stärker an Wälder gebunden als die Bartfledermaus. Meist kommt sie in Au- und Bruchwäldern, Moor- und Feuchtgebieten vor, aber auch in feuchten Schluchten und Bergwäldern bis über 1.500 m ü. NN. Neben Waldbiotopen (Laub-, Laubmisch- und Nadelwäldern) spielen Feldgehölze und Hecken eine wichtige Rolle als Jagdgebiete. In Südost-Europa kommt die Art fast nur in montanen bis hochmontanen Wäldern bis zur Baumgrenze vor, in Nordeuropa wird ein breites Habitatspektrum angenommen.

QUARTIERE Sommerquartiere finden sich in Baumhöhlen, Stammanrissen und hinter abstehender Rinde sowie in Fledermauskästen. Ebenso in Spalträumen an hölzernen Gebäudefassaden und in Spalten innerhalb von Dachräumen. Hier häufig in Verkleidungen, Schalungen oder in Spalten zwischen eng beieinander liegenden Balken. Gebäudequartiere liegen in aller Regel sehr nahe an Waldrändern oder an strukturreichen Gebieten mit direkter Anbindung an Gehölzzüge und Wälder. Sie stehen zudem im Austausch mit benachbarten Baumquartieren. Winterquartiere in Höhlen und Stollen, selten in Bergkellern.

VERHALTEN UND FORTPFLANZUNG Die Wochenstuben umfassen meist 20–60 Weibchen, es sind jedoch auch eine ganze Reihe von Quartieren mit über 200 Tieren bekannt. In Fledermauskästen meist Kolonien von etwa 20 Weibchen, es sind auch gemischte Vorkommen mit Rauhaut- und Mückenfledermäusen möglich. Im Winterquartier werden meist nur einzelne frei oder in Spalten hängende Tiere oder kleinere Cluster angetroffen. Die Geburt des einzelnen Jungen erfolgt in Mitteleuropa Anfang bis Ende Juni. Bereits Ende Juli lösen sich die Wochenstuben auf. Die Jungweibchen werden größtenteils erst im zweiten Jahr geschlechtsreif. Mit Schwerpunkt Ende Juli bis Anfang August finden sich vor allem Männchen an Schwärmquartieren ein, hier und in den Winterquartieren erfolgen vermutlich auch die Paarungen.

NAHRUNGSERWERB UND NAHRUNG Sehr wendiger Flug in lichten Au- oder Hallenwäldern, über Gewässern oder entlang deren Begleitvegetation. Die Flughöhe variiert von bodennah bis in die Kronenbereiche der Bäume, oft nahe an der Vegetation. Die Brandtfledermaus fliegt im offenen Luftraum wellenartig mit Auf- und Abwärtsbewegungen. Über Gewässern jagt sie ähnlich der Wasserfledermaus, jedoch normalerweise in größerem Abstand von der Wasseroberfläche. Die Nahrung besteht zum Großteil aus Schmetterlingen, Spinnen und Zweiflüglern wie Schnaken, Zuckmücken und Fliegen. Mit einer durchschnittlichen Beutegröße von 7,3 mm lässt sich die Beutegröße von derjenigen der Bartfledermaus (7,5 mm) nicht unterscheiden. Zumindest lokal und saisonal können nichtfliegende Beutetiere wie Spinnen, Weberknechte und Ohrwürmer den Hauptteil der Beute ausmachen.

Zur Jagd sucht die Brandtfledermaus gerne Gewässer auf, an denen sie auch im Flug trinkt. Foto: T. Pröhl

RAUMNUTZUNG Die Brandtfledermaus ist weitgehend ortstreu und die Saisonwanderungen liegen meist unter 40 km. Fünf Fernfunde über 100 km mit bis zu 308 km. Ein angeblicher 622 km weiter Überflug von Litauen in die Tschechische Republik gehörte dagegen zur Rauhautfledermaus. Es werden bis zu 13 Teiljagdgebiete von 1–4 ha Größe in Entfernungen von bis zu 10 km vom Quartier genutzt, eine Kolonie kann so eine Fläche von über 100 km² nutzen. Die Flugstrecken folgen im Offenland Leitstrukturen wie Feldgehölzen oder Bachläufen.

GEFÄHRDUNG Rote Liste der IUCN 2008: LC (Least Concern) mit stabilem Populationstrend, Rote Liste der EU 2007: LC (Least Concern), FFH-Anhang IV, Rote Liste BRD 2009: V (Vorwarnliste). Lebensraumzerstörungen wie die großflächige Rodung von Au- und Bergwäldern wirken sich negativ aus. Weitere direkte Gefährdungsursachen, wie die Zerstörung von Quartieren bei Sanierungsarbeiten oder durch die Forstwirtschaft. Die Zerschneidung von Teillebensräumen könnte eine weitere ernsthafte Gefährdungsursache darstellen.

FORSCHUNGSANSÄTZE

—Wie erfolgt eine Ressourcenaufteilung zwischen Brandt- und Bartfledermaus?

—Wovon ernährt sich die Brandtfledermaus im Jahresverlauf und in verschiedenen Regionen?

—Sind die Bestände in Südeuropa und im Zentrum des Verbreitungsgebietes in Russland stabil?

—Erreichen die sibirischen Populationen aufgrund der längeren Dauer des Winterschlafes ein so hohes Alter?

Bartfledermaus

Myotis mystacinus
(Kuhl, 1817)
—Whiskered Bat

Maße
Unterarm 32,0–36,5 mm
Fünfter Finger 38–46 mm
Dritter Finger 48–58 mm
Daumen 4,3–5,9 mm
Unterschenkel 14,6–16,8 mm
Hinterfuß 5,8–7,4 mm
Normalgewicht 4–7 g

VERBREITUNG Von Marokko durch ganz Europa bis 64° N und damit bis ins südliche Schottland und das südliche Skandinavien. Keine Nachweise aus Dänemark, im westlichen Mittelmeerraum sehr lokal. Die östliche Verbreitung von der Balkanhalbinsel ostwärts ist aufgrund von Verwechslungen mit der Steppen-Bartfledermaus weitgehend unbekannt. Sichere Nachweise gibt es aus dem Kaukasus und in Russland bis zum Ural. Die Zuordnung der Balkan-Bartfledermaus war lange unklar, heute wird sie zur Steppen-Bartfledermaus gestellt.
KENNZEICHEN Eine kleine und sehr lebhafte Fledermaus mit dunklem, oft schwarzem Gesicht und Ohren mit langem Tragus. Das krause Fell ist am

Das einjährige Weibchen der Bartfledermaus ist noch weitgehend dunkel gefärbt und hat eine sehr dunkle Gesichts- und Ohrfärbung.

Übergangskleid einer zwei- bis dreijährigen mitteleuropäischen Bartfledermaus.

Rücken dunkelbraun oder nussbraun gefärbt, manche Tiere weisen helle, rötliche oder goldene Haarspitzen auf. Die Unterseite variiert stark in verschiedenen Grautönen. Jungtiere können ein dunkles braunschwarzes oder dunkel graubraunes Rückenfell haben. Der Penis ist auf ganzer Länge gleichmäßig dünn. Die Bartfledermäuse der iberischen Halbinsel und Marokkos (*M. m. occidentalis*) sind ebenfalls größer als die Nominatform und heller gefärbt.

ÄHNLICHE ARTEN Der Steppen-Bart-, Nymphen- und Brandtfledermaus sehr ähnlich. Die Steppen-Bartfledermaus kommt nach bisherigem Kenntnisstand von der Adria über Bulgarien, das östliche Rumänien, Moldawien und die Ukraine vor. Die Ohrspitze der Bartfledermaus ist relativ breit gerundet, wohingegen diese bei der Steppen-Bartfledermaus sehr schmal ist. Die Nymphenfledermaus ist kleiner, insbesondere Tragus. Unterschenkel, Fuß und Daumen sind kürzer. Bei der Brandtfledermaus haben Männchen einen deutlich verdickten Penis. Weibchen sind am Gebiss eindeutig zu unterscheiden, siehe Bestimmungsschlüssel.

ORTUNGSLAUTE Die 3–6 ms langen frequenzmodulierten Laute beginnen bei 75–120 kHz und enden um 28–30 kHz. Die Laute sind denjenigen der Brandt-und Steppen-Bartfledermaus sehr ähnlich, der Rhythmus der Laute ist jedoch meist typisch für die Bartfledermaus. Eine Zuordnung erfordert aber erhebliche Übung.

LEBENSRAUM In Mitteleuropa eine Fledermaus offener und halboffener Landschaften mit einzelnen Gehölzbeständen und Hecken. Häufig in dörflichen Siedlungen und deren Randbereichen (Streuobstwiesen, Gärten) sowie an Feuchtgebieten und in reich strukturierten klein gekammerten Landschaften. Als Jagdgebiete werden auch Wälder angenommen, häufig entlang von Bachläufen und anderen Gewässern. Wälder spielen vor allem in Südeuropa eine große Rolle. Von der Ebene bis in die Gebirge vorkommend, in menschlichen Siedlungen und auf Almen bis zur Baumgrenze. Die Steppen-Bartfledermaus kommt vor allem in Auwäldern und an Gewässern in allen Höhenlagen vor.

QUARTIERE Sommerquartiere häufig in Spalten an Häusern, Fensterläden, Wandverkleidungen oder sonstigen Fugen und Rissen. Auch in anderen Spalträumen wie hinter loser Baumrinde oder an Jagdkanzeln. Einzeltiere nehmen ein weites Quartierspektrum an. Im Winter in Höhlen, Bergwerken und Bergkellern, selten in Felsspalten. Möglicherweise spielen Blockhalden aber auch eine wichtige Rolle zur Überwinterung.

VERHALTEN Wochenstuben umfassen 20–60, selten bis mehrere hundert Weibchen, Männchen verbringen den Sommer meist einzeln. Das Quartier wird häufig alle 10–14 Tage gewechselt, und an länger besetzten Quartieren gibt es einen ausgeprägten Austausch von Individuen. Fensterladenquartiere werden auch tagsüber gewechselt, um optimale Hangplatz-Temperaturen zu gewährleisten. Oft

Junges Erwachsenenkleid einer mehrjährigen mitteleuropäischen Bartfledermaus.

gemischte Wochenstuben mit Zwergfledermäusen und Einzeltieren anderer Arten. Ab Ende Juli mit Hauptaktivität in der ersten Augusthälfte eine der häufig beim Schwärmen an Höhlen nachweisbaren Arten. Während bei den meisten Fledermausarten adulte Männchen beim Schwärmen deutlich dominieren, ist bei Bartfledermäusen das Geschlechterverhältnis nahezu ausgeglichen und der Jungtieranteil hoch. Im Winterquartier meist einzeln oder in kleinen Clustern. Im Winterschlaf oft frei hängend, aber auch in engen Spalten oder im Bodengeröll.

FORTPFLANZUNG Weibchen können bereits im ersten Jahr ein Junges bekommen. Die Geburt von einem, in seltenen Fällen von 2 Jungen, erfolgt Mitte bis Ende Juni. Bei der Geburt Unterarmlänge von etwa 13 mm und ein Gewicht von 2 g. Die Wochenstuben lösen sich spätestens im August auf. Paarungen am Männchenhangplatz, Schwärmquartier oder im Winterquartier bis in das zeitige Frühjahr.

NAHRUNGSERWERB Die Jagd erfolgt in sehr wendigem Flug entlang von Vegetationskanten wie Hecken oder Waldrändern, aber auch in Gebieten mit lockerem Baumbestand wie Streuobstwiesen. Häufig in Höhen von 1–6 m, aber auch bis in die Kronenbereiche der Bäume. Über Gewässern werden Stillwasserbereiche bevorzugt. Während die mitteleuropäischen Bartfledermäuse vor allem über sehr kleinräumigen Gewässerbereichen jagen, scheint die Steppen-Bartfledermaus stärker auf größere Stillwasserbereiche spezialisiert zu sein, über denen sie stundenlang in weiten Bahnen jagen kann. In Irland werden Wälder und Auenbereiche bevorzugt. Zum Teil kann Beute auch nahe an der Vegetation gemacht oder von Oberflächen abgesammelt

Spätes Erwachsenenkleid einer für höher gelegene Berggegenden Süddeutschlands typischen Bartfledermaus.

Die iberischen Bartfledermäuse der Unterart *occidentalis* sind bunter gefärbt als mitteleuropäische Tiere.

werden, die Jagd auf fliegende Beute stellt jedoch die Regel dar. In Nordeuropa finden zumindest im Herbst auch Tagflüge statt.

NAHRUNG Die Nahrung ist ausgesprochen vielfältig, umfasst aber vor allem Fluginsekten wie Zweiflügler (Schnaken, Fenstermücken, Stechmücken, Zuckmücken, Kriebelmücken), Nachtfalter, Hautflügler und Netzflügler. Daneben konnten zahlreiche weitere Insektengruppen nachgewiesen werden, die lokal auch größere Anteile der Beute ausmachen können, z.B. Käfer und flugunfähige Gliedertiere wie

Spinnen oder Raupen. Die mittlere Beutegröße liegt bei 7,5 mm.

RAUMNUTZUNG Aufgrund von möglichen Verwechslungen mit der Brandtfledermaus sind viele der älteren Beringungsergebnisse nicht sicher einer Art zuzuordnen. Die Bartfledermaus scheint jedoch mit ziemlicher Sicherheit eine ortstreue und nur kleinräumig (< 50–100 km) wandernde Art zu sein. Es gibt nur 4 Nachweise von Überflügen über 150 km, der mit großem Abstand weiteste aus Frankreich mit 625 km. Bis zu 12 Teiljagdgebiete in Entfernungen von bis zu 5 km vom Quartier auf einer Fläche von bis zu 800 ha, im Mittel von 230 ha. Die Kernjagdgebiete sind im Mittel knapp 60 ha groß.

GEFÄHRDUNG Rote Liste der IUCN 2016: LC (Least Concern) bei unbekanntem Populationstrend, Rote Liste der EU 2007 LC (LeastConcern), FFH-Anhang IV, Rote Liste BRD 2009: V (Art der Vorwarnliste). Bestände in Deutschland und Großbritannien scheinen stabil zu sein. Lokal starke Abnahme beim Verlust dörflicher Strukturen durch Gebäudesanierungen und Anlage von Neubaugebieten in Streuobstwiesen.

FORSCHUNGSANSÄTZE

— Wie stellen sich die exakten Verwandtschaftsbeziehungen zwischen Steppen-Bartfledermaus und Bartfledermaus dar?

— Wie ist die hohe innerartliche Variabilität bei der Bartfledermaus zu erklären und lassen sich Unterarten abgrenzen?

— Wie groß sind die Jagdgebiete der Bartfledermaus und was sind die hauptsächlichen Habitatelemente in verschiedenen Bereichen der Verbreitung?

Leicht betaute Bartfledermaus in ihrem Winterquartier. Die hohe Luftfeuchtigkeit verhindert ein Austrocknen der Häute.

Steppen-Bartfledermaus

Myotis davidii
(Peters, 1869)
—Steppe Whiskered Bat

Maße
Unterarm 35,0–37,5 mm
Fünfter Finger 45–50 mm
Dritter Finger 55–62 mm
Daumen 5,5–6,5 mm
Unterschenkel 17,1–18,8 mm
Hinterfuß 7,0–8,1 mm
Normalgewicht 6,0–9,0 g

VERBREITUNG Die Vorkommen reichen von Norditalien und Slowenien entlang der Adria, über weite Teile Serbiens, ganz Bulgarien, Griechenland, und die Türkei in das östliche Rumänien, Moldawien und die Südukraine. Weiter nach Osten bis Zentralasien, die Mongolei und den Südrand des Himalayas.
KENNZEICHEN Die Steppen-Bartfledermaus hat relativ große Füße und erinnert damit an die Wasserfledermaus. Auffällig ist eine „bunte" Fellfärbung mit im Adultkleid heller Unterseite und goldener Oberseite. Das Gesicht der Steppen-Bartfledermaus ist kürzer als das der Bartfledermaus. Die Ohrspitzen sind schmaler als bei der Bartfledermaus, der Ohrvorderrand ist stärker konvex gebogen. Der Zingulumrand der oberen Eckzähne ist oval oder rautenförmig, nicht dreieckig oder rund wie bei der Bartfledermaus.
ÄHNLICHE ARTEN Der Bartfledermaus sehr ähnlich, von Brandt- und Nymphenfledermaus sicher anhand der für die Bartfledermaus gültigen Merkmale zu unterscheiden.

Steppen-Bartfledermäuse sind etwas größer und haben v.a. größere Hinterfüße als die Bartfledermaus und die Ohrspitzen sind schmaler.

ORTUNGSLAUTE Typische Bartfledermaus-Ortungslaute mit einem Lautanfang zwischen 105–112 kHz und einem Lautende zwischen 37–43 kHz.
LEBENSRAUM UND QUARTIERE Auenlandschaften und steppenartige Offenlandbereiche, im Kaukasus auch in Gebirgssteppen über 2.000 Höhenmeter. Wochenstubenquartiere in Fertigungsfugen an Brücken und in Felsspalten, Einzelquartiere in verschiedenen Spalträumen oft in Gewässernähe.
VERHALTEN UND FORTPFLANZUNG Die Steppen-Bartfledermaus bildet individuenarme Wochenstuben, in denen auch einzelne Männchen anwesend sind. Außerdem im Quartier mit der Rauhautfledermaus vergesellschaftet. Gefangene Tiere sind ausgesprochen temperamentvoll. Anfang Juni sind die Weibchen deutlich sichtbar trächtig, Geburten erfolgen Mitte bis Ende Juni.
GEFÄHRDUNG Rote Liste der IUCN 2016 LC (Least Concern) bei stabilem Populationstrend. Rote Liste der EU 2007 LC (Least Concern). An den bekannten Vorkommen sind außer möglichem Quartierverlust keine Gefährdungsursachen ersichtlich.

FORSCHUNGSANSÄTZE
—Anhand welcher äußeren Merkmale lässt sich die Steppen-Bartfledermaus sicher erkennen?
—Wie weit ist die Art verbreitet? Wie häufig bzw. wie selten ist sie?

Die Steppen-Bartfledermaus hat im Adultkleid eine goldene Rückenfärbung und eine braune Ohr- und Gesichtsfärbung. Die Schnauze wirkt relativ kurz.

Nymphenfledermaus

Myotis alcathoe
Helversen & Heller, 2001
—Alcathoe Whiskered Bat

Maße
Unterarm 29,7–34,6 mm
Fünfter Finger 37–44 mm
Dritter Finger 49–56 mm
Daumen 3,8–5,0 mm
Unterschenkel 12,8–15,9 mm
Hinterfuß 4,2–5,8 mm
Normalgewicht 3,5–5,5 g

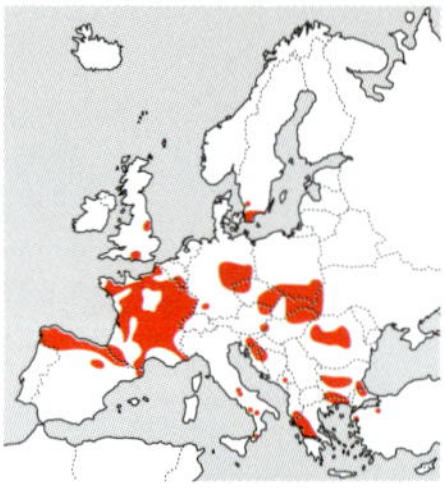

VERBREITUNG Nachweise aus nahezu ganz Europa zwischen Südschweden und Spanien, Großbritannien, dem europäischen Teil der Türkei und der Ukraine. Nach Osten reicht die Verbreitung über den Westkaukasus bis nach Georgien und Armenien. Dabei gibt es bei dieser Art jedoch kein kontinuierliches Verbreitungsgebiet. Vorkommen sind auf geeignete Lebensräume beschränkt und sehr lokal.
KENNZEICHEN Die kleinste europäische *Myotis*-Art: Der Unterarm ist im Mittel bei Männchen 31,8 und bei Weibchen 32,1 mm lang. Das braune Rückenfell weist bei älteren Tieren einen rötlichen

In der Nahaufnahme der Nymphenfledermaus ist deutlich zu erkennen, dass der Tragus kurz ist und die Ausbuchtung am Ohrrand nicht erreicht.

Schimmer auf, die Unterseite ist nur wenig heller braungrau. Jüngere Tiere können graubraun gefärbt sein. Die kleinen Hinterfüße, der kurze Daumen und die kürzeren und helleren Ohren sind auffällig. Der kurze Tragus erreicht die Ausbuchtung am Ohrrand nicht oder nur knapp. Das Nasenloch ist meist breit herzförmig. Die Hautpartien sind bei älteren Tieren wenig pigmentiert. Der Rand der Schwanzflughaut ist im Bereich des Sporns oft hell gesäumt. Der Penis ist gleichmäßig dünn oder nur unwesentlich zum Ende verdickt. Der große obere Prämolar (P^4) hat einen deutlichen Cingulumhöcker, der oftmals höher als der davor stehende kleine Prämolar (P^3) ist.

ÄHNLICHE ARTEN Der Bart- und Brandtfledermaus sehr ähnlich. Bis auf einige wenige großwüchsige Tiere lassen sich die meisten Indviduen anhand von metrischen Maßen von Brandt-, Bart- und Steppen-Bartfledermäusen trennen: Unterarm < 32,8 mm, fünfter Finger < 41 mm, dritter Finger < 56 mm, Daumen < 4,7 mm, Unterschenkel < 14,8 mm, Hinterfuß < 5,6 mm. Diese Maße in Kombination mit einer kurzen hellen Schnauze, gleichmäßig gerundetem Übergang vom Scheitel zur Schnauze, dem kurzen Tragus und der hellen Gesichts- und Ohrfärbung sind artcharakteristisch. Mit genetischen Methoden ist eine sichere Bestimmung möglich.

Das kurze Gesicht der Nymphenfledermaus und die unauffällige Färbung sind charakteristisch.

Die Quartiere der Nymphenfledermaus liegen meist im Kronenbereich von Eichen, hier ausnahmsweise in einem abgestorbenen Baum.

ORTUNGSLAUTE Bis 4 ms lange Rufe, die im Durchschnitt von 120 kHz auf 46–43 kHz abfallen, Endfrequenzen unter 40 kHz treten nur sehr selten auf. Der hohe Lautanfang, das ungewöhnlich hohe Lautende und v.a. die große Konstanz der Endfrequenz sind charakteristisch. Bei der Wimperfledermaus ist die Endfrequenz auch innerhalb einer Sequenz meist variabler. Die Laute sind leise und aus Distanzen von 10 Metern kaum mehr detektierbar. Aus dem Quartier ausfliegende Tiere sind meist außerhalb der Reichweite von in der Hand gehaltenen Fledermausdetektoren.

LEBENSRAUM Die Nymphenfledermaus kann als die am stärksten an urwaldähnliche Bedingungen angepasste Fledermausart gelten: Typische Lebensräume sind altholzreiche Reifestadien von Laubwäldern mit Bachläufen (Erlen, Platanen), Hartholzauen (Eichen, Hainbuchen) und Bergwälder (Eiche, Hainbuche, Buche). Sie findet sich in Wäldern, die von zahlreichen anderen Fledermausarten, insbesondere der Bechstein- und der Brandtfledermaus genutzt werden. In Eichenwäldern werden Bestände mit sehr alten Bäumen genutzt.

QUARTIERE Sommerquartiere liegen meist in Anrissen und hinter der Borke von Eichen, meist in Höhen von 15–22 Metern. Auch die Wochenstubenhangplätze befinden sich hinter abstehender Borke, in Faulstellen oder im Bereich abgebrochener Seitenäste meist im Kronenbereich von Bäumen, in aller Regel von Eichen, aber auch von Linden oder Birken. Von Einzeltieren werden nahezu alle Baumarten angenommen. Das einzige bisher bekannte Quartier, das nicht in einem Baum lag, befand sich in der Tschechei in der Spalte eines Betonmastens. Bisher wurden im Winter in Frankreich, Belgien und Deutschland lediglich Einzeltiere in unterirdischen Quartieren gefunden, vermutlich überwintern die Tiere in Bäumen oder Kleinsthöhlungen im Wald.

VERHALTEN UND FORTPFLANZUNG Wochenstuben umfassen meist wenige Individuen, in der Tschechei ausnahmsweise bis zu 83 Tiere. Meist kommt es täglich zur Umstrukturierung der im Verbund genutzten Quartiere. Trächtige Weibchen wurden bisher bis in die zweite Junihälfte, säugende Weibchen oder kleine Jungtiere in der zweiten Junihälfte gefunden. Die Art kommt Anfang bis Mitte August zum Schwärmen an Höhlen, hier erfolgt vermutlich auch die Paarung. Sie kommt meist gemeinsam mit den morphologisch ähnlichen Brandt- und Bartfledermäusen vor.

NAHRUNGSERWERB UND NAHRUNG Telemetrierte Tiere verbringen den Großteil ihrer Zeit im Kronendach von Eichenwäldern. In der frühen Dämmerung werden meist Gewässer aufgesucht, hier jagen die Tiere über dem Wasser meist unter überhängenden Zweigen, entlang der dichten Vegetation und reich strukturierten Säumen. Die Nahrung wird ausschließlich im Flug erbeutet. Hauptbeute sind vor allem Nachtfalter mit einer Körperlänge von unter 12 mm und Mücken. Käfer, Fliegen, Ameisen der Gattung *Lasius*, Spinnen, Köcherfliegen, Blattschaben und Netzflüglern können lokal von Bedeutung sein.

RAUMNUTZUNG Besenderte Tiere nutzen teilweise die direkte Umgebung der Quartierbäume als Jagdgebiet, suchen aber zunächst in der Dämmerung die nächstgelegenen Gewässer in Entfernungen von bis zu 600 Meter auf. Teiljagdgebiete sind meist weniger als 3 km, bei Einzeltieren aber auch über 6 km vom Quartier entfernt. Meist werden kleinräumig einige Baumkronen oder Gewässerabschnitte bejagt, bevor schnelle Wechsel zum nächsten Teiljagdgebiet erfolgen.

GEFÄHRDUNG In der Roten Liste der IUCN 2016: DD (data deficient) bei unbekanntem Populationstrend, Rote Liste der EU 2007: DD (data deficient), FFH-Anhang IV. Rote Liste Deutschlands 2009: 1 (vom Aussterben bedroht). Die Art kann wegen ihrer engen Spezialisierung auf alte Wälder, insbesondere auf Alteichenbestände, als stark gefährdet eingestuft werden. Möglicherweise kann sie aufgrund einer sehr geringen Populationsdichte und isolierter Vorkommen kaum neue Gebiete besiedeln. Aktuell besteht in ganz Europa eine starke Gefährdung durch übermäßigen Holzeinschlag und Habitatfragmentierung. Im Vergleich zu ihrer Seltenheit tritt sie als Verkehrsopfer an Straßen, die ihre Waldlebensräume durchschneiden überraschend häufig auf, Unterführungen werden soweit vorhanden genutzt.

FORSCHUNGSANSÄTZE

— Wo überwintern Nymphenfledermäuse hauptsächlich?
— Über welche Entfernungen gibt es einen genetischen Austausch zwischen den isolierten Populationen?
— Wie reagieren Wochenstubenverbände auf forstliche Eingriffe?

In der Abenddämmerung werden dicht eingewachsene Stillgewässerbereiche bejagt, hier ist auch die Nachweiswahrscheinlichkeit am höchsten.

Wimperfledermaus

Myotis emarginatus
(Geoffroy, 1806)
—Geoffroy's Bat

Maße
Unterarm 36,1–44,7 mm
Fünfter Finger 49–58 mm
Dritter Finger 59–71 mm
Normalgewicht 6–9 g

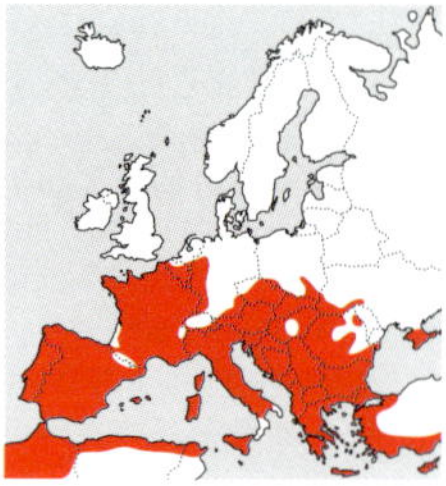

VERBREITUNG Über den ganzen Mittelmeerraum inklusive vieler Inseln bis Belgien, die südlichen Niederlande und das südliche Polen verbreitet. In Deutschland kommt sie nur in wärmebegünstigten Bereichen (Rheintal bis ins Rheinland und Nordrhein-Westfalen, Rosenheimer Becken) vor. Entsprechend besteht hier eine Verbreitungslücke zwischen den Vorkommen in Luxemburg und Polen. Auf der gesamten Balkanhalbinsel bis Rumänien,

Im Portrait sind der rötliche Gesamteindruck und die spitze Schnauze charakteristisch. Die typische rechtwinklige Stufe am Außenrand des Ohres ist aus diesem Winkel nur undeutlich zu sehen.

Teile der Ukraine (Krim) und den Südkaukasus. Außerdem in Nordwest-Afrika und in Kleinasien vorkommend. Im Nahen Osten, der Arabischen Halbinsel und in Zentralasien.

KENNZEICHEN Mittelgroße Fledermaus mit wolligem Fell, das auf dem Rücken rostbraun gefärbt ist. Die Unterseite ist wenig deutlich abgesetzt hell gelblichbraun. Jungtiere sind grauer gefärbt. Die Schnauze ist hellbraun, bei jüngeren Tieren dunkler. Die braunen Ohren haben am Außenrand eine auffällige nahezu rechtwinklige Stufe und auf der Ohrmuschel viele verstreute warzenartige Erhebungen. Die Tragusspitze erreicht die Stufe im Ohrrand nicht. Die Flügel sind relativ breit und braun gefärbt. Der Rand der Schwanzflughaut wird von einem geraden Sporn gestützt und weist manchmal dünne gekrümmte Härchen auf.

ÄHNLICHE ARTEN Der Fransenfledermaus auf den ersten Blick relativ ähnlich. Diese hat jedoch ein braungraues Rückenfell, eine wesentlich hellere Bauchfärbung, einen längeren Tragus, keine rechtwinklige Stufe am Außenrand des Ohres und einen s-förmig gebogenen Sporn. Große Brandtfledermäuse haben keine rechtwinklige Stufe am Ohrrand.

ORTUNGSLAUTE Die meist 1,5–4 ms langen frequenzmodulierten Laute beginnen oft über 140 kHz

Beim wachen Tier wirken die Ohren der Wimperfledermaus relativ lang, dieses Männchen ortet vor dem Abflug.

Zwei Weibchen der Wimperfledermaus mit jeweils einem Jungen unter dem Flügel.

und enden häufig bei etwa 38 kH. Die Endfrequenzen variieren aber von 48 bis knapp über 30 kHz. Anhand von guten Lautaufnahmen kann die Art durch die hohe Anfangs- und Endfrequenz und die häufigen Änderungen in der Endfrequenz oft eindeutig bestimmt werden.

LEBENSRAUM Klimatisch begünstigte laubwaldreiche Gebiete. Als Jagdgebiete werden Laubwälder, Obstwiesen, Parks und Gärten aufgesucht. Viehställe gehören zum festen Bestandteil von Jagdgebieten in Mitteleuropa und werden vor allem während der Jungenaufzucht ausgiebig genutzt, auf dem Balkan auch Schafpferche. Im Mittelmeerraum spielen traditionell genutzte Olivenhaine eine bedeutende Rolle als Jagdhabitat. Insgesamt scheint ein hoher Strukturreichtum mit vielen Laubgehölzen und Laubbäumen von Bedeutung zu sein. Nadelwälder werden gemieden bzw. weit unter ihrer Verfügbarkeit genutzt.

QUARTIERE Im Norden des Verbreitungsgebietes im Sommer in Gebäuden, meist in Dachstühlen von Kirchen, Privathäusern und Viehställen. Dabei werden relativ helle und kühle Dächer bezogen. Im Süden vor allem in Höhlen, einzelne Wochenstuben aber auch in Gebäuden. Manchmal werden auch kleine Felsnischen und Felsüberhänge besiedelt. Einzeltiere können eine Vielzahl von Quartieren in Dachräumen, außen an Gebäuden, in Eingangsbereichen von Höhlen und auch in Baumhöhlen nutzen. Im Winter in unterirdischen Quartieren, oft bei relativ hohen Temperaturen von bis zu 13°C.

VERHALTEN UND FORTPFLANZUNG Im Quartier, vor allem im Mittelmeerraum mit anderen Arten vergesellschaftet, oft in gemeinsamen Clustern. Wochenstubenquartiere werden über Jahrzehnte aufgesucht und umfassen 20–500 Weibchen und einige wenige adulte Männchen. Auf dem Balkan einzelne Wochenstuben mit über 7.000 Weibchen. Im Quartier werden dichte Cluster gebildet, in denen die Tiere manchmal wie in einem Bienenschwarm in mehreren Lagen aufeinander hängen. Wochenstubenquartiere werden schon im August verlassen. Im August und September mit Schwerpunkt in der zweiten Augustdekade schwärmen Wimperfledermäuse an Höhlen, dabei über wiegen die Männchen. Im Winterquartier meist frei hängend in den inneren Bereichen von Höhlen und Stollen mit konstanter Temperatur. Der Winterschlaf der Wimperfledermaus kann ungewöhnlich lange dauern, in Süddeutschland bis Mitte April, Einzeltiere verbleiben bis Mitte Mai im Winterquartier. Die Geburten erfolgen Mitte Juni bis Mitte Juli. Ein Teil der Jungweibchen wird schon im ersten Herbst begattet. In

Wochenstuben der Wimperfledermaus befinden sich oft an relativ hellen Hangplätzen, wie hier in einem Viehstall. Foto: D. Nill

Bulgarien nimmt jedoch ein Großteil der einjährigen Weibchen noch nicht an der Fortpflanzung teil.

NAHRUNGSERWERB UND NAHRUNG Auf strukturreiche Wälder, Waldränder und Obstwiesen angewiesen. Hier jagen Wimperfledermäuse nahe an der Vegetation, auch in den Kronenbereichen, und sammeln Insekten von den Blättern ab. In Viehställen werden Fliegen von der Decke abgelesen, dabei zeigen die Tiere einen auffälligen Pendelflug 0,5–1 m unter der Decke. Offenes Gelände wird gemieden. Die Tiere folgen meist Gehölzzügen und Bachläufen. Die Wimperfledermaus ist ein Nahrungsspezialist. Ihre Beute besteht zu einem großen Teil aus Spinnen und Weberknechten, gefolgt von Netzflüglern, Schmetterlingen und Zweiflüglern. Daneben machen Käfer und Hautflügler geringere Anteile aus. Tagaktive Fliegen (*Musca, Stomoxys*) dominieren im Kot von Tieren, die Ställe als Jagdgebiete nutzen.

RAUMNUTZUNG Die Wimperfledermaus ist eine weitgehend ortstreue Art mit Distanzen zwischen Sommer- und Winterquartier von meist unter 40 km. Nur wenige Überflüge in größeren Entfernungen, die längste Strecke mit 105 km. Jagdgebiete liegen bis zu 12,5 km vom Quartier entfernt und haben eine Größe von 50–70 ha, in Spanien betrug die Fläche des Gesamtjagdgebietes bis zu 371 ha. Pro Nacht werden bis zu 6 Kernjagdgebiete intensiv beflogen. Sie umfassen meist nur wenige Hektar und können, wie im Falle von Kuhställen, sehr klein sein. Quartiere werden häufig im Verbund genutzt, die Zahlen in Wochenstuben schwanken entsprechend stark.

GEFÄHRDUNG Rote Liste der IUCN 2016: LC (Least Concern) bei stabilem Populationstrend, Rote Liste der EU 2007: LC (Least Concern), FFH-Anhang II & IV, Rote Liste BRD: 2 (stark gefährdet). Momentan sind die Bestände in Deutschland stabil. Eine zunehmende Zerschneidung der verschiedenen Lebensraumelemente durch Straßen und drohende Quartierverluste sind jedoch als sehr problematisch einzustufen. Der Einsatz von Antiparasitenmitteln in der Viehhaltung könnte die Hauptbeute in Ställen kritisch dezimieren.

FORSCHUNGSANSÄTZE

— Spielen Viehställe über Mitteleuropa hinaus eine wichtige Rolle als Jagdgebiete der Art?

— Wo erfolgen die Paarungen, wie sieht das Paarungssystem der Art aus?

— Besteht die Nahrung im Mittelmeergebiet auch zum Großteil aus Spinnen und Fliegen?

Fransenfledermaus

Myotis nattereri
(Kuhl, 1817)
—Natterer's Bat

Maße
Unterarm 34,4–44,0 mm
Fünfter Finger 48–58 mm
Dritter Finger 65–74 mm
Normalgewicht 7–10 g

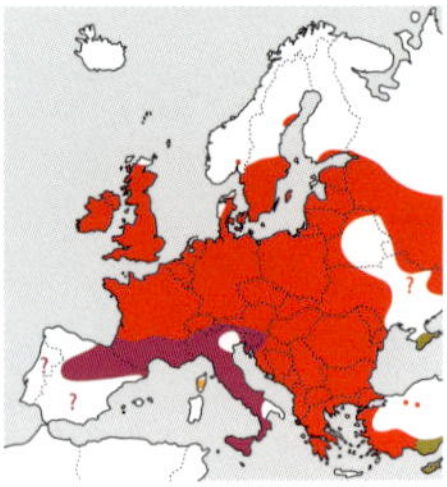

VERBREITUNG Weite Teile Europas bis 60°N und damit ganz Großbritannien und das südliche Skandinavien und das westliche Anatolien. Von der Krim und weiter östlich erstreckt sich das Verbreitungsgebiet der Kaukasus-Fransenfledermaus *Myotis tschuliensis*, von Kreta und der südlichen Küste Kleinasiens aus ostwärts die Verbreitung der Levante-Fransenfledermaus *Myotis hoveli*. Innerhalb der europäischen Verbreitung erstreckt sich von der iberischen Halbinsel bis zur Apennin Halbinsel und den

Bei dem vom Hangplatz aus ortenden Tier sind die relativ langen Ohren, die spitze Schnauze und die helle Unterseite gut zu sehen.

Ausschnitt aus einer Wochenstubenkolonie der Fransenfledermaus. Foto: D. Nill

östlichen Alpenraum das Vorkommen einer genetisch abweichenden, morphologisch jedoch kryptischen Linie (violett auf der Karte), die als eigene Art *M. crypticus* beschrieben wurde. Aufgrund fehlender morphologischer Merkmale und bislang nicht geklärter ökologischer Abgrenzung belassen wir diese Form jedoch vorläufig bei der Fransenfledermaus. Deren süditalienische und v.a. deren korsischen Vertreter (Gelb auf der Karte) sind wiederum genetisch differenziert.

KENNZEICHEN Eine mittelgroße Fledermaus mit langen Ohren und einer schlanken Schnauze. Die weiße bis grauweiße Unterseite ist scharf von der braungrauen Rückenfärbung abgesetzt. Die Gesichtsfärbung ist meist auffallend hell fleischfarben. Der Tragus ist leicht geschwungen und länger als die halbe Ohrlänge. Das Ohr weist an seinem Außenrand meist 5–6 Querfalten auf. Die Schwanzflughaut wird durch einen langen und s-förmig geschwungenen Sporn gestützt. Der runzelige Rand der Schwanzflughaut ist dicht mit zwei Reihen gekrümmter Borsten besetzt.

ÄHNLICHE ARTEN Die Bechsteinfledermaus hat wesentlich längere Ohren mit 9–11 Querfalten, die nach vorne umgeklappt die Schnauze um mehr als die Hälfte überragen und einen geraden Sporn. Wasserfledermäuse haben kürzere Ohren, die nach vorne geklappt die Schnauze nicht oder kaum überragen, einen wesentlich kürzeren Tragus und eine kürzere Schnauze. Wimperfledermäuse haben eine deutliche nahezu rechtwinklige Stufe an der Außenkante des Ohres. Außer der Cabrera-Fledermaus (siehe dort) und den derzeit nicht abgrenzbaren südlichen und ostmediterranen Formen hat keine andere Art im Bearbeitungsgebiet einen s-förmig geschwungenen Sporn. Die Cabrera-Fledermaus hat einen viel ausgeprägteren Bürstensaum am freien Saum der Schwanzflughautrand und die Armflughautrand setzt im Bereich des Mittelfußes an und nicht wie bei der Fransenfledermaus an der Zehenbasis.

ORTUNGSLAUTE Meist 2–5 ms lange frequenzmodulierte Laute, die sehr hoch beginnen können (100–180 kHz) und bis ungefähr 20 kHz, aber auch bis 12 kHz abfallen. Damit erreichen sie den für den

Die Fransenfledermaus fängt ihre Beute mit Hilfe der Schwanzflughaut direkt vom Substrat oder wie hier im Flug. Foto: D. Nill

Menschen hörbaren Bereich und es ist möglich, eine sehr nahe fliegende Fransenfledermaus mit bloßem Ohr zu hören. Die äußerst große Frequenzspanne (Bandbreite) der Laute bis in tiefe Bereiche ermöglicht meist eine sichere Artbestimmung.

LEBENSRAUM Eine Fledermaus mit sehr variabler Lebensraumnutzung, in Mittel- und Nordeuropa vorwiegend in Wäldern und locker mit Bäumen bestandenen Flächen wie Parks und Obstwiesen und entlang von Gewässern. Es werden nahezu alle Waldtypen von Buchen- und Eichenwäldern bis hin zu reinen Fichten-, Tannen- oder Kiefernwäldern besiedelt. Die Art kommt von den Tieflagen bis zur Baumgrenze vor. Offenland wird selten genutzt, kann aber in der Nähe von Obstwiesen und Wäldern durchaus zur Jagd aufgesucht werden, vor allem über frisch gemähten Wiesen. Im Mittelmeerraum werden im weitesten Sinne waldähnliche Biotope wie Olivenhaine oder locker mit Bäumen bestandene Weiden besiedelt.

QUARTIERE Sommerquartiere in Mitteleuropa vor allem in Baumhöhlen und Fledermauskästen, vereinzelt auch im Inneren von Gebäuden, häufiger jedoch in Hohlblocksteinen von unverputzten Gebäuden. Im Mittelmeerraum vor allem in Felsspalten und Mauerritzen. Einzeltiere können im gesamten Verbreitungsgebiet in und an Bäumen, Felswänden, Gebäuden und in Spalten von Brücken angetroffen werden. Winterquartiere in Felsspalten, Höhlen, Bergkellern und anderen unterirdischen Gängen, auch im Bodengeröll.

VERHALTEN Wochenstuben umfassen in Mitteleuropa 20–50, in Gebäudequartieren auch über 120 Tiere. In Bulgarien sind die Wochenstuben in Felsspalten meist individuenarm mit 4–10 Weibchen. Meist finden sich einzelne Männchen in den Wochenstuben. Sie können aber auch eigene Kolonien von bis zu 25 Tieren bilden. Die Hangplätze werden alle 2–5 Tage gewechselt und die Größe der Teilkolonien

Der freie Rand der Schwanzflughaut einer Fransenfledermaus ist mit gekrümmten Borsten besetzt, die beim Beutefang helfen.

variiert ständig. Morgens findet ein Schwärmen vor dem Quartier statt, besonders ausgeprägt vor oder nach Quartierwechseln. Fransenfledermäuse schwärmen ab August, vor allem Mitte bis Ende September an Höhlen. Dabei kommen Fransenfledermäuse aus einem sehr großen Gebiet von bis zu 4.100 km^2 an große Höhlen. Männchen überwiegen zahlenmäßig bei Weitem. Die größten Winterquartiere umfassen bis zu 8.000 Tiere. Allerdings sind die aus Fang-Wiederfang-Versuchen geschlossenen Zahlen möglicherweise deutlich zu hoch angesetzt. In Bergkellern und Höhlen meist Einzeltiere, in größeren Höhlen bis über 100 Tiere.

FORTPFLANZUNG Anfang Juni bis Anfang Juli wird ein Junges geboren. Mit etwa 20 Tagen erfolgen die ersten Flüge, mit 4 Wochen sind die Jungtiere selbstständig. Weibchen werden bereits im ersten Herbst geschlechtsreif, Paarungen finden sowohl am Schwärm- als auch im Winterquartier statt. Insbesondere die Paarungen am Schwärmquartier sorgen für eine hohe genetische Durchmischung der weit verteilten Kolonien.

NAHRUNGSERWERB Eine sehr manövrierfähige Art, die auf engstem Raum sehr langsam fliegen und auch rütteln kann. Meist fliegt sie nahe an der Vegetation. Häufig wird die Beute mit der Schwanzflughaut von Blättern abgelesen, kann aber auch im Flug gemacht werden. Der hauptsächliche Beuteerwerb erfolgt jedoch durch Ablesen vom Substrat. Dabei scheint die Fransenfledermaus die Beute, wenn sie sich weit genug vom Substrat abhebt – Spinnen im Netz, Weberknechte und Kohlschnaken mit langen Beinen abgehoben vom Laub – mit Hilfe der Echoortung zu finden. In Viehställen werden v.a. sich kopulierende Fliegen gefangen, da diese laute Geräusche von sich geben und so akustisch auffällig sind. Da zumindest ein Teil der Beute mit der Schwanzflughaut gefangen und von Oberflächen abgesammelt

Die Fransenfledermäuse Südwest-Europas und der Alpen und Pyrenäen ('*crypticus*') stellen möglicherweise eine eigene Art dar, sind im Aussehen der Fransenfledermaus aber äußerst ähnlich.

wird, besteht der Verdacht, dass die Borsten an der Schwanzflughaut eine Bedeutung als Tastorgane haben.

NAHRUNG Die Nahrung besteht zu einem beträchtlichen Teil aus nicht fliegender Beute wie Spinnen, Weberknechten, Raupen und Fliegen. Käfer und Schmetterlinge treten saisonal auf. Einzeltiere haben größere Anteile von Hundertfüßern, Asseln oder gewässerbewohnenden Insekten wie Köcher- und Steinfliegen in ihrem Kot.

RAUMNUTZUNG Meist ortstreue Art. Zumindest ein Teil der Tiere führt aber kürzere Wanderungen durch. Zwischen verschiedenen Teillebensräumen wie Sommer-, Schwärm- und Winterquartier liegen selten Distanzen von über 40 km. Daneben gibt es auch einige längere Überflüge von 266–327 km. Schwärmquartiere werden in Entfernungen von 20–60 km aufgesucht. Im Laufe eines Sommers kann ein Wochenstubenverband eine Vielzahl von Hangplätzen in einem Gebiet von bis zu 2 km^2 nutzen. Jagdgebiete umfassen 170–580 ha, im Mittel 215 ha. Innerhalb dieser Fläche werden bis zu 6 Teiljagdgebiete von 2–10 ha Größe intensiver bejagt. Jagdgebiete sind bis zu 6 km vom Quartier entfernt.

GEFÄHRDUNG Rote Liste der IUCN 2008: LC (Least Concern) bei stabilem Populatonstrend, Rote Liste der EU 2007 LC (Least Concern), FFH-Anhang IV, Rote Liste BRD 2009: ★ (Ungefährdet). Die mitteleuropäischen Bestände scheinen stabil zu sein. Fransenfledermäuse werden aufgrund ihrer Art des Beuteerwerbs neben dem Braunen Langohr am häufigsten an Fliegenfängern klebend gefunden und sind anfällig für Lebensraumzerschneidung.

FORSCHUNGSANSÄTZE

— Gibt es Schwärmplätze von Fransenfledermäusen auch im Mittelmeergebiet oder überwiegen hier alternative Paarungsstrategien?

— Wo überwintert die große Masse an Fransenfledermäusen?

— Welche Mechanismen der Nahlokalisation von Beute ermöglichen die Detektion sich nicht bewegender Beute auf dem Substrat?

— Wie gestaltet sich die Artabgrenzung innerhalb der *nattereri*-Artigen und wie lassen sich die Formen morphologisch und ökologisch unterscheiden?

Auch die korsischen Fransenfledermäuse sind genetisch von allen anderen Fransenfledermäusen abweichend. Foto: Y. LeBris

Iberische Fransenfledermaus

Myotis escalerai
Cabrera, 1904
—Iberian Natterer's Bat

Maße
Unterarm 36,7–42,9 mm
Fünfter Finger 48–53 mm
Dritter Finger 60–66 mm
Normalgewicht 6–9 g

VERBREITUNG Auf der ganzen Iberischen Halbinsel vorkommend, im Norden bis zu den französischen Pyrenäen. Darüber hinaus gibt es Vorkommen auf den Balearen. In Nordwest-Afrika (Marokko und Algerien) kommt eine sehr ähnliche, genetisch jedoch abgetrennte Linie vor, auch als eigene Art *Myotis zenatius* beschrieben wurde.
KENNZEICHEN Im Gesamterscheinungsbild der Fransenfledermaus sehr ähnlich. Auffällig ist der sehr

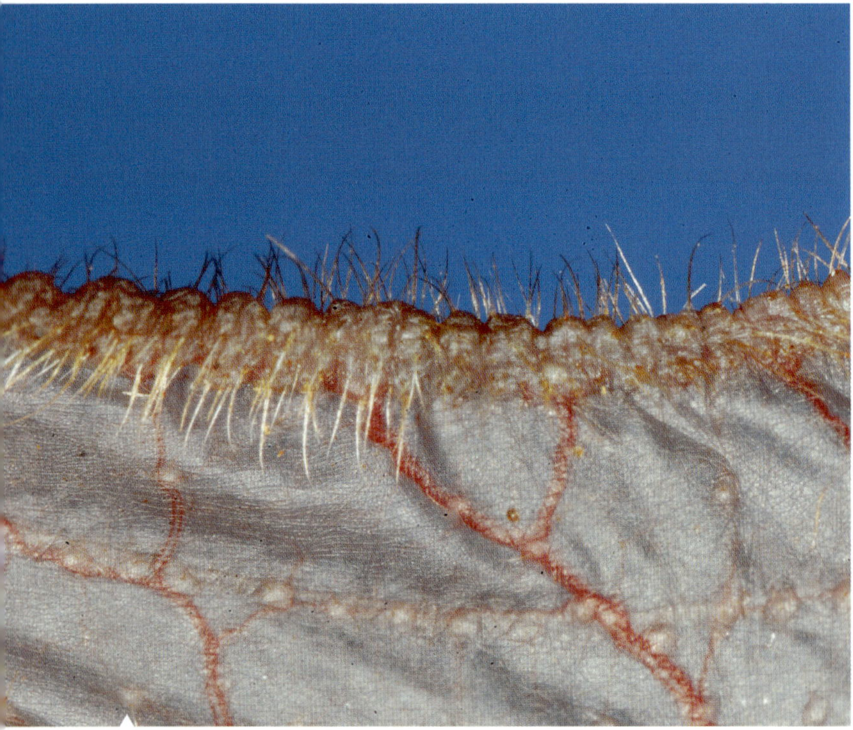

Ausschnitt aus dem Rand der Schwanzflughaut mit den mehrreihigen und sehr langen zur Bauchseite hin gerichteten Borsten, die artcharakteristisch sind.

viel stärker ausgeprägte borstenartige Fransensaum entlang des freien Saumes der Schwanzflughaut. Auch die bereits von Cabrera (1904) beschriebene Unterscheidung im Ansatz der Armflughaut am Fuß ist gut erkennbar: Bei der Iberischen Fransenfledermaus setzt die Armflughaut am Mittelfuß an. Allerdings kann sich ein schmaler Saum bis an die Zehen ziehen. Bei der Fransenfledermaus setzt die Armflughaut dahingegen direkt an der Zehenbasis an.

ÄHNLICHE ARTEN Sehr ähnlich der Fransenfledermaus und ihren kryptischen Formen, jedoch genetisch klar abgegrenzt. Die langen Borsten am freien Rand der Schwanzflughaut sind artcharakteristisch.

ORTUNGSLAUTE Ortungslaute sehr ähnlich der Fransenfledermaus, bis 4 ms lang mit Anfangsfrequenzen um 120–140 kHz und Endfrequenzen um 15–20 kHz.

Im Hängen sieht die Iberische Fransenfledermaus der Fransenfledermaus sehr ähnlich.

Selbst im Flug sind die sehr langen Fransen an der Schwanzflughaut zu sehen.
Foto: R. Verlinde

Cluster der Iberischen Fransenfledermaus mit Mittelmeer-Hufeisennasen in einer Höhle.
Foto: L. Lorente

LEBENSRAUM In Spanien in niedrigeren Lagen als die sympatrisch vorkommenden Fransenfledermäuse. Allerdings gibt es auch Wochenstuben in 1.400 m ü. NN in Aragón (Lorente, schriftl. Mitt.). Als Lebensraum werden aride Bereiche z.B. des Ebrobeckens aber auch montane Buchen- und Kiefernwälder angenommen. Eine Häufung der Vorkommen findet sich aber in mediterranen Steineichenwäldern und deren Degradationsformen (Lorente, schriftl. Mitt.).

QUARTIERE Höhlenart, deren Wochenstuben große Cluster mit anderen Arten bilden können. Es werden auch alte Bergwerke oder Kasematten von großen Burganlagen angenommen. Männchen und Einzeltiere in Spalten in Höhlendecken oder am Eingangsbereich von Höhlen, aber auch in allen Arten von Spaltenquartieren an Gebäuden, Brücken oder Ruinen.

VERHALTEN UND FORTPFLANZUNG Wenig bekannt, vermutlich ähnlich der Fransenfledermaus mit Ausnahme der Tatsache, dass große Höhlenkolonien von Dutzenden bis zu 600 Tieren gebildet werden können. Geeignete Quartiere werden zudem ganzjährig genutzt, Winterquartiere im herkömmlichen Sinne sind nicht bekannt. Die Geburten erfolgen in Aragón in der Regel früher als bei den sympatrisch vorkommenden anderen Höhlenarten, meist bereits im Mai (Lorente schriftl. Mitt.). Im Juli verlassen die Jungtiere bereits die Wochenstubenquartiere. Ein steigender Männchenanteil an Quartierhöhlen im September spricht für herbstliche Paarungsaktivitäten.

NAHRUNGSERWERB UND NAHRUNG Vermutlich ähnlich wie bei der Fransenfledermaus. Der wesentlich ausgeprägtere bürstenartige Fransensaum deutet auf einen noch größeren Anteil abgekescherter Beutetiere hin. Wenige nicht repäsentative Pellets von Männchen aus Portugal enthielten Nachtfalter, Käfer und Zweiflügler, unter denen zumindest einige Reste tagaktiver Insekten waren (I. Dietz, pers. Mitt.).

GEFÄHRDUNG Rote Liste der IUCN 2016: LC (Least Concern) bei unklarem Populatonstrend, Rote Liste der EU nicht gelistet. FFH-Anhang IV. Aufgrund der Bildung von großen Höhlenkolonien durch Störungen am Quartierstandort gefährdet.

FORSCHUNGSANSÄTZE

— Gibt es weitere Unterscheidungsmerkmale zu den ähnlichen Arten?

— Welche Bedeutung hat der im Vergleich zur Fansenfledermaus noch stärker ausgeprägte Bürstensaum im Jagdverhalten der Iberischen Fransenfledermaus?

— Welche Beute wird bevorzugt?

Großer Cluster einer Wochenstube der Iberischen Fransenfledermaus in einer Höhle.
Foto: L. Lorente

Bechsteinfledermaus
Myotis bechsteinii
(Kuhl, 1817)
—Bechstein's Bat

Maße
Unterarm 39,0–47,1 mm
Fünfter Finger 50–57 mm
Dritter Finger 61–69 mm
Normalgewicht 7–10 g

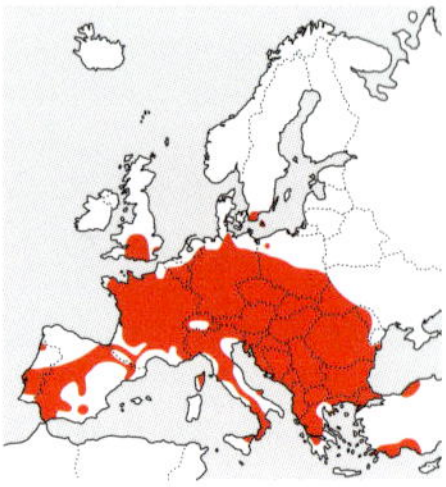

VERBREITUNG In ganz West-, Mittel- und Osteuropa verbreitet. Im Süden nur inselartige Vorkommen. Die Nachweise sind auf der Iberischen Halbinsel und in Italien spärlich, auf der Balkanhalbinsel stellenweise häufiger. Im Norden verläuft die Verbreitungsgrenze durch Südengland, die Südspitze Schwedens und über das zentrale Polen nach Südosten durch die Ukraine ans Schwarze Meer. Außerhalb Europas kommt die Bechsteinfledermaus lokal an der Südküste Anatoliens, an der Schwarzmeerküste, im Kaukasus und Nord-Iran vor.

Die Ohren der Bechsteinfledermaus sind sehr lang mit zahlreichen Querfalten und werden bei Unwohlsein wie bei diesem beim Schwärmen gefangenen Männchen am Hinterrand eingeknickt.

Wochenstubenkolonien der Bechsteinfledermaus nutzen neben Baumhöhlen auch gerne Fledermauskästen. Foto: D. Nill

KENNZEICHEN Eine mittelgroße Fledermaus mit auffällig langen Ohren. Das Rückenfell ist braun bis rötlichbraun, die Unterseite davon deutlich abgesetzt hell beige oder grau. Die Schnauze ist rötlichbraun, die sonstigen Hautpartien sind hell braun gefärbt. Die sehr langen Ohren (21–26 mm) weisen 9–11 Querfalten auf und stehen voneinander getrennt. Der lange Tragus erreicht etwa die Hälfte der Ohrlänge.

ÄHNLICHE ARTEN Durch die langen Ohren und die geringe Körpergröße sowie eine im Vergleich zu den Mausohren viel schlankere Schnauze unverwechselbar. Bei den Langohren sind die Ohren durch eine Hautfalte miteinander verbunden.

ORTUNGSLAUTE Die meist 2,5–5 ms langen Laute fallen von etwa 100 kHz auf etwa 35 kHz ab. Eine Unterscheidung von anderen *Myotis*-Arten ist nur anhand von Lautaufnahmen und längeren Sequenzen oder aber in Kombination mit einer guten Sichtbeobachtung möglich.

LEBENSRAUM Eine typische Fledermaus von Eichenwäldern und gemäßigten Buchenwäldern, entsprechend weitestgehend in Laubwäldern von der Ebene bis in die hochmontanen Bereiche verbreitet. In Südeuropa meist in Gebirgen oder in Auwäldern. Nadelwälder werden angenommen, wenn sie strukturreich sind und eine ausgeprägte artenreiche Strauchschicht aufweisen, meist jedoch nur angrenzend an Optimalhabitate.

QUARTIERE Quartiere in Baumhöhlen, Stammanrissen und als Ersatz häufig in Vogel- und Fledermauskästen. Natürliche Baumquartiere können dicht über dem Boden und bis in über 20 m Höhe liegen und finden sich häufig in Spechthöhlen in Eichen. Es sind nur wenige Gebäudequartiere bekannt. Im Winter werden Einzeltiere in Baumhöhlen oder in unterirdischen Quartieren aller Art gefunden. Die meisten Tiere überwintern versteckt in Höhlen.

VERHALTEN UND FORTPFLANZUNG Wochenstuben umfassen 10–50, selten bis knapp 100 Weibchen. Sie können mit Fransen- und Wasserfledermäusen vergesellschaftet sein. Die Verbände teilen sich häufig auf und finden wieder zusammen. Quartiere werden soweit möglich alle 2–3 Tage gewechselt. Jungweibchen siedeln sich meist in ihrer Geburtswochenstube an, die aus eng miteinander verwandten Tieren besteht. Die Männchen leben den Sommer über solitär. Jungmännchen wandern aus dem Gebiet ihrer Geburtswochenstube ab. Die Wochenstuben werden ab Anfang Mai bezogen, die Geburt eines Jungen erfolgt ab Anfang Juni bis Anfang Juli. Ab Ende August lösen sich die Wochenstuben auf und die Bechsteinfledermäuse schwärmen mit Höhepunkt in der zweiten Augustdekade an Höhlen. Hier finden auch Paarungen statt. An Schwärmquartieren treffen sich viele Fledermäuse der gleichen Art aus einem weiten Umkreis.

NAHRUNGSERWERB UND NAHRUNG Der Jagdflug erfolgt entweder in Höhen von 1–5 Meter sehr dicht an der Vegetation, in alten vegetationsfreien Wäldern auch in Bodennähe, v.a. aber in den Kronenbereichen der Bäume. Die manövrierfähigen Tiere können sehr langsam fliegen und rütteln. Sie sammeln Beute häufig vom Substrat, wie z.B. von Laub ab. Die Beutedetektion erfolgt mit den großen Ohren anhand von Raschelgeräuschen der Beute. Die Nahrung besteht vor allem aus waldbewohnenden Gliedertieren und nicht flugfähigen Insekten und setzt sich größtenteils aus Schmetterlingen, Käfern, Zweiflüglern (Schnaken), Florfliegen und Spinnen zusammen. Daneben spielen saisonal oder lokal auch

Vor dem Abflug vom Nachthangplatz ortende Bechsteinfledermaus. Foto: D. Nill

Weberknechte, Ohrwürmer, Raupen, Laubheuschrecken, Wanzen und Laufkäfer eine Rolle. Vereinzelt werden auch Schaben, Hautflügler, Hundertfüsser, Zikaden, Köcherfliegen und Blattläuse erbeutet.

RAUMNUTZUNG Die Bechsteinfledermaus ist eine sehr ortstreue Art. Sommer- und Winterquartiere liegen meist nur wenige Kilometer voneinander entfernt. Die weitesten Entfernungen, die bislang nachgewiesen wurden, sind 48–58 km in Deutschland und 53,5 km in Belgien. Ein 20-köpfiger Wochenstubenverband nutzt ein Gebiet von mindestens 250 ha. Die Entfernung der Jagdgebiete vom Quartier unterscheidet sich stark je nach Lebensraum: In Alteichenwäldern kann sich die gesamte Jagdaktivität innerhalb eines Kilometers vom Quartier abspielen, in alten Mischwäldern im Umkreis von 1–2,5 km, in Mischwald oder Streuobstgebieten von bis zu 10 km. Männchen jagen teilweise nur wenige 100 m vom Quartierbaum entfernt. Die Jagdgebiete der Weibchen sind wesentlich größer – im Mittel 17–61 ha – als die der Männchen – im Mittel 11–17 ha. In Nadelwäldern können Einzeltiere bis zu 700 ha große Flächen befliegen. Innerhalb der Jagdgebiete werden bis zu 9 Kernjagdgebiete kleinräumig und intensiv beflogen. Sie werden sehr reviertreu zu verschiedenen Jahreszeiten und auch über Jahre hinweg von den gleichen Individuen aufgesucht. Weibchen wechseln ihre Hangplätze häufig, im Laufe eines Sommers werden bis zu 50 Quartiere auf einer Fläche von rund 40 ha und Distanzen zwischen den Quartieren von bis zu 1 km aufgesucht.

GEFÄHRDUNG Rote Liste der IUCN 2016: NT (Near Threatened) bei abnehmendem Populationstrend, Rote Liste der EU 2007: VU (Vulnerable), FFH-Anhang II & IV, Rote Liste BRD: 2 (stark gefährdet) bei hoher Verantwortlichkeit Deutschlands. Bechsteinfledermäuse sind an langfristig stabile Lebensräume in alten Laubwäldern angepasst. Bechsteinfledermäuse überqueren Freiflächen und damit auch Straßen sehr niedrig und sind damit erheblichen Gefahren ausgesetzt. Unterführungen werden bereitwillig angenommen. Daher ist insbesondere bei Straßenneubauten auf die Realisierung von Querungshilfen hinzuwirken.

FORSCHUNGSANSÄTZE

—Wie stark wirken sich Lebensraumzerschneidungen auf die Bechsteinfledermaus aus?

—Gibt es neben den Schwärmhöhlen alternative Paarungsquartiere? Wie weit ist die Art im Mittelmeergebiet verbreitet?

Als Baumhöhlenbewohner nimmt die Bechsteinfledermaus auch Fledermauskästen an, hier eine kleine Wochenstube in einem Rundkasten.

Mausohr

Myotis myotis
(Borkhausen, 1797)
—Greater Mouse-eared Bat

Maße
Unterarm 55,0–66,9 mm
Fünfter Finger 67–84 mm
Dritter Finger 89–107 mm
Ohrlänge 24,4–27,8 mm
Ohrbreite 16,2–19,3 mm
Obere Zahnreihe 9,2–10,6 mm
Normalgewicht 20–27 g
M. m. macrocephalicus ist in allen Maßen etwas größer

VERBREITUNG Über ganz Europa bis in die südlichen Niederlande, Schleswig-Holstein und das nördliche Polen vorkommend. Die östliche Verbreitungsgrenze verläuft durch die Ukraine zum Schwarzen Meer und durch Kleinasien in den Nahen Osten. Einzelnachweise in Südschweden und Großbritannien. Nicht in Nordafrika, auf Korsika, Sardinien und Malta.

KENNZEICHEN Große Fledermaus mit langer breiter Schnauze und langen breiten Ohren. Das Rückenfell ist braun bis rötlichbraun, die Unterseite schmutzig weiß oder beige, an der Kehle und den Halsseiten oft mit gelblicher Färbung. Jungtiere sind dunkler grau, die Haare vor allem am Rücken sind kürzer und enger anliegend. Das Gesicht ist bei

Gruppe von drei Mausohren in einer Wochenstube, das rechte Tier säugt gerade sein Junges.

Ausschnitt einer Wochenstubenkolonie in einem Kirchendach.

Alttieren hellbraun, bei Jungtieren dunkler. Die Ohren sind länger und breiter als beim Kleinen Mausohr, der Tragus weist bei den meisten Tieren an der Spitze einen kleinen schwarzen Punkt auf. Die Häute der breiten Flügel sind bräunlich.

ÄHNLICHE ARTEN Dem Kleinen Mausohr sehr ähnlich, dieses hat jedoch meist kürzere (< 26 mm) und schmalere (< 16 mm) Ohren mit oft nur 5–6 Querfalten (7–8 beim Mausohr), eine kürzere obere Zahnreihe (< 9,5 mm) und zumindest im südlichen Mitteleuropa oft einen weißlichen Stirnfleck und nie eine schwarze Tragusspitze. Bei Mausohren ist die obere Zahnreihenlänge meist > 9,8 mm, selten nur 9,4 mm. Mögliche Hybriden mit dem Kleinmausohr erschweren die Artbestimmung anhand morphologischer Kriterien bei einzelnen Tieren.

ORTUNGSLAUTE Bis 10 ms lange frequenzmodulierte Laute beginnen bei 120–70 kHz und fallen auf 25–29 kHz ab. Manchmal wesentlich höhere oder tiefere Endfrequenzen, eine visuelle Größeneinschätzung der jagenden Tiere kann Verwechslungen mit ähnlich rufenden kleineren *Myotis*-Arten ausschließen. Vom Kleinmausohr nicht unterscheidbar.

LEBENSRAUM In Mitteleuropa meist unter 800 Höhenmetern, im Süden auch höher. Kolonien v.a. in Gebieten mit hohem Waldanteil. Jagdgebiete haben freien Zugang zum Boden und damit auf bodenlebende Arthropoden, daher meist Laub- oder Laubmischwälder mit geringem Anteil an Bodenvegetation. Die Populationsdichte korreliert eng mit der Laubwaldfläche. Temporär werden auch gemähte Wiesen, Weiden und abgeerntete Äcker bejagt.

QUARTIERE In Mitteleuropa liegen Wochenstuben v.a. in größeren Dachräumen, in Einzelfällen in Kellerräumen und in großen Brücken, im Mittelmeerraum meist in Höhlen. Quartiere einzelner Männchen in Dächern, Türmen, hinter Fensterläden und an Brücken, in Baumhöhlen und Fledermauskästen, aber auch unterirdisch. Winterquartiere meist in Höhlen, Stollen, Bunkeranlagen und Bergkellern, aber auch in Felsspalten.

Im Mittelmeerraum bilden Mausohren Kolonien in Höhlen, hier mit Langflügel- und Langfußfledermäusen.

VERHALTEN UND FORTPFLANZUNG Im Sommerquartier werden große Cluster gebildet, im Mittelmeergebiet häufig zusammen mit anderen Arten. Mitteleuropäische Wochenstuben mit 50 – 1.000 Weibchen, selten bis zu 5.000. Im Mittelmeerraum umfassen sie bis 8.000 Tiere. Die Männchen markieren ihre Einzelhangplätze durch Sekrete aus den Gesichtsdrüsen. Im Winter werden selten größere Cluster von mehreren hundert Tieren gebildet, meist hängen Einzeltiere oder Kleingruppen frei an der Decke oder tief in Spalten versteckt. Winterquartiere sind oft gleichmäßig feucht und mit bis zu 12°C relativ warm. Ab Mitte August schwärmen Mausohren mit einer Hauptaktivität in der dritten Augustdekade an Höhlen, vereinzelt kommt es hierbei auch zu Paarungen. Diese erfolgen jedoch v.a. in Männchenquartieren. Die Geburt eines Jungen erfolgt Ende Mai bis Anfang Juni, im Mittelmeerraum schon ab Anfang April. Die ersten Übungsflüge im Alter von 3–4 Wochen im Quartier, die ersten Ausflüge mit 5 Wochen. In Deutschland paaren sich 15–40 % der Jungweibchen erfolgreich im ersten Herbst und gebären im Folgejahr ein Junges, in Portugal liegt dieser Anteil bei etwa 95 %.

NAHRUNGSERWERB UND NAHRUNG Das Mausohr sucht aus dem Flug aus geringer Höhe den Boden ab. Wird eine Beute anhand der Raschelgeräusche identifiziert, rüttelt es manchmal, und stürzt sich aus geringer Höhe auf diese. Große Beute wird im Hängen, kleine im Flug gefressen. Bei der Nahorientierung spielt vermutlich der Geruchssinn eine Rolle. Maikäfer und andere Großinsekten können auch im Flug erjagt werden. Es werden vor allem über 1 cm große bodenlebende Gliedertiere gefressen. An erster Stelle stehen Laufkäfer, v. a. Großlaufkäfer (*Carabus*), gefolgt von anderen Bodenarthropoden wie Hundertfüßern, Spinnen und Käferlarven. Nur vereinzelt oder saisonal spielen andere Käfer (Mai- und Mistkäfer), Maulwurfsgrillen, Kohl- und Wiesenschnaken oder Heuschrecken eine Rolle. Im

Mausohr bei der Bodenjagd. Dabei lauschen die Tiere mit den großen Ohren auf die Raschelgeräusche ihrer Beutetiere. Foto: D. Nill

Mittelmeergebiet können Spinnen einen sehr hohen Anteil ausmachen.

RAUMNUTZUNG Das Mausohr ist eine regional wandernde Art mit Überflügen zwischen Sommer-, Schwärm- und Winterquartieren meist in Distanzen von 50–100 km, der weiteste bislang gefundene Überflug mit 436 km aus den Niederlanden nach Deutschland. Zwischen Tagesquartier und Jagdgebiet können erhebliche Strecken von bis zu 26 km zurückgelegt werden, meist liegen Jagdgebiete in einem 5–15 km-Umkreis um das Quartier. Innerhalb der bis über 1.000 ha großen Jagdgebiete werden 1–5 Kernjagdgebiete von ca. 10 ha Größe aufgesucht. Quartierwechsel können in bis zu 34 km Entfernung stattfinden, Weibchen suchen Paarungsquartiere bis 12 km vom Wochenstubenquartier auf, Schwärmquartiere bis in über 100 km Entfernung.

GEFÄHRDUNG Rote Liste der IUCN 2016: LC (Least Concern) bei stabiler Populationsgröße, Rote Liste der EU 2007 LC (Least Concern), FFH-Anhang II & IV, Rote Liste BRD: V (Vorwarnliste) bei hoher Verantwortlichkeit Deutschlands. Gefährdung durch Gebäudesanierungen und Lebensraumzerschneidung und die Anreicherung von Umweltgiften. In vielen südeuropäischen Ländern ist bisher keine Abnahme zu verzeichnen, Höhlentourismus und der steigende Pestizideinsatz stellen jedoch Risikofaktoren dar.

FORSCHUNGSANSÄTZE

— Woher stammen in Fledermäusen nachweisbare Umweltgifte (Schwermetalle) und wie wirken sie sich auf die Tiere aus?

— Welche Holzschutzmittel sind ohne Spätfolgen für Fledermäuse anwendbar?

— Wie können Jagdgebiete erhalten und bewirtschaftet werden, um langfristig Populationen des Mausohrs zu tragen?

Kleines Mausohr

Myotis oxygnathus
Monticelli, 1885
—Lesser Mouse-eared Bat

Maße
Unterarm 50,5–62,1 mm
Fünfter Finger 63–81 mm
Dritter Finger 85–103 mm
Ohrlänge 21,0–24,3 mm
Ohrbreite 12,7–15,9 mm
Obere Zahnreihe 8,1–9,5 mm
Normalgewicht 3,5–5,5 g

VERBREITUNG In Europa im gesamten Mittelmeergebiet, nach Norden bis Zentralfrankreich, die Schweiz bis dicht an die deutsche Grenze, Tschechien, Slowakei und die Ukraine verbreitet. Fehlt auf Sardinien, Korsika und Malta sowie in Nordafrika. In Kleinasien weit verbreitet, auch auf Zypern und Kreta. Nach Osten im Kaukasus, dem Nahen Osten bis Zentralasien. Eine Ausbreitung nach Deutschland erscheint derzeit unwahrscheinlich, da die Populationen in der Nordschweiz rückläufig sind.

KENNZEICHEN Eine große, dem Mausohr sehr ähnliche Fledermaus. Das Rückenfell ist bräunlich gefärbt, die Unterseite hell weißlichgrau, meist etwas heller als beim Mausohr. Tiere in der Schweiz

Im Portrait des Kleinen Mausohrs fallen das kürzere Gesicht und die schmaleren Ohren im Vergleich zum Mausohr auf.

und angrenzenden Ländern haben oft einen hellen Stirnfleck, der aber in Südost-Europa oftmals fehlt. Das Gesicht ist etwas kürzer als beim Mausohr, die Ohren etwas schmaler und kürzer, der Ohrvorderrand etwas weniger konvex vorgewölbt. Der Tragus ist bis zur Spitze hell gefärbt, ohne dunklen Fleck am Ende. Die obere Zahnreihe ist kürzer als beim Mausohr.

ÄHNLICHE ARTEN Den anderen Mausohren sehr ähnlich. Die Ohren des Kleinen Mausohrs sind kürzer als beim Punischen Mausohr (< 24,3 mm) und im Vergleich zum Mausohr schmaler (< 16 mm). Mit meist unter 9,4 mm ist die obere Zahnreihenlänge kürzer als beim Mausohr. Lediglich im südöstlichsten Teil des Bearbeitungsgebietes erreichen Kleine

Kleine Mausohren wirken im Vergleich zum sehr ähnlichen Mausohr etwas zierlicher und sind meist weniger mit Sekreten verschmutzt.

Ein Teil der Kleinen Mausohren hat einen hellen bis weißen Fellfleck auf dem Scheitel.

Mausohren knapp 9,8 mm, dann sind die sympatrischen Mausohren aber auch größer mit $CM^3 > 9,8$ mm. Das Kleine Mausohr hat als einzige Art häufig einen hellen Stirnfleck. Im Quartier wirken Kleine Mausohren an der Unterseite heller weißlich. Mögliche Hybriden zwischen dem Kleinmausohr und dem Mausohr lassen die Artbestimmung anhand morphologischer Kriterien an Einzelindividuen und in manchen Quartieren an ganze Serien an Tieren scheitern.

ORTUNGSLAUTE Ähneln stark den Lauten des Mausohrs und sind von diesem kaum unterscheidbar, siehe dort.

LEBENSRAUM Wärmebegünstigtes Offenland, extensiv genutzte Mähwiesen, Feuchtwiesen, Weiden, Karstflächen, Steppenlandschaften und extensiv landwirtschaftlich genutzte Gebiete. Meidet weitgehend große geschlossene Waldgebiete, in denen das Mausohr dominiert.

QUARTIERE Sommerquartiere und Wochenstuben im nördlichen Verbreitungsgebiet (Schweiz, Österreich) in Dachräumen, im Mittelmeergebiet nahezu ausschließlich in großen Höhlen und anderen unterirdischen Räumen. Männchen besiedeln ganzjährig Höhlen und Bunker, im Sommer auch Spalten an Brücken oder Gebäude. Winterquartiere in Höhlen oder in anderen unterirdischen Quartieren.

VERHALTEN UND FORTPFLANZUNG Quartiere in Höhlen werden fast immer gemeinsam mit anderen Fledermausarten genutzt. Oft werden auch gemischte Cluster gebildet. In der Slovakei gibt es nur vier artreine Kolonien, alle anderen sind mit dem Mausohr vergesellschaftet. Ein nahezu reiner Cluster des Kleinen Mausohrs in einer bulgarischen Höhle umfasste ca. 8.000 Tiere. Meist sind die Kolonien mit 50–500 Weibchen jedoch wesentlich kleiner. In den Wochenstubenclustern finden sich keine Männchen. Diese sind aber durchaus zur Reproduktionszeit in der Peripherie des Quartiers zu finden. Auch im Winter sind Cluster-Bildungen von mehreren hundert Tieren möglich. Die Paarung findet ab August statt, die Männchen beziehen schon vorher Balzquartiere, meist in kleinen Löchern der Höhlendecke, aber auch in Spalten an Brücken. Diese Quartiere werden vehement gegen Konkurrenten verteidigt, es kann zu heftigen Beißereien kommen. In manchen Höhlen haben die Männchenquartiere einen Abstand von unter einem Meter voneinander und es kann Balzarenen mit mehreren Hundert Männchen geben. Durch laute Balzgesänge locken sie 2–3 aber auch bis zu 6 Weibchen zu einem Harem zusammen. Die Geburt findet meist im Mai statt, in Bulgarien in der Regel in der zweiten Monatshälfte. In der Slovakei finden die Geburten Ende Mai bis Anfang Juni statt.

NAHRUNGSERWERB UND NAHRUNG Der gleichmäßige Jagdflug erfolgt in 1–2 m Höhe über dem Boden. Auf entdeckte Beute reagiert das Kleine Mausohr sehr wendig und kann sie im Flug von den Grashalmen absammeln. Manchmal wird Beute im Sturzflug auf dem Boden überwältigt, dabei wird sie vor allem anhand der Raschelgeräusche lokalisiert. Bei der Jagd über Wiesen werden in der Schweiz ungemähte Wiesen mit Vorkommen von Laubheuschrecken bevorzugt, gemähte Wiesen werden nur kurz nach der Mahd aufgesucht. Es werden auch Waldränder abpatrouilliert, meist um größere Insekten wie Maikäfer zu fangen. Die Nahrung besteht zu einem großen Anteil aus Laubheuschrecken, aber auch aus Schnaken, Maikäfern, Feldheuschrecken, Lautkäfern und Maulwurfsgrillen, vor allem im Mittelmeergebiet auch aus Gottesanbeterinnen und Schmetterlingsraupen.

RAUMNUTZUNG Eine weitgehend ortstreue Art, Sommer- und Winterquartiere liegen meist nur etwa 15 km, selten weiter auseinander. Neben wenigen Überflügen von 100–150 km nimmt sich ein Wiederfund 488 km vom Beringungsort in Spanien ungewöhnlich weit aus. Die mittlere Entfernung der Jagdgebiete vom Quartier beträgt 4–7 km, die weitesten Entfernungen einzelner Jagdgebiete lagen bei 9–25 km.

GEFÄHRDUNG Rote Liste der IUCN 2016: LC (Least Concern) bei abnehmendem Populationstrend, Rote Liste der EU 2007: LC (Least Concern), FFH-Anhang II & IV. Habitatverluste durch Wiesenumbruch und die Urbarmachung von Steppengebieten in Ungarn, Rumänien, Nordost-Bulgarien und der Ukraine. Auch die Aufgabe in der Nutzung extensiver Mähwiesen sorgt für Bestandseinbrüche. Offenlandhabitate und extensiv genutzte Gründlandbereiche sind die am stärksten im Rückgang begriffenen Flächen in Südeuropa. In der Schweiz ist die Verfügbarkeit extensiv bewirtschafteter Offenlandbiotope der limitierende Faktor für das Vorkommen der Art. Im ganzen Mittelmeerraum zunehmend Störung großer Koloniehöhlen durch den Tourismus.

Paarungsgruppe des Kleinen Mausohrs: Das oben sitzende Männchen hat erfolgreich vier Weibchen angelockt.

Auf dem Balkan und im Mittelmeerraum bildet das Kleine Mausohr große Kolonien in Höhlen, meist mit anderen Arten gemischt.

FORSCHUNGSANSÄTZE

— Kommt das Kleine Mausohr auch in Süddeutschland vor?

— Wie können die noch relativ großen Bestände in Südost-Europa und auf der Iberischen Halbinsel wirkungsvoll geschützt und ihre Jagdhabitate langfristig erhalten werden?

— Hat sich das Kleine Mausohr erst mit der Entstehung von steppenähnlichen Habitaten durch die Landwirtschaft in Europa angesiedelt?

Punisches Mausohr

Myotis punicus
Felten, 1977
—Maghrebian Mouse-eared Bat

Maße
Unterarm 54,0–63,9 mm
Fünfter Finger 71–79 mm
Dritter Finger 92–102 mm
Ohrlänge 26,1–29,0 mm
Ohrbreite 14,7–17,9 mm
Obere Zahnreihe 8,7–10,0 mm
Normalgewicht 19–25 g

VERBREITUNG Auf die Mittelmeerinseln Sardinien, Korsika, Malta, Gozo und Pantelleria sowie die nordwest-afrikanischen Staaten Marokko, Algerien, Tunesien und Libyen beschränkt. In Marokko und Algerien im ganzen Norden nördlich der Atlasgebirge vorkommend. In Libyen nur im Nordwesten des Landes nachgewiesen.

KENNZEICHEN Eine große Fledermaus mit hellbraunem Rückenfell und einer dazu scharf abgesetzten weißlichgrauen Unterseite. Auffallend lange Ohren, deren Vorderrand sehr stark konvex gebogen ist. Außenkante des Tragus sehr gleichmäßig gebogen, Tragusspitze ohne schwarzen Fleck.

Die Unterseite des Punischen Mausohrs ist meist rein weiß gefärbt und der Ohrvorderrand ist stark gebogen.

ÄHNLICHE ARTEN Vom Mausohr und dem Kleinen Mausohr nach äußeren Merkmalen nur schwer zu trennen. Die Ohren des Kleinen Mausohrs sind kürzer (< 24,5 mm) und die obere Zahnreihe ist meist ebenfalls kürzer, obschon ein Überlappungsbereich existiert. Die Schnauzenform und -größe erinnert eher an das Kleine Mausohr und auch die Tragusspitze weist keine Schwarzfärbung auf, wie es für viele Mausohren typisch ist. Bislang gibt es keine sympatrischen Nachweise des Punischen Mausohrs mit Mausohr oder Kleinem Mausohr, so dass eine Feldbestimmung derzeit nicht notwendig ist. Genetisch eindeutig von allen anderen Arten trennbar.

ORTUNGSLAUTE Die bis 6 ms langen Laute mit Anfangsfrequenzen um 80 kHz und Endfrequenzen von 21–28 kHz sind dem des Mausohrs und des

Die Ohren sind beim Punischen Mausohr besonders lang.

Kolonie des Punischen Mausohrs in einer Höhle auf Sardinien noch vor der Geburt der Jungen. Foto: M. Mucedda

Kleinmausohrs in vergleichbarer Ortungssituation sehr ähnlich, eine Unterscheidung ist nicht möglich.
LEBENSRAUM Jagdgebiete im Offenland (Weiden, Wiesen) oder über weitgehend vegetationsfreien Flächen und nur selten an Waldrändern. In Nordafrika auch in Halbwüstenregionen.
QUARTIERE Die Wochenstubenquartiere befinden sich ausschließlich in Höhlen und können aus bis zu 1.000 Weibchen bestehen. Meist mit anderen Höhlenarten wie Hufeisennasen, Langflügel- und Langfußfledermäusen vergesellschaftet. Einzeltiere können eine Vielzahl von Quartieren in unterirdischen Gängen, Ruinen, Dächern und Spalten an Brücken besiedeln.
VERHALTEN UND FORTPFLANZUNG Paarungen vorherrschend ab August. Die Männchen verteidigen vergleichbar zum Kleinen Mausohr einzelne Spalten und Löcher in der Höhlendecke, teilweise in Entfernungen von unter einem Meter zueinander und locken bis zu 4 Weibchen an. In Algerien erfolgt die Geburt zwischen Ende März und Ende April, in Marokko Mitte Mai.
NAHRUNGSERWERB UND NAHRUNG Meist werden wenig bewachsene oder stark beweidete Flächen in niedrigem Flug (< 2m) abgesucht, Beute wird vom Boden abgelesen oder im Flug erbeutet. Vom Boden werden Beutetiere im Rüttelflug geholt oder aber die Tiere landen kurz. Die Nahrung besteht zum größten Teil aus Feld- und Laubheuschrecken, Grillen, Käfern (Schwarzkäfer, Blatthornkäfer) und Nachtfaltern (Schwärmer, Eulenfalter). Saisonal können auch Wanzen, Zikaden und Spinnen eine größere

Bedeutung haben. Für Algerien wurden v.a. Zweiflügler, Falter und Wanzen als Beutebestandteile beschrieben.

RAUMNUTZUNG Vermutlich weitgehend ortstreu. Ein auf Malta beringtes Männchen wurde in einem Paarungsquartier auf Gozo in 22 km Entfernung gefunden. Dahingegen scheint die nur 12 km breite Straße von Bonifacio einen Genaustausch zwischen korsischen und sardischen Populationen zu verhindern. Zur Jagd werden auf Korsika Gebiete in mindestens 10–15 km Entfernung aufgesucht.

GEFÄHRDUNG Rote Liste der IUCN 2016: DD, Daten unzureichend. Rote Liste der EU 2007 NT (Near Threatened), FFH-Anhang IV. Die Population auf Malta ist seit den 1960er Jahren stark zurückgegangen und umfasst nur noch 250–300 Tiere. Möglicherweise Gefährdung durch Pestizideinsätze gegen Heuschrecken in Nordafrika.

FORSCHUNGSANSÄTZE

— Wann ist das Punische Mausohr nach Korsika und Sardinien eingewandert und hat es die beiden anderen Mausohr-Arten verdrängt oder deren Besiedelung verhindert?

— Wie groß sind die Populationen Europas und Nordafrikas?

— Welche Mechanismen verhindern eine Besiedlung der südlichen Iberischen Halbinsel?

Wochenstube des Punischen Mausohrs mit bereits selbstständigen Jungtieren, die an der Graufärbung des Rückenfells erkennbar sind. Foto: M. Mucedda

Kleine Braune Fledermaus
Myotis lucifugus
(Le Conte, 1831)

Der Wasserfledermaus ähnlich mit großen Füßen aber längeren Ohren. In Nordamerika weit verbreitet, Winterkolonien mit bis zu 300.000 Tieren in Höhlen. Seit 2006 sind 1 Million Tiere an dem White-Nose-Syndrom (WNS) verendet. Verfrachtete oder aus Haltungen entwichene Tiere wurden mehrfach in Europa, v.a. in Großbritannien gefunden.
Foto: B. Fenton

Kaukasus-Fransenfledermaus
Myotis tschuliensis
Kuzyakin, 1935

Von Zypern, der östlichen Südküste Anatoliens, der Krim und dem Kaukasus ostwärts vorkommende, der Fransenfledermaus sehr ähnliche Art. Die Schnauze ist etwas länger und flacher als bei der Fransenfledermaus. Die Tiere sind fahl gefärbt und in ihrer Lebensweise an halboffene Landschaften angepasst. Quartier in Spalträumen von Felsen, Ruinen oder Gebäuden, Wochenstuben sind meist klein.

Levante-Fransenfledermaus
Myotis hoveli
Harrison, 1964

Der Fransenfledermaus sehr ähnliche aber oft etwas fahler gefärbte Art mit wenig pigmentierten Ohrbereichen mit Verbreitung von der Südküste der Türkei bis in den Nahen Osten. Sie weicht genetisch von der Fransenfledermaus deutlich ab. In Höhlen bildet sie Kolonien von bis zu 60 Tieren. Sie jagt in mediterranem Kulturland oder in Waldresten.

Araks-Fransenfledermaus

Myotis araxenus
Dahl, 1947

Die in Armenien und in Teilen des Iran vorkommenden fransenartigen Fledermäuse stellen eine morphologisch und genetisch gut abgegrenzte eigene Art dar. Die sehr seltene und wenig bekannte Art bildet in steppenartigen Karstgebieten Kolonien in Höhlen, Ruinen und Felsspalten von bis zu 160 Tieren. Zeitweise waren die Tiere mit einer fossil beschriebenen Art, *Myotis schaubi*, synonymisiert. Genetische Daten sprechen jedoch gegen diese Zuordnung.

Die Araks-Fransenfledermaus ist deutlich größer als alle anderen Fransenfledermaus-Arten und bildet Kolonien in Karsthöhlen, Gewölben und Ruinen.

Abendsegler

Nyctalus noctula
(Schreber, 1774)
—Noctule Bat

Maße
Unterarm 47,3–58,9 mm
Fünfter Finger 47–58 mm
Dritter Finger 85–98 mm
Normalgewicht 21–30 g

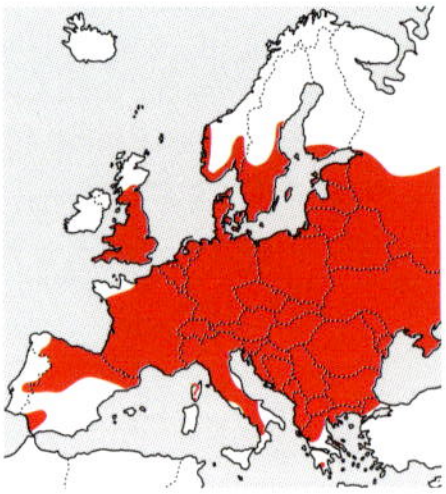

VERBREITUNG Große Teile Europas, lokal auch in Kleinasien und dem Nahen Osten. Ostwärts bis Zentral-Russland und über den Ural und Kaukasus nach Zentral-Asien. Auf den Mittelmeerinseln nicht nachgewiesen, in Südgriechenland selten. Im Norden bis zum Übergang der Laubwaldzone in die borealen Nadelwälder bei 60–61°N, auf den britischen Inseln bis Schottland. Die Fortpflanzungsgebiete liegen v.a. in Nordost- und dem nördlichen Mitteleuropa mit Schwerpunkt in Russland, die Winter- und Paarungsgebiete in Süd- und dem südlichen Mitteleuropa. Die Populationen am Nordrand der Verbreitung auf den britischen Inseln und in Schweden sowie in

Wochenstubencluster des Abendseglers in 60 Metern Höhe im Eingang einer bulgarischen Höhle in der auch eine große Zahl an Männchen übersommert.

Norditalien und Nordspanien sind ortstreu. In Deutschland liegen die Reproduktionsgebiete im Nordosten, im Süden nur punktuelle Wochenstubenvorkommen. Auch in Österreich, der Slowakei, Bulgarien und Griechenland pflanzen sich Abendsegler nur in geringer Zahl fort.

KENNZEICHEN Eine große Fledermaus mit breiten abgerundeten Ohren. Das kurze eng anliegende Fell glänzt auf dem Rücken rostrot, die Unterseite ist etwas heller und matt. Im Winter ist die Rückenfärbung dunkelbraun, manchmal mit fahleren Spitzen. Die nackten Hautpartien sind schwarzbraun. Lange und vor allem im Spitzenbereich schmale Flügel.

ÄHNLICHE ARTEN Keine Größenüberschneidungen mit den anderen Abendsegler-Arten. Die Breitflügelfledermaus hat längere und schmalere Ohren, eine andere Tragusform und ist meist dunkler gefärbt.

Abendsegler haben eine typische rotbraune Färbung, Gesicht und Ohren sind einheitlich gefärbt.

Trächtiges Weibchen der Unterart *N. n. lebanoticus* aus dem Nahen Osten.

ORTUNGSLAUTE Im offenen Luftraum QCF-Laute mit Bestfrequenzen von 17–22 kHz (meist 19,5 kHz), näher an Hindernissen FM-QCF-Laute mit Bestfrequenzen von 22–29 kHz (meist 23,5 kHz). V.a. im freien Luftraum werden oft zwei Lauttypen alternierend ausgestoßen. Verwechslungsmöglichkeiten bestehen im offenen Luftraum v.a. zum Riesenabendsegler und im Wald zum Kleinabendsegler. Entlang von Saumstrukturen rufen auch Breitflügelfledermaus und Zweifarbfledermaus sehr ähnlich. Als Soziallaute werden Triller mit Endfrequenzen um 15–20 kHz, bis zu 100 ms lange konvexe und multi-harmonische QCF-Laute mit der ersten Harmonischen um 15 kHz und variable Abänderungen der Echoortungslaute häufig geäußert.

LEBENSRAUM Typische Laubwaldart der Tiefländer bis 550 m ü. NN. Neben Auwäldern, Buchenwäldern und mediterranen Eichenwäldern, wird ein weites Spektrum an Habitaten bis hin zu Städten besiedelt, soweit sie einen ausreichenden Baumbestand oder hohe Insektendichten aufweisen. Es werden nahezu alle Landschaftstypen bejagt, wobei Nadelwaldgebiete unterproportional, Gewässer und Auwälder überproportional aufgesucht werden.

QUARTIERE Als Sommerquartiere dienen vor allem Spechthöhlen, zu einem geringeren Anteil andere Baumhöhlen in 4 bis 30 Metern, im Mittel bei 19 Meter Höhe. Häufig werden Eschen, Weiden, Buchen, Erlen, Eichen und Pappeln in Waldrand-Nähe oder an Wegen aufgesucht, Nadelbäume dagegen selten. Im Süden Wochenstuben an Gebäuden oder in Deckenspalten großer Höhlen. Männchen bilden im Sommer Kolonien in Baumhöhlen, Fels- oder Gebäudespalten. Winterquartiere finden sich in dickwandigen Baumhöhlen, an Gebäuden und Brücken, Felsspalten und in Deckenspalten von Höhlen.

VERHALTEN UND FORTPFLANZUNG Wochenstuben mit meist 20–60, Männchenkolonien mit bis zu 20 Tieren, auf dem Balkan mit mehreren Tausend Tieren. Winterquartiere in Bäumen mit 100–200, maximal 420 Tieren. An Gebäuden teilweise mehr als 500 Tiere. An großen Brücken in Dehnungsfugen und Widerlager und in südost-europäischen Felswänden und Deckenspalten-Höhlen überwintern teilweise tausende Abendsegler. Niedrigen Temperaturen wird durch sehr dichte Clusterbildung und Wärmeproduktion entgegengewirkt. Im Sommerquartier manchmal mit Wasser- und Rauhautfledermaus vergesellschaftet, in Russland und der Ukraine auch mit dem Riesenabendsegler. Ein Teil der Jungweibchen bekommt bereits im Jahr nach der Geburt Junge. Die Jungmännchen sind dagegen vermutlich erst nach einem Jahr reproduktionsfähig. Die Geburt von Zwillingen erfolgt ab Mitte Juni, ab Ende Juli verlassen zunächst die adulten Weibchen die Wochenstuben.

Ab Anfang August etablieren Männchen Paarungsquartiere in Baumhöhlen, wohin sie mit Gesängen meist 4–5, aber auch bis zu 20 Weibchen locken. Es gibt auch Massenbalzplätze in engen Felsschluchten und vor hoch aufragenden Felswänden v.a. auf dem Balkan.

NAHRUNGSERWERB UND NAHRUNG Mit über 50 km/h sehr schneller und geradliniger Flug, oft in Höhen von 10–50 m, teilweise jedoch auch in mehreren hundert Meter Höhe. Rasante Sturzflüge zum Ergreifen der Beute. Über Gewässern, Wiesen und an Straßenlampen kann aber auch in wenigen Metern Höhe gejagt werden, meist jedoch mit Abstand zur dichten Vegetation. Die Nahrung besteht vor allem aus kleinen bis mittelgroßen Zweiflüglern, Wanzen, Köcherfliegen, Käfern und Schmetterlingen. Bei Massenauftreten werden gerne Mai- oder Mistkäfer gejagt, teilweise auch Hirschkäfer. Im Herbst und Winter Jagdflüge oft am Spätnachmittag bei Sonnenschein. Dabei werden hauptsächlich Baumwanzen, Ameisen und Schwebfliegen erbeutet.

RAUMNUTZUNG Wanderfledermaus, die ab Anfang September bis in den Spätherbst hinein in Richtungen um Südwest zieht und von Mitte März bis Mitte April in die Gegenrichtung zurückwandert. Teilweise auch tagsüber ziehend. Abendsegler können dann mit Schwalben und Seglern beobachtet werden. Die Überflüge sind meist kürzer als 1.000 km, die größte Entfernung betrug 1.546 km. Die Baumquartiere, insbesondere einer Wochenstubenkolonie, werden häufig gewechselt, sie liegen verteilt auf bis zu 200 ha. Quartierwechsel in Entfernungen von bis zu 12 km. Jagdflüge bis in 26 km entfernte Gebiete. Bei hoher Insektendichte relativ kleine Jagdgebiete. Häufig gibt es jedoch keine definierten Bereiche, die Tiere schweifen umher.

GEFÄHRDUNG Rote Liste der IUCN 2016: LC (Least Concern) bei unbekanntem Populationstrend, Rote Liste der EU 2007: LC (Least Concern), FFH-Anhang IV, Rote Liste BRD: V (Vorwarnliste). Bei Gebäudesanierungen und bei intensiver Forstwirtschaft gehen Quartiere verloren. Pestizideinsätze im Wald und die Zerstörung natürlicher Flussauen können die Nahrungsgrundlage einschränken. Windkraftanlagen stellen während der Saisonwanderungen eine große Gefahr dar.

Um in Bäumen Winterschlaf halten zu können, bilden Abendsegler dichte Cluster, so können sie auch tiefe Frosttemperaturen überstehen. Foto: D. Nill

FORSCHUNGSANSÄTZE

— Gehen südlich gelegene Wochenstuben aus Balz- und Winterquartieren hervor?

— Bestehen isolierte Fortpflanzungskolonien im Süden über längere Zeiträume?

— Wie unterscheidet sich die Quartier- und Nahrungsökologie zwischen Wald- und Stadtpopulationen?

Riesenabendsegler
Nyctalus lasiopterus
(Schreber, 1780)
— Greater Noctule Bat

Maße
Unterarm 61–70 mm
Fünfter Finger 69–74 mm
Dritter Finger 108–116 mm
Normalgewicht 35–60 g

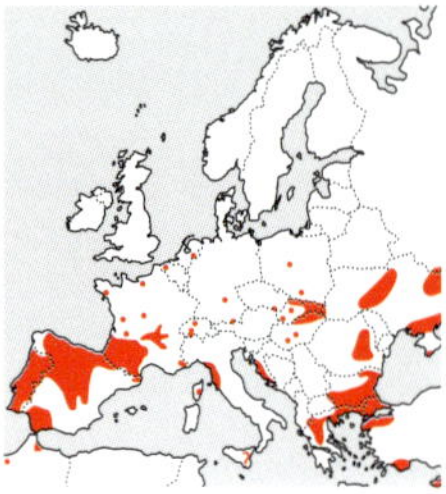

VERBREITUNG Grundsätzlich werden der gesamte Mittelmeerraum, und Mitteleuropa bis ca. 50° Nord und weite Teile Osteuropas besiedelt, allerdings sind die Vorkommen sehr punktuell und oft auf Einzelfunde beschränkt. Insbesondere Koloniestandorte sind nur lokal bekannt, z.B. in Spanien in Sevilla, Jerez, Cadiz und Doñana, in Südfrankreich, in der Toskana, in Nordgriechenland, oder den Mátra Bergen in Ungarn. Lange Zeit hielt sich die Vorstellung, dass sich in den Weiten der russischen Wälder ein geschlossenes Verbreitungsgebiet erstreckt, das bis zum Ural, Kaukasus, dem Iran und Kasachstan reiche. Allerdings erfolgte der letzte Nachweis z.B. in

Portrait des Riesenabendseglers mit der kräftigen und sehr breiten Schnauze und den kurzen breiten Ohren.

Das Sommerfell des Riesenabendseglers ist rötlichbraun, nach dem Haarwechsel im Herbst ist das Fell wesentlich einheitlicher dunkelbraun. Foto: O. von Helversen

der Ukraine 1955, der erste Wiederfund gelang 2009. Innerhalb der wenigen heute bekannten Vorkommen in der Tschernobyl-Region in der Ukraine und den Samara- und Voronesch-Regionen in Russland ist die Individuendichte sehr gering. In Deutschland zwei sichere Nachweise aus Bayern aus dem 19. Jahrhundert und vom Tegernsee am 05.10.2001. Angebliche Detektornachweise gehen auf hoch im freien Luftraum jagende Abendsegler zurück. In der Schweiz wurden mehrere Tiere an Alpenpässen gefangen, ein Einzelfund gelang im Kanton Aargau, aus Österreich bislang keine Funde.

KENNZEICHEN Größte europäische Fledermaus. Sehr robust und massig wirkend, mit breiter Schnauze, kräftigem Kopf und breiten Ohren. Dichtes, langes und einfarbiges Fell, die Oberseite ist rotbraun oder dunkelbraun, die Unterseite nur wenig heller. Männchen können die Haare im Nacken mähnenartig aufstellen. Die Hautpartien sind dunkelbraun. Die Flügel sind sehr lang mit schmaler Spitze, zwischen Körper und fünftem Finger für einen Abendsegler recht breit und bis zum Ellbogen behaart.

ÄHNLICHE ARTEN Aufgrund der Größe unverwechselbar, im Zweifelsfall Unterarmlänge messen.

ORTUNGSLAUTE Bis zu 35 ms lange meist nahezu frequenzkonstante und sehr laute Rufe mit QCF-Bestfrequenzen von 13–16 kHz meist 13,5–14,5 kHz. FM-QCF-Laute haben Bestfrequenzen von 16–22 kHz (meist 17–18 kHz). Im freien Luftraum zwei alternierende Rufe, deren Endfrequenzen rund 2 kHz auseinander liegen. Mit bloßem Ohr deutlich hörbar, mit dem Detektor bis auf 150 Meter wahrnehmbar. Durch die im freien Luftraum sehr langen Rufabstände (über 500 ms) vom Abendsegler unterscheidbar. Die Frequenzverteilungen beider Arten überlappen sich näher an Hindernissen jedoch stark. Die Bulldoggfledermaus ruft ähnlich hat aber keine zwei alternierenden Ruftypen, meist kürzere Rufe und häufig eine tiefere Endfrequenz.

LEBENSRAUM Laub- oder Laubmischwälder, in Gebirgen alte Tannenwälder. Im Mittelmeerraum,

Erregte Riesenabendsegler drohen mit aufgestelltem Nackenfell und dem beeindruckenden Gebiss.

v.a. in Spanien, werden auch Parks mit Platanen angenommen. In Russland und der Ukraine kommt die Art in Buchen- und Hainbuchenwäldern vor. Wichtig scheinen vor allem starke hochstämmige und damit alte Bäume zu sein. Als Jagdgebiete dienen neben dem Luftraum über solchen Wäldern vor allem ausgedehnte Feucht- und Sumpfgebiete.

QUARTIERE Die meisten Quartiere liegen in Spechthöhlen von Laubbäumen (Buche, Eiche, Platane, Zitterpappel) und Tannen, in Sevilla in Platanen in 4–10 m Höhe, aber auch unter den trockenen Blättern von Palmen. Auf Korsika v.a. an der Korsischen Kiefer oder an Tannen. Einzeltiere nutzen auch Fledermauskästen, Dachräume oder Spalten in großräumigen Höhlen.

VERHALTEN UND FORTPFLANZUNG In Spanien Wochenstuben mit bis zu 80 Tieren, die nur aus Weibchen bestehen. In der Ukraine und Russland meist nur 2–15 Tiere, die mit Abendseglern, Kleinabendseglern, Rauhaut- oder Zwergfledermäusen vergesellschaftet sind. Wochenstubenkolonien wechseln häufig ihre Quartiere und teilen sich auf Teilgruppen auf oder finden zusammen. Im Schnitt findet alle 2,7 Tage ein Quartierwechsel statt. Hierbei kommt es aber kaum zu Wechseln zwischen unterschiedlichen Wochenstubenverbänden. Jungweibchen kehren in ihre Geburtskolonie zurück. Männchen hängen einzeln oder in Kleingruppen. Weibchen können bereits im ersten Herbst begattet werden. Es ist unklar, ob Zwillinge geboren werden. Die Geburt erfolgt Ende Mai bis Anfang Juni, die Säugezeit endet Anfang August.

NAHRUNGSERWERB UND NAHRUNG Sehr schneller und geradliniger Flug, zum Teil in großen Höhen. Beobachtungen in der Abenddämmerung erlauben Schätzungen von mehreren hundert Meter über Grund. Wird Beute detektiert, führen Riesenabendsegler sehr schnelle Sturzflüge durch und kehren dann wieder auf die ursprüngliche Flughöhe zurück. Wasserstellen werden zum Teil ebenfalls in Sturzflügen angeflogen. V.a. große Insekten wie Nachtfalter, Libellen und Käfer, die im freien Luftraum erbeutet werden. Zunächst in Italien, dann auch in Spanien und Griechenland wurden in Kotproben Vogelreste nachgewiesen. V.a. zur Zeit des Vogelzugs von März bis Mai und von August bis November finden sich in bis zu 70 % der Kotproben Vogelreste. Wie das Überwältigen der bis 22 g schweren Vögel (Meisen, Laubsänger, Rotkehlchen) und der Verzehr im Flug geschieht, ist unklar.

RAUMNUTZUNG Einzeltiere scheinen sehr weit umherzustreifen und erreichen so Nordfrankreich, die Niederlande, Süddeutschland und Polen. Die saisonale Abwesenheit von Weibchen im Sommer in Griechenland, der südlichen Iberischen Halbinsel und von Tieren im Winter in nördlichen Gebieten deuten auf Saisonwanderungen v.a. durch Weibchen hin. In den Männchengebieten tauchen die ersten Weibchen ab Mitte August auf. Der Einzelfund auf einer Ölplattform 43 km vor der Küste deutet auf eine Überquerung des Schwarzen Meeres auf dem Zug hin. Besenderte Tiere wurden in Jagdgebieten über 40 km vom Quartier entfernt wiedergefunden. Einzeltiere legen aber auch mehr als 90 km zurück. Sie suchen dabei jedoch kein definiertes Jagdgebiet auf, sondern fliegen großräumig umher. Überraschenderweise wurden in Spanien neben Siedlungen auch Waldgebiete gemieden, Auen jedoch deutlich bevorzugt.

GEFÄHRDUNG Rote Liste der IUCN 2016: VU (Vulnerable) mit zurückgehendem Populationstrend und einem geschätzten weltweiten Gesamtbestand von weniger als 10.000 Tieren. Rote Liste der EU 2007: DD (Data Deficient), FFH-Anhang IV. Die Hauptgefährdungsursache für die Quartiergebiete in weiten Teilen Europas dürfte die forstliche Nutzung alter Wälder und die Trockenlegung von Sumpf und Auengebieten sein.

FORSCHUNGSANSÄTZE

— Wandern Riesenabendsegler oder sind die Populationen, von einzelnen umherschweifenden Tieren abgesehen, ortstreu?
— Wie entwickeln sich die Bestände, insbesondere in Osteuropa?
— Wo und wie werden Vögel erbeutet?

Riesenabendsegler verzehren zur Zugzeit auch Vögel, ob dies wie bei dem Tier in Gefangenschaft im Hängen oder aber im Flug geschieht, ist bisher unklar. Foto: D. Nill

Kleinabendsegler
Nyctalus leisleri
(Kuhl, 1817)
—Leisler's Bat

Maße
Unterarm 40,5–47,1 mm
Fünfter Finger 43–51 mm
Dritter Finger 70–78 mm
Normalgewicht 13–18 g

VERBREITUNG Ganz Europa bis etwa 57° N bei großen Unterschieden in der Nachweisdichte. Aus Nordafrika nur wenige Nachweise. Nach Osten bis zum Ural und in den Kaukasus, sowie entlang dem Südrand des Kaspischen Meeres verbreitet. Isolierte Vorkommen auf den Kanaren (La Palma, Teneriffa) und Madeira. Einzelne Tiere wurden auf den Färöer und Shetlandinseln gefunden.
KENNZEICHEN Mittelgroße dunkelbraune Fledermaus mit kräftigen abgerundeten Ohren und

Portrait eines Kleinabendseglers mit den typischen Aufhellungen am Ohrhinterrand und im Inneren der Ohrmuschel.

kräftiger Schnauze. Das Rückenfell ist relativ kurz und dicht anliegend. Vor allem bei Männchen ist das Nackenfell länger und wird bei Erregung aufgestellt. Die Haarbasis ist dunkel schwarzbraun, die Spitzen rotbraun. So entsteht ein dunkel schimmernder Eindruck. Im Herbst nach dem Haarwechsel oft dunklere Färbung als im Sommer. Die Unterseite ist wenig abgesetzt, an der Kehle heller gelbbraun. Die Hautpartien sind schwarzbraun. Der Ohrgrund und die Basis des Ohraußenrandes sind meist deutlich aufgehellt. Lange und schmale Flügel, auf der Unterseite entlang des Körpers und entlang des Unterarms deutlich behaart.

ÄHNLICHE ARTEN Von den anderen Abendsegler-Arten durch die geringere Größe und die dunklere Fellfärbung eindeutig zu unterscheiden.

ORTUNGSLAUTE Kurze Rufe mit FM-Anfangsteil und Bestfrequenzen des QCF-Endteils von 23–30 kHz, meist um 26 kHz. Bis zu 20 ms lange QCF-Rufe mit einer Bestfrequenz von 21–26 kHz, meist um 24 kHz. Wie bei allen QCF-Arten fällt die Endfrequenz mit zunehmender Lautlänge deutlich ab, während kurze 5 ms-Laute eine mittlere Bestfrequenz von 27–28 kHz aufweisen, sinkt diese bei 10 ms langen Lauten auf 25 kHz und bei 20 ms langen Lauten auf 22 kHz ab. Im freien Luftraum werden zwei alternierende Lauttypen aus gestoßen. Die akustische Trennung von Abendsegler, Zweifarbfledermaus, Nordfledermaus und Breitflügelfledermaus kann je nach Ortungssituation sehr schwierig sein. Soziallaute sind oft lange Triller mit Endfrequenzenvon 11–14 kHz und werden etwa einmal pro Sekunde ausgestoßen.

LEBENSRAUM Typische Waldfledermaus, insbesondere von Laubwäldern, aber auch in Streuobstwiesen und Parkanlagen. Von Küsten und Tiefland-Auen bis in Gebirgsregionen verbreitet. Auf den Kanaren und Madeira in subtropischen Lorbeerwäldern, im Mittelmeergebiet in Eichen-, in Mitteleuropa hauptsächlich in Buchenmischwäldern. Deutliche Bevorzugung von Wäldern mit hohem Altholzbestand. Jagdgebiete ebenfalls in Wäldern und deren Randstrukturen, insbesondere auf den britischen Inseln jedoch auch Viehweiden.

QUARTIERE Typische Baumfledermaus, die Fäulnishöhlen, überwucherte Spalten nach Blitzschlag, Ausfaulungen in Zwieseln oder Astlöcher bezieht, dabei werden natürlich entstandene Baumhöhlen gegenüber Spechthöhlen bevorzugt. Quartiere liegen oft in Buchen oder Eichen in Quartierhöhen von 9–26 m im Mittel von 18–19 m. Vor allem in Irland, auf den Kanaren und Madeira und vereinzelt in

Kleinabendsegler sind relativ einheitlich braun gefärbt. Das Gesicht ist nur wenig dunkler und die Unterseite nur wenig heller.

Deutschland liegen Quartiere in Dachräumen von Gebäuden. Winterquartiere ebenfalls in Baumhöhlen, aber auch an Gebäuden. Kleinabendsegler sind nur selten in Felsspalten nachweisbar.

VERHALTEN UND FORTPFLANZUNG Wochenstuben mit 20–50 Weibchen, in Irland in Gebäuden bis zu 1.000 Tiere. Männchen können kleine Kolonien von bis zu 12 Tieren bilden. Im Quartier können sie mit einer ganzen Reihe anderer Baumfledermäuse, wie Abendsegler, Rauhaut-, Wasser-, Fransen- und Bechsteinfledermaus vergesellschaftet sein. Die Paarung erfolgt ab Ende Juli bis in

Die Weibchen des Kleinabendseglers mit Zwillingen. Foto: D. Nill

den September in Harems, in die das Männchen bis zu 10 Weibchen vor allem durch einen Singflug oder seltener vom Quartiereingang aus lockt. Anfang bis Ende Juni werden 1–2 Junge – in Großbritannien und Irland 1 Junges, sonst meist 2 – geboren. Die Jungtiere erreichen zumindest zum Teil im ersten Herbst die Geschlechtsreife.

NAHRUNGSERWERB UND NAHRUNG Sehr schneller und meist geradliniger Flug dicht über oder auch unter den Baumkronen und entlang von Waldwegen und Schneisen, aber auch über größeren Gewässern und um Straßenlampen. Im Spätherbst können jagende Tiere auch am Spätnachmittag beobachtet werden, auf den Kanaren und Madeira sind Kleinabendsegler auch im Winter aktiv. Die Nahrung besteht zu einem Großteil aus Nachtfaltern, aber auch aus Zweiflüglern und Köcherfliegen. Bei irischen und britischen Tieren, die über Weideland jagen, macht die Gelbe Dungfliege zusammen mit Käfern bis zur Hälfte der Nahrung aus. Bei entlang von Gewässern jagenden Tieren dominieren Zuck-, Fenster- und Stechmücken und Köcherfliegen. Bei Massenauftreten werden auch Mai- und Junikäfer gefangen.

RAUMNUTZUNG Eine der Wanderfledermäuse, die saisonbedingt weite Strecken zurücklegen, 6 Nachweise über 1.000 km, davon 3 über 1.500 km. Ein in Sachsen-Anhalt beringtes Weibchen wurde im darauffolgenden Herbst in Nordspanien gefangen und war eineinhalb Jahre später wieder am ursprünglichen Beringungsort, jeweils Luftlinie 1.567 km entfernt. Die meisten Überflüge liegen in Südwest-Nordost-Richtung. Ein in Russland beringtes Tier flog nach Süden an die türkische Nordküste. Möglicherweise sind jedoch manche Populationen ortstreu. Männchen verbleiben zumindest teilweise in den Durchzugs- und Wintergebieten, während die Weibchen ziehen. Quartierwechsel erfolgen zum Teil täglich und kleinräumig bis in 1,7 km Entfernung. Eine Kleinabendsegler-Kolonie kann im Laufe eines Sommers bis zu 50 Quartiere in einem 300 ha großen Gebiet nutzen. Jagdgebiete werden in Entfernungen von um 7,5 km und bis 17 km vom Quartier aufgesucht und umfassen 7,4–18,4 km^2. Es gibt keine individuellen Jagdgebiete. Geeignete Habitate werden großräumig beflogen, nur sehr profitable Jagdgebiete wie Straßenlampen und Gewässer werden auch kleinräumig bejagt.

GEFÄHRDUNG Rote Liste der IUCN 2016: LC (Least Concern) bei unbekanntem Populationstrend, Rote Liste der EU 2007: LC (Least Concern), FFH-Anhang IV, Rote Liste BRD 2009: D (Daten unzureichend). Quartierverlust durch Holzeinschlag v.a. von Altholz oder Sanierungsarbeiten an Gebäuden. Auf dem Zug stellen Windkraftanlagen eine erhebliche Gefahr dar. Habitatverluste in den Überwinterungsgebieten (Kork- und Steineichenwälder Spaniens) könnten ebenfalls gravierende Auswirkungen haben.

FORSCHUNGSANSÄTZE

— Wo liegen die hauptsächlichen Überwinterungsgebiete der Art? Welche Populationen wandern, welche sind stationär?

— Suchen Sommerkolonien räumlich übereinstimmende Wintergebiete auf?

Paarungsgruppe des Kleinabendseglers in einem Fledermauskasten.
Das Männchen hat sich von seinen drei Weibchen getrennt, um sie gegen einen möglichen Konkurrenten zu verteidigen.

Breitflügelfledermaus

Eptesicus serotinus
(Schreber, 1774)
—Serotine Bat

Maße
Unterarm 48,0–58,0 mm
Fünfter Finger 59–69 mm
Dritter Finger 84–92 mm
Normalgewicht 18–25 g

VERBREITUNG Ganz Europa, im Norden bis 55° N und damit bis Süd-England, die südlichsten Bereiche Schwedens und Lettlands. Im nördlichen Mittelmeergebiet weit verbreitet. Auf den Kanaren und in Nordafrika kommt die Isabellfledermaus vor. Außerhalb Europas in der Türkei, über den Nahen Osten und den Kaukasus nach Zentral-Asien.
KENNZEICHEN Eine große robuste Fledermaus mit breiter Schnauze. Das lange Fell ist farblich variabel, meist mittel- bis dunkel-braun, besonders im Süden mit gelb-goldenen Spitzen. Die Unterseite ist wenig abgesetzt heller braun bis gelblich-braun. Die Gesichtspartie ist meist schwarzbraun gefärbt, die

Die Breitflügelfledermaus ist eine große Art mit kräftigem Gebiss, der Tragus ist relativ kurz und gebogen.

In Mitteleuropa vorherrschende dunkle Färbung der Breitflügelfledermaus. Foto: D. Nill

Hell gefärbte Breitflügelfledermaus, wie sie im östlichen Mittelmeerraum häufig vorkommt.

Ohren sind mittellang, derbhäutig und am Ende abgerundet. Breite Flügel.

ÄHNLICHE ARTEN Die Nordfledermaus ist deutlich kleiner. Die Isabellfledermaus hat eine kürzere obere Zahnreihe und die Küstenfledermaus hat einen kürzeren fünften Finger (< 60 mm) und eine kürzere obere Zahnreihe (< 7,0 mm), bei beiden ist der Penis anders geformt.

ORTUNGSLAUTE Bis 23 ms lange FM-Laute mit einem QCF-Endteil. Lange QCF-Laute haben Bestfrequenzen von 22–24 kHz, FM-QCF-Laute mit variablen Bestfrequenzen von 23 bis 44 kHz, meist um 26 kHz. Die Lautfolge ist meist unregelmäßig. Mit einem Detektor 30–40 Meter weit hörbar. Die Rufe überlappen sich deutlich mit denen der Abendsegler und der Zweifarbfledermaus. Sympatrisch vorkommende, andere *Eptesicus*-Arten rufen um 2–4 kHz höher.

LEBENSRAUM Besiedelt das ganze Spektrum mitteleuropäischer und mediterraner Lebensräume. Als Jagdgebiete dienen v.a. strukturreiche Siedlungsränder, Parks, Streuobstwiesen, Viehweiden, Waldränder, Gewässer, aber auch das Innere von Dörfern, Städten und Großstädten. Wälder werden meist nur entlang von Schneisen und Wegen beflogen. Die höchste Dichte jagender Tiere kann über Viehweiden, Streuobstwiesen, Parks mit Einzelbäumen und an Gewässerrändern beobachtet werden. In Mitteleuropa liegen Wochenstuben selten über 800 m ü. NN. Einzeltiere und Männchen kommen jedoch auch regelmäßig in höheren Lagen vor.

QUARTIERE In Mitteleuropa finden sich Wochenstuben fast ausschließlich in Gebäuden. Einzeltiere können neben Baumhöhlen und Fledermauskästen eine Vielzahl von Quartieren an Gebäuden annehmen. Wochenstuben sind meist in Spalträumen im Inneren ungenutzter Dachstühle oder aber in großräumigen Spalten hinter Fassadenverkleidungen. Im Mittelmeerraum werden auch Brücken, Spalten in Felswänden und im Eingangsbereich großer Höhlen besiedelt. Den Winter verbringt ein Großteil der Tiere in Gebäuden in Zwischendecken und auch im Inneren isolierter Wände sowie in Felsspalten. In Höhlen werden einzelne Tiere und selten kleinere Gruppen an trockenen und kalten Stellen in Spalten und im Bodengeröll gefunden.

VERHALTEN UND FORTPFLANZUNG Wochenstuben bestehen aus 10–60 Weibchen, selten aus bis zu 300. Die Kolonien bauen sich ab Anfang Mai auf und werden im August wieder verlassen. Männchen können Kolonien mit bis zu 20 Tieren bilden. Die Paarung findet im September und Oktober statt. Die Geburt des Jungen erfolgt in Mitteleuropa etwa Mitte Juni. Zwillinge sind selten. Es gibt allerdings auch späte Geburten bis in den August. Der relativ hohe Anteil von nicht reproduzierenden, aber ausgewachsenen Weibchen in manchen Wochenstuben und bei Netzfängen spricht für ein Eintreten der Geschlechtsreife im zweiten Jahr. Der Ausflug aus dem Quartier erfolgt mit 4–5 Wochen, die Jungen werden wenig später entwöhnt.

NAHRUNGSERWERB UND NAHRUNG Die Beute wird entlang von Vegetationskanten, beim Umkreisen von Einzelbäumen oder im freien Luftraum erbeutet. Suchflüge erfolgen auf langen gleichmäßigen Bahnen, aus denen beim Entdecken einer Beute ausgebrochen wird. Ein Absammeln der Beute direkt vom Boden (frisch gemähte Wiesen) oder vom Kronendach der Bäume (Maikäfer) kommt ebenfalls vor. Auch große Beute wie Maikäfer werden im Flug verzehrt. Die Fledermäuse fliegen dann meist auf gleichmäßigen Bahnen. Wenn Insektenschwärme ausgebeutet werden, können kurzfristig 20 Breitflügelfledermäuse gleichzeitig angetroffen werden. Die Art reagiert flexibel auf die Verfügbarkeit von Beute. Zu den jeweiligen Flugzeiten bilden Dung-, Juni- und Maikäfer die Hauptbeute, über Weiden wird sehr häufig die Gelbe Dungfliege bejagt. Daneben werden auch Nachtfalter und eine Vielzahl anderer Insekten, besonders Schlupfwespen und Wanzen erbeutet. In der Schweiz macht die Rotbeinige Baumwanze zeitweise die Hauptbeute aus. Im Frühjahr spielen Zweiflügler eine große Rolle. Die Tiere ländlicher und städtischer Kolonien wiesen in Belgien grundsätzlich eine ähnliche Beutewahl auf. Die Beute unterscheidet sich allerdings lokal stark und ist nicht nur auf Fluginsekten beschränkt.

RAUMNUTZUNG Breitflügelfledermäuse sind standorttreu und die Entfernungen zwischen Sommer- und Winterquartieren sind gering. Der Großteil der Winterfunde liegt innerhalb eines 50 km Radius. Einzelne weite Überflüge von bis 330 km gehen vermutlich auf Fernansiedlungen und Dispersionsbewegungen zurück. Auch während der Wochenstubenzeit können Weibchen für eine Nacht in bis zu 10 km entfernte Ausweichquartiere wechseln. Sie jagen meist innerhalb eines 4,5 km-Radius um das Quartier, selten in bis zu 12 km Entfernung. Es werden 2–10 verschiedene Teiljagdgebiete aufgesucht, die meist über Leitlinien wie Hecken, Gewässer oder Wege miteinander in Verbindung stehen. Transferflüge sind schnell und erfolgen in 10–15 m Höhe. Einzelindividuen können ein Jagdgebiet von im Mittel 4,6 km^2 und im Extrem von bis zu 48 km^2 befliegen. Die Kernjagdgebiete sind deutlich kleiner.

GEFÄHRDUNG Rote Liste der IUCN 2008: LC (Least Concern) bei unbekanntem Populationstrend, Rote Liste der EU 2007: LC (Least Concern), FFH-Anhang IV, Rote Liste BRD 2009: G (Gefährdung unbekannten Ausmaßes). Lokale Gefährdung durch Gebäudesanierungen oder Pestizideinsätze. Langfristig kann insbesondere der Verlust von beweidetem und extensiv genutztem Grünland und von Streuobstwiesen in der Umgebung der Quartiere die Nahrungsgrundlage vernichten.

FORSCHUNGSANSÄTZE

— Wo überwintern Breitflügelfledermäuse?
— Welche Auswirkungen hat das Tollwutvirus auf betroffene Kolonien? Ist der Ausbruch einer Tollwuterkrankung bei Breitflügelfledermäusen vom Ernährungszustand, der Individuendichte oder von einer genetisch bedingten Resistenzschwäche abhängig?

Rötlich-blonde Breitflügelfledermaus aus dem Kaukasus.

Isabellfledermaus

Eptesicus isabellinus
(Temminck, 1840)
—Isabelline Serotine Bat

Maße
Unterarm 44,2–53,8 mm
Fünfter Finger 53–63 mm
Dritter Finger 75–89 mm
Normalgewicht 13–16 g

VERBREITUNG Auf der Iberischen Halbinsel vom Süden bis Nordportugal und Zentralspanien verbreitet. In Nordwest-Afrika nördlich der Sahara von Marokko bis Libyen vorkommend. Die südlichsten Nachweise liegen hier in den Atlas-Gebirgen. Auch auf den Kanaren nachgewiesen.
KENNZEICHEN Der Breitflügelfledermaus sehr ähnlich, aber etwas kleiner und fahler gefärbt. Das Rückenfell ist hell sandfarben bis goldblond, die

Das Gesicht und die Ohren sind heller braun gefärbt als bei der dunkleren Breitflügelfledermaus.

Isabellfledermäuse sind heller gefärbt als die ähnliche Breitflügelfledermaus.

Unterseite hell cremefarben bis gelblich. Gesicht und Ohren sind bräunlich. Im Gegensatz zur schwarzen Hautfärbung bei *E. serotinus* ist die Isabellfledermaus heller gefärbt. Die obere Zahnreihe (CM^3) ist meist kürzer als 7,4 mm, bei *E. serotinus* meist länger. Von der Breitflügelfledermaus abweichende Penismorphologie.

ORTUNGSLAUTE Die Rufe sind sehr ähnlich der Breitflügelfledermaus, in der Endfrequenz teilweise etwas höher als bei dieser: Bestfrequenzen der bis zu 20 ms langen QCF-Laute liegen um 24-27 kHz.

LEBENSRAUM Der Lebensraum umfasst neben mediterranen Bereichen der südlichen Iberischen Halbinsel und der nordafrikanischen Küste mit offener Kulturlandschaft und Wäldern auch alle Übergänge bis hin zu den Randbereichen der Sahara. In Halbwüstenbereichen an Gewässer und Oasen mit dichter Vegetation gebunden.

Kolonie der Isabellfledermaus in der Dehnungsfuge einer Betonbrücke. Foto: T. Pröhl

QUARTIERE Hauptsächlich Felsspaltenbewohner. Es werden aber auch Spalten an Gebäuden und Brücken genutzt. Weitere Funde in Spalten am Eingangsbereich von Höhlen oder in Gewölbespalten von Ruinen und römischen Wasserleitungen. Eine Wochenstube von mindestens 30 Tieren wurde in Algerien in einer hohlen Dattelpalme gefunden. Winterquartiere und Sommerquartiere unterscheiden sich nicht grundsätzlich.

VERHALTEN UND FORTPFLANZUNG
Wochenstuben umfassen ein Dutzend bis zu mehrere Dutzend Tiere, Männchen hängen meist einzeln. Zum Trinken werden Wasserstellen aufgesucht. Im Juni werden meist Zwillinge geboren.

NAHRUNGSERWERB UND NAHRUNG Jagdflug wendig um Bäume und Felsen, es wird eine Vielzahl von Fluginsekten erbeutet. Käfer und Wanzen können zumindest lokal große Anteile ausmachen.

GEFÄHRDUNG Rote Liste der IUCN 2016: LC (Least Concern) bei unbekanntem Populationstrend, FFH-Anhang IV. Im Süden der Iberischen Halbinsel, in Marokko und Nord-Algerien weit verbreitet

FORSCHUNGSANSÄTZE
— Kommt neben der Isabellfledermaus auch die größere Breitflügelfledermaus in Nordafrika vor?
— Gibt es ökologische Unterschiede zur Breitflügelfledermaus?

Küstenfledermaus

Eptesicus anatolicus
Felten, 1971
—Anatolian Serotine Bat

Maße
Unterarm 43,3–52,1 mm
Fünfter Finger 53–60 mm
Dritter Finger 72–81 mm
Normalgewicht 14–21 g

VERBREITUNG In Anatolien in einem Küstenstreifen von der mittleren Ägäisküste entlang der ganzen Südküste und Zypern bis nach Syrien und den Libanon verbreitet. Nach Osten bis in den westlichen Iran. In Europa nur auf der Insel Rhodos nachgewiesen. Vorkommen auf weiteren küstennahen Inseln wie Samos sind wahrscheinlich.
KENNZEICHEN Sehr ähnlich den hellen südost-europäischen Breitflügelfledermäusen, aber

Helles Tier der Küstenfledermaus mit der schwarzen Gesichts- und Ohrfärbung, die zu dem Fell kontrastiert.

Das Fell der Küstenfledermaus ist weicher und lockerer als bei anderen Arten, in der Färbung aber variabel.

kleiner. Kurze Schnauze und schmaler Tragus. Gesicht, Ohren und Flughäute sind tiefschwarz und kontrastieren zu dem hell sandfarbenen bis blonden Rückenfell und der weißlichgrauen Unterseite. Die Haare am Rücken sind zweifarbig mit braunem Grund und honigfarbenen bis blonden Spitzen. Jungtiere sind dunkler mit mehr Grautönen und weniger stark kontrastierender Färbung der Unterseite. Das Rückenfell ist kürzer als bei der Breitflügelfledermaus und wirkt dichter und seidiger.

ÄHNLICHE ARTEN Im Bearbeitungsgebiet nur mit der größeren Breitflügelfledermaus zu verwechseln. Von dieser durch die Länge des Unterarms und vor allem des fünften Fingers zu unterscheiden. Die obere Zahnreihenlänge ist mit meist deutlich unter 7 mm kürzer als bei der Breitflügelfledermaus. Der Penis ist deutlich von dem der Breitflügelfledermaus unterschieden: Er ist zum Ende deutlich verbreitert. Bei einem Teil der Tiere trägt er eine charakteristische dachförmige Querfurche, die jedoch nicht immer zu sehen ist und bei Jungtieren fehlen kann. Dunkle Fellfärbungen wie bei der Breitflügelfledermaus gibt es nicht. Die Hautpartien sind dunkler gefärbt als bei der Isabellfledermaus.

ORTUNGSLAUTE Im freien Luftraum nahezu frequenzkonstante Laute mit reduziertem frequenzmoduliertem Anfangsteil und einer Bestfrequenz von 28 kHz bei Lautdauern von ca. 14 ms. Die Lautstruktur ist sehr ähnlich zur Nordfledermaus, und damit sind Endfrequenzen höher als bei sympatrisch vorkommenden Breitflügelfledermäusen.

LEBENSRAUM Auf Rhodos liegen die Jagdgebiete in kaum oder mit mediterranen Gebüschformen bewachsenen Küstenregionen, an Karsthängen und trockenen Bachläufen. Dagegen fehlt die Art in Waldgebieten und in den gebirgigen Zonen der Insel. Desgleichen wird in der Türkei ein schmaler Streifen entlang der Küste in niedrigen Lagen und bis 50 km ins Landesinnere entlang von Flusstälern besiedelt. Als Lebensraum wird hier die ganze Bandbreite der mediterranen Kulturlandschaft genutzt. Die Steppengebiete Zentralanatoliens und die küstenparallelen Gebirge werden nicht besiedelt. In Syrien ebenfalls in küstennahen Bereichen.

QUARTIERE Quartiernachweise in Mauerspalten antiker Ruinen oder unter Brücken und an Gebäudefassaden. Vermutlich werden v.a. Felsspalten besiedelt.

VERHALTEN UND FORTPFLANZUNG Wochenstuben mit flugfähigen Jungtieren umfassten in der Türkei einzelne Weibchen mit ihrem Jungen

Typisches Quartier der Küstenfledermaus in einer engen Gewölbespalte einer Ruine.

oder Kleingruppen von bis zu 11 Tieren, größere Kolonien sind nicht bekannt.

NAHRUNGSERWERB UND NAHRUNG Im offenen Luftraum aber auch um Straßenlampen und im halboffenen Luftraum entlang von Felsen und Vegetation. Die Flügel sind etwas schmaler als bei der Breitflügelfledermaus und der Flug entsprechend rascher und ähnlich den Abendseglern. Vermutlich werden ähnlich wie bei Bottas Fledermaus Ameisen, Schlupfwespen, Schmetterlinge, Käfer und andere flugfähige Insekten erbeutet. Ein adultes Weibchen hatte v.a. Käfer gefressen.

GEFÄHRDUNG Bislang nicht eigenständig erfasst. FFH-Anhang IV. Eine Gefährdung kann aus den wenigen Daten nicht abgeleitet werden. Auf Rhodos relativ häufige Art. Einzelne Quartiere sind möglicherweise durch Sanierung von antiken Ruinen bedroht.

FORSCHUNGSANSÄTZE

—Welche Ansprüche an den Lebensraum und an die Nahrung stellt die Art?
—Wo verläuft die östliche Verbreitungsgrenze?
—Mit welchen anderen *Eptesicus*-Arten kommt die Art sympatrisch vor und wie unterscheiden sie sich hinsichtlich ihrer ökologischen Ansprüche?

Nordfledermaus

Eptesicus nilssonii
(Keyserling and Blasius, 1839)
—Northern Bat

Maße
Unterarm 37,1–44,2 mm
Fünfter Finger 45–56 mm
Dritter Finger 62–68 mm
Normalgewicht 9–13 g

VERBREITUNG Mittel- und Osteuropa, im Westen bis Zentralfrankreich und die Schweiz, im Süden bis Norditalien. Als einzige Fledermausart reproduziert die Nordfledermaus nördlich des Polarkreises. Im Osten über den Karpatenbogen bis zur nördlichen Ukraine und den Kaukasus. Kleine Populationen und Einzelfunde auf dem Balkan. Einzelnachweise in England, den Färöer Inseln und auf Ölplattformen in der Nordsee.

Die Nordfledermaus hat ein langes und dichtes Fell und ist kompakt gebaut.

KENNZEICHEN Mittelgroß mit langem dunkelbraunem bis braunschwarzem Fell und goldgelben Spitzen auf dem Rücken und im Nacken. Jungtiere haben ein dunkleres schwarzbraunes Fell mit silbrigen Haarspitzen. Das Fell am Innenrand der Ohren weist typischerweise dichte gelbliche Haarbüschel auf. Die Unterseite ist gelblich braun oder beige und bildet am Hals eine scharfe Grenze zur Oberseite aus. Die Ohren sind breit gerundet und wie alle Hautpartien dunkelbraun gefärbt. Die letzten Schwanzwirbel stehen bis zu 4 mm über den Rand der Schwanzflughaut hervor.

ÄHNLICHE ARTEN Die Breitflügelfledermaus ist deutlich größer, die Alpenfledermaus kleiner. Die Zweifarbfledermaus weist silberne Haarspitzen auf, die bis auf die Stirn reichen und hat ein breites Epiblema.

ORTUNGSLAUTE Bis zu 20 ms lange QCF-Laute mit Bestfrequenzen zwischen 26 und 29 kHz (meist um 27 kHz), kürzere FM-QCF-Laute von 27–32 kHz. Die Breitflügelfledermaus ruft bei gleicher Ortungssituation 2–4 kHz tiefer und die Lautabstände sind länger. Die Ortungslaute werden bei der Jagd oft zu Dreiergruppen zusammengefasst, was zu einem typischen „galoppierenden" Lauteindruck führt. Balzlaute sind meist multiharmonische bogenförmige Laute von bis 60 ms Dauer und in den hörbaren Bereich absinkendem Frequenzverlauf.

LEBENSRAUM Typische Fledermaus borealer beziehungsweise montaner Waldgebiete. Entsprechend kommt sie in Nordeuropa auch in den Tieflagen vor, während sie im südlichen Mitteleuropa und Südosteuropa fast ausschließlich vom Hügelland bis in die Hochgebirge in über 2.000 m vorkommt. In der Umgebung der Wochenstuben dominieren gewässerreiche Nadel- und Laubwälder mit Hochmoorflächen, Wiesen und Siedlungen.

QUARTIERE Wochenstuben v.a. in Zwischendächern und Wandverkleidungen von Häusern, ausnahmsweise auch in Baumhöhlen oder in Fledermauskästen. Im Norden häufig an Wärmequellen wie Kaminen. Einzeltiere können in einer Vielzahl von Quartieren wie Brücken oder Baumhöhlen gefunden werden. Im Winter meist einzeln oder in kleinen Gruppen in ausgesprochen kühlen und trockenen Bergwerken, Bunkern und Höhlen. Möglicherweise stellen Blockhalden sehr wichtige Winterquartiere dar.

VERHALTEN UND FORTPFLANZUNG Wochenstuben mit 20–50, in Einzelfällen jedoch auch bis zu 150 Weibchen. Quartiere werden manchmal kleinräumig gewechselt. Schlechte Witterung im Sommer kann den Geburtstermin um bis zu einen Monat hinauszögern. Männchen verbringen den Sommer solitär, treten jedoch ab Anfang Juli mit Hauptaktivität Mitte Juli an Schwärmquartieren an Höhlen und Bergwerken auf. Es werden 1–2 Junge je Weibchen geboren, je nach geographischer Breite und Meereshöhe von Mitte Juni bis Ende Juli. Die

Für die Nordfledermaus sind die goldenen Haarspitzen, die zu dem sonst sehr dunklen Rückenfell in starkem Kontrast stehen, charakteristisch.

In Mitteleuropa nutzen Nordfledermäuse nahezu ausschließlich Gebäude als Quartier, meist jedoch in enge Spalten eingezwängt.

Jungen beginnen bereits mit 3 Wochen erste selbstständige Jagdflüge. Junge Weibchen kehren zu ihrer Geburtswochenstube zurück und können bereits im ersten Lebensjahr ein Junges bekommen.

NAHRUNGSERWERB UND NAHRUNG Die Nahrung wird entlang von Vegetationskanten, aber auch im freien Luftraum bis in 50 m Höhe und an Straßenlampen erbeutet. Jagende Tiere können auch noch bei Lufttemperaturen knapp über dem Gefrierpunkt beobachtet werden. Im Jagdgebiet ausgesprochen territorial, selbst Weibchen des gleichen Wochenstubenverbandes werden vertrieben. Die Nahrung besteht zur Hälfte aus kleinen Zweiflüglern, meist Nematoceren. Die andere Hälfte machen Käfer, Falter wie der Hopfen-Wurzelbohrer, lokal auch Wanzen aus. Es werden vor allem fliegende Insekten erbeutet, meist Arten, die in Schwärmen auftreten. Zur Flugzeit von Junikäfern und Hopfen-Wurzelbohrern werden diese bevorzugt. Zur Balzzeit von Hopfen-Wurzelbohrern (*Hepialus*) werden die Männchen bevorzugt erbeutet und in niedrigem Flug über Wiesen gejagt. Da sich die Hopfen-Wurzelbohrer meist im Bereich der Grasspitzen und damit im Echoclutter aufhalten, kann die Beute mit Echoortungslauten kaum detektiert werden. Nordfledermäuse können die große und hell gefärbte Beute jedoch optisch erkennen.

Jungtier der Nordfledermaus einige Tage vor dem Flüggewerden.

Als gut zu kontrollierende Versteckmöglichkeit können Trapez-Plexiglasbahnen in Winterquartieren angeschraubt werden. Nordfledermäuse nutzen solche Angebote nach kurzer Zeit.

RAUMNUTZUNG Nach den wenigen Ringwiederfunden meist ortstreue Art. Vier Überflüge von über 100 bis zu 450 km. Mehrere Nachweise auf Ölplattformen in der Nordsee und auf den Färöer-Inseln deuten auf zumindest gelegentliches Migrationsverhalten hin. Je nach Jahreszeit sind die individuellen Jagdgebiete mit etwa 20 ha relativ klein, können bis in den Herbst mit bis zu 66 km² ausgesprochen groß werden. In einer niedersächsischen Kolonie betrugen sie im Median 524 und maximal 732 ha. Während der Wochenstubenzeit liegen die Jagdgebiete mit etwa 800 m nahe an den Wochenstuben, können aber auch durchaus bis zu 10 km und mehr entfernt liegen. Nach der Säugezeit werden von adulten Tieren Distanzen von bis zu 30 km zurückgelegt. Die bis zu 8 Teiljagdgebiete sind oft sehr klein und können nur wenige hundert Quadratmeter umfassen.

GEFÄHRDUNG Rote Liste der IUCN 2016: LC (Least Concern) bei stabilem Populationstrend, Rote Liste der EU 2007: LC (Least Concern), FFH-Anhang IV, Rote Liste BRD 2009: G (Gefährdung unbekannten Ausmaßes). In Nordeuropa großflächig die häufigste Art. Neben Gebäudesanierungen ist sie hier v.a. durch Windkraftanlagen bedroht. In Mittel und Osteuropa Reliktstandorte, die durch Habitatveränderungen betroffen sein könnten. Durch den Klimawandel sind einerseits die südlichen Populationen gefährdet, andererseits scheint der Rückgang der Schneebedeckung auch die nördlichen Populationen negativ zu beeinflussen.

FORSCHUNGSANSÄTZE

— Stehen die mitteleuropäischen Populationen untereinander in Verbindung?

— Welche artspezifischen Anpassungen ermöglichen der Nordfledermaus das Vorkommen und Leben in hohen Breiten?

— Wie reagiert die Art auf die Konkurrenz mit anderen Arten? Gibt es ökologische Unterschiede zur Breitflügelfledermaus?

Zweifarbfledermaus

Vespertilio murinus
Linnaeus, 1758
—Parti-coloured Bat

Maße
Unterarm 40,8–50,3 mm
Fünfter Finger 48–54 mm
Dritter Finger 69–76 mm
Normalgewicht 10–15 g

VERBREITUNG In Europa von Zentralfrankreich, dem Alpenraum und der Balkanhalbinsel nach Norden verbreitet. Hier verläuft die Verbreitungsgrenze durch die Niederlande, Dänemark, entlang 60° N durch das südliche Skandinavien, über Russland nach Sibirien. Ostwärts über den Kaukasus und Iran bis in die Mongolei, Korea und das nördliche Pakistan vorkommend. In Mittel- und Südosteuropa durch das saisonale Auftreten wandernde Tiere und lokale Vorkommen von Fortpflanzungskolonien kompliziertes

Portrait einer adulten Zweifarbfledermaus. Die Ohrfalte erreicht beinahe den Mundwinkel.

Zweifarbfledermaus mit der typischen Fellfärbung im Winter, so wie die Tiere im Südwesten des Verbreitungsgebietes bei Wohnungseinflügen gefunden werden.

Verbreitungsmuster. Wochenstuben und Männchenkolonien wurden im Westen und Süden des Verbreitungsgebiets nur lokal gefunden, so in der Schweiz, Bayern und Österreich. Die Sommernachweise aus dem Südwesten des Verbreitungsgebietes (französisches Zentralmassiv, Pyrenäen) betreffen ausnahmslos Männchen. Umherstreifende bzw. migrierende Tiere können bis Finnland, auf Ölbohrinseln in der Nordsee und auf die Färöer-Inseln, oder auf ein Boot vor Gran Canaria gelangen.

KENNZEICHEN Mittelgroß mit langem und auf schwarzbraunem Grund auffällig silbern-weißlich bereiftem Rückenfell. Die Unterseite ist variabel weißlich-beige oder einheitlich bräunlich-gelblich, meist scharf von der Rückenfärbung abgesetzt. Häufig gelbliche Fellpartien rund um die Ohren, v.a. bei Alttieren. Die kurzen kräftigen Ohren mit breitem kurzem Tragus setzen mit einer Hautfalte fast am Mundwinkel an. Gesicht schwärzlichbraun, die Flughäute grau, die Flügel schmal und spitz. Der Penis ist dünn und lang. Weibchen haben vier Zitzen. Jungtiere haben weiß-silberne Haarspitzen, auch auf dem Scheitel, die stark zu der schwarzen Haarbasis kontrastieren. Bei Alttieren haben die Haarspitzen eine bräunlich-gelbliche Färbung und kontrastieren weniger zu der dunkelbraunen Haarbasis.

ÄHNLICHE ARTEN Aufgrund der charakteristischen Färbung unverwechselbar. Breitflügelfledermäuse sind größer, Nordfledermäuse haben goldene Haarspitzen, die nicht bis auf die Stirn reichen, Alpenfledermäuse sind kleiner.

ORTUNGSLAUTE Bis zu 25 ms lange QCF-Laute mit Bestfrequenzen zwischen 22 und 27 kHz, meist um 24 kHz, FM-QCF-Laute mit 23,5–29 kHz, meist um 24,5 kHz. V.a. mit Kleinabendsegler, Breitflügelfledermaus und Nordfledermaus verwechselbar. Charakteristisch sind die von Spätherbst bis in den Frühwinter hinein zu hörenden Balzlaute, die meist mit einer schnellen Abfolge von bis zu 10 etwa 3 ms langen FM-Rufen beginnen, worauf ein wellenartiger abfallender etwa 25 ms langer Ruf von 30 kHz auf 10–15 kHz folgt. Mit bloßem Ohr über Distanzen von bis zu 50 Metern sehr deutlich hörbar.

LEBENSRAUM Jagdgebiete liegen über Gewässern, Uferzonen, offenen Agrarflächen, Wiesen und in Siedlungen. In der Schweiz am Rand des Verbreitungsgebietes telemetrierte weibliche Zweifarbfledermäuse jagten vor allem über Gewässern und Siedlungen, während Männchen vor allem über Offenland, Wäldern und Siedlungen jagten.
In Südosteuropa Nachweise v.a. aus Gebirgen.

QUARTIERE Wochenstuben und Einzelquartiere werden in Spalten, Rollladenkästen und Zwischendächern an niedrigen Wohnhäusern, Scheunen und Berghütten, aber auch an hohen Gebäuden und in Felsspalten gefunden. Nachweise in Baumhöhlen und Fledermauskästen stammen vor allem aus dem Osten des Verbreitungsgebietes. Zur Überwinterung werden ebenfalls Gebäude, hier aber bevorzugt Hochhäuser und andere hohe Gebäude wie Kirchtürme aufgesucht, aber auch Felswände und Burgruinen.

VERHALTEN UND FORTPFLANZUNG Wochenstuben werden von Mai bis August belegt und umfassen 20–60 aber auch bis zu 200 Weibchen. Männchenkolonien mit über 300 Tieren auch in Gebieten, die fernab der Wochenstuben liegen. Männchen nutzen bis zu 7 Quartiere im Verbund, entsprechend stark fluktuieren die Bestandszahlen an einzelnen Quartieren. Im Spätherbst (Oktober und November) balzen die Männchen sehr auffällig und mit dem bloßen Ohr hörbar in der Umgebung hoher Gebäude (Münster, Hochhäuser), exponierter Burgruinen, an Steinbrüchen und Felswänden oder über Waldgebieten.Die Paarung erfolgt während der spätherbstlichen Balzzeit. Die Jungen, meist Zwillinge, selten ein oder drei Junge, werden hauptsächlich ab Ende Mai geboren. geboren. Ein Großteil der Weibchen nimmt im ersten Herbst an der Paarung teil und reproduziert im Alter von einem Jahr.

NAHRUNGSERWERB UND NAHRUNG Die Nahrung wird in sehr schnellem und geradlinigem Flug in 10–40 m Höhe erbeutet. Die abpatrouillierten Bereiche liegen meist im freien Luftraum über Gewässern und Offenland, seltener über Wald. Insbesondere im Herbst werden allerdings auch Straßenlampen in relativ engen Flugbahnen umflogen. Die Jagdgebiete einzelner Tiere überlappen sich stark. Es werden kleine Zweiflügler (Zuckmücken) und Blattläuse gefangen, die den Großteil der Nahrung ausmachen. Daneben spielen Köcherfliegen und Nachtfalter eine Rolle. Häufig werden Insektenschwärme ausgebeutet, was eine gewisse Bevorzugung von Wasserflächen erklärt.

RAUMNUTZUNG Einige Populationen (Dänemark und Böhmerwald) sind weitgehend standorttreu, die osteuropäischen Populationen wandern dagegen. Die weitesten Wanderungen waren 1.440 km von Estland nach Österreich und 1.787 km von Rybachy (Russland) nach Frankreich. Wanderungen erfolgen im Herbst nach Südwesten, aus Weißrussland und Russland auch nach Südosten. Dabei

Muttertier der Zweifarbfledermaus (Mitte) mit seinen bereits flüggen aber noch hell gefärbten Jungtieren. Foto: D. Nill

werden auch Meere überflogen. Jagdgebiete der Männchen sind im Mittel mit 84 km² wesentlich größer als die gemittelte Jagdgebietsgröße der Weibchen mit 16 km². So sind auch die Jagdgebiete bei den Männchen im Mittel 5,7 km und bis zu 20,5 km vom Quartier entfernt, die der Weibchen liegen mit im Mittel 2,4 km und bis zu 6,2 km Entfernung wesentlich näher.

GEFÄHRDUNG Rote Liste der IUCN 2016: LC (Least Concern) bei stabilem Populationstrend, Rote Liste der EU 2007: LC (Least Concern), FFH-Anhang IV, Rote Liste BRD 2009: D (Daten defizitär). Die Verteilung in Europa ist sehr ungleichmäßig. Im westlichen und südlichen Europa nur lokale Vorkommen, die besonderen Schutzes bedürfen. Besonders bei Sanierungen von Gebäudefassaden können Hangplätze verloren gehen. Auf dem Zug stellen Windkraftanlagen und Straßen eine ernst zu nehmende Bedrohung dar.

FORSCHUNGSANSÄTZE

— Wie verlaufen die Wanderwege der Zweifarbfledermaus und wandern alle Populationen?

— In welchen Gegenden kommen Wochenstuben und wo Männchenquartiere vor?

— Lassen sich die in der Schweiz gefundenen Unterschiede zwischen Jagdgebieten von Männchen und Weibchen auch für das Zentrum der Verbreitung bestätigen?

Azoren-Abendsegler
Nyctalus azoreum
(Thomas 1901)

Kleiner und dunkler gefärbt als der Kleinabendsegler, oft dunkelbraunschwarz. Bis auf Corvo und Flores auf den Azoreninseln häufige Art. Da auf den Azoren Greifvögel selten sind, jagen die Tiere oft am Tag nach Fluginsekten. Nachts oft an Straßenlampen anzutreffen. Quartiere in Bäumen und an Gebäuden. Foto: D. Trujillo

Große Braune Fledermaus
Eptesicus fuscus
(Beauvois, 1796)

Der europäischen Breitflügelfledermaus sehr ähnliche nordamerikanische Art mit dort weiter Verbreitung. Wochenstuben der häufigen Art v.a. an Gebäuden aber auch in Bäumen, Winterquartiere in Höhlen. Einzelnachweise verfrachteter Tiere und von Gefangenschaftsflüchtlingen aus Laborhaltungen in Westeuropa.

Bottas Fledermaus
Eptesicus bottae
Peters 1869

Mittelgroße hell gefärbte Art mit Vorkommen in semiariden bis ariden Gebieten vom Niltal über die Sinaihalbinsel und die Arabische Halbinsel bis Israel, Palästina, Syrien und den Irak. In Wüstengegenden v.a. in Oasen. Es werden Ameisen und andere kleine Fluginsekten bejagt. Meist werden Zwillinge geboren.

Ognevs Fledermaus

Eptesius ognevi
Bobrinskii, 1918

Eine der Bottas Fledermaus ähnliche Art der Wüsten und Steppen des nördlichen Mittleren Ostens, die v.a. anhand genetischer Unterschiede als Art abgetrennt wurde. Nachweise vom Südkaukasus bis nach Tadschikistan. Quartiere v.a. in Felsspalten und den Eingangsbereichen von Höhlen. Die Biologie und Details zur Verbreitung der Art sind nahezu unbekannt. Foto: A. Reiter

Savannenfledermaus

Nycticeinops schlieffeni
(Peters, 1860)

Kleine hell gefärbte Art, die in Trockensavannen Afrikas und der südlichen Arabischen Halbinsel vorkommt. Einzelnachweise in Nordägypten deuten darauf hin, dass es entlang des Nils eine Verbindung bis ans Mittelmeer gibt. Quartiere an Bäumen oder in Gebäude- und Felsspalten, keine Kolonien. Zwei bis drei Junge je Weibchen. Foto: A. Reiter

Eisgraue Fledermaus

Lasiurus cinereus
(Beauvois, 1796)

Von Nord- bis zum nördlichen Südamerika verbreitete Waldfledermaus, die weite Saisonwanderungen ausführt und auch über den Atlantik verdriftet werden kann. Die Tiere hängen einzeln frei in Bäumen und ziehen so auch ihre Jungen groß. Ein Nachweis auf den Orkney Inseln, vier Nachweise an der Südwestküste Islands. Foto: B. Fenton

Zwergfledermaus

Pipistrellus pipistrellus
(Schreber, 1774)
—Common Pipistrelle

Maße
Unterarm 28,0–34,5 mm
Fünfter Finger 37–41 mm
Dritter Finger 50–56 mm
Normalgewicht 3–7 g

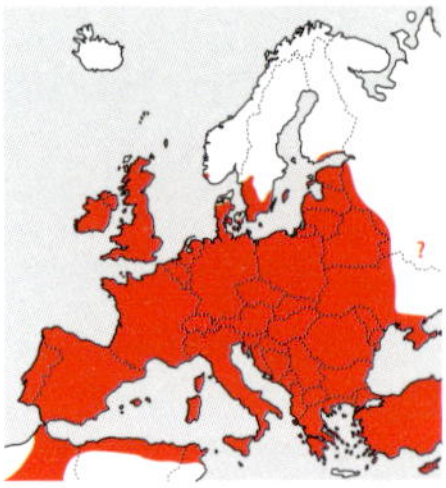

VERBREITUNG Große Teile Europas bis 56° N. Die nördlichsten Nachweise stammen aus Südfinnland bei 60° N. Aus der Region Stavanger in Norwegen liegen Detektordaten vor. Außerhalb Europas gibt es Vorkommen in Nordwestafrika, Kleinasien, dem Mittleren Osten ostwärts bis Iran und Afghanistan, Verbreitung in Teilen Russlands unklar.
KENNZEICHEN Eine kleine braun gefärbte Fledermaus mit kurzen Ohren. Oberseite dunkelbraun, manchmal auch rotbraun, im Süden auch heller

Portrait einer Zwergfledermaus mit der weit verbreitet einheitlichen Braunfärbung. Es treten aber auch regelmäßig hellere Tiere auf, deren Rückenfell sandfarben sein kann.

Die sehr häufige Zwergfledermaus ist weitgehend einheitlich braun gefärbt, die Hautpartien sind etwas dunkler, die Ohren relativ kurz.

gefärbt. Unterseite wenig heller gelbbraun, manchmal graubraun. Die nackten Hautpartien sind schwarzbraun gefärbt, die Hautpartien rund um die Augen und im Inneren des Ohres sind nicht wesentlich aufgehellt. Der Saum der Flughäute hat oft einen schmalen aufgehellten Saum. Die Schwanzflughaut ist nur im körpernahen Bereich behaart. Der Penis ist graubraun und weist ein auffälliges helles Mittelband auf. Zahnmerkmale siehe Bestimmungsschlüssel.

Südöstliche Tiere kleiner und heller, nordafrikanische variabel, beide können an die Mückenfledermaus erinnern.

ÄHNLICHE ARTEN Den anderen *Pipistrellus*-Arten sehr ähnlich, jedoch durch das gestaffelte Erscheinungsbild der Spitzen der oberen Schneidezähne und die Penismorphologie unterschieden. Die Rauhautfledermaus hat außerdem einen längeren fünften Finger (> 42 mm) und eine behaarte

Oberseite der Schwanzflughaut. Zur Unterscheidung von der Mückenfledermaus siehe dort.

ORTUNGSLAUTE Bis 10 ms lange QCF-Laute mit Bestfrequenzen von 41–48 kHz, kürzere FM-QCF-Laute mit Bestfrequenzen von 43–50 kHz, kurze FM-Laute im hindernisreichen Umfeld mit Bestfrequenzen bis 55 kHz. Laute von mehreren ms Länge liegen oft im Bereich 43–48 kHz und sind meist sicher der Art zuzuordnen, Bestfrequenzen unter 42,5 kHz liegen im Überlappungsbereich mit der Rauhautfledermaus. Die Sozialrufe sind charakteristische, meist vier- bis fünfteilige Triller mit Endfrequenzen zwischen 17 und 20 KHz.

Im Winter ziehen sich Zwergfledermäuse tief in Fels-, Mauer- und Gewölbespalten zurück, meist sind nur die vordersten Tiere sichtbar. Solche Spalten können Hunderte Tiere enthalten.

LEBENSRAUM Eine in ihren Lebensraumansprüchen sehr flexible Art, die von Innenstädten bis zu ländlichen Siedlungen und in nahezu allen Habitaten vorkommt. Wo vorhanden, werden allerdings Wälder und Gewässer bevorzugt.

QUARTIERE Ein weitgehender Kulturfolger: Sommerquartiere und Wochenstuben finden sich in einem breiten Spektrum an Spalträumen von Gebäuden, meist hinter Verkleidungen und Zwischendächern. Einzeltiere können auch in Felsspalten und vereinzelt auch hinter Rinde von Bäumen gefunden werden. Winterquartiere in Mitteleuropa hinter Fassadenverkleidungen, in Felsspalten und in kalten unterirdischen Kellern, Tunneln und Höhlen. In der Slowakei und in Rumänien gibt es Massenwinterquartiere mit frei an der Decke gebildeten Clustern in Höhlen.

VERHALTEN UND FORTPFLANZUNG Wochenstuben umfassen 50 bis 100, seltener bis zu 250 Weibchen. Quartiergebäude werden oft durch Kot markiert, der im Flug an Wänden und Fensterscheiben abgesetzt wird. Wochenstubenverbände ziehen im Schnitt alle 12 Tage um. Winterquartiere in Gebäuden werden von Einzeltieren oder wie in geeigneten Felsspalten von mehreren hundert Individuen genutzt. Einige trockene Kellerräume von Schloss- und Burganlagen werden von bis zu 5.000 Zwergfledermäusen aufgesucht. In der Slowakei und vor allem in Rumänien gibt es in Höhlen Massenwinterquartiere, so in den rumänischen Karpaten mit 30.000–60.000 Zwergfledermäusen. An großen Winterquartieren schwärmt die Art von Mai bis September, mit Schwerpunkt Anfang August. Es werden regelmäßig Invasionen in leerstehende Gebäude bzw. in als Quartier ungeeignete Räume beobachtet, meist in der Nähe eines Massen-Winterquartieres. Ein Großteil der Jungtiere erreicht die Geschlechtsreife im ersten Herbst. Adulte Männchen etablieren Paarungsquartiere, in die sie mit Singflügen Weibchen locken und so Harems von bis zu 10 Weibchen aufbauen. Wochenstuben werden ab Mai bezogen, die Geburt von 1–2 Jungen erfolgt Mitte Juni, teilweise auch erst bis Anfang Juli. Jungtiere sind mit spätestens 4 Wochen selbstständig, die Wochenstuben lösen sich dann rasch auf.

NAHRUNGSERWERB UND NAHRUNG Der Flug ist wendig und kurvenreich. Meist werden lineare Strukturen auf festen Flugbahnen abpatrouilliert und entdeckte Beute in raschen Manövern und Sturzflügen erbeutet. Einzelne Tiere können stundenlang kleinräumig jagen, so z.B. um Straßenlampen.

Die hell gefärbten Zwergfledermäuse des östlichen Mittelmeerraumes erinnern an die Mückenfledermaus.

Hinsichtlich ihrer Beute ist die Zwergfledermaus ein Generalist, Zweiflügler bilden aber immer den Großteil der Nahrung, daneben kommen zahlreiche weitere kleinere Fluginsekten in der Nahrung vor. Je nach Jagdhabitat dominieren Zuckmücken oder Fliegen, bei sehr gutem Nahrungsangebot lässt sich eine selektive Jagd auf wenige Insektenarten vermuten.

RAUMNUTZUNG Ortstreue Art mit Saisonüberflügen zwischen Sommer- und Winterquartier von unter 100 km, weiteste Entfernungen über 410 km. Weitere Fernwanderungen beruhen auf Verwechslungen mit der Rauhautfledermaus, bei anderen besteht der Verdacht, dass es sich um Mückenfledermäuse gehandelt haben könnte, so auch bei dem weitesten Überflug aus der Ukraine nach Bulgarien mit 1.123 km. Wochenstubenquartiere werden von Einzeltieren bis in 15 km Entfernung und von ganzen Wochenstubenverbänden bis in 1,3 km gewechselt. Schwärmquartiere werden in bis zu 22,5 km, Winterquartiere aus über 50 km Entfernung aufgesucht. Dahingegen liegen die Jagdgebiete normalerweise wesentlich näher an den Wochenstuben, in England beträgt die mittlere Entfernung der Jagdgebiete 1,5 km und ihre mittlerer Ausdehnung 92 ha.

GEFÄHRDUNG Rote Liste der IUCN 2008: LC (Least Concern) bei stabilem Populationstrend, Rote Liste der EU 2007: LC (Least Concern), FFH-Anhang IV, Rote Liste BRD 2009: ★ (Ungefährdet). In weiten Teilen Europas häufig, insbesondere westliche Populationen, aber möglicherweise bereits im Rückgang begriffen. Lokal von Quartierzerstörung und Pestizideinsätzen bedroht. Insbesondere die Massenwinterquartiere im Karpatenbecken sind durch Höhlentourismus gefährdet.

FORSCHUNGSANSÄTZE

—Zu welchen Arten gehören die „Zwergfledermäuse" früherer Studien? Soweit vorhanden sollten Belegexemplare auf ihre Artzugehörigkeit hin überprüft werden.

—Zu welcher Art gehören die wenigen Nachweise fernwandernder Tiere?

—Wie entwickeln sich die Populationen im sympatrischen Vorkommen mit der Weißrandfledermaus?

Mückenfledermaus

Pipistrellus pygmaeus
(Leach, 1825)
—Soprano Pipistrelle

Maße
Unterarm 27,7–32,3 mm
Fünfter Finger 33–40 mm
Dritter Finger 46–55 mm
Normalgewicht 4–7 g

VERBREITUNG Vom europäischen Mittelmeerraum und dem westlichen Kleinasien über Süd- und Mitteleuropa sympatrisch mit der Zwergfledermaus vorkommend. Mit etwa 63° N in Norwegen aber weiter nach Norden als diese. Auch auf Zypern, nicht aber auf Kreta. Nach Osten bis zum Kaukasus. Nur ein Nachweis aus Nordafrika, bislang keiner aus dem Nahen Osten.
KENNZEICHEN Sehr klein mit kurzer heller Schnauze, stark gewölbter Stirn und kurzen hellen

Mehrjährige Mückenfledermaus mit hellen Hautpartien im Gesicht und an der Ohrbasis. Foto: D. Nill

Ohren. Das Fell ist an der Unterseite nur unwesentlich heller als auf der ohnehin hellen Oberseite, die typischerweise sand- oder rötlichbraun ist. Bei älteren Mückenfledermäusen sind alle Hautpartien heller braun als bei der Zwergfledermaus, insbesondere ist das Innere der Ohrmuschel und die kaum behaarte Region um das Auge aufgehellt. Ein kleiner erhöhter Wulst zwischen den Nasenlöchern kommt fast nur bei der Mückenfledermaus vor. Die Buccaldrüsen sind gelblich gefärbt. Die Behaarung auf der Schwanzflughaut reicht weiter als bei der Zwergfledermaus. Ein sehr verlässliches Merkmal ist die Färbung des Penis, der bei der Mückenfledermaus gelblichweiß und an seinen Seitenpolstern oft orange gefärbt ist. Bei den Weibchen ist zumindest zur Reproduktionszeit die Haut um die Vagina ebenfalls gelblichorange gefärbt. Die Zellen im Flügel bilden ein oft zutreffendes Merkmal: Neben der zwischen dem fünften Fingerstrahl und dem Ellbogen durchgehend verlaufenden Zelle ist auch die darüber liegende, am fünften Finger ansetzende Zelle bis zum Unterarm ungeteilt.

ÄHNLICHE ARTEN Leicht mit der Zwergfledermaus zu verwechseln (siehe Kennzeichen). Kleiner als Rauhaut- und Weißrandfledermaus, bei beiden ist der fünfte Finger länger als 40 mm.

ORTUNGSLAUTE Der Zwergfledermaus ähnliche, bis zu 12 ms lange QCF-Laute mit Bestfrequenzen von 51–57 kHz, meist um 55 kHz. Kürzere FM-QCF-Laute mit höheren Bestfrequenzen von bis zu 65 kHz. Verwechslungsmöglichkeiten bestehen in einem Überlappungsbereich von 50–52 kHz mit der normalerweise tiefer rufenden Zwergfledermaus und mit der zwischen 49 und 53 kHz liegenden Bestfrequenz der Langflügelfledermaus. Die dreiteiligen Balz- und Sozialrufe sind charakteristisch, Endfrequenzen der Soziallaute zwischen 19 und 23 kHz.

Jüngeres Männchen der Mückenfledermaus mit beginnender Aufhellung der Gesichtspartien. Kennzeichnend sind auch die kurze Schnauze und die kurzen Ohren.

Etwa drei Monate altes selbstständiges Jungtier der Mückenfledermaus mit der noch einheitlicheren Braunfärbung.

LEBENSRAUM Stärker auf Auwälder (Hartholz- und Weichholzaue), Niederungen und Gewässer jeder Größenordnung, insbesondere Altarme angewiesen, als die Zwergfledermaus. Vor allem während der Trächtigkeit und der Jungenaufzucht werden Gewässer und deren Randbereiche als hauptsächliche Jagdgebiete angenommen. Am Bodensee lag ein Großteil der Jagdgebiete über den Flachwasserzonen bis zu 500 Meter vom Ufer entfernt. Im Mittelmeerraum und an der Schwarzmeerküste jagend über dem Meer in flachen Buchten und über Lagunen. Landwirtschaftliche Nutzflächen und Grünland werden gemieden.

QUARTIERE Wochenstubenquartiere liegen in Außenverkleidungen von Häusern, Flachdachverkleidungen, Zwischendächern und Hohlwänden, an Jagdkanzeln oder in Baumhöhlen und in Fledermauskästen. Zur Paarungszeit werden exponierte Baumhöhlen, Fledermauskästen, Gebäude und Türme besiedelt. Winternachweise meist aus Gebäuden in Spalten oder Zwischenwänden und Baumquartieren, aber auch aus Fledermauskästen. Vermutlich überwintert die Mehrzahl der Tiere in Baumquartieren. In Rumänien überwintern mehrere Tausend Mückenfledermäuse in der Zwergfledermauskolonie der Sura Mare Höhle.

VERHALTEN UND FORTPFLANZUNG
Wochenstuben sind teilweise individuenreicher als bei der Zwergfledermaus: In England können sie mindestens 800 Weibchen umfassen, in Deutschland über 900. Es gibt aber durchaus auch kleine Wochenstuben von 15–20 Weibchen. Teilweise gemischt mit Zwergfledermaus, Rauhautfledermaus oder Brandtfledermaus. Manchmal separieren sich die säugenden Weibchen von ihren Jungen, die in regelrechten Kindergärten zurückgelassen und nur nachts zum Säugen aufgesucht werden. Eine Masseninvasion der Art in ein Holzhaus in Südnorwegen mit 2.843 Individuen deutet auf die Bildung sehr großer Winterkolonien hin, in einer gesplitterten Kiefer wurden rund 500 Tiere gefunden. Die Geschlechtsreife erreichen die Jungtiere schon im ersten Herbst. In Bulgarien erfolgt die Geburt von meist Zwillingen in der zweiten Junihälfte, in der Uckermark bereits in den ersten Junitagen. Adulte Männchen beziehen bereits ab Juni Balz- und Paarungsquartiere, in die sie mit Balzflügen bis zu 12 Weibchen locken. Paarungen erfolgen von Ende Juli bis in den Oktober, eine Paarung wurde im März beobachtet.

NAHRUNGSERWERB UND NAHRUNG
Äußerst wendig und jagt kleinräumiger und stärker an der Vegetation als die Zwergfledermaus. Häufig unter überhängenden Ästen an Gewässern, in eng begrenzten Vegetationslücken im Wald oder über Kleingewässern, aber auch frei über großen Seen oder über dem Meer. In Wäldern können jagende Tiere oft schon eine Stunde vor Sonnenuntergang angetroffen werden, es werden meist kleine Lichtungen oder der Kronenraum beflogen. Die Nahrung umfasst Zweiflügler, Hautflügler und Netzflügler, zu einem geringen Anteil weitere Fluginsekten. Aufgrund der Habitatwahl dominieren Insekten von Flussniederungen und Auen wie Zuckmücken, Gnitzen und Eintagsfliegen.

RAUMNUTZUNG Fernfunde mit bis zu 1.280 km und das regelmäßige Auftreten von Paarungsgruppen in Gebieten, in denen die Art im Sommer nicht gefunden wurde, sprechen dafür, dass zumindest teilweise Wanderungen durchgeführt werden. Allerdings scheint zumindest ein Teil der Tiere standorttreu zu sein. Jagdgebiete in Großbritannien im Mittel in 1,7 km Entfernung vom Quartier, am Bodensee in 4–10 km, in Norwegen sogar in bis 12,3 km Entfernung, dabei wurden auch 800 Höhenmeter zurückgelegt.

GEFÄHRDUNG Rote Liste der IUCN 2016: LC (Least Concern) bei unklarem Populationstrend, Rote Liste der EU 2007: LC (Least Concern), FFH-Anhang IV, Rote Liste BRD: D (Daten defizitär). Die Bevorzugung naturnaher Auwälder und die großen an Gebäuden befindlichen Quartiere machen die Art anfällig für Beeinträchtigungen durch die Forstwirtschaft und bei Sanierungsarbeiten in Siedlungen.

FORSCHUNGSANSÄTZE

— Gehört die Art zu den regelmäßigen Langstreckenziehern?

— Ziehen nur einzelne Individuen oder größere Teile der Populationen? Wo liegen die hauptsächlichen Überwinterungsgebiete?

Teil einer Wochenstube der Mückenfledermaus in einer Baumhöhle. Foto: D. Nill

Hanaks Zwergfledermaus

Pipistrellus hanaki
Hulva & Benda, 2004
—Hanak's Pipistrelle

Maße
Unterarm 26,9–31,1 mm
Fünfter Finger 35,0–38,8 mm
Dritter Finger 47,4–53,5 mm
Normalgewicht 3,5–4,9 g

VERBREITUNG Eng begrenzte Verbreitung auf der Kyrenaika im östlichen Libyen und auf Kreta. Die beiden getrennten Populationen könnten auch zwei eigenständige Arten darstellen: *Pipistrellus hanaki* in Libyen und *P. creticus* auf Kreta.
KENNZEICHEN Die kleinste europäische Fledermausart. Weibchen und Jungtiere einheitlich dunkelbraun gefärbt, adulte Männchen mit helleren Haaren auf dem Kopf und hinter den Ohren bunter gefärbt.

Weibchen und Jungtiere von Hanaks Zwergfledermaus sind einheitlich dunkelbraun gefärbt. Die Art ist die kleinste Fledermausart Europas.

Die Flügelfelderung entspricht derjenigen der Zwergfledermaus, auch die Penisfärbung ähnelt der Zwergfledermaus. Libysche Tiere sind größer und fahler gefärbt.
ÄHNLICHE ARTEN Auf Kreta kommen als ähnliche Arten nur *P. kuhlii und P. nathusii* vor, die anhand des Gebisses klar zu unterscheiden sind, auf der Kyrenaika nur *P. kuhlii.* Die zu Hanaks Zwergfledermaus ähnlichen *P. pipistrellus* und *P. pygmaeus* gibt es auf Kreta und der Kyrenaika nicht.
ORTUNGSLAUTE Echoortungsverhalten sehr ähnlich der Zwergfledermaus mit Bestfrequenzen von 43,6 – 55,2 kHz, wobei die hohen Bestfrequenzen v.a. kurze Laute nahe der Vegetation betreffen und die niedrigen Bestfrequenzen bei bis 10 ms langen Lauten des offenen Luftraumes auftreten. Die Soziallaute werden meist einzeln, selten mehrteilig ausgesendet und sind um 20 ms lang, breitbandig und multiharmonisch.
LEBENSRAUM Mediterrane Hartlaubbereiche und mediterrane Wälder im östlichen Libyen (Kyrenaika) und auf Kreta. Auf Kreta wird die ganze Bandbreite an Vegetationsformen bis in über 1.000 m ü. NN genutzt, Waldhabitate in alten Eichenbeständen und Auwälder werden jedoch bevorzugt.
QUARTIERE Weibchenquartiere v.a. in Bäumen (Oliven, Eichen), aber auch in Gebäuden, Strommasten und Straßenlampen. Tagesquartiere von Männchen v.a. in Eichen, aber auch in Felsspalten. Die Quartiere werden häufig gewechselt.
VERHALTEN UND FORTPFLANZUNG Die bislang aufgefundenen Wochenstuben sind klein mit Einzeltieren und Gruppen bis zu 20 Tieren. Männchen hängen solitär. Die Art sucht regelmäßig auch kleine Wasserstellen zum Trinken auf. Die Weibchen kommen in niedrigeren Lagen (unter 600 m ü. NN) vor, Männchen v.a. in den höheren Lagen. Ein oder zwei Junge je Weibchen, die Anfang bis Mitte Juni zur Welt kommen.
NAHRUNGSERWERB UND NAHRUNG Sehr wendiger Jagdflug v.a. in den Baumkronen von Eichen, aber auch in verwilderten Obstgärten und Olivenhainen. Ortsränder und Straßenlampen werden ebenfalls bejagt.
RAUMNUTZUNG Jagdgebiete werden bis in über 3 km Entfernung vom Quartier aufgesucht.
GEFÄHRDUNG Rote Liste der IUCN 2008: DD (Data Deficient) bei unbekanntem Populationstrend, Rote Liste der EU 2007 nicht bewertet, FFH-Anhang IV. Gefährdung durch forstliche Nutzung alter Eichenwälder, großflächige Waldbrände und Pestizideinsätze. Die geringe geographische Ausdehnung der Vorkommen macht die Art anfällig.

Adulte Männchen von Hanaks Zwergfledermaus sind durch aufgehellte Fellbereiche bunter gefärbt als die Weibchen.

FORSCHUNGSANSÄTZE
— Hält die Art Winterschlaf oder werden küstennahe Bereiche mit ganzjähriger Insektenverfügbarkeit aufgesucht?
— Gibt es weitere Vorkommen auf ostmediterranen Inseln? Unterscheidet sich die Nahrung der beiden Populationen?

Rauhautfledermaus

Pipistrellus nathusii
(Keyserling & Blasius, 1839)
—Nathusius' Pipistrelle Bat

Maße
Unterarm 32,2–37,1 mm
Fünfter Finger 41–48 mm
Dritter Finger 57–62 mm
Normalgewicht 6–10 g

VERBREITUNG Große Teile Europas bis Schottland, das mittlere Schweden, Finnland und Russland. Im Osten bis zum Ural und Kaukasus. Aufgrund von weiten Saisonwanderungen kann die Art auch weit im Süden und auf vor der Küste liegenden Inseln, Offshore-Plattformen und Schiffen auftreten. Zwei Nachweise auf Island werden als Verfrachtung angesehen. Die Reproduktionsgebiete liegen vor allem im Nordosten, während die Wintergebiete weiter südwestlich liegen. In Deutschland Ausweitung des Reproduktionsgebietes von Mecklenburg-Vorpommern über die Uckermark, Brandenburg, Schleswig-Holstein und Sachsen-Anhalt bis nach Bayern. Auch die Niederlande, Großbritannien, die Schweiz, Norditalien und Nordspanien sind erst in den letzten Jahrzehnten besiedelt worden.

Rauhautfledermäuse sind unauffällig in Brauntönen gefärbt, im Sommerfell mit einem leichten Rotstich, im Winter stärker graubraun.

KENNZEICHEN Kleine, relativ einfarbig braun gefärbte Fledermaus: Das Rückenfell ist im Sommer rötlichbraun, nach dem Haarwechsel ab Ende Juli dunkel braun mit grauen Spitzen. Die Unterseite ist kaum abgesetzt, etwas heller gelblichbraun. Die Schwanzflughaut ist auf ihrer Oberseite bis etwa zur Hälfte dicht behaart. Die Hautpartien sind dunkelbraun, die Flügel relativ lang und an ihrem Hinterrand oft mit einem unscharf begrenzten hellen Saum. Das vom Ellbogen bis zum fünften Fingerstrahl verlaufende Flügelfeld ist oft durch einen deutlichen Steg geteilt. Der erste obere Schneidezahn (I^2) ist kräftig und weist zwei Spitzen auf, der zweite obere Schneidezahn (I^3) ist lang und überragt die kurze Spitze des ersten.

ÄHNLICHE ARTEN Den anderen *Pipistrellus*-Arten ähnlich, der fünfte Finger ist jedoch meist länger als 43 mm (sehr selten nur 41 mm lang) und damit länger als bei Zwerg- und Mückenfledermaus. Die Weißrandfledermaus hat einen einspitzigen ersten oberen Schneidezahn (I^2).

ORTUNGSLAUTE Bis 12 ms lange QCF-Laute mit Bestfrequenzen von 35–40 kHz, nahe an Hindernissen FM-QCF-Laute mit Bestfrequenzen von 38–43 kHz. Bei gleichzeitiger Jagd mehrerer Individuen auch

Rötlichbraunes Sommerfell adulter Rauhautfledermaus-Männchen. Dieses Tier verbringt den Sommer in Nordbulgarien und wartet auf den Durchzug von Weibchen aus den weit im Norden liegenden Reproduktionsgebieten.

tiefere Bestfrequenzen von 30–37 kHz, die kaum von den sonst in diesem Frequenzspektrum rufenden Arten unterscheidbar sind. Sichere Unterscheidung von der Weißrandfledermaus (und der Alpenfledermaus) anhand der Sozialrufe: Der erste Triller hat meist eine Endfrequenz von 16 kHz, die folgenden von 28–30 kHz.

LEBENSRAUM Naturnahe reich strukturierte Waldhabitate: Laubmischwälder, feuchte Niederungswälder, Auwälder, aber auch Nadelwälder und Parklandschaften. Oft in der Nähe von Gewässern. Jagdgebiete liegen in Wäldern und an deren Rändern, häufig auch über Gewässern. Als Nahrungshabitate auf dem Zug spielen v. a. Feuchtgebiete,

Ab September färbt sich das Fell der Rauhautfledermaus mit dem Haarwechsel mehr graubraun.

Röhrichte und Auwälder eine große Rolle. Wochenstuben im Tiefland, die höchsten liegen unterhalb 500 m ü. NN.

QUARTIERE In erster Linie Rindenspalten und Baumhöhlen bzw. Fledermaus- und Vogelkästen. Wochenstubennachweise gibt es auch aus Holzverkleidungen und in Zwischendächern von Scheunen, Häusern und Holzkirchen. Einzeltiere auch in Baumquartieren, Dehnungsfugen und Fertigungsspalten von Brücken und in Felsspalten. Paarungsquartiere gerne an exponierten Stellen: Alleebäume, einzeln stehende Häuser, Brücken und Türme. Winterquartiere vor allem in Baumhöhlen und Holzstapeln, aber auch an Gebäuden und Felswänden.

VERHALTEN UND FORTPFLANZUNG
Wochenstuben je nach Raumangebot im Quartier meist 20, aber auch bis zu 200 Weibchen. Häufig vergesellschaftet mit Brandt-, Teich- und Zwergfledermaus. Die Quartiere werden regelmäßig gewechselt. Meist werden Zwillinge, selten auch Drillinge geboren. Bereits Ende Juli lösen sich die Wochenstuben auf. Paarungen in Wochenstubennähe oder auf dem Zug bis nahe der Winterquartiere bis Anfang November. Mit Balzrufen locken die Männchen vorbeiziehende Tiere an und vermitteln so auch Quartiere an ortsunkundige Tiere. Harems umfassen 3–10 Tiere, es werden auch Jung-Männchen im Quartier akzeptiert. Insbesondere die ein- bis dreijährigen Weibchen sind reproduktiv wirksam und machen 75 % des Wochenstubenbestandes aus.

NAHRUNGSERWERB UND NAHRUNG Jagdflüge schnell und geradlinig, häuig entlang von Waldwegen, Schneisen und Waldrändern, über Gewässern oder um Straßenlampen. Es werden auch große Gewässer bejagt (z.B. Chiemsee, Bodensee). Nicht ganz so wendig wie die Zwergfledermaus. Flughöhe meist in 3–20 Metern, über dem Wasser auch niedriger. Die Nahrung besteht ausschließlich aus Fluginsekten, meist aus an Gewässer oder Wald gebundenen Zweiflüglern (vor allem Zuckmücken, aber auch Stechmücken, Kriebelmücken und Schnaken), in geringem Umfang auch aus Köcherfliegen, Blattläusen, Netzflüglern und anderen kleinen Insekten.

Singendes Männchen der Rauhautfledermaus an seinem Quartiereingang in einem toten Baum. Stationär oder aus dem Flug heraus balzen die Tiere und locken so die Weibchen an.

RAUMNUTZUNG Saisonaler Weitstrecken-Wanderer. Der derzeit weiteste Überflug betrug 1.905 km. Im Herbst vorherrschend nach SW, meist entlang von Küstenlinien und Flusstälern, es werden auch Gebirge und Meere überflogen. Die Überwinterungsgebiete der nordostdeutschen und der baltischen Population liegen 1.000–2.000 km entfernt vor allem in den Niederlanden, Frankreich, Süddeutschland, der Schweiz, Norditalien und dem Nordwesten der Balkanhalbinsel. Tiere aus dem russischen Voronesch-Gebiet wurden in 1.600 km Entfernung in Bulgarien, Griechenland und der Türkei gefunden. Aus den Wochenstubengebieten ziehen im August zuerst die Weibchen, bis spätestens Oktober die Männchen ab. Im Süden treten noch Ende November Durchzügler auf. Die Zugleistungen liegen bei 29–48 km und bis 80 km pro Nacht. Jagdgebiete sind bis zu 6,5 km vom Quartier entfernt und können über 20 km^2 groß sein, innerhalb dieser Fläche werden aber 4–11 wesentlich kleinere Teiljagdgebiete von wenigen Hektar Ausdehnung beflogen. Über Wasser bis 1,3 Kilometer vor dem Ufer.

GEFÄHRDUNG Rote Liste der IUCN 2016: LC (Least Concern) bei unbekanntem Populationstrend, Rote Liste der EU 2007 LC (Least Concern), FFH-Anhang IV, Rote Liste BRD 2009: ★ (Ungefährdet). Gefährdungen durch Insektenvernichtungsmaßnahmen und während des Zuges durch Windkraftanlagen und Straßen. Die Forstwirtschaft hat großen Einfluss auf die Verfügbarkeit natürlicher Quartiere.

FORSCHUNGSANSÄTZE

— Haben Männchen, die sich näher an den Wintergebieten ansiedeln, einen höheren Reproduktionserfolg als wochenstubennah siedelnde Männchen?

— Betreffen die Arealausweitungen alle Populationen und welche Bedingungen sind dafür notwendig?

— Wie wirken sich lokal zunehmende Bestände auf sympatrische Vorkommen der Zwerg- und der Mückenfledermaus aus?

Weißrandfledermaus

Pipistrellus kuhlii
(Kuhl, 1817)
— Kuhl's Pipistrelle Bat

Maße
Unterarm 30,3–37,4 mm
Fünfter Finger 40–45 mm
Dritter Finger 54–61 mm
Normalgewicht 5–8 g

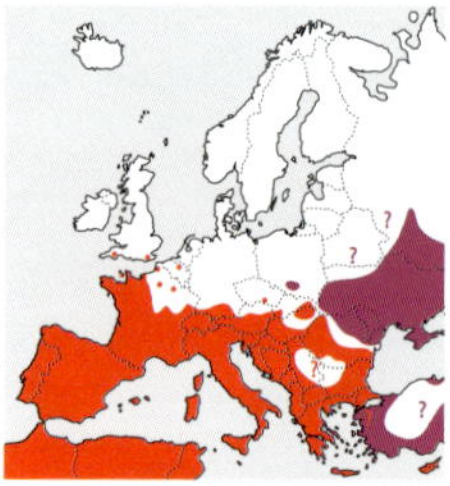

VERBREITUNG Im gesamten Mittelmeerraum verbreitet. Die derzeitige Nordgrenze der Verbreitung reicht bis Nordwestfrankreich (Normandie), den Süden Deutschlands, Österreich, Slowakei, Polen und die Ukraine, hier reicht die Verbreitung bis ins südliche Russland. An der gesamten Nordgrenze wird seit den 1980er Jahren von einer Ausbreitung berichtet. So erreichte die Art erst vor wenigen Jahren Süddeutschland, Österreich, die Slowakei, die

Weißrandfledermaus mit der für den europäischen Mittelmeerraum typischen Fellfärbung. Foto: O. v. Helversen.

Portrait einer Weißrandfledermaus von Kreta. Wegen der Ähnlichkeit zu anderen Arten der Gattung sollten immer die Zahnmerkmale geprüft werden, die von den Tieren meist bereitwillig gezeigt werden.

Tschechische Republik und Polen, bzw. Bulgarien, Serbien, Rumänien, die nördliche Ukraine und das südliche Russland. Nachweise in England und den Niederlanden wurden bislang auf verschleppte Tiere zurückgeführt, angesichts der stetigen Nordausbreitung könnten sie jedoch auch durchaus Vorboten einer Besiedlung darstellen. Häufig findet die Erstansiedlung in Städten statt. Aktuell scheint eine Besiedlung ostdeutscher Großstädte wie Dresden und Leipzig stattzufinden. Auf allen großen Mittelmeerinseln, auf den Kanaren (Gran Canaria, Fuerteventura, Lanzarote), in ganz Nordafrika nördlich der Wüstengebiete, in ganz Kleinasien und im Nahen Osten, über die ganze Arabische Halbinsel bis Afghanistan, Turkmenistan und Kasachstan vorkommend.

TAXONOMIE Die von Polen, Rumänien und Anatolien aus ostwärts vorkommenden Tiere sind genetisch auffallend andersartig und bilden möglicherweise eine eigene Art, deren Verbreitung ist in Violett dargestellt. Für diese Ostlinie ist vermutlich der Artname *Pipistrellus lepidus* zutreffend. Von Osten erreichet diese Ostlinie Polen und Einzelfunde in Ostdeutschland könnten ebenfalls dieser Gruppe zugeordnet werden. Auch innerhalb der europäischen *kuhlii*-Gruppe gibt es zwei genetisch deutlich verschiedene Linien: eine westeuropäische, die auf der Iberischen Halbinsel und in Frankreich dominiert, und eine nordafrikanisch-osteuropäische Linie. Allerdings kommen in Wochenstuben der Schweiz und auf Korsika beide Linien gemeinsam vor. In Zukunft ist mit umfangreichen Veränderungen in der Artzuordnung und Benennung innerhalb der *kuhlii*-Gruppe zu rechnen.

KENNZEICHEN Eine kleine Fledermaus mit variabler Färbung. Das braune Rückenfell weist oft hellere, beige oder ockerfarbene Töne auf. Die Unterseite ist wenig abgesetzt hell beige, weißlich oder hell gelblich gefärbt. Ohren und Gesicht bei Alttieren

Einheitlich braun gefärbte Tiere kommen bei der Weißrandfledermaus ebenfalls vor.

rötlichbraun, bei jüngeren Tieren dunkelbraun. Am Flughautrand erstreckt sich zwischen fünftem Finger und Fuß ein meist scharf abgegrenzter weißer Saum von 1–2 mm Breite. In seltenen Fällen kann er fehlen, in Nordafrika und v.a. bei der östlichen Form (c.f. *lepidus*) ist er aber oft deutlich breiter und diffus über die distalen Bereiche des Flügels ausgedehnt. Die Flügelfelderung gleicht bei großen Tieren jener der Rauhautfledermaus, das vom Ellbogen bis zum fünften Fingerstrahl verlaufende Flügelfeld ist durch einen deutlichen Steg geteilt. Kleinere Tiere weisen eine Flügelfelderung wie die Zwergfledermaus ohne Steg auf. Das Gebiss stellt die beste Möglichkeit zur Artbestimmung dar: Der erste obere Schneidezahn (I^2) ist lang und weist nur eine Spitze auf, der zweite obere Schneidezahn (I^3) ist klein. Zwischen Eckzahn (C^1) und dem großen Prämolar (P^4) ist im Oberkiefer der sehr kleine und nach innen gerückte Prämolar (P^3) kaum oder gar nicht zu sehen. Männchen haben einen charakteristischen speerförmigen Penis.

ÄHNLICHE ARTEN Den anderen europäischen Zwergfledermaus-Arten sehr ähnlich, aber durch den einspitzigen ersten oberen Schneidezahn (I^2) eindeutig zu unterscheiden (bei allen anderen *Pipistrellus*-Arten zweispitzig). Meist heller als die Zwergfledermaus gefärbt. Die in Nordafrika vorkommende Wüsten-Weißrandfledermaus (*P. deserti*) ist kleiner (v.a. $CM^3 < 4{,}5$ mm). Bei der Alpenfledermaus verbreitert sich der Tragus zur Spitze, die Schwanzspitze ragt auf 3–5 mm Länge frei aus der Schwanzflughaut und der erste obere Schneidezahn ist zweispitzig.

ORTUNGSLAUTE Im offenen Luftraum bis 14 ms lange QCF-Laute mit Bestfrequenzen von 34–38,5 kHz, FM-QCF-Laute mit höheren Bestfrequenzen bis 40 kHz, FM-Laute nahe an Hindernissen mit Endfrequenzen bis maximal 45 kHz. Eine sichere Unterscheidung von der Rauhautfledermaus ist anhand der Sozialrufe möglich: Diese weisen Endfrequenzen von 14–17 kHz auf und liegen damit niedriger als die anderer Arten. Madeira-Fledermaus und Wüsten-Weißrandfledermaus rufen beide höher (Bestfrequenzen der QCF-Laute > 42 kHz).

LEBENSRAUM Eine stark synanthrope Art, die in Städten und Siedlungen sehr häufig ist. Meist in niedrigeren Lagen unter 1.000 m ü. NN. Auch Jagdgebiete liegen häufig innerhalb von Siedlungsräumen, meist an Straßenlampen, in Gärten und Parks oder an Gewässern. Weißrandfledermäuse kommen gut mit anthropogen überformten Landschaften, landwirtschaftlichen Flächen und devastierten Waldgebieten zu Recht und finden somit im gesamten Mittelmeerraum und im Siedlungsbereich bis nach Mitteleuropa entsprechende Lebensbedingungen. In größeren zusammenhängenden Waldgebieten selten anzutreffen.

QUARTIERE Wochenstuben sind meist an Felswänden oder in Spalten an Gebäuden zu finden: Wandverkleidungen, Rollladenkästen, Fensterläden, Mauerrisse, Zwischendächer und unter Ziegeln. Gerne werden spaltenartige Fledermauskästen angenommen. Exotischere Quartiere finden sich in Löchern von Betonmasten, in einem Zwergadlernest oder in Nestern von Schwalben und Uferschwalben, lokal auch in Baumhöhlen. Winterquartiere oft in Fassadenhohlräumen von Gebäuden und Dehnungsfugen, aber auch in Felsspalten.

Auch im Flug fällt der helle Saum der Flughaut der Weißrandfledermaus auf.
Foto: T. Pröhl

VERHALTEN UND FORTPFLANZUNG Wochenstuben umfassen meist etwa 20, selten auch bis weit über 100 Tiere, adulte Männchen kommen darin nur ausnahmsweise vor. Obwohl die Art gemischte Wochenstuben mit Alpen- und Zwergfledermäusen bildet, scheint sie als die konkurrenzstärkere Art zumindest die Zwergfledermaus aus den besiedelten Stadtbereichen zu verdrängen, im Mittelmeerraum ist diese folglich eher in ländlichen Bereichen oder Waldgebieten anzutreffen. Aus Italien wurden Invasionsflüge von bis zu 400 Weißrandfledermäusen bekannt, an manchen Gebäuden kommt es Ende August und im Herbst zu einer Art Schwärmverhalten, bei dem vor allem Jungtiere auch in das Innere von Gebäuden einfliegen und teilweise umkommen. Im Mittelmeergebiet ist die Art auch an milden Wintertagen aktiv, der Winterschlaf wird regelmäßig unterbrochen. Jungtiere können bereits im ersten Herbst geschlechtsreif werden. Die Paarung erfolgt meist im August und September entweder an Schwärmplätzen oder die Weibchen werden in einer Flugbalz von August bis November von den Männchen angelockt. Ende Mai oder Anfang Juni werden 1–2 Junge geboren.

NAHRUNGSERWERB UND NAHRUNG Der Flugstil ist dem der Zwergfledermaus sehr ähnlich: wendig, schnell und kleinräumig manövrierfähig. Meist werden Straßenlampen umkreist oder lang gestreckte Flugkorridore abpatrouilliert. Gruppen gemeinsam jagender Weißrandfledermäuse können regelmäßig beobachtet werden. Die Flughöhe liegt zwischen 2 und 10 m, Insektenschwärme können jedoch vor allem in den frühen Abendstunden bis in mehrere hundert Meter Höhe ausgebeutet werden. Weißrandfledermäuse können regelmäßig schon vor Sonnenuntergang jagend beobachtet werden. Sie kommen zum Trinken häufig an Zisternen, Löschteiche oder kleine Gewässer. Die Nahrung wird opportunistisch im Flug erbeutet und besteht innerhalb von Siedlungen und an Gewässern zu einem großen Anteil aus Hautflüglern (Ameisen) und Zweiflüglern (Zuckmücken, Stechmücken), einer Vielzahl weiterer Fluginsekten: vor allem Nachtfaltern, aber auch Wanzen, Eintagsfliegen und Köcherfliegen. Saisonal dominieren kleine Käfer (*Rhizotrogus*) und Kohlschnaken.

RAUMNUTZUNG Ortstreue Art, zumindest in Gegenden, in denen sie etabliert ist. Das Vorrücken der nördlichen Verbreitungsgrenze lässt sich auch durch relativ kleinräumige Dispersionsbewegungen erklären.

GEFÄHRDUNG Rote Liste der IUCN 2016: LC (Least Concern) bei unbekanntem Populationstrend, Rote Liste der EU 2007: LC (Least Concern), FFH-Anhang IV, Rote Liste BRD 2009: ★ (Ungefährdet). Im Mittelmeergebiet in Siedlungen sehr häufig. Kolonien und Einzeltiere sind teilweise durch Sanierungen bedroht.

Blick in den engen Quartierspalt einer Kolonie der östlichen Weißrandfledermaus am Dachüberstand eines Hauses.

FORSCHUNGSANSÄTZE

—Wodurch wird die Verlagerung der Verbreitung nach Norden ausgelöst?
—Welchen Einfluss hat das Populationswachstum der Weißrandfledermaus auf andere Fledermausarten?
—Wie unterscheiden sich Nahrungsspektrum und Reproduktionserfolg von Großstadt- und ländlichen Populationen der Art?
—Wie sind die nordafrikanischen, östlichen und nahöstlichen Weißrandfledermäuse taxonomisch einzuordnen?

Fahl gefärbte östliche Weißrandfledermaus (*cf. lepidus*) mit orangenen Fell- und Hautpartien wie sie von der Türkei und dem Kaukasus über die Ukraine und Rumänien bis Polen vorkommt.

Alpenfledermaus

Hypsugo savii
(Bonaparte, 1837)
—Savi's Pipistrelle Bat

Maße
Unterarm 31,4–37,9 mm
Fünfter Finger 38–47 mm
Dritter Finger 52–63 mm
Normalgewicht 5–9 g

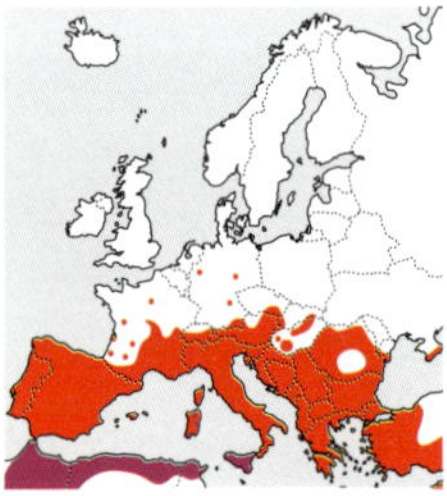

VERBREITUNG Von der Iberischen Halbinsel durch den ganzen europäischen Mittelmeerraum und den Balkan bis Kleinasien und den Nahen Osten verbreitet. Auf allen Mittelmeerinseln. Im Norden bis zum französischen Zentralmassiv, in die südliche Schweiz, Bayern, Österreich, Tschechei und Slowakei, Rumänien, und die Krim. Am Nordrand der Verbreitung kommt es zur Ausbreitung, so v.a. in Österreich und der Tschechischen Republik, aber auch in

Portrait einer mehrjährigen „bunt" gefärbten Alpenfledermaus wie es für die meisten älteren Tiere typisch ist.

Weißrussland. In Deutschland etablierte Vorkommen in Bayern, seit 2019 in Leipzig. Die Tiere Nordafrikas und der Kanaren, Siziliens und ein Teil der sardischen Tiere sind genetisch abweichend (auf der Karte violett markiert) und könnten eine eigene Art darstellen: *H. darwini*.

KENNZEICHEN Kleine, auffällig bunt gefärbte Fledermaus. Das lange dunkelbraune Rückenfell hat meist einen intensiv goldenen oder gelblichen Überflug, die Unterseite ist dazu kontrastierend abgesetzt, weiß oder gelblichweiß. Manche Tiere auf dem Rücken einheitlich braun mit schmutzig grauweißer Unterseite. Die Ohren sind kurz, breit und schwarz glänzend gefärbt. Der Tragus verbreitert sich leicht zur Spitze und ist breiter als bei Zwerg- oder Breitflügelfledermäusen. Gesicht und Flughäute dunkel braunschwarz. Sehr variable Form des Epiblema von nahezu fehlend bis breit, jedoch ohne Knorpelsteg. Der Penis ist charakteristisch, in seinem Mittelteil rechtwinklig in Richtung Schwanz gebeugt und weist lange dunkle Haare auf. In der oberen Zahnreihe berühren sich der Eckzahn (C^1) und der große Prämolar (P^4) während der obere kleine Prämolar (P^3) von außen nicht sichtbar ist.

ÄHNLICHE ARTEN Nur mit der größeren Nordfledermaus (Unterarm > 37 mm) und den Zwergfledermaus-Arten (Gebissmerkmale und Penis beachten) zu verwechseln.

ORTUNGSLAUTE Bis zu 16 ms lange QCF-Laute mit Bestfrequenzen von 30–35 kHz, FM-QCF-Laute mit Bestfrequenzen von 32–37 kHz. Rufe höher als bei der Nordfledermaus und niedriger als bei allen Zwergfledermaus-Arten, damit ist meist eine eindeutige Zuordnung möglich. Allerdings gibt es eine

Braune Farbvariante der Alpenfledermaus, bei der es sich vermutlich um jüngere Tiere handelt, allerdings kann man auch einzelne solchermaßen gefärbte Tiere mit abgewetzten Zähnen finden, was auf ein höheres Alter hindeutet.

Alpenfledermäuse beziehen Quartiere in Spalträumen, hier ein Männchen in einer tiefen Felsspalte in einem Höhlenportal.

leichte Überlappung in der Frequenzverteilung v.a. mit der Weißrandfledermaus. Charakteristisch sind die v.a. zur Balzzeit ab Mitte August zu hörenden Soziallaute von 20 bis 500 ms Dauer, der Frequenzgang unduliert zwischen 16 und 30 kHz, Endfrequenzen liegen bei 16–18 kHz.

LEBENSRAUM Mediterrane Lebensräume von der Küste bis in Hochgebirge von 3.300 m, meist in Karstgebieten mit extensiver mosaikartiger Kulturlandschaft und einem hohen Anteil mediterraner Gebüschformen wie Macchia oder Garrigue. In großen geschlossenen Waldgebieten selten. Regelmäßig über Gewässern und Auen, in der Schweiz und Österreich über Almen, Wiesen und in Siedlungen jagend. Im gesamten Verbreitungsgebiet häufig in felsigem Gelände und vor Felswänden. In Italien und in den Küstengebieten der Balkanhalbinsel an urbane Räume angepasst und auch innerhalb von Großstädten.

QUARTIERE Von Kolonien werden nahezu ausschließlich Felsspalten oder Mauerritzen besiedelt. Wochenstuben sowohl hinter horizontalen Felsabschuppungen, als auch in vertikalen Spalten oder in Mauerspalten von Gebäuden. Es werden auch Spalten im Eingangsbereich von Höhlen genutzt. In Italien und an der dalmatinischen Küste häufig unter Dachziegeln oder in Mauerfugen oder an Hochhäusern. Einzeltiere können in Brücken und Gewölben, aber auch in Schwalbennestern oder sogar am Boden unter Steinen angetroffen werden.

VERHALTEN UND FORTPFLANZUNG Bulgarische Wochenstuben umfassen bis zu 15 Weibchen, die größten Kolonien in Kroatien und Italien bis zu 70 Tiere. Der Ausflug erfolgt im Hochsommer zum Teil vor Sonnenuntergang. Teilweise auch am Nachmittag jagend. Die Angaben zum Geburtszeitraum streuen weit, von Anfang Juni bis Ende Juli, in Nordgriechenland und Bulgarien werden die meisten Jungen Anfang bis Mitte Juni geboren, meist Zwillinge.

NAHRUNGSERWERB UND NAHRUNG Beute wird ausschließlich im Flug gefangen, dabei jagen Alpenfledermäuse allein oder 2–5 Tiere entlang von Felswänden, über den Baumkronen oder schütter bewachsenen Flächen oder um und über Straßenlampen, nur selten in geringer Höhe über dem Boden. Alpenfledermäuse können in Flughöhen von über 100 m über Karsttälern, Wäldern und Gebüschland beobachtet werden. Jagende Tiere fliegen höher, schneller und geradliniger als die Zwergfledermaus-Arten, mit weniger abrupten Richtungsänderungen. Bei der Jagd an Straßenlampen werden meist längere Bahnen beflogen als von Zwergfledermaus-Arten. Insbesondere in Karstgebieten kommen Alpenfledermäuse abends in großer Zahl zu Trinkstellen an Bächen, Wasserbecken und Löschteichen. Die Nahrung besteht aus schwärmenden Kleininsekten, je nach Beuteverfügbarkeit dominieren Nachtfalter, Wanzen, Zikaden, Hautflügler, Blattläuse oder Zweiflügler. So können am Anfang der Nacht über Wiesen schwärmende Zikaden und Wanzen einen hohen Anteil der Nahrung ausmachen. In Dalmatien waren im September zahlreiche Alpenfledermäuse am Spätnachmittag bei der Jagd auf schwärmende Insekten in Höhen bis zu 100 m zu beobachten, Kotproben von an einer nahe gelegenen Trinkstelle gefangenen Tieren enthielten ausschließlich Reste von Ameisen. Auch konnten bei Nacht zwei Alpenfledermäuse beobachtet werden, die in 2–3 m Höhe über einem Ameisenbau kreisten und abfliegende Ameisen direkt über dem Boden abfingen.

RAUMNUTZUNG Es liegen keine Ergebnisse von Beringungsstudien aus Europa vor. Ein häufig zitierter Überflug von 250 km kann auf kein Originalzitat zurückgeführt werden.

GEFÄHRDUNG Rote Liste der IUCN 2016: LC (Least Concern) bei stabilem Populationstrend, Rote Liste der EU 2007: LC (Least Concern), FFH-Anhang IV, Rote Liste BRD 2009: D (Daten defizitär). Im Mittelmeerraum ist keine direkte Gefährdung erkennbar. Gebäudesanierungen und der Einsatz von Pestiziden, die auch in großen Mengen ins Wasser gelangen, stellen aber mögliche Beeinträchtigungen dar.

FORSCHUNGSANSÄTZE

—Stellen die Alpenfledermäuse Nordafrikas, der Kanaren, Siziliens und Sardiniens tatsächlich eine eigene Art dar?
—Ist die Form *caucasicus* als Unterart oder als eigene Art einzustufen?
—Ist eine Nordausbreitung der Art zu beobachten?
—Finden saisonale Wanderungen statt und bis in welche Entfernungen wandern die Tiere?

Die Alpenfledermäuse Nordafrikas sind genetisch so verschieden, dass sie eine eigene Art darstellen könnten, unterscheiden sich aber in der Färbung nicht von mediterranen Tieren.

Atlasfledermaus

Hypsugo darwini
(Tomes, 1859)

Meist zur Alpenfledermaus gestellte Form Nordafrikas, der Kanaren, Siziliens und Sardiniens. Die genetischen Unterschiede zur Alpenfledermaus sprechen für einen eigenständigen Artstatus. Auf Sardinien kommen beide Formen gemeinsam vor, was die Untersuchung der sympatrischen Vorkommen ermöglicht und so die Taxonomie klären könnte.

Wüsten-Weißrandfledermaus

Pipistrellus deserti
Thomas, 1902

Eine oft zur Weißrandfledermaus gestellte fahl gefärbte Form der Wüsten Nordafrikas, die v.a. durch ihre sehr geringe Körpergröße abweicht. Möglicherweise stellt sie auch eine an sehr karge Lebensbedingungen in Wüsten angepasste Zwergform der in ganz Nordafrika vorkommenden Linie der Weißrandfledermaus dar. Andererseits könnte ein eigener Artstatus durchaus gerechtfertigt sein.

Madeira-Fledermaus

Pipistrellus maderensis
(Dobson, 1878)

Einheitlich schokoladenbraun bis orange-braun gefärbte kleine Art der Kanaren, Madeiras und der Azoren. Die Inselpopulationen sind voneinander isoliert und damit anfällig für zahlreiche Gefährdungsursachen, auch wenn der ausgesprochene Kulturfolger mit traditionellen Landnutzungsformen gut zu Recht kommt. Die Vorkommen auf den Azoren sind erst ansatzweise untersucht.

Kaukasusfledermaus
Hypsugo caucasicus
(Satunin, 1901)

Der Alpenfledermaus sehr ähnliche vom Kaukasus aus nach Osten verbreitet Form, die meist als Unterart von *H. savii* geführt wird. Im Gegensatz zum goldglänzenden Rückenfell der Alpenfledermaus sind die Haarspitzen silber-weiß getönt und vorläufige genetische Untersuchungsergebnisse deuten auf eine Eigenständigkeit hin. Die Verwandtschaftsbeziehungen zu den weiter östlich vorkommenden Formen in Zentralasien und Chinas sind bisher erst ungenügend geklärt.

Wüstenelfe
Hypsugo ariel
(Thomas 1904)

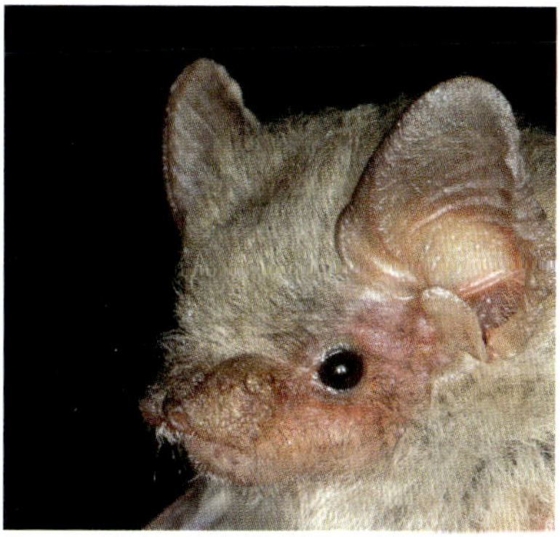

Lange Zeit als extrem seltene Art des Nahen Ostens und Nordost-Afrikas betrachtet. Dann stellte sich heraus, dass die weit verbreitete und lokal häufige *H. bodenheimeri* aus dem Nahen Osten und von der Arabischen Halbinsel zu *H. ariel* gehört. Insbesondere im Jordantal und am Toten Meer häufig. Sehr kleine und fahl gefärbte Wüstenfledermaus die v.a. Ameisen und andere kleine Insekten jagt.

Rüppellfledermaus
Vansonia rueppellii
(Fischer, 1829)

Kleine sehr kontrastreich gefärbte Fledermaus der Trockengebiete Afrikas, des Mittleren Ostens und der Arabischen Halbinsel. Vermutlich werden Saisonwanderungen ausgeführt, um Engpässen in der Beuteverfügbarkeit auszuweichen. An Wasserstellen und in Oasen können zahlreiche Individuen beim Trinken beobachtet werden. Die Art wurde bis vor Kurzem zur Gattung *Pipistrellus* gezählt, von der sie aber genetisch und morphologisch deutlich abweicht.

Mopsfledermaus
Barbastella barbastellus
(Schreber, 1774)
—Western Barbastelle Bat

Maße
Unterarm 36,5–43,5 mm
Fünfter Finger 47–54 mm
Dritter Finger 63–71 mm
Normalgewicht 7–10 g

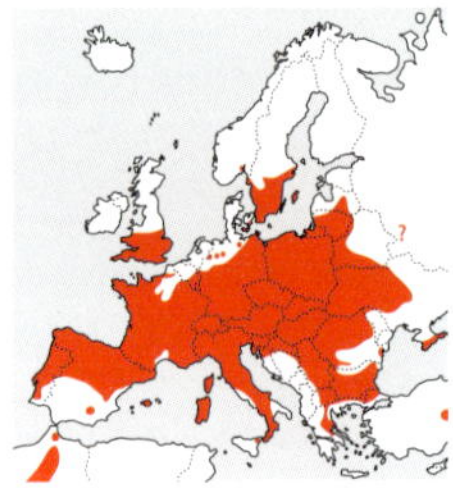

VERBREITUNG Weite Teile Europas, allerdings mit größeren Verbreitungslücken im östlichen Mittelmeerraum. Die nördlichsten Vorkommen in Schweden, nur Einzelnachweise in Norwegen, Beobachtungen von Irland beruhen auf Fehlbestimmungen. Auf den Balearen, Korsika, Sardinien, den Kanaren und in Marokko vorkommend. Die Ostgrenze der Verbreitung liegt in der Osttürkei in Kappadokien und der pontischen Region sowie im Kaukasus.

Mopsfledermäuse sind einheitlich dunkel gefärbt und das Gesicht hebt sich nicht deutlich vom Körper ab.

KENNZEICHEN Mittelgroße Fledermaus mit kurzer gedrungener Schnauze. Das Fell ist dicht und seidig, dunkel schwarzbraun gefärbt. Die Haarspitzen haben vor allem auf dem Rücken weißliche Spitzen, wodurch ein bereifter Eindruck entsteht. Die Hautpartien sind dunkel schwarzbraun. Die breiten, trapezförmigen, nach vorne gerichteten und miteinander verbundenen Ohren haben bei einem Teil der Tiere am Außenrand einen knopfartigen kleinen Lappen. Der Tragus verjüngt sich auf halber Länge sehr stark und ist dann in eine lange Spitze ausgezogen. Kleine Mundspalte und zartes Gebiss. Weibchen der Guanchen-Mopsfledermaus von den Kanaren sind mehr bräunlich gefärbt, die Männchen schwarz, beide Geschlechter ohne silbrige Haarspitzen.
ÄHNLICHE ARTEN Nur mit der vom Kaukasus ostwärts vorkommenden *B. caspica* und der im Mittleren Osten vorkommenden *B. leucomelas* zu verwechseln, beide kommen im Bearbeitungsgebiet nicht vor.
ORTUNGSLAUTE Es werden zwei Ruftypen alternierend ausgestoßen: Typ 1 beginnt zwischen 33,4 und 49 kHz, dauert bis maximal 5 ms und fällt auf 24–37 kHz ab. Typ 2 beginnt bei 37–47 kHz, dauert bis zu 10 ms, fällt auf 24–37 kHz ab und ist im Sonagramm oft flach konvex gebogen. Typ 1 ist wesentlich lauter als Typ 2, dennoch ist dieser Typ 1 10–100 mal leiser als Rufe des Kleinabendseglers. Die beiden Lauttypen werden vermutlich durch Verschiebung des Kehlkopfes und des Gaumensegels abwechselnd durch Mund nach vorne unten (Typ 1) und Nase nach vorne oben (Typ 2) ausgestoßen. Beim Abflug wird

Mopsfledermäuse haben eine kurze Schnauze und große Nasenlöcher, durch die sie auch Echoortungslaute ausstoßen können. Die Ohren sind breit.

ausschließlich der Typ 2 bei meist geschlossenem Mund nach vorne ausgestoßen.

LEBENSRAUM Weitgehend auf Wälder aller Art beschränkt, aber auch in waldnahen Gärten und Heckengebieten. Im Norden des Verbreitungsgebietes auch in Tieflagen, im südlichen Mittelmeergebiet und in Marokko in montanen bis hochmontanen Wäldern bis in über 2.000 m ü. NN vorkommend. In der Schweiz in reich strukturierten produktiven Wäldern. Die Baumarten-Zusammensetzung scheint eine geringe Bedeutung zu haben, wichtig ist dagegen ein hoher Strukturreichtum mit verschiedenen Altersklassen und Saumstrukturen. Ungewöhnlich ist die Population in Kappadokien, die eine steppenartige Landschaft besiedelt.

QUARTIERE Sommerquartiere in Wäldern hinter abstehender Rinde, in Stammanrissen und in flachen Fledermauskästen. Natürliche Baumquartiere liegen meist in ungenutzten urwaldähnlichen Gebieten oder zumindest naturnahen Wäldern mit hohem Alt- und Totholzanteil, gerne hinter abstehender Borke von Eichen, Buchen oder Fichten meist in Höhen von 8–10 Metern und werden im Schnitt alle 2 Tage gewechselt. An Gebäuden hinter Fensterläden und Holzverkleidungen. In Südeuropa auch im Sommer in Felsspalten. Winterquartiere ebenfalls hinter Baumrinde, aber auch in Höhlen, Stollen, ehemaligen Eisenbahntunneln, Steinhaufen, Felsspalten und Ruinen. Als kälteharte Art oft im Eingangsbereich der unterirdischen Quartiere in

Wochenstubenkolonie der Mopsfledermaus in einem Fledermaus-Flachkasten, meist werden Hangplätze hinter abstehender Rinde bezogen. Foto: T. Pröhl

kalten Bereichen um den Gefrierpunkt. Die großen Winteransammlungen Osteuropas befinden sich häufig in größeren Bunkeranlagen. Einzeltiere meist in enge Spalten eingezwängt, Gruppen bilden frei hängende Cluster, die in Osteuropa bis zu 1.000 Tiere umfassen können.

VERHALTEN UND FORTPFLANZUNG Gebäudewochenstuben können bis zu 100 und mehr Weibchen umfassen, in Baumquartieren in der Regel 10–20 Weibchen. Die Baumquartiere werden häufig, oft täglich gewechselt, in Italien im Schnitt alle 3,5 Tage. Dahingegen werden Gebäudequartiere über das ganze Sommerhalbjahr besiedelt, die Einzelhangplätze aber häufig gewechselt. Massenwinterquartiere in der Slowakei und in Polen können bis zu 8.000 Tiere umfassen. Im Spätsommer suchen Mopsfledermäuse mit Hauptaktivität in der dritten Augustdekade Höhlen zum Schwärmen auf. Bereits im ersten Jahr geschlechtsreif, Paarungen finden im Spätsommer in Paarungsquartieren, beim Schwärmen und im Winterquartier statt. Paarungsgruppen können von einem Männchen mit bis zu 4 Weibchen gebildet werden. Ab Mitte Juni werden 1–2 Junge geboren und bis zu 6 Wochen gesäugt.

NAHRUNGSERWERB UND NAHRUNG
Bereits in der Dämmerung ausfliegend und vegetationsnah, häufig dicht über den Baumkronen jagend, aber auch unter dem Kronendach, oder entlang von Vegetationskanten. Sehr wendiger Flug, meist schnell und dicht an der Vegetation. Bei über den Baumkronen jagenden Tieren sind rasche Sturzflüge bis nahe an die Äste zu beobachten. Die Nahrung besteht nahezu ausschließlich aus Faltern, Kleinschmetterlingen wie Zünslern und Flechtenbären, zu einem geringen Anteil aber auch aus Zweiflüglern, kleinen Käfern und anderen Fluginsekten. Bei den Faltern dominieren Arten mit tympanaten Hörorganen, damit ist die Art sehr stark auf eine Beutegruppe spezialisiert.

RAUMNUTZUNG Weitgehend ortstreue Art, Sommer- und Winterquartiere liegen nahe beieinander, meist unter 40 km Entfernung. Nur 4 Funde über 100 km, der weiteste mit 290 km. Die Jagdgebiete liegen meist nah an den Wochenstuben in Entfernungen von bis zu 7 km, Jungtiere und Männchen jagen im Durchschnitt näher an ihren Quartieren als adulte Weibchen. Einzeltiere jagen je Nacht in bis zu 10 verschiedenen Teiljagdgebieten von je bis zu 10 ha Größe. Ein Wochenstubenverband kann über eine Vielzahl von Quartieren auf einer Fläche von mindestens 180 ha verfügen, Quartiere liegen im Mittel 277–750 und bis zu 2.000 Meter auseinander.

GEFÄHRDUNG Rote Liste der IUCN 2016: NT (Near Threatend) mit abnehmendem Populationstrend, Rote Liste der EU 2007: VU (Vulnerable), FFH-Anhang II & IV, Rote Liste BRD: 2 (stark gefährdet) bei starker Verantwortlichkeit Deutschlands. Eine intensive Waldwirtschaft mit geringen Alt- und Totholzanteilen, Pestizideinsätze in Wäldern und eine zunehmende Fragmentierung der Lebensräume stellen Gefährdungsursachen dar. In Teilen Deutschlands findet aktuell eine Wiederbesiedlung des historischen Verbreitungsgebietes statt.

FORSCHUNGSANSÄTZE
—Wie entwickeln sich die Populationen der Mopsfledermaus in Mitteleuropa in verschiedenen Gebieten in Abhängigkeit von der Waldbewirtschaftung?
—Wie wirkt sich der Einsatz von Pestiziden und Häutungshemmern gegen sogenannte Schadinsekten (Waldmaikäfer, Nonne, Schwammspinner) im Wald auf das verfügbare Nahrungsangebot der Mopsfledermaus aus?

Guanchen-Mopsfledermaus der Unterart *B. b. guanchae* von Teneriffa.

Braunes Langohr

Plecotus auritus
(Linnaeus, 1758)
— Brown Long-eared Bat

Maße
Unterarm 35,5–42,8 mm
Fünfter Finger 47–54 mm
Dritter Finger 63–67 mm
Daumen 6,2–8,2 mm
Tragusbreite 4,4–5,5 mm
Traguslänge 14,0–16,7 mm
Normalgewicht 6–9 g

VERBREITUNG Über ganz Europa, nach Norden bis 63–64°N. Im Süden meist in bewaldeten Gebirgsregionen, im eigentlichen Mittelmeerraum selten bzw. nur lokal und v.a. in den Gebirgen. Östliche Verbreitungsgrenze im Ural und Kaukasus. Die Tiere der Iberischen Halbinsel stellen möglicherweise eine eigene Art dar (*P. begognae*, auf der Karte in Violett, siehe auch Seite 374). Innerhalb der mitteleuropäischen *P. auritus* zwei getrennte genetische Linien, die sich in der Art der Quartiernutzung (Bäume vs. Gebäude), Habitatwahl (Wald vs. Halboffenland) und in der Färbung unterscheiden und die wohl zwei Glazialrefugien (Ost und West) zuzuordnen sind.

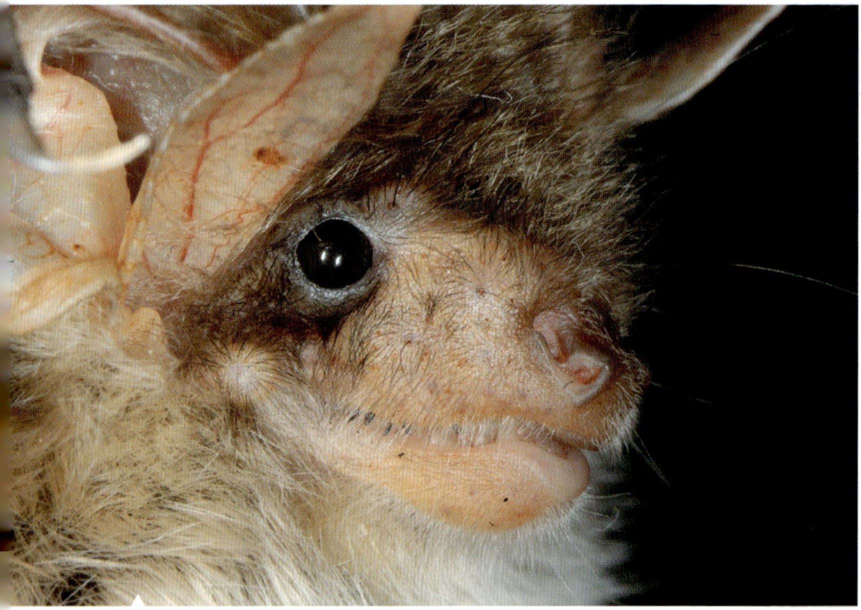

Portrait des Braunen Langohrs mit den großen Augen, der kurzen Schnauze und den schlitzförmigen Nasenlöchern, durch die z.B. beim Transport großer Beutetiere die Echoortungslaute ausgestoßen werden können.

Kleiner Cluster des Braunen Langohrs aus zwei Weibchen mit ihren Jungen.

KENNZEICHEN Mittelgroße Fledermaus mit langen zarten Ohren. Das lange und lockere Rückenfell ist braun, oft mit rötlichem Stich, und geht allmählich in die cremefarbene bis gelblichgraue Unterseitenfärbung über. Das Gesicht ist meist hellbraun, durch das aufgetriebene Drüsenfeldpaar am Nasenrücken kurz wirkend. Die Ohren und der Tragus sind wenig pigmentiert. Die Augen sind auffallend groß. Daumen, Daumenkralle und Hinterfüße sind groß und die Zehen stark borstenartig behaart. Der Penis verjüngt sich gleichmäßig zur Spitze.

ÄHNLICHE ARTEN Durch einen langen Daumen (meist über 6,5 mm), eine lange Daumenkralle (> 2 mm), große Füße (> 8 mm) mit langen abstehenden Haaren, ein halbkreis- bis bananenförmiges Feld am Kinn (nicht dreieckig wie beim Alpen-Langohr) und den konisch zulaufenden Penis von anderen Arten zu unterscheiden.

Weibchen des Braunen Langohrs mit seinem Jungen am Bauch, das gerade an einer Zitze unter dem Flügel trinkt.

ORTUNGSLAUTE FM-Laute mit zwei Harmonischen. Die untere fällt von 48–55 auf 27–17 kHz, die obere von über 80 auf 35–40 kHz ab. Kurze Laute enden bei 27, lange bei 17 kHz. Ausstoß der Laute durch das Maul oder durch die Nase. Rufe sind sehr leise, mit Batdetektoren nur 5 Meter weit hörbar. Soziallaute beginnen bei ca. 57 kHz, fallen steil ab und enden in einem 1 ms langen konstanten Teil um 14 kHz.

LEBENSRAUM Jagdgebiete der Wald-Langohren in borealen Nadelmischwäldern, Fichtenforsten bis hin zu Buchen- und Eichenbeständen. Jagdgebiete der Gebäude-Langohren im Offenland, Streuobstwiesen, Parks und Gärten. In Nordeuropa von Tieflagen bis in die Gebirge, in Mitteleuropa von 200 m bis über 2.000 m vorkommend. In Südeuropa in Bergwäldern, auch über 1.000 m ü. NN.

QUARTIERE Zwei vorherrschende Sommerquartier-Typen in Bäumen und Gebäuden. Im Winter in einer Vielzahl unterirdischer Quartiere von Höhlen bis hin zu Felsspalten, aber auch in Baumhöhlen. In Westeuropa nahezu ausschließlich Gebäude, in Osteuropa und Russland dominieren Baumquartiere. An Bäumen werden alle Spalträume von abstehender Rinde bis hin zu Fäulnis- und Spechthöhlen oder Nistkästen genutzt. In Dachräumen meist zwischen Ziegeln, Lattung und Gebälk, aber auch in Zapfenlöchern oder hinter Verkleidungen. In unterirdischen Winterquartieren bei Temperaturen von 3–7 °C in Höhlen, Bergwerken, Kellern, Brunnenschächten und Bruchsteinmauern. Starke Fluktuationen im Quartier, Einzelfunde in Felsspalten, Geröll, Blockhalden, Holzstapeln und sogar in einem Dachsbau.

VERHALTEN UND FORTPFLANZUNG Wochenstuben mit 5–50, im Norden bis über 80 Weibchen. Gebäudewochenstuben sind oft über das ganze Sommerhalbjahr stabil (innerhalb des Daches wird allerdings häufig gewechselt), während Baum- und Kastenquartiere regelmäßig alle 1–5 Tage in einem Umkreis von wenigen hundert Metern gewechselt werden. Männchen sind den Sommer über solitär. Ab Anfang August bis in den Oktober mit Hauptaktivität Anfang September ausgeprägtes Schwärmen vor und in Höhlen, eine zweite Schwärmperiode von Februar bis April. Im Winter hängen sie meist einzeln, selten in Kleingruppen von bis zu 5 Individuen, häufig werden kaum einsehbare Spalten aufgesucht. Die Geschlechtsreife tritt bei einem geringen Teil der Jungtiere bereits im ersten Herbst ein, bei den meisten erst im zweiten Jahr. Paarungen ab August bis in den April, vermutlich liegt die Hauptpaarungszeit im Winter. Es wird meist nur ein Junges geboren, im Norden und bei älteren Weibchen jedoch auch Zwillinge. Die Geburt erfolgt im Süden Anfang Juni, in Nordeuropa in den ersten drei Juli-Wochen. Mit 6 Wochen sind die Jungtiere voll flugfähig.

NAHRUNGSERWERB UND NAHRUNG Zwei hauptsächliche Strategien: der Fang fliegender Insekten in der Luft und Absammeln von Oberflächen, meist von der Vegetation. Dabei wird die Beute im langsamen Suchflug nahe an der Vegetation anhand der Raschelgeräusche oder optisch lokalisiert und dann im Rüttelflug abgelesen. Beutefänge finden vom Boden bis in die Kronenbereiche hoher Bäume statt. Größere Beute wird zu Fraßplätzen getragen. Es dominieren Nachtfalter, daneben werden Zweiflügler, Heuschrecken und Wanzen und viele nicht fliegende Gliedertiere wie Spinnen, Weberknechte, Ohrwürmer und Raupen erbeutet. Getrunken wird meist im Flug direkt von Wasseroberflächen.

RAUMNUTZUNG Sehr ortsgebundene Art, Überflüge meist unter 10 km, kaum über 30 km. Den „Rekord" hält ein Weibchen in Deutschland mit 90 km. Typisch sind kleine Kolonien mit meist nur 20 Weibchen und nahe bei den Wochenstuben gelegene Jagdgebiete. Jagdgebiete liegen im Sommer in wenigen hundert Meter oder bis zu 2,2 km Entfernung vom Quartier, im Herbst auch bis zu 3,3 km entfernt. Die meiste Zeit verbringen die Tiere jedoch im 500 m Umkreis um das Quartier. Gesamtjagdgebiete sind überwiegend nur bis 100 ha groß, die Kernjagdgebiete in der Regel wenige Hektar. Der mittlere Kolonieabstand in Thüringen beträgt 2,5 km.

GEFÄHRDUNG Rote Liste der IUCN 2008: LC (Least Concern) bei stabilem Populationstrend, Rote Liste der EU 2007: LC (Least Concern), FFH-Anhang IV, Rote Liste BRD: V (Art der Vorwarnliste). Die Art ist insbesondere in Mittel- und Nordeuropa häufig. Durch intensive forstliche Nutzung, Entnahme von Altholz, Sanierungen von Dachstühlen und deren Vergitterungen (z.B. gegen Tauben) beeinträchtigt. Auch der Straßenverkehr stellt eine Gefährdungsursache dar: Langohren gehören zu den häufigsten Verkehrsopfern.

FORSCHUNGSANSÄTZE
— Gibt es in den Pyrenäen sympatrische Vorkommen der beiden Unterarten, bzw. stellt die iberische Form *begognae* eine eigene Art dar?
— Lassen sich die Ost- und Westform des Braunen Langohres durchgängig in ihrer Quartierwahl und in weiteren ökologischen Ansprüchen trennen?
— Gibt es Mischkolonien der Wald- und Gebäude-Langohren?

Die Braunen Langohren der Iberischen Halbinsel stellen möglicherweise eine eigene Art dar, hier ein Tier aus Portugal.

Alpen-Langohr

Plecotus macrobullaris
Kuzjakin, 1965
— Alpine Long-eared Bat

Maße
Unterarm 37,3–46,0 mm
Fünfter Finger 49–58 mm
Dritter Finger 63–72 mm
Daumen 6,5–8,4 mm
Tragusbreite 5–6 mm
Traguslänge 15,5–19 mm
Normalgewicht 6–10 g

VERBREITUNG Nachweise stammen aus den Pyrenäen, von Korsika, dem gesamten Alpenbogen von Frankreich, der Schweiz, Liechtenstein, Italien und Österreich bis Slowenien. Im Dinarischen Gebirge von Kroatien bis Griechenland, dort auch im Pindos-Gebirge, am Olymp und auf Kreta. In der Türkei im Taurus-Gebirge, nach Osten setzt sich die Verbreitung bis zum Kaukasus (Georgien, Armenien, Aserbeidschan, nördliche Kaukasus-Republiken) und in den Nahen Osten (Iran und Syrien) fort. Vorkommen in den bayrischen Alpen sind wahrscheinlich, bisher aber nicht nachgewiesen.

Charakteristisch für das Alpenlangohr ist das dreieckige Feld an der Unterlippe, das bei jüngeren Tieren dunkel pigmentiert ist.

Beim Einzeltier des Alpenlangohrs fällt das schneeweiße Bauchfell auf, die Rückenfärbung ist variabel braun, braungrau oder hellgrau.

KENNZEICHEN Mittelgroßes bis großes Langohr. Das Rückenfell ist dicht und lang. Auf dem Rücken verschiedene meist helle Grautöne, die Unterseite hell, oft nahezu rein weiß. Das Gesicht ist bei älteren Tieren gering pigmentiert und hell. An der Unterlippe befindet sich ein hartes lederartiges, dreieckiges Feld, das bei jüngeren Tieren dunkel pigmentiert ist. Daumen, Daumenkralle und Hinterfuß sind mittellang, der Tragus ist lang. Auf den Zehen befinden sich lange abstehende Haare. Der Penis ist auf nahezu seiner gesamten Länge gleich breit (parallele Seiten) und verjüngt sich nur an der Spitze.

ÄHNLICHE ARTEN Den anderen Langohrarten ähnlich, kommt zusammen mit dem Braunen und Grauen, im Süden auch mit dem Balkan-Langohr vor. Der charakteristische dreieckige Kinnfleck und bei den Männchen die Penisform ermöglichen zusammen mit einer Kombination an Messwerten eine sichere Artzuordnung.

ORTUNGSLAUTE Frequenzmodulierte Laute mit zwei Harmonischen. Bei kurzen Lauten bis zu 4 ms Länge überlappen sich die beiden Harmonischen nicht, bei längeren Lauten schon. Bei kurzen Lauten (2–4 ms) beginnt die erste Harmonische bei 40–48 kHz und endet etwa bei 21–23 kHz, längere Laute (> 5 ms) beginnen bei 42–45 kHz und enden bei 15–17 kHz. In den meisten Merkmalen liegen die Laute zwischen denen des Braunen und des Grauen Langohrs, sind dem Braunen Langohr aber ähnlicher.

LEBENSRAUM Die meisten Funde stammen aus alpinen Lebensräumen oberhalb von 800 und bis 2.800 m ü. NN. In Slowenien und Istrien liegen

Wochenstuben jedoch durchaus auch in niedrigeren Lagen, etliche slowenischen Wochenstuben zwischen 300 und 660 m inmitten einer submediterranen mosaikartig bewirtschafteten Kulturlandschaft (Wein-, Obstanbau und Wälder). In Tirol befinden sich viele Wochenstubenquartiere in Höhenlagen von 500–1.400 m ü. NN. In den Pyrenäen und Alpen und am Olymp über der Baumgrenze auf Bergwiesen und schütter bewachsenen Felsflächen bis über 2.800 m ü. NN. Die Lebensraumansprüche überlappen mit dem Grauen Langohr, das jedoch ausschließlich in klimatisch begünstigten Tieflagen vorkommt, während das Alpenlangohr bis über die Baumgrenze verbreitet ist. Während in Italien Laubwälder gemieden wurden, spielten sie in der Schweiz und in Kroatien eine wichtige Rolle als Jagdgebiet. In Armenien in gänzlich baumlosen Hochgebirgssteppen.

QUARTIERE In Europa sind alle bekannten Sommerquartiere, sowohl Wochenstuben als auch Männchenquartiere in schiefer-, stein-, holzschindel- oder metallgedeckten Dachböden, oft von Kirchen (u.a. Pavlinic schriftl. Mitt.). Selten werden Wochenstubenquartiere mit dem Braunen Langohr oder dem Balkan-Langohr gemeinsam genutzt. Einzelne

Weibchen des Alpenlangohrs mit seinem Jungen: Der dunkle dreieckige Pigmentfleck an der Unterlippe erlaub eine sichere Artzuordnung. Foto: D. Nill

Winternachweise in Höhlen. In Armenien wurden zwei Wochenstuben in Felsspalten gefunden.

VERHALTEN UND FORTPFLANZUNG
In Österreich werden die Jungen in Wochenstuben von bis zu 30 Weibchen im Juni geboren. Die durchschnittliche Größe von Wochenstuben beträgt in Tirol 13 Tiere, im Gegensatz zum Braunen Langohr werden kaum adulte Männchen in diesen Kolonien angetroffen.

NAHRUNGSERWERB UND NAHRUNG Die Jagd erfolgt über Matten, Wiesen und Ruderalflächen und an Waldrändern, in der Schweiz und in Kroatien auch in lichten Laubwäldern. Die Beute wird im Flug erbeutet, das für das Braune Langohr typische Absammeln von Oberflächen scheint selten vorzukommen. Die Nahrung besteht hauptsächlich aus Nachtfaltern, die bis zu 87 % bzw. 98 % der Nahrung ausmachen können. Weitere Beutegruppen sind Zweiflügler und Käfer, andere Insekten treten sehr selten auf.

RAUMNUTZUNG Ein dem Grauen Langohr zugeordneter Überflug von 79 km in Armenien dürfte aufgrund der Art-Verbreitung das Alpenlangohr betreffen. Die Jagdgebiete umfassen bis zu mehrere Hundert Hektar, einzelner Tiere mehr als 4.000 ha, dabei werden Distanzen von mindestens 7 km zurückgelegt. Dreiviertel der Jagdaktivität spielt sich innerhalb eines Kilometers um das Quartier ab.

GEFÄHRDUNG Rote Liste der IUCN 2016: LC (Least Concern) bei sinkendem Populationstrend, Rote Liste der EU 2007: NT/VU (Near Threatened/ Vulnerable), FFH- Anhang IV. Derzeit kann eine Gefährdung kaum eingeschätzt werden, eine Bedrohung durch Quartierverlust im Zuge von Gebäudesanierungen ist wahrscheinlich.

FORSCHUNGSANSÄTZE
— Gibt es Vorkommen in den deutschen Alpen?
— Kommen die beiden Unterarten (*P. m. alpinus* und *P. m. macrobullaris*) in den südlichen Ostalpen sympatrisch vor und sind sie reproduktiv isoliert?
— Wie weit erstreckt sich die Verbreitung nach Osten und Südosten?

Wochenstuben-Cluster des Alpenlangohrs im Dachstuhl einer Kirche. Foto: D. Nill

Sardisches Langohr

Plecotus sardus
Mucedda, Kiefer, Pidinchedda & Veith, 2002
—Sardinian Long-eared Bat

Maße
Unterarm 40,9–42,3 mm
Fünfter Finger 54–56 mm
Dritter Finger 67–72 mm
Daumen 6,0–6,5 mm
Tragusbreite 6,0–6,5 mm
Traguslänge 18,0–19,8 mm
Normalgewicht 7–8 g

VERBREITUNG Endemische Art auf Sardinien, bislang nur in drei eng begrenzten Gebieten Zentral-Sardiniens nachgewiesen.
KENNZEICHEN Mittelgroße Langohrart mit bräunlichgrauem Rückenfell und scharf abgesetzter, hellerer cremefarbiger Unterseite. Ältere Tiere mit wenig pigmentiertem Gesicht.
ÄHNLICHE ARTEN Den anderen Langohrarten ähnlich, auf Sardinien kommen auch das Graue und das Braune Langohr vor. Von beiden an einer Merkmalskombination mit langem Tragus, mittellangem Daumen und Fuß sowie durch den parallelseitigen

Beim Sardischen Langohr ist die Unterseite scharf gegen die Färbung der Oberseite abgegrenzt und der Tragus ist der längste von allen Langohr-Arten.

Beim winterschlafenden Sardischen Langohr ist der ausgesprochen lange Tragus auffällig.

Wochenstubenkolonie des Sardischen Langohrs in einem Dachstuhl. Foto: M. Mucedda

Penis zu unterscheiden (Penis beim Grauen Langohr eiförmig, beim Braunen Langohr konisch zugespitzt).

ORTUNGSLAUTE Typische Langohr-Laute, die erste Harmonische beginnt bei 45–53 kHz und fällt auf 17–21 kHz ab, die beiden Harmonischen überlappen leicht.

LEBENSRAUM In der Umgebung der Quartiere dominieren Olivenhaine, Stein- und Korkeichenwälder.

QUARTIERE Quartiere auf Dachböden sowie in Karsthöhlen, Straßenbrücken, Tunneln und im Inneren von Staudämmen. Eine Wochenstube in einem Dachboden umfasst etwa ein Dutzend Tiere, eine weitere etwa 200 Tiere.

ÖKOLOGIE Bislang weitestgehend unbekannt. Vermutlich werden vor allem Nachtfalter in Korkeichenwäldern und anderen strukturreichen mediterranen Lebensräumen bejagt.

GEFÄHRDUNG Rote Liste der IUCN 2016: VU (Vulnerable) bei sinkendem Populationstrend, Rote Liste der EU 2007: VU (Vulnerable), FFH-Anhang IV. Eine Bedrohung der wenigen Vorkommen durch Habitatveränderungen und Störungen in den Quartieren ist wahrscheinlich.

FORSCHUNGSANSÄTZE

— Wo überwintern die Sardischen Langohren?

— Welche Nahrung wird bevorzugt und welche Habitate genutzt? Welche Koexistenzmechanismen ermöglichen den drei sardischen Langohrarten ein Vorkommen?

Graues Langohr
Plecotus austriacus
(Fischer, 1829)
—Grey Long-eared Bat

Maße
Unterarm 36,5–43,5 mm
Fünfter Finger 48–55 mm
Dritter Finger 64–71 mm
Daumen 5,0–6,4 mm
Tragusbreite 5,2–6,6 mm
Traguslänge 14,0–17,8 mm
Normalgewicht 6–10 g

VERBREITUNG Im ganzen Mittelmeerraum und auf den Balearen, Sardinien, Korsika und Sizilien, jedoch keine Nachweise in Nordafrika, auf Malta, Pantelleria, Kreta, Zypern, östlich der Krim und im Nahen Osten. Das Vorkommen auf Madeira geht möglicherweise auf verschleppte Tiere zurück. Im Norden erreicht die Art etwa 53°N und damit Südengland, aber nicht die Ostseeküste. Außerhalb der geschlossenen Verbreitung im Norden Nachweise aus Schonen (Schweden). Die Ostgrenze der Verbreitung liegt in der Ukraine und der Westtürkei.

Portrait eines Grauen Langohrs mit dem dunklen Gesicht das deutlich zu der hellen Unterseite kontrastiert.

Typisches Spaltenversteck einer kleinen Wochenstubenkolonie des Grauen Langohrs in der Dachkonstruktion.

KENNZEICHEN Mittelgroß mit langen Ohren. Die Schnauze ist im Gegensatz zum Braunen Langohr etwas länger und meist dunkelgrau pigmentiert. Das lange Fell ist am Rücken grau, nur manchmal mit leichten Brauntönen (vor allem im östlichen Mittelmeergebiet). Die Unterseite ist dazu scharf abgesetzt hellgrau bis weißlich. Der relativ breite Tragus ist nahezu durchgehend dunkel pigmentiert. Kurze Daumen, Daumenkralle und Hinterfüße, diese nur schwach behaart. Der Penis verbreitert sich zur Spitze hin und ist breit keulenförmig.

ÄHNLICHE ARTEN Den anderen Langohren sehr ähnlich. Vom Braunen und Alpenlangohr durch einen breiteren Tragus (in Mitteleuropa > 5,5 mm, in Südosteuropa jedoch auch schmäler), kürzeren Daumen (< 6,5 mm), kürzere Daumenkralle (< 2,5 mm) und Hinterfüße (meist < 8,5 mm) unterschieden. Oberkiefer (CM^3 meist > 5,5 mm) und Tragus (TL > 14 mm) länger als bei dem insgesamt kleineren Balkan-Langohr.

ORTUNGSLAUTE FM-Laute mit zwei Harmonischen, die je nachdem, ob die Laute durch Mund oder Nase ausgesendet werden, unterschiedlich betont werden. Der Frequenzverlauf bleibt bei unterschiedlichen Lautlängen relativ konstant, die erste Harmonische fällt von 40–44 auf 19–25 kHz ab, die zweite von 70–80 auf 38–40 kHz. Oft überlappen sich die Harmonischen nicht in der Frequenz. Ortungslaute kräftiger als beim Braunen Langohr.

LEBENSRAUM In Mitteleuropa eine typische Dorffledermaus, im Süden eine Art der traditionellen mediterranen Kulturlandschaft. In Mitteleuropa

Wochenstubencluster des Grauen Langohrs vor der Jungengeburt an der Unterseite einer Unterspannbahn in einem neu sanierten Dachstuhl.

liegen Jagdgebiete in warmen Tallagen und in menschlichen Siedlungen, Gärten, über Wiesen, Weiden, Obstwiesen und extensivem Agrarland. In großen Wäldern wird die Art kaum gefunden, eine Nutzung scheint nur im Verbund mit Offenland und im sympatrischen Vorkommen mit der Gebäudeform des Braunen Langohrs zu erfolgen. Einzelnachweise bis auf über 1.000 m ü. NN, Wochenstuben in Mitteleuropa unter 550 m ü. NN. In Südeuropa weniger an menschliche Siedlungen gebunden, hier auch in Felsquartieren.

QUARTIERE Im nördlichen Teil des Verbreitungsgebietes liegen Sommerquartiere in Gebäuden, oft in Dachstühlen, aber auch in Kammern von Hohlbetonwänden. Im Mittelmeerraum dagegen häufig in Felsspalten oder Spalten im Eingangsbereich von Höhlen. Sommerquartiere werden regelmäßig (in Dachstühlen aber meist innerhalb eines Daches) gewechselt. Männchen können in einer Vielzahl von Quartieren, so auch in Dehnungsfugen von Brücken angetroffen werden. Im Winter sehr kältehart, Quartiere in Höhlen, Kellern und Felsspalten, oft nahe am Eingang. Regelmäßig werden überwinternde Tiere in im Sommer bewohnten Dachräumen gefunden, bei Kirchen und Schlössern oft in Spalten der Turm- und Mauerwände.

VERHALTEN UND FORTPFLANZUNG
Wochenstuben umfassen meist nur 5–30 Weibchen, in Gebäuden ausnahmsweise über 100. Erwachsene Männchen sind in den Kolonien sehr selten. Bei hohen Temperaturen teilen sich die Kolonien innerhalb des Quartiers auf und hängen in Kleingruppen weit verstreut. Im Quartier störungsanfällig. Kein ausgeprägtes Schwärmverhalten, einzelne Männchen an Höhleneingängen v.a. auf der Balkan-Halbinsel. Ende Juni wird meist 1 Junges geboren. Paarungen erfolgen bereits im Juli, im Gegensatz zum Braunen Langohr sind keine Frühjahrspaarungen bekannt.

NAHRUNGSERWERB UND NAHRUNG Der Anteil von fliegenden Insekten ist weitaus höher als beim Braunen Langohr, es kann aber auch Beute von Blättern ablesen. Insekten werden in langsamem Flug dicht an der Vegetation von knapp über dem Boden bis in Höhen über 10 Meter (meist 2–5 m) erbeutet. Der Anteil von Nachtfaltern in der Beute ist höher als beim Braunen Langohr, sie machen 70–100 % der Beute aus, v.a. Eulenfalter. Insgesamt dominieren Insekten des Offenlandes. Bei

Graue Langohren jagen sehr manövrierfähig im Offenland und an Vegetationskanten vor allem nach Faltern. Foto: D. Nill

Massenauftreten werden auch Blatthornkäfer bis zur Größe von Maikäfern gefressen, im Herbst auch Kohlschnaken und andere Zweiflügler. Im Gegensatz zum Braunen Langohr fehlen Nachweise flugunfähiger Beutetiere nahezu vollständig.

RAUMNUTZUNG Sehr standorttreue Art, Wiederfänge meist nur wenige Kilometer vom Fundort. Die weitesten Wanderungen wurden mit 61 bzw. 62 km nachgewiesen. Ein Nachweis aus Armenien mit 79 km betrifft vermutlich das Alpenlangohr. Ähnlich kleinräumig wie das Braune Langohr, Jagdgebiete sind allerdings in bis zu 5,5 km Entfernung vom Quartier nachweisbar und können bis zu 8,7 Quadratkilometer groß sein. Innerhalb der Jagdgebiete wird jedoch kleinräumig gejagt und die Teiljagdgebiete häufig gewechselt (über 10 Wechsel pro Nacht möglich). Auch die Quartiere können in Entfernungen von bis zu 4 km gewechselt werden, allerdings liegt der mittlere Kolonieabstand in Thüringen bei nur 2,5 km. Eine Kolonie benötigt bis zu 40 Quadratkilometer.

GEFÄHRDUNG Rote Liste der IUCN 2008: LC (Least Concern) bei unbekanntem Populationstrend, Rote Liste der EU 2007: LC (Least Concern), FFH-Anhang IV, Rote Liste BRD 2009: 2 (stark gefährdet). Da im Norden des Verbreitungsgebietes Wochenstuben fast nur in Dachstühlen vorkommen, ist die Art durch Quartiersanierungen (auch Holzschutzmaßnahmen) besonders betroffen. Der Pestizideinsatz im Gartenbau und der Landwirtschaft trifft diese Art wahrscheinlich stärker als das Braune Langohr.

FORSCHUNGSANSÄTZE

—Wie unterscheiden sich sympatrische Vorkommen der Offenlandform des Braunen Langohrs und der Grauen Langohren in ihren ökologischen Ansprüchen?

—Wie sieht die Raumnutzung von Grauen Langohren aus und wie ist das Sozialsystem der Art strukturiert?

—Wo findet die Überwinterung hauptsächlich statt?

Balkan-Langohr
Plecotus kolombatovici
Đulić, 1980
— Balkan long-eared Bat

Maße
Unterarm 36,1–39,3 mm
Fünfter Finger 46–51 mm
Dritter Finger 61–66 mm
Daumen 5,4–6,4 mm
Tragusbreite < 5,2 mm
Traguslänge meist < 14,0 mm
Normalgewicht 6–9 g

VERBREITUNG Istrien über die Adria-Inseln, einen schmalen Küstensaum entlang der Adria, weite Teile des küstennahen Griechenlands, einigen Inseln in der Ägäis und entlang der West- und Südküste der Türkei bis nahe an die Syrische Grenze. Auch auf Kreta, Rhodos und Zypern.
KENNZEICHEN Kleinstes Langohr in Europa, dem Grauen Langohr sehr ähnlich, wie dieses deutlich zum Ende hin verdickter Penis. Im Durchschnitt jedoch geringere Maße des Unterarms, Daumens, Unterschenkels und Hinterfußes. Das Rückenfell ist braungrau gefärbt. Durch den kurzen Tragus

Das Balkan-Langohr ist dem Grauen Langohr sehr ähnlich, das Rückenfell ist aber meist etwas bräunlicher und die Tiere sind kleiner.

Wochenstuben-Kolonie des Balkan-Langohrs in einem Eisenbahntunnel. Foto: A. Kiefer

(meist < 14 mm), der zu den langen Ohren kontrastiert von anderen Arten zu unterscheiden. Die Behaarung der Zehen ist schütter mit sehr kurzen Haaren. Vom Grauen Langohr durch meist kürzeren Tragus, Unterschenkel und obere Zahnreihe verschieden.

ORTUNGSLAUTE Ähnlich wie beim Grauen Langohr, meist keine Überlappung der beiden Harmonischen.

LEBENSRAUM Trockene v.a. küstennahe mediterrane Karstgebiete des (östlichen) Mittelmeerraumes, meist in niedrigen Lagen. Oft auf Inseln, nahe der Küste oder in Flusstälern, höchster Nachweis an einem Schwärmquartier in Griechenland auf 1.300 m ü. NN. Jagdgebiete in Steineichen-Wäldern mit Steinblöcken oder Olivenhainen, über Buschland und auf Waldlichtungen, in Griechenland an macchiaartig bewachsenen Hängen. In Kroatien mit laubwaldartigen Habitaten assoziiert (Pavlinic schriftl. Mitt.).

QUARTIERE Einzeltiere in Felsspalten, Mauerritzen, Gewölben (z.B. unter Brücken) und Höhlen. Wochenstuben v.a. in Kirchendächern und Kirchtürmen und einem ehemaligen Eisenbahntunnel.

VERHALTEN UND FORTPFLANZUNG Wochenstuben umfassen 15–20, selten bis zu 90 Tiere. In einer Wochenstube Istriens vergesellschaftet mit dem Alpen-Langohr. Die Geburt erfolgt vermutlich Ende Juni. Im Spätsommer schwärmen die Männchen vor Höhleneingängen.

NAHRUNGSERWERB UND NAHRUNG Wie die anderen Langohr-Arten teilweise in dichter Vegetation, aber auch entlang von Vegetationskanten fliegend. In Kroatien sehr hohe Anteile von Nachtfaltern (um 80 %) und geringe Anteile von Wanzen und Zweiflüglern und anderen Beutegruppen (Pavlinic schriftl. Mitt.). Kommt zum Trinken an Teiche, Brunnen und Zisternen.

RAUMNUTZUNG Jagdgebiete sind bis zu 350 Hektar groß, im Mittel 150 ha und liegen im Mittel 1,5 Kilometer vom Quartier entfernt (Pavlinic schriftl. Mitt.).

GEFÄHRDUNG Rote Liste der IUCN 2008: LC (Least Concern) bei abnehmendem Populationstrend, Rote Liste der EU 2007: NT (Near Threatened), FFH-Anhang IV. Walddegradation, Waldbrände und Habitatveränderungen dürften wichtige Gefährdungsursachen darstellen.

FORSCHUNGSANSÄTZE

— Wie weit reicht die Verbreitung?

— Wie sind die Verwandtschaftsbeziehungen zum Libyschen und zum Kanaren-Langohr und gibt es Reproduktionsbarrieren?

— Erfolgt ein Winterschlaf und werden dazu Höhlen aufgesucht?

Libysches Langohr

Plecotus gaisleri
Benda, Kiefer, Hanák & Veith, 2004
—Gaisler's Long-eared Bat

Maße
Unterarm 36,9–42,4 mm
Fünfter Finger 49–53 mm
Dritter Finger 64–70 mm
Daumen 5,2–6,8 mm
Tragusbreite 5,3–5,4 mm
Traguslänge 14,6–15,6 mm
Normalgewicht 5–8 g

VERBREITUNG Nordwest-Afrika von Marokko bis Nordost-Libyen. Vom Nordrand der Sahara (Anti-Atlas und Sahara-Atlas) bis an die Atlantik- und Mittelmeerküste. Auch auf Pantelleria und Malta.
KENNZEICHEN Das Libysche Langohr ist bräunlich fahl gefärbt, mit heller gelblichbrauner Unterseite. Auch die Hautpartien sind fahl bräunlich. Tiere aus den mediterranen Bereichen im Norden des Verbreitungsgebietes sind dunkler gefärbt als die sehr fahlen Tiere vom Nordrand der Sahara. Der Penis ist wie beim Grauen Langohr oder dem Balkan-Langohr keulenförmig.

Das Libysche Langohr hat eine kurze Schnauze und relativ große Augen, die Rückenfärbung umfasst vor allem Brauntöne.

Die Ohren des Libyschen Langohrs sind wenig pigmentiert und manche Tiere sind sehr fahl gefärbt.

ÄHNLICHE ARTEN Eine sichere Unterscheidung vom Balkan- und Kanaren-Langohr ist nur anhand genetischer Vergleiche oder am Schädel möglich. Allerdings ist das Libysche Langohr bislang nur mit dem Wüsten-Langohr (*P. christii*) in Libyen sympatrisch nachgewiesen, dieses ist viel fahler gefärbt. Deutlich kleiner, brauneres Rückenfell und mit helleren Hautpartien als das Kanaren-Langohr.

ORTUNGSLAUTE Die Ortungslaute sind typische Langohrlaute, die erste Harmonische beginnt bei ca. 43 kHz und fällt auf rund 22 kHz ab. Die beiden Harmonischen überlappen sich nicht oder kaum.

LEBENSRAUM Karge Savannenlebensräume und die mediterran beeinflussten Bereiche Nordafrikas. Entlang von Wasserläufen und Oasen auch Halbwüsten und Wüstenbereiche. Im Hohen Atlas bis auf 2.600 m nachgewiesen.

QUARTIERE Einzeltiere in Felsspalten, Höhlen, Kellern, Ruinen und in Gewölbespalten. Kleine Wochenstuben in Höhleneingängen. Im Winter ebenfalls in Höhlen.

VERHALTEN UND FORTPFLANZUNG Wie auch bei den anderen Langohrarten werden die Ohren in Ruhe unter die Flügel geschlagen. Zur Paarungszeit etablieren Männchen Harems in Höhlen.

NAHRUNGSERWERB UND NAHRUNG Der Jagdflug gleicht dem anderer Langohren und erfolgt nahe an der Vegetation oder knapp über dem Boden. Es werden vor allem Falter erbeutet.

GEFÄHRDUNG Rote Liste der IUCN 2016: nicht erfasst, Rote Liste der EU 2007: nicht erfasst, FFH-Anhang IV. Gefährdungen sind derzeit nicht erkennbar.

FORSCHUNGSANSÄTZE

— Stellt das Libysche Langohr tatsächlich eine eigene Art dar?
— Wie stellen sich die Verwandtschaftsbeziehungen innerhalb des Libyschen Langohrs dar und gibt es weitere separierte Linien?
— Worauf gehen die Färbungsunterschiede innerhalb der nordafrikanischen Tiere zurück?

Sinai-Mopsfledermaus
Barbastella leucomelas
Cretzschmar, 1830

Kleiner und etwas fahler gefärbt als die Mopsfledermaus, goldbraune Haarspitzen und etwas hellere Unterseite. Vorkommen in Wüstengebieten und Gebirgen rund um den nördlichen Teil des Roten Meeres vom Sinai über die Negevwüste und entlang des Rift-Valleys bis zum Toten Meer. Jagt v.a. Kleinschmetterlinge und Ameisen.

Asiatische Mopsfledermaus
Barbastella caspica
Satunin, 1908

Größer und robuster als die Mopsfledermaus mit längerem graubraunem Fell und silbernen Haarspitzen. Bildet kleine Kolonien mit 20–30 Tieren in Höhlen und Stollen in Steppengebieten vom Kaukasus an ostwärts. Die Jagd erfolgt im schnellen schwalbenartigen Flug nach Fluginsekten, v.a. nach kleineren Faltern. Verbreitung in Zentralasien und Abgrenzung zu anderen Arten z.B. in China derzeit unklar.

Iberisches Langohr
Plecotus begognae
de Paz, 1994

Meist als Unterart zum Braunen Langohr gestellt (siehe dort) aber etwas größer. In seiner Biologie dieser Art sehr ähnlich, große genetische Unterschiede legen jedoch einen eigenen Artstatus nahe. Über die ganze Iberische Halbinsel bis zu den Pyrenäen verbreitet. V.a. in Waldgebieten vorkommend, Beute hauptsächlich Falter.

Kanaren-Langohr
Plecotus teneriffae
Barrett-Hamilton, 1907

Große Langohrfledermaus mit dunkel grau-braunem Rücken, der zur hell weißlichgrauen Unterseite kontrastiert. Sehr kleine Verbreitung auf den Kanareninseln Teneriffa, La Palma und El Hierro. Quartiere mit kleinen Wochenstuben v.a. in Vulkanhöhlen in Lorbeer- oder Kiefernwäldern. Nahrung v.a. größere Falter, aber auch Käfer. Durch die ehemalige Entwaldung der Küstengebiete und anhaltende forstliche Beeinträchtigung bedroht.

Wüsten-Langohr
Plecotus christii
Gray, 1838

Fahl gefärbtes Langohr mit hellem Gesicht und rein weißem Bauchfell. Vom östlichen Libyen über Ägypten und den Sudan bis Israel, Palästina und Jordanien in Wüsten und Halbwüsten vorkommend. Die Zuordnung östlich des Roten Meeres auf der Arabischen Halbinsel vorkommender Tiere zu dieser Art ist derzeit unklar. Wochenstuben mit bis zu 40 Tieren in Felsspalten und Höhlen. Hauptbeute sind Nachtfalter, aber auch Heuschrecken und Käfer.

Wüsten-Großohr
Otonycteris hemprichii
Peters, 1859

Sehr große und langohrige Wüstenartmit bräunlich-grauer Rückenfärbung und weißer Unterseite. Weite Verbreitung über Wüsten und Halbwüsten Nordafrikas, der Arabischen Halbinsel, des Nahen Ostens und bis in den Iran. Ostwärts bis Zentralasien schließt die Verbreitung der ähnlichen *O. leucophae* an. Kleine Kolonien in Felsspalten. Vom Boden gefangene Großinsekten, andere Gliedertiere und vermutlich kleine Wirbeltiere bilden die Beute.

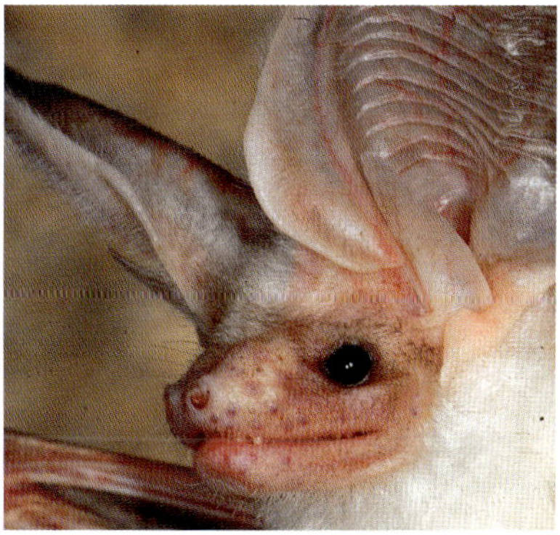

Langflügelfledermaus

Miniopterus schreibersii
(Kuhl, 1817)
—Schreiber's Bent-winged Bat

Maße
Unterarm 42,4–48,0 mm
Fünfter Finger 48–56 mm
Dritter Finger 78–89 mm
Normalgewicht 10–14 g

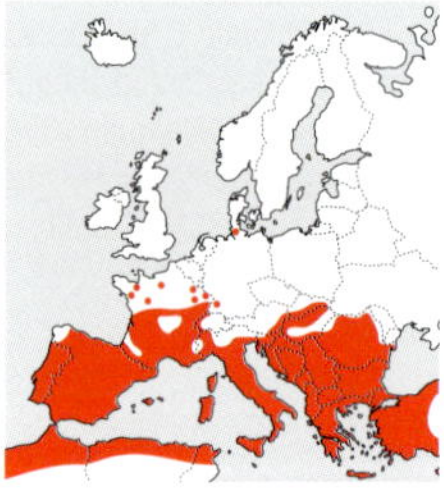

VERBREITUNG In Europa im gesamten Mittelmeergebiet inklusive aller großer Mittelmeerinseln; nördliche Verbreitungsgrenze durch Zentralfrankreich, Südwestdeutschland (Kaiserstuhl, hier ausgestorben), die Westschweiz, Norditalien, Slowenien, das südöstliche Österreich (geringe Bestandsgröße), Slowakei, Rumänien und Ukraine. Auf der Krim ausgestorben. In Nordafrika nur im Westen (Marokko, Algerien, Tunesien und nordwestliches Libyen) bis zu

Im Portrait der adulten Langflügelfledermaus fallen die kurzen Ohren auf, die den Scheitel nicht überragen.

den Atlas-Gebirgen. Östlichste Vorkommen in Georgien und im Nahen Osten. In Deutschland nach dem Aussterben der Kaiserstuhlpopulation nur noch Einzelnachweise, so 1980 im Taubergießen, 2011 in Ettenheim und 2012 bei Kiel.

KENNZEICHEN Mittelgroße schlanke Fledermaus mit kurzer Schnauze und kurzen dreieckigen Ohren, die weit auseinander stehen und das Scheitelfell nicht überragen. Kurzer gebogener Tragus. Durch die stark gewölbte Stirn und die kurze aufrechte Behaarung auf dem Kopf gleichmäßig abgerundeter Übergang der Behaarung vom Rücken bis zur Schnauze. Zweites Glied am dritten Finger dreimal so lang wie das erste Glied. Die Flügelspitze wird in Ruhe zwischen dem ersten und zweiten Fingerglied des 3. und 4. Fingers eingeklappt. Graubraune bis dunkelgraue Rückenfärbung, Unterseite leicht heller. Vereinzelt gibt es schokoladenbraune oder fahlgraue Tiere. Tiere vom Balkan haben im Sommer einen ausgeprägten zimtfarbenen Kehlfleck.

ÄHNLICHE ARTEN Anhand der kurzen und typisch geformten Ohren, der kurzen Schnauze, aufgewölbter Stirn und der Art und Weise, wie die Flügelspitze eingeklappt wird, eindeutig zu erkennen. Die Steppen-Langflügelfledermaus ist im Mittel größer, etwas fahler gefärbt und v.a. die adulten Männchen sind durch die rostbraune Kopf-, Nacken- und Kehlfärbung zu unterscheiden.

ORTUNGSLAUTE Bis 18 ms lange FM-QCF-Laute mit Bestfrequenzen bei 49–53 kHz, kürzerer Laute bei 50–58 kHz. Der Lautanfang liegt situationsabhängig bei 110–55 kHz. Die Bestfrequenzen überlappen mit denen der Zwerg- und Mückenfledermaus: Häufig werden jedoch laute und leise Laute

Paarungsgruppe der Langflügelfledermaus, links das Männchen, rechts das Weibchen.

Trotz der langen Flügel und der hohen Fluggeschwindigkeiten kann die Langflügelfledermaus auch sehr wendig nahe der Vegetation fliegen.

Teil einer riesigen gemischten Wochenstubenkolonie der Langflügelfledermaus, in der die Jungtiere im Zentrum der Kolonie hängen.

alternierend ausgestoßen, was bei den *Pipistrellus*-Arten nicht so ausgeprägt ist. Die Laute können aus Entfernungen von maximal 20 Metern gehört und aufgezeichnet werden.

LEBENSRAUM Lebensräume umfassen das gesamte Spektrum mediterraner Landschaften, insgesamt scheint jedoch eine Bevorzugung laubwaldreicher Gebiete vorzuliegen. Zur Jagd werden aber auch gerne Siedlungen aufgesucht und hier die Insekten um Straßenlampen erbeutet. Wochenstuben bis über 1.200 m ü. NN, Einzeltiere und Kolonien nicht reproduzierender Tiere auch wesentlich höher.

QUARTIERE Hauptsächlich in Karsthöhlen, die ganzjährig besiedelt werden, aber auch in Bergwerken, Kellern und anderen unterirdischen Räumen. Oft in den größten Hallen eines Quartiers, im Winter auch in kleineren Seitengängen. Kleingruppen oder Einzeltiere können in zahlreichen anderen Quartiertypen wie Dehnungsfugen von Brücken, Gewölbespalten und Dachböden gefunden werden. An der Nordgrenze der Verbreitung einzelne Wochenstuben in Dachräumen.

VERHALTEN UND FORTPFLANZUNG Wochenstuben umfassen meist nur reproduktive Weibchen und ihre Jungen. Nicht reproduktive Weibchen und Männchen bilden separierte Kolonien. Kolonien können einige Hundert bis viele Tausend Tiere umfassen, bis 20.000 Tiere in Portugal und 35.000–60.000 Tiere in Kroatien und Bulgarien. Manche großen Höhlen werden ganzjährig als Quartier genutzt, andere nur saisonal. Auch im Winter Kolonien von bis zu 70.000 Tieren bei sehr großem Einzugsgebiet. So überwintert ein Großteil der sardischen Population in einer Höhle mit 27.000 Tieren. Im Sommer und im Winter dichte Cluster bildend, die an Wandteppiche erinnern. Nach der Begattung im Herbst wird das Ei sofort befruchtet, die Blastozyste nistet sich aber erst nach dem Winterschlaf ein. Geburt von Mitte Juni bis Anfang Juli, die Jungen bilden auffällige Cluster.

NAHRUNGSERWERB UND NAHRUNG Manövrierfähige Jagd um Straßenlampen oder unterhalb des Kronendaches von Laubwäldern, über Bächen und Gewässern sowie nahe an der Vegetation. Die breite Schwanzflughaut ermöglicht einen für die schmalen Flügel ungewöhnlich manövrierfähigen Flug. Dichte Vegetation wird gemieden bzw. entlang geradliniger Strukturen und oder der Oberkante zum freien Luftraum umflogen. Es werden v.a. zarte Insekten wie Nachtfalter (bis 80 %), Netzflügler (Florfliegen) und Zweiflüglern gefangen. Andere Insekten spielen eine untergeordnete Rolle.

RAUMNUTZUNG Die Art führt regelmäßige Saisonwanderungen zwischen Sommer- und Winterquartieren mit Entfernungen von durchschnittlich 40–100 km durch. Die längsten Überflüge mit 422, 524 und 833 km in Frankreich und Spanien. In Portugal betrug die von Kolonien im Laufe des Jahres genutzte Fläche 6.300 bis 32.700 Quadratkilometer. Bei den saisonalen Wanderungen wird auch das Meer überflogen, so zwischen Mallorca und Menorca. Die Ausbildung riesiger Sommerkolonien führt dazu, dass bei begrenzter Verfügbarkeit von

Die Winterkolonien der Langflügelfledermaus können mit über 60.000 Tieren sehr groß werden. Der Schutz solcher Hangplätze wie hier in einer bulgarischen Höhle ist für den Erhalt der Art von größter Bedeutung. Foto: B. Petrov

Nahrung sehr weite Strecken zu den Jagdgebieten zurückgelegt werden müssen. Die Jagdgebiete sind bis über 40 km, im Durchschnitt 15–20 km vom Quartier entfernt. Es werden 1–9 Teiljagdgebiete aufgesucht. Das Gesamtjagdgebiet beträgt im Mittel 10.800 ha für trächtige und 22.300 ha für säugende Weibchen.

GEFÄHRDUNG Rote Liste der IUCN 2016: NT (Near Threatened) bei abnehmendem Populationstrend, Rote Liste der EU2007: NT (Near Threatened),FFH-Anhang II & IV, Rote Liste BRD 2009: 0 (ausgestorben). Europäische Populationen durch Habitatverlust, Pestizideinsatz und Quartierverlust gefährdet. Viele Populationen vom südlichen Mitteleuropa bis in die Ukraine sind in den 1960er-1990er Jahren erloschen.

FORSCHUNGSANSÄTZE

—Welche Art der Quartiersicherung ist effektiv und beeinträchtigt die Langflügelfledermäuse nicht?

—Nimmt die Entfernung der Jagdgebiete mit steigender Koloniegröße zu?

—Wie sieht das Nahrungsspektrum im Jahresverlauf aus?

—Welches Sozialsystem herrscht innerhalb der riesigen Cluster verschiedener Zusammensetzung und wie wird der Ortswechsel ganzer Kolonien geregelt?

Steppen-Langflügelfledermaus

Miniopterus pallidus
Thomas, 1907
— Steppe Long-fingered Bat

Maße
Unterarm 45,1–48,6 mm
Fünfter Finger 52–56 mm
Dritter Finger 83–88 mm
Normalgewicht 13–16 g

VERBREITUNG Hochland und Steppengebiete Inneranatoliens, östliche Mittelmeerküste der Türkei, östlicher Transkaukasus (Armenien, Aserbaidschan), Iran und Teile Jordaniens. Insgesamt v.a. im östlichen Bereich erst ungenügend bekannt, vermutlich auch in Syrien und bis ins östliche Afghanistan.
KENNZEICHEN Der Langflügelfledermaus sehr ähnliche Art, aber etwas größer. Insgesamt etwas fahler gefärbt als die dunklere Langflügelfledermaus,

Erwachsenes Männchen der Steppen-Langflügelfledermaus zur Paarungszeit mit charakteristischer rostbrauner Kopf- und Kehlfärbung.

Einzeln hängendes Männchen der Steppen-Langflügelfledermaus mit zum Rückenfell kontrastierender Kopffärbung.

Kleine Männchengruppe der Steppen-Langflügelfledermaus in einer Höhle, die Verfärbungen der Höhlendecke zeigen einen regelmäßig genutzten Hangplatz an.

der Rücken ist grau, die Unterseite wenig heller gefärbt. Gesicht und Ohren adulter Tiere sind weniger pigmentiert und daher heller. Die Männchen haben v.a. im Herbst eine zum restlichen Fell deutlich kontrastierende Braunfärbung (rostbraun bis orangebraun) auf dem Kopf, hinter den Ohren, im Nacken und bis auf die Kehle. Weibchen sind tendenziell etwas größer als die Männchen.

ÄHNLICHE ARTEN Sehr ähnlich zu *M. schreibersii*. Männchen sind zur Paarungszeit anhand ihrer Nacken- und Kopffärbung gut zu erkennen. Ansonsten sind Messreihen von mindestens 20 Tieren hilfreich, die Unterarmlänge von *M. pallidus* liegt bei 47,2 +/- 0,7 mm während sie bei *M. schreibersii* bei 45,5 +/- 0,8 mm beträgt.

ORTUNGSLAUTE Bestfrequenzen von 46,4 – 49,5 kHz bei Lautlängen von bis zu 6 ms, vermutlich im freien Luftraum wesentlich längere Ortungslaute.

LEBENSRAUM V.a. semiaride Steppengebiete, aber auch mediterrane Lebensräume. Im Gegensatz zu *M. schreibersii* weniger auf laubwaldähnliche Lebensräume angewiesen.

QUARTIERE Nahezu ausschließlich in Höhlen und anderen größeren unterirdischen Hohlräumen.

VERHALTEN UND FORTPFLANZUNG Gemischte Kolonien mit anderen Höhlenfledermausen die aus Dutzenden bis Hunderten Steppen-Langflügelfledermäusen bestehen. Im Herbst Paarungsgruppen in Höhlen.

NAHRUNGSERWERB UND NAHRUNG Schneller und wendiger Flug im offenen Luftraum aber auch nahe über der Steppe. Die Nahrung besteht v.a. aus Nachtfaltern.

RAUMNUTZUNG Nicht bekannt, vermutlich wie bei der Langflügelfledermaus großräumige Jagdgebiete.

GEFÄHRDUNG Derzeit nicht bekannt, von der IUCN noch nicht bewertet.

FORSCHUNGSANSÄTZE

—Wie überwintern Steppen-Langflügelfledermäuse? Werden Saisonwanderungen ausgeführt?

—Welche Isolationsmechansimen wirken bei gemischten Kolonien beider *Miniopterus*-Arten?

Europäische Bulldoggfledermaus

Tadarida teniotis
(Rafinesque, 1814)
—European Free-tailed Bat

Maße
Unterarm 54,7–69,9 mm
Fünfter Finger 55–60 mm
Dritter Finger 102–115 mm
Normalgewicht 20–30 g

VERBREITUNG Von den Kanaren und Madeira über den gesamten Mittelmeerraum, Kleinasien, Kaukasus und den Nahen Osten verbreitet. Im Norden bis Südfrankreich, die südliche Schweiz, Kroatien und Bulgarien. Einzeltiere bis in die Nordschweiz, Süddeutschland (Nachweise in Stuttgart, Seewiesen und Landshut) und Jersey.

KENNZEICHEN Robust mit großen Ohren und sehr langen Flügeln. Kurzes dichtes Fell mit dünnen Haaren von schwarzgrau, hell silbergrau bis graubraun, die Unterseite kaum heller. Die großen abgerundeten Ohren berühren sich an der Basis und überragen die Schnauze. Große Augen, die Oberlippe weist meist 5 Falten auf und ist sehr dehnbar. Der Schwanz ragt etwa zur Hälfte frei aus der schmalen Schwanzflughaut.

ORTUNGSLAUTE Bis zu 27 ms lange QCF-Laute bei 9–14 kHz (meist 10 kHz) und damit im für den Menschen hörbaren Bereich. FM-QCF-Laute mit Bestfrequenzen von 13–17 kHz, meist um 13,6 kHz. Jagende Tiere sind mit bloßem Ohr aus über 100 Meter, mit dem Detektor aus über 150 Meter hörbar.

LEBENSRAUM In mediterranen Gebieten in allen Höhenlagen bis weit über 2.000 m ü. NN. Meist in gebirgigen Landschaften oder an Küsten, die geeignete Quartiere bieten. Jagdgebiete vor allem über Wald, Plantagen oder Olivenhainen, aber auch über Gewässern, Städten und Kulturlandschaft.

QUARTIERE Typischer Felsspaltenbewohner. Meist in hohen unzugänglichen Felswänden in Gebirgen, Schluchten oder Steilküsten in schmalen etwas über daumenbreiten Spalten. Auch in Spalten hoher Höhlendecken, Fassadenspalten hoher Gebäude und an hohen Brücken. In Einzelfällen werden auch Anrisse freistehender hoher Bäume genutzt.

VERHALTEN UND FORTPFLANZUNG Wochenstuben mit 5–50 Tieren, in Einzelfällen bis zu 400. In Folge einer Schädlingsbekämpfung verendeten über 1.000 Bulldoggfledermäuse an einem zuvor nicht als Quartier bekannten Gebäude in Nizza, was als Hinweis auf die Bildung sehr großer Kolonien gewertet werden kann. Weibchen sind nach einem Jahr geschlechtsreif und bekommen ein Junges, das 6–7 Wochen gesäugt wird. Geburt Ende Juni bis Anfang Juli, aber auch bis Ende August. Balz und Paarung erfolgen im Herbst und im April, es werden Harems gebildet.

NAHRUNGSERWERB UND NAHRUNG Sehr kräftiger und schneller Flieger, der mindestens 65 km/h erreichen kann und im freien Luftraum in Höhen von 10–300 Meter über einem sehr breiten Habitatspektrum in geradlinigem Flug jagt. Durch die weit reichende Echoortung und die hohe Fluggeschwindigkeit kann ein sehr großes Luftvolumen nach Beute abgesucht werden. Die Nahrung besteht nahezu ausschließlich aus fliegenden Insekten, 65–90 % der Beute machen Nachtfalter aus, dabei werden auch sehr große Falter wie Schwärmer gefangen. Zweiflügler spielen saisonal eine Rolle als Beute, andere Beutegruppen sind Käfer, Netzflügler, Wanzen, Heuschrecken und Hautflügler.

RAUMNUTZUNG Keine Saisonwanderungen. Quartiere werden bis in Entfernungen von über 30 km gewechselt. In Portugal sind die Jagdgebiete etwa 100 ha groß und liegen meist innerhalb eines 30 km Radius um das Quartier. Sie sind im Sommer bis zu 100 km, im Winter bis zu 20 km vom Quartier entfernt.

GEFÄHRDUNG Rote Liste der IUCN 2016: LC (Least Concern) bei unbekanntem Populationstrend, Rote Liste der EU 2007: LC (Least Concern), FFH-Anhang IV. In manchen Mittelmeerländern lokal häufig.

Im Portrait fallen bei der Europäischen Bulldoggfledermaus die großen ovalen Ohren, die großen Augen und die dehnbare Oberlippe auf.

FORSCHUNGSANSÄTZE

— Sind alle Populationen ortstreu oder finden teilweise Wanderungen statt?

— Findet eine Reproduktion an der nördlichen Verbreitungsgrenze statt? Welche Rolle spielt die dehnbare Oberlippe und wie ist das Maul beim ungestörten Jagdflug geformt?

Nordafrikanische Langflügelfledermaus
Miniopterus maghrebensis
Puechmaille et al., 2014.

Erst im Jahr 2014 anhand genetischer und morphologischer Unterschiede von der Langflügelfledermaus abgetrennte Art, die in Marokko, Algerien und Tunesien im Inland vom Hohen Atlas und der Hochebene der Schotts südwärts vorkommt. Im nördlichen Teil sympatrisch mit *M. schreibersii*. Etwas fahler gefärbt und an trockene Lebensräume angepasst.

Ägyptische Bulldoggfledermaus
Nyctinomus aegyptiacus
Geoffroy, 1818

Kleiner als die Europäische Bulldoggfledermaus und fahl gefärbt, Unterseite etwas heller. Im Unterkiefer nur zwei Schneidezähne, bei *Tadarida teniotis* sind es drei. Vorkommen in Wüstenregionen am Nordrand der Sahara, im Niltal und entlang des Roten Meeres und auf der Arabischen Halbinsel. Weite Verbreitung im südlichen Afrika. Quartiere in Fels- und Gebäudespalten. Foto: A. Reiter

Nacktbäuchige Tempelfledermaus
Taphozous nudiventris
Cretzschmar, 1830

Sehr große, kräftige und schmalflügelige Art mit ausgedehnten haarlosen Hautpartien am Hinterende. Quartiere in engen Felsspalten, Jagd im freien Luftraum über weite Distanzen. Trockengebiete Nordafrikas, des Nahen Ostens und der Arabischen Halbinsel. Zwei unterschiedlich große Unterarten (*T. n. magnus* & *T. n. nudiventris*). Sehr laute und weit hörbare Soziallaute im Quartier.

Kleine Tempelfledermaus
Taphozous perforatus
Geoffroy, 1818

Kleiner als *T. nudiventris*, längere graue Behaarung auch am Körperende. Rund um die Sahara, auf der Arabischen Halbinsel und bis Indien verbreitet, im Nahen Osten bis Israel, Palästina und Jordanien. Kolonien in Fels- und Mauerspalten und Höhlen. Schneller Jagdflug im freien Luftraum nach Ameisen, Termiten und Heuschrecken.

Kleine Mausschwanzfledermaus
Rhinopoma cystops
Thomas, 1903

Zarte Fledermaus mit langem und dünnem Schwanz, der zu drei Vierteln aus der Schwanzflughaut herausragt. Dreieckiger Hautlappen auf der Schnauze. Schneller Flieger, der rund um die Sahara und über die Arabische Halbinsel im Norden bis Israel vorkommt. Kolonien in Höhlen und Ruinen. Früher zu *R. hardwickii* aus dem Iran gezählt. Die Tiere halten meist einen gewissen Individualabstand ein.

Große Mausschwanzfledermaus
Rhinopoma microphyllum
(Brünnich, 1782)

Größer und kräftiger als *R. cystops* mit etwas kürzerem Schwanz und nur kleinem Nasenhöcker. Kolonien in Höhlen und unterirdischen Gängen. Entlang des Nordrandes der Sahara bis in den Mittleren Osten in Trockengebieten vorkommend. In Israel auf schwärmende Ameisenköniginnen spezialisiert. Führt Saisonwanderungen aus.

Register

N

O

P

Q

R

Zur Fledermaus

ledermauswanderungen

m vergangenen Jahr habe ich mich vom NABU zum Fledermausbotschafter weiter- bilden lassen. Ich kann Ihnen daher eine spannende und informative Fledermaus- wanderung anbieten.

reffpunkt Gutsausschank: Sie erhalten ine kurze Einführung, was Sie erwartet. uerst begeben wir uns in die Weinberge. ort kann ich Ihnen viel über die Arbeit im teillagenweinbau erzählen. Anschließend aufen wir an der Burgruine Stahlberg vorbei n den Winterquartieren (alte Schieferstol- en) der Fledermäuse. Einen Fledermausde- ektor habe ich dabei. Damit können wir die Ultraschallrufe der Fledermäuse hören. Am Ende der Wanderung beobachten wir das Ausfliegen der ca 2000 Fledermäuse aus der St Anna Kirche. Wenn die Fledermäuse in die Nacht geflogen sind kehren wir in den Gutsausschank zurück und essen eine Mitternachtssuppe.

Wegstrecke der Wanderung: ca 6 km
Bitte festes Schuhwerk und dem Wetter angepasste Kleidung tragen.
Kosten pro Person: 25,-€,
Dauer: ca 4 Stunden

Kinder sind ausdrücklich erwünscht, wenn Sie die Wegstrecke von 6 km schaffen und „Nachteulen" sind.

einhaus Gästehaus Gutsausschank Zur Fledermaus · Eckhard Zahn und Sonja Theobald-Zahn
Borbachstr. 6 · 55422 Bacharach · Tel: 06743 919466
www.weinhaus-zur-fledermaus.de · mail: weinhaus-zur-fledermaus@t-online.de

Gästehaus ganzjährig geöffnet. Übernachtungsmöglichkeiten in 5 liebevoll und individuell eingerichteten Doppelzimmern. Weinproben auf Anfrage. Weinbergswanderungen mit Weinprobe und Vesper im Weinberg.

"Verdammt dunkel hier – hast du schon eine Fledermaus gesehen?"
"Nö – leider nicht. Aber es riecht so komisch! ..."

Impressum

Umschlaggestaltung von Populärgrafik unter Verwendung.
eines Farbfotos von Dietmar Nill.
Das Covermotiv zeigt ein Braunes Langohr.
Zeichnung von Ritva Roesler. Sie zeigt eine Nordfledermaus.
Das Foto auf der Rückseite zeigt von eine Kleine Hufeisennase (von Dietmar Nill).
Gestaltung der Klappen von Populärgrafik

Mit 678 Farbfotos.
Die Namen der Fotografen stehen neben ihren Fotos.
Alle Fotos ohne Fotografenhinweis von Christian Dietz.

Mit 52 Grafiken und Schaubildern.
Die Namen der Grafiker stehen neben ihren Zeichnungen.
Alle Schaubilder ohne Hinweis auf den Zeichner von Christian Dietz.

Mit 44 Verbreitungskarten von Wolfgang Lang

Alle Angaben in diesem Buch erfolgen nach bestem Wissen und Gewissen. Sorgfalt bei der Umsetzung ist indes geboten. Verlag und Autoren übernehmen keinerlei Haftung für Personen- Sach- und Vermögensschäden, die aus der Anwendung der vorgestellten Materialien und Methoden entstehen könnten. Dabei müssen geltende rechtliche Bestimmungen und Vorschriften berücksichtigt und eingehalten werden.

Unser gesamtes Programm finden Sie auf **kosmos.de**
Über Neuigkeiten informieren Sie regelmäßig unsere Newsletter,
einfach anmelden unter **kosmos.de/newsletter**

FSC www.fsc.org MIX Papier | Fördert gute Waldnutzung FSC® C015829

Gedruckt auf chlorfrei gebleichtem Papier

ISBN: 978-3-440- 16754-0
Redaktion: Monika Weymann
Layout: Peter Schmidt Group
Gestaltung und Satz: Populärgrafik Stuttgart
Produktion: Markus Schärtlein
Druck und Bindung: Printer Trento, Trento
Printed in Italy / Imprimé en Italie

Gattung Zwergfledermäuse
(*Pipistrellus*)

- kleine Tiere, Unterarm 27-37 mm
- kurze abgerundete Ohren und kurzer abgerundeter Tragus
- Quartiere in Baumhöhlen, Felsspalten und Gebäuden
- 5 Arten in Europa, weltweit ca. 40 Arten
- vom Mittelmeergebiet bis Nordeuropa vorkommend
- Echoortung mit mittellangen Lauten, am Anfang frequenzmoduliert, am Ende konstantfrequent

→ **ab Seite 326**

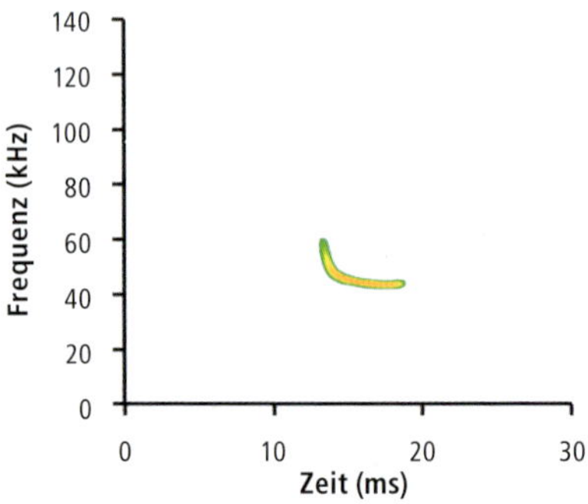

Gattung Alpenfledermäuse
(*Hypsugo*)

- kleine Tiere, Unterarm 31-38 mm
- kurze abgerundete Ohren und kurzer abgerundeter Tragus
- Quartiere in Felsspalten und Gebäuden
- 1 Art in Europa, weltweit ca. 20 Arten
- vom Mittelmeergebiet bis Mitteleuropa vorkommend
- Echoortung mit mittellangen Lauten, am Anfang frequenzmoduliert, am Ende konstantfrequent

→ **ab Seite 346**

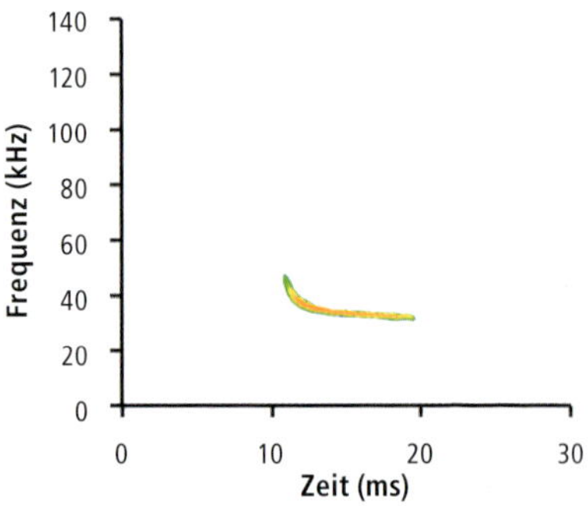